国家出版基金项目
NATIONAL PUBLICATION FOUNDATION

纳米科学与技术

环境纳米科学与技术

江桂斌　全　燮　刘景富　朱利中　郭良宏　主编

科学出版社
北　京

内 容 简 介

本书系统介绍了环境纳米科学与技术的主要研究内容和成果，包括环境功能纳米材料的制备、表征和分析测定方法，纳米材料和技术在环境污染物分析测定、吸附去除与催化降解中的应用，以及纳米材料在环境中的迁移转化、环境效应与安全性评价等。

本书可作为高等院校和科研院所环境科学与工程、化学化工、材料科学与工程、生态毒理等专业高年级学生、研究生和教师的教学参考书，也可供相关领域的科技工作者和管理人员参考。

图书在版编目(CIP)数据

环境纳米科学与技术 / 江桂斌等主编. —北京：科学出版社，2015.1
(纳米科学与技术/白春礼主编)
ISBN 978-7-03-043081-6

Ⅰ.①环… Ⅱ.①江… Ⅲ.①纳米技术-应用-环境工程 Ⅳ.①X5

中国版本图书馆 CIP 数据核字(2015)第 009534 号

丛书策划：杨 震/责任编辑：杨 震 刘 冉/责任校对：韩 杨
责任印制：吴兆东/封面设计：陈 敬

科学出版社出版
北京东黄城根北街 16 号
邮政编码：100717
http://www.sciencep.com
北京厚诚则铭印刷科技有限公司印刷
科学出版社发行 各地新华书店经销
*
2015 年 1 月第 一 版 开本：720×1000 1/16
2025 年 1 月第五次印刷 印张：19 1/2
字数：480 000

定价：120.00 元

(如有印装质量问题，我社负责调换)

《纳米科学与技术》丛书序

在新兴前沿领域的快速发展过程中，及时整理、归纳、出版前沿科学的系统性专著，一直是发达国家在国家层面上推动科学与技术发展的重要手段，是一个国家保持科学技术的领先权和引领作用的重要策略之一。

科学技术的发展和应用，离不开知识的传播：我们从事科学研究，得到了"数据"(论文)，这只是"信息"。将相关的大量信息进行整理、分析，使之形成体系并付诸实践，才变成"知识"。信息和知识如果不能交流，就没有用处，所以需要"传播"(出版)，这样才能被更多的人"应用"，被更有效地应用，被更准确地应用，知识才能产生更大的社会效益，国家才能在越来越高的水平上发展。所以，数据→信息→知识→传播→应用→效益→发展，这是科学技术推动社会发展的基本流程。其中，知识的传播，无疑具有桥梁的作用。

整个20世纪，我国在及时地编辑、归纳、出版各个领域的科学技术前沿的系列专著方面，已经大大地落后于科技发达国家，其中的原因有许多，我认为更主要的是缘于科学文化的习惯不同：中国科学家不习惯去花时间整理和梳理自己所从事的研究领域的知识，将其变成具有系统性的知识结构。所以，很多学科领域的第一本原创性"教科书"，大都来自欧美国家。当然，真正优秀的著作不仅需要花费时间和精力，更重要的是要有自己的学术思想以及对这个学科领域充分把握和高度概括的学术能力。

纳米科技已经成为21世纪前沿科学技术的代表领域之一，其对经济和社会发展所产生的潜在影响，已经成为全球关注的焦点。国际纯粹与应用化学联合会(IUPAC)会刊在2006年12月评论："现在的发达国家如果不发展纳米科技，今后必将沦为第三世界发展中国家。"因此，世界各国，尤其是科技强国，都将发展纳米科技作为国家战略。

兴起于20世纪后期的纳米科技，给我国提供了与科技发达国家同步发展的良好机遇。目前，各国政府都在加大力度出版纳米科技领域的教材、专著以及科普读物。在我国，纳米科技领域尚没有一套能够系统、科学地展现纳米科学技术各个方面前沿进展的系统性专著。因此，国家纳米科学中心与科学出版社共同发起并组织出版《纳米科学与技术》，力求体现本领域出版读物的科学性、准确性和系统性，全面科学地阐述纳米科学技术前沿、基础和应用。本套丛书的出版以高质量、科学性、准确性、系统性、实用性为目标，将涵盖纳米科学技术的所有领域，全面介绍国内外纳米科学技术发展的前沿知识；并长期组织专家撰写、编辑出版下去，为我国纳米科技各个相关基础学科和技术领域的科技工作者和研究生、本科生等，提供一套重要的参考资料。

这是我们努力实践“科学发展观”思想的一次创新，也是一件利国利民、对国家科学技术发展具有重要意义的大事。感谢科学出版社给我们提供的这个平台，这不仅有助于我国在科研一线工作的高水平科学家逐渐增强归纳、整理和传播知识的主动性（这也是科学研究回馈和服务社会的重要内涵之一），而且有助于培养我国各个领域的人士对前沿科学技术发展的敏感性和兴趣爱好，从而为提高全民科学素养作出贡献。

我谨代表《纳米科学与技术》编委会，感谢为此付出辛勤劳动的作者、编委会委员和出版社的同仁们。

同时希望您，尊贵的读者，如获此书，开卷有益！

中国科学院院长
国家纳米科技指导协调委员会首席科学家
2011 年 3 月于北京

前　言

我国近30年来社会经济的快速发展、工业化和城市化过程使环境问题日显严峻，流域水污染、区域大气雾霾、土壤污染和食品污染等已成为制约经济、社会发展并影响人体健康的重要因素。针对我国亟待解决的环境污染问题，发展环境保护和污染治理的新原理和新技术，是改善我国环境状况、确保我国经济和社会可持续发展的重大需求。

纳米材料和技术为解决环境污染防治技术难题提供了新途径，有望在环境污染治理领域取得重大突破。纳米材料因其独特的表面性能、小尺寸效应、量子尺寸效应和宏观量子隧道效应等纳米特性，可以显著提高材料的比表面积和反应活性，在环境污染物的吸附去除、催化降解等环保领域具有巨大的应用潜力。另一方面，随着纳米材料的大量生产和广泛使用，其本身可进入环境并与其他环境污染物产生复合效应，给生态环境与人体健康带来负面影响，因此纳米材料与技术的环境安全性问题已引起人们的普遍关注。深入研究纳米材料与技术的环境应用和环境安全性，不仅可为环境污染防治提供新技术，还可指导人们科学地生产、使用和处置纳米材料，避免纳米材料与技术的负面环境效应，为满足我国纳米材料安全性战略需求、实现环境友好与可持续发展作出重要贡献。

近年来，环境纳米材料和技术的基础和应用研究已经取得了重要进展。为展示相关研究成果，促进相关研究领域的发展，《纳米科学与技术》丛书编委会委托我们主编了《环境纳米科学与技术》。本书力图涵盖环境纳米科学与技术的各方面，主要包括环境功能纳米材料的制备、表征和分析测定方法，纳米材料和技术在环境污染物分析、吸附去除与催化降解中的应用，以及纳米材料在环境中的迁移转化、环境效应与安全性评价等内容，希望能够对相关科研人员有所裨益。本书作者主要来自中国科学院生态环境研究中心、大连理工大学和浙江大学从事相关研究的一线科研工作者，对相关领域有一定的研究经验积累和较为深入的理解。

由于本书所涉及的领域较宽，某些章节的内容又有所交叉，难免有挂一漏万或重复赘述之处。尽管我们试图涵盖环境纳米科学与技术研究的诸多方面，但由于作者的专业水平和认知有限，书中观点存在的不完全成熟、疏漏甚至错误之处，还望读者批评指正。

本书的顺利出版，特别是书中若干观点的形成与认识的逐步深化，得益于国家纳米重大科学研究计划的连续支持。这些项目的设立与执行，在很大程度上凝聚了纳米环境应用与效应的研究队伍，奠定了纳米环境应用与效应相关学科的发展基础，提升了本领域的研究水平和国际影响力。

科学出版社编辑为本书付出了辛勤劳动，若干学者和研究生也在本书的写作过程中给予了大力帮助，在此一并致谢！

江桂斌

中国科学院生态环境研究中心

环境化学与生态毒理学国家重点实验室

2014 年 9 月于北京

目　　录

第 1 章　环境功能纳米材料的制备

环境功能纳米材料是指三维空间中至少有一维处于纳米尺寸(1～100 nm)范围,或者由它们作为基本单元构成的具有应用于环境领域所需的特殊性能如光电催化、吸附、萃取分离等的材料。纳米材料研究的快速发展为解决环境所面临的各种问题提供了很好的理论基础和技术支持,将功能化纳米材料应用到环境保护和环境治理领域,改进或研究出全新的大气污染、水污染和固体废弃物污染的预防和治理方法,提高功能纳米材料的对环境污染物的吸附、催化降解和转化、传感、分离分析等性能,是环境领域发展的重要方向。以独特性能和高效稳定为牵引的环境功能纳米材料研究,把纳米材料研究推向了一个新高度和新层次。纳米材料与环境等领域的联系又推动着纳米材料研究的进展。

1.1　引　　言

自从 1984 年德国的 Gleiter 教授研究报道了用惰性气体凝聚法成功制备出纯物质的纳米晶材料,纳米材料的制备方法便发展开来。随着纳米材料制备技术的不断革新,以纳米材料为基础的纳米科技得到了快速发展,功能纳米材料的制备已由随机性生长到可控性生长,从无序到有序,人们可以按照需要设计和合成出有实用价值的功能纳米材料,将其应用到环境等领域。纳米技术被认为是 21 世纪最有发展前途的新技术之一。材料尺寸在纳米水平时,晶界数量会大幅增加,这是由于此尺寸下界面原子比例较大,且原子排列也互不相同。纳米材料具有不同于普通材料的光、电、磁、热等性能。高浓度晶界和晶界原子的特殊结构使得材料的力学性能、介电性、磁性、超导性、光学、热力学特性既和单个原子不同,又有别于宏观块体材料,这使纳米材料表现出许多新的性能,比如表面效应、小尺寸效应、宏观量子隧道效应、体积效应、介电限域效应和量子限域效应等。这些优异的性能和其独特的结构使得功能纳米材料逐渐应用到环境领域并将其提高到一个全新水平。

由于近几年纳米材料在环境领域的逐步应用及潜在的应用前景,环境功能纳米材料越来越引起了国内外的关注。功能纳米材料按照维数可划分为零维、一维、二维和三维纳米材料。零维纳米材料被称为量子点,是指在空间三维方向均为纳米尺度的原子团簇或颗粒等,在三个维度上与电子德布罗意波的波长或电子的平均自由程相当甚至更小,从而电子或载流子在三个维度上都受到约束,不能自由运动，即电子在三个维度上的能量都已经量子化；一维纳米材料被称为量子线，是指在空间有二维为纳米尺度，如纳米线、纳米棒、纳米管等，电子在两个维度上的运动受约束，仅在一个维度上能够自由运动；二维纳米材料被称为量子面，是指在空间中有一维在纳米尺度，如具有层状结构的纳米带、纳米薄膜、纳米片等，电子在一个维度上的运动受约束，能在其余两个维度上自由运动；三维纳米材料是指具有纳米结构的晶粒尺寸至少有一个方向在纳米范围内的块体材料。其中环境功能纳米材料以一维纳米材料和二维纳米材料居多。

通过控制环境功能纳米材料的制备和组装过程，可以有效地调节其性能，从而更有效地满足环境各个领域的需求。开展用纳米材料治理环境污染的基础技术和原理研究，不仅会为我们解决环境污染问题提供新工具，而且还有助于人们以环境友好的方式设计、生产、使用、循环和处置纳米材料，避免纳米材料的负面环境影响。

1.2 环境功能纳米材料的制备技术

随着经济和社会的发展，由废水、废气和废物排放所引起的环境污染已成为世界关注的问题，其中以含重金属离子废水、农药废水、酚类废水、卤代有机物废水、含油废水、造纸废水、含表面活性剂废水等造成的水体污染、以机动车尾气和烟气等造成的大气污染尤为严重。而这些环境问题的预防和解决依赖于性能优良的催化材料、吸附剂、传感元件等的开发，这就对材料的性能提出更高的要求。由于纳米材料具有独特的光、电、磁等性能，它的出现为这些环境问题的解决提供了可能。要调控纳米材料的性能而实现其在不同领域的应用，可控性合成纳米材料是关键。为了实现纳米材料在环境领域的应用，更好地满足水处理和大气污染治理的需求，首先要寻求好的纳米材料制备方法，得到稳定的、形貌、尺寸满足性能需求的纳米材料。由相同元素组成的功能纳米材料，其性能会由于尺寸、形貌、结构和结晶性的差异而显著不同，而不同的制备方法或者条件就能制备出不同尺寸、形貌、结构和结晶的功能纳米材料。为更好地优化和充分利用功能纳米材料的某些性能，各种有效的制备技术近几年得到迅速发展。目前环境功能纳米材料的制备技术按照物理形态划分为气相法、液相法、固相法以及其他方法。

1.2.1 气相法

气相法指首先将原料物质变为气态，使之在气体状态下发生物理或化学反应，并在冷却过程中凝聚长大形成纳米微粒的方法。气相法可分为蒸发法、溅射法、原子层沉积法、等离子体化学气相沉积法和热解化学气相沉积法等。由于气相法制备的纳米材料具有纯度高、组分易控、粒度均匀、颗粒团聚少、无需后续处理的特点，它已成为目前环境功能纳米材料制备技术研究的重点。

1.2.1.1　蒸发法

蒸发法是较为常用的气相制备技术，它是在真空或者惰性气体条件下，利用高温热源将原料(如金属、合金或陶瓷)加热蒸发，之后骤冷使之凝聚成纳米粒子的方法。改变压力和温度可有效控制粒子的粒径大小和分布。蒸发法具有许多优点，如工艺简单、占地少、对环境无污染或极少污染、能源和原材料消耗少[1]，而且该方法制备的纳米颗粒具有表面较清洁、粒径分布窄、粒度均匀、颗粒粒径小(可小于 10 nm)等特点。

这种方法已应用于多种环境功能纳米材料的制备，包括金属单质、金属合金、氧化物、金属硫化物、金属氮化物和金属碳化物等。Wang 等[2]通过热蒸发镀膜技术用锌粉在 930℃常压无催化剂条件下制备出四针状氧化锌纳米晶(图 1-1)。这种六方晶氧化锌和银纳米颗粒复合之后组成的异质结具有高光催化活性，能高效、快速地对染料甲基橙脱色。Shen 等[3]采用同样的方法和前驱体，通过调节制备参数在较低的温度下(600℃)制备了垂直分布的氧化锌纳米线阵列。他们制得的氧化锌纳米线阵列是单晶纤锌矿结构，纳米线长 10 μm，直径为 70 nm，如图 1-2 所示。Li 等[4]采用真空蒸发镀膜技术制备了在硅纳米孔柱阵列上沉积了银纳米颗粒(Ag/Si-NPA)。该方法制备出的岛状银纳米薄膜呈“鳞片”状覆盖在硅柱阵列的表面及底部，Ag 纳米膜厚度为 10～30 nm。Ag/Si-NPA 表现出较高的拉曼信号强度，当银纳米薄膜厚度为20 nm时，通过表面增强拉曼散射技术可灵敏地、稳定地检测腺嘌呤和罗丹明 6G，可达到比用浸渍沉积法制备的 Ag 纳米薄膜更低的检测限。

图 1-1　四针状氧化锌纳米晶的扫描电镜照片[2]

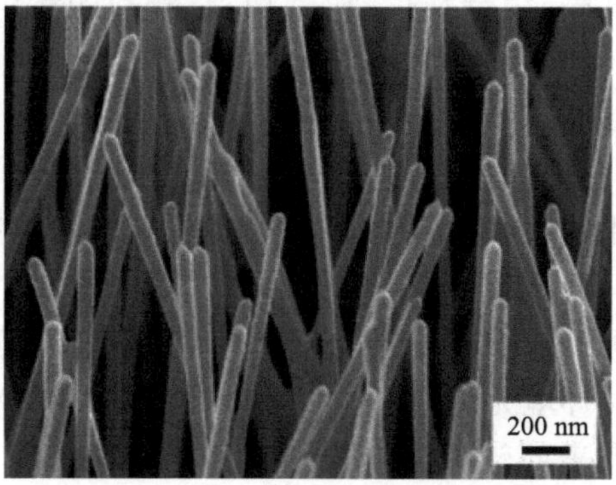

图 1-2 垂直氧化锌纳米线阵列的扫描电镜照片[3]

真空蒸发镀膜技术还可用于制备环境纳米材料表征所需的光学薄膜，比如红外减反射膜。一般用于光学薄膜大批量生产的主要技术是热蒸发，它虽然设备简单，但是热蒸发过程中凝聚粒子的能量比较低，聚集密度低，容易出现明显的柱状结构导致在柱状间隙中吸附和渗透潮气，造成所镀膜层结构松弛，性能不稳定，缩短寿命，降低膜层牢固度。而离子束辅助蒸发技术能提高膜层的聚集密度，使薄膜的柱状结构得到改善和膜层更加致密，从而使膜层的牢固度增加和光学性能更稳定，以满足光学薄膜使用寿命长、性能可靠的要求。据报道[5]，流动油面上真空沉积法通常用来制备多种金属的纳米粒子，其原理是在高真空中将原料用电子束加热蒸发，让蒸发物沉积到旋转圆盘下表面的流动油面上，含有超微粒子的油被甩进真空室沿壁的容器中，然后将这种超微粒含量很低的油在真空下进行蒸馏，成为浓缩的含有超微粒子的糊状物。此法制备出的纳米粒子平均粒径约 3 nm，粒径均匀，分布窄，粒径尺寸可控。

1.2.1.2 溅射法

溅射法是在阳极板和阴极蒸发材料间加直流电压，使两极之间的惰性气体或活性气体发生电离，产生辉光放电等离子体，通过电离产生的正离子和电子高速轰击靶材，使靶材上的原子或分子溅射出来，然后被惰性气体冷却凝结或与活性气体反应形成纳米微粒，或沉积到基板上形成薄膜。溅射法的特点是其靶材无相变，所以化合物的成分基本不发生变化；又由于溅射沉积到基片上的粒子能量比蒸发沉积高很多，所形成的纳米材料附着力大。除此之外，这种方法可以通过精确地调节离子束的能量、入射角度和密度来调控纳米薄膜的微观形成过程[6]。

根据溅射方法的特征，溅射法可分为：直流(DC)溅射、射频(RF)溅射、磁控溅射、反应溅射、中频溅射与脉冲溅射。不同的溅射方法相互结合，又产生许多新方法，如直流磁控溅射、射频磁控溅射、反应磁控溅射等[7]。直流溅射构造简单，被电离的氩离子在直流电场作用下加速轰击靶材，溅射出的靶材原子沉积到基片表面，生长成薄膜。直流溅射的优点是操作简单，只需控制压力、溅射电压、溅射电流三个参数，但其溅射速率低、基片升温过快等缺点制约了它的应用。直流溅射法要求靶材能够将从离子轰击过程中得到的正电荷传递给与其紧密接触的阴极，从而该方法只能溅射导体材料，不适于绝缘材料。射频溅射利用交流电源使带电粒子在电极间来回振荡，这使其比直流放电拥有更有效的碰撞电离。对于绝缘靶材或导电性很差的非金属靶材，须用射频溅射法。磁控溅射是在靶阴极处设置了特定的磁场源，使靶材表面磁场方向与电场方向垂直，电子在靶材表面做轮线轨迹的运动，这增加了与氩原子的碰撞机会，大大增高了氩原子电离程度，提高了溅射效率。磁控溅射法具有沉积温度较低，沉积速率较高，沉积薄膜光滑、致密、均匀、结合力好等优点，相对于直流溅射来说在实验和生产中的应用更广泛[8]。反应溅射是指在放电气氛中有氧、氮或其他活性气体的参与，在溅射时靶材料会与这些气体反应形成靶材料与气体分子的化合物薄膜。反应溅射技术能够通过控制溅射参数来调节纳米薄膜的组分，沉积出包括化学配比或非化学配比的不同组分的环境功能纳米材料。

已有报道[9]用直流磁控溅射法以银为靶物质在棉布表面沉积出无定形和晶体两种银纳米颗粒，这种银纳米颗粒表现出较高的灭菌活性。银纳米薄膜的厚度可以通过溅射时间控制，当溅射 15 s 时它的厚度为 15～20 nm，纳米颗粒的尺寸约为 4.7 nm；当溅射时间延长时，银纳米薄膜的厚度随着增加，但是溅射时间在 15～600 s 时，其颗粒尺寸基本不变。这种方法制备的银纳米颗粒表现出一定的灭菌能力，只有当银纳米薄膜的厚度大于 40～50 nm 并且银的负载量高于 0.0026%（质量分数）时才表现出较高的灭菌能力。Horprathum 等[10]用倾斜射频溅射法（倾斜角 85°）制备了具有高气敏性的三氧化钨纳米棒。如图 1-3 的扫描电镜图片所示，所制得的纳米棒的长度是 400 nm、直径为 50 nm，相邻纳米棒之间的间距是 10 nm。直接用倾斜射频溅射法制备的三氧化钨是无定形的，但是在 400℃或者 500℃煅烧不仅能将无定形转化为多晶，而且能提高三氧化钨纳米棒的孔隙率和比表面积，进而提高其对二氧化氮传感的信号强度。实验结果表明，三氧化钨纳米棒对二氧化氮的响应是三氧化钨薄膜的 2～5 倍。Quartarone 等[11]用反应射频磁控溅射法制备了五氧化二钒纳米晶薄膜。他们采用金属钒作为靶物质，通过调控沉积时间和基底温度制备出了不同结构的五氧化二钒纳米晶。在基底温度为 300℃时，100 nm 厚的五氧化二钒纳米晶薄膜晶面是 $h00$ 晶面取向，而薄膜厚度增加时是 110 晶面方向优先生长，当基底温度为 500℃时，无论沉积的五氧化二钒纳米晶薄膜多厚，都是沿 001 晶面生长。其中沿 $h00$ 方向生长的五氧化二钒表现出最好的电化学性能，用于锂离子电池在电压 3.8～1.5 V 的电容高于 300 mA·h/g 并且连续充放电 70 圈基本稳定。这种某一晶面可控生长的方法对于合成具有高催化活性的单晶进而用于环境污染物的降解、转化、传感等领域具有重要意义。

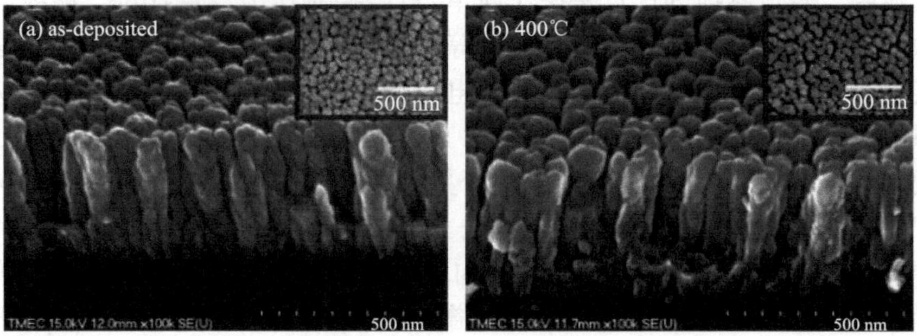

图 1-3　三氧化钨纳米棒的扫描电镜图片[10]

(a)倾斜射频溅射法沉积的三氧化钨纳米棒;(b)射频溅射沉积后经过 400℃煅烧的三氧化钨纳米棒

Mooney 等[12]报道了用反应磁控溅射、在氧气存在的条件下分别以硅或者钛为靶物质在平板多孔二氧化硅和氧化锆膜支撑体上沉积了厚度为 100 nm 的二氧化硅或二氧化钛膜功能层,制备了复合气体分离膜。制备过程中通过调节反应磁控溅射的压力、靶电流、基底偏压以及基底和靶之间的距离等来控制膜的厚度、形貌和化学性能,得到了结实、致密的复合膜。通过沉积条件的有效调节,能在不同的膜基底上得到颗粒大小基本一致的二氧化硅或二氧化钛膜功能层,但是沉积在二氧化硅膜支撑体上的二氧化硅功能层是致密的球形颗粒,而在二氧化锆膜支撑体上的是多孔式结构,两者颗粒直径都是 36 nm;沉积在这两种膜支撑体上的二氧化钛功能层都是长柱状晶粒结构,它的粒径为 38 nm。虽然两者的粒径大小基本一致,但由于两者膜的致密程度不一样,在二氧化硅膜支撑体上的二氧化硅气体分离的选择性要明显高于二氧化钛。

1.2.1.3　*原子层沉积法*

原子层沉积技术是将物质以单原子层形式一层一层地沉积在基底表面的方法。它是化学气相沉积的一种,但是通常的化学气相沉积、物理气相沉积难以精确控制纳米膜的厚度,特别是纳米膜的厚度小于 10 nm 时。在标准的化学气相沉积中,因为反应蒸气连续地进入沉积室,在整个过程中连续不断地进行沉积,所沉积纳米薄膜的厚度受气体流速、沉积温度、真空室压力等多个参数的影响,一般难以精确地控制纳米薄膜厚度。但原子层沉积是以脉冲的形式将反应物(前驱体)蒸气通入,它并非一个连续的工艺过程,每一个循环在基体的表面都沉积相同数量的材料,这与前驱物气体的多少无关,只要前驱物的量高于饱和反应即可,所以该技术能制备大面积且厚度均匀具有很好的覆盖率的纳米膜。薄膜厚度可以通过控制循环次数而得到精确控制。前驱物是脉冲交替式通入反应室的,这可以精确控制薄膜成分且避免了被有害物质污染，同时连续的反应过程使得到的薄膜无针孔且密度高。原子层沉积技术最大的特点是前驱物气体与基体表面所发生的自限制和自饱和反应，这使得原子层沉积在薄膜制备方面有许多优越性。当前驱体与基体表面发生单层化学吸附后，反应气体与表面发生的反应停止，所以成膜厚度可以控制在埃水平[13]，且均匀性好。由于它操作简单、具有可重复性，所以是非常具有潜力的沉积技术。采用原子层技术不仅可以制备出均匀、纯度高的薄膜，而且同时能精确地控制膜层厚度和组分。

原子层沉积技术可以在各种各样的载体上沉积薄膜，纵观近几年功能纳米材料的发展，能够实现载体的性能与其他纳米材料的性能理想结合的技术非原子层沉积技术莫属[14]。它沉积薄膜的厚度可以控制在几个埃，并且能够在平面及复杂的结构上实现薄膜的均匀沉积。原子层沉积的前驱体选择是很重要的，通常选用液体或者气体，且要易气化，这样可以避免结块而发生堵塞或者结垢，降低对整个工艺条件的需求。前驱体要求能与表面功能团发生剧烈的化学反应或者与基片表面发生化学吸附，达到饱和的时间较短，沉积速率快，无气相反应，副产物通常为气态以便能顺利被惰性气体净化。同时要求前驱体不能对薄膜或基片造成腐蚀，否则将阻碍自限制薄膜的生长。原子层沉积技术可以沉积大量的环境功能纳米材料，最常用的纳米材料主要包括氧化物、氮化物、碳化物、金属、硫化物、氟化物、生物材料和聚合物等。

基于原子层沉积技术制备的纳米材料不仅在环境污染物检测、催化降解和转化方面有广泛地应用，而且还应用于能源转化等领域。目前已有许多关于原子层沉积技术制备新的或复杂的纳米结构材料的报道[15]。原子层沉积技术对所制备纳米薄膜厚度的精确控制，为开发具有光吸收率高、高效、稳定的光催化剂提供了有效途径。Lin 等[16]通过原子层沉积技术结合化学气相沉积制备了二氧化钛/二硅化钛核壳结构的光催化纳米材料。他们首先采用化学气相沉积法制备了纳米网状的二氧化硅，然后以四异丙醇钛为前驱体，在 275℃原子层沉积了一层厚度为 55 nm的二氧化钛薄膜。得到的复合纳米材料不仅提高了光的吸收效率，还具有比表面积大、导电性好、电荷传输速率快等优点。这些特征为光电解水提供了一种高性能的功能纳米材料。Li 等[17]报道了用原子层沉积的三氧化二铝薄膜来提高 FePt 磁性纳米颗粒的分散性。他们将分散在已烷和辛烷混合液中的 FePt 纳米颗粒自组装在 Si 基底上，然后在 FePt 纳米颗粒表面用原子层沉积、通过三甲基铝与水在温度为 200℃反应沉积一层三氧化二铝薄膜，金属源和水源的脉冲都是0.4 s。经过高温退火得到铁磁性复合膜。结果表明沉积的三氧化二铝薄膜厚度为 5～20 nm。这个无机非磁性保护层，能有效地防止 FePt 纳米颗粒在后续高温退火中的团聚现象。随着三氧化二铝保护层厚度的增加，FePt 磁性纳米颗粒的分散性变好，FePt 晶粒间交换耦合作用明显降低。

为了提高商业化多孔氧化铝分离膜（孔径为 100 nm）的分离性能，Losic 等[18]采用改进结构与化学性质相结合的办法，在多孔阳极氧化铝薄膜上以三（叔丁氧基）硅烷醇作为前驱体，原子层沉积了一层二氧化硅薄膜，以调节其孔径的大小和提高化学选择性。原子层沉积二氧化硅薄膜前后的多孔氧化铝表面的扫描电镜图片对比表明：利用原子层沉积技术沉积二氧化硅纳米颗粒之后其孔径明显减小了。他们通过调节沉积的循环次数在 3～20 次，多孔阳极氧化铝膜的孔径能有效地降低为分离所需的孔径（小于 10 nm），成功地提高了这种商业化多孔阳极氧化铝膜的分离性能。随后他们又利用全氟癸基二甲基氯硅烷对其进行了表面化学改性处理，分离实验结果表明改性后的复合膜对疏水性物质要比亲水性选择性更高。

1.2.1.4 等离子体化学气相沉积法

等离子体化学气相沉积法的基本原理是在惰性气体或反应性气氛下，在直流放电作用下使气体电离产生高温等离子体，使原料熔化和蒸发，蒸气遇到周围的气体冷却或发生反应形成纳米微粒。利用该方法制备的纳米粉末无团聚，可调控粒度分布，但成本较高，不适合工业化大规模生产[19]。此方法区别于其他化学气相沉积方法（CVD）的特点在于能够通过等离子体中的大量高能量电子提供 CVD 过程所需的激活能。这就从根本上改变了反应体系的供能方式，有效地利用非平衡离子体的特性。等离子体法是利用等离子体中的高温电子与气体分子进行碰撞，实现气体的活化、电离、分解或化合等，生成大量高活性的化学基团，从而不需要太高的反应温度，显著降低 CVD 沉积的温度范围，在低温下实现本需在高温下才能发生的化学沉积。所以，等离子体化学气相沉积技术的特点是降低了沉积温度。由于等离子体温度高，采用此法几乎可以制取任何金属的纳米复合微粒[20]。

等离子体化学气相沉积法根据反应气压的不同，通常可分为低气压和大气压等离子体化学气相沉积两类，而低气压等离子体化学气相沉积法根据功率源种类分为热丝、射频、微波等离子体化学气相沉积法三种。热丝化学气相沉积法是将反应气体在热丝产生的高温作用下分解离化产生各种基团，然后它们相互作用从而在基体表面沉积。这种方法的成膜面积可以通过增加或减少热丝的数目进行调控。为了防止热丝在加热产生的高温下熔化，常用的热丝材料是钽、铼、钨等熔点非常高的金属。如果将偏压加在热丝和基底之间，可以明显提高纳米膜的生长速率和质量，因为在偏压的作用下，热丝和基底之间会产生大量电子，电子和气体分子碰撞，增强气体分子的电离、分解或化合。这种方法的缺点在于所使用的热丝表面易于碳化或者氧化，缩短热丝的使用寿命，并且热丝元素在高温条件下有可能挥发，污染所制备的纳米膜。射频等离子化学气相沉积法依靠射频放电将能量从电场转移到自由电子，然后自由电子通过非弹性碰撞和欧姆热损耗再将能量转移给气体分子，使反应气体形成大量高活性的高温等离子体，然后再沉积到基底上。射频电源采用 13.56 MHz 的工业射频功率，包括电容耦合型和电感耦合型两种方式。该方法很难保持基体温度稳定，并且沉积工艺控制难度较高。微波等离子体化学气相沉积法一般不需要电极，由微波源发射出微波通过导波管传输，耦合到反应腔体内，产生强大的微波电场使气体介质中的电子在其中振荡，不断获取电场能量而使气体激发产生等离子体，分解气体从而在衬底上沉积形成纳米薄膜。由于微波等离子体在无电极的情况下分解反应气体，因而能够避免由于电极放电而带来的污染，制备出纯度较高的纳米膜。此外，微波等离子体化学气相沉积法具有沉积温度低且速度快、等离子体密度高且均匀、放电区集中、能量转化效率高、运行气压范围宽、参数易于精确控制等优点，但通常需要较昂贵复杂的真空系统，维持在低气压下（100～1000 Pa）进行。大气压等离子体化学气相沉积由于装置简单、易于操作等优点而成为目前的研究热点。

微波等离子体化学气相沉积法是制备用于环境污染控制如光电催化降解或转化、吸附、检测污染物的纳米碳材料较为成熟的方法之一[21]，它不仅广泛地用于制备纳米金刚石电极，而且能制备出高性能或垂直阵列的石墨烯、碳纳米管。该方法的原理是：使用高强度的微波能激发分解含碳气体形成活性含碳基团和原子态氢，并形成等离子体，从而在基片上沉积得到纳米碳材料薄膜。微波等离子体化学气相沉积法可以在反应温度不是很高的情况下完成一些较难发生的反应，而且可以相对容易地对所制备的纳米材料进行掺杂[22]。已有报道[23]采用偏压等离子体增强热丝化学气相沉积方法，选用氢气和甲烷作为反应气体，在压力 25 Torr①、基体偏压 100V、基底温度 700℃条件下，大量地制备表面形貌非常均匀的碳纳米墙。由图 1-4 可见，碳纳米墙相互支撑，形成自支撑的开放式网状结构向外扩展。这种

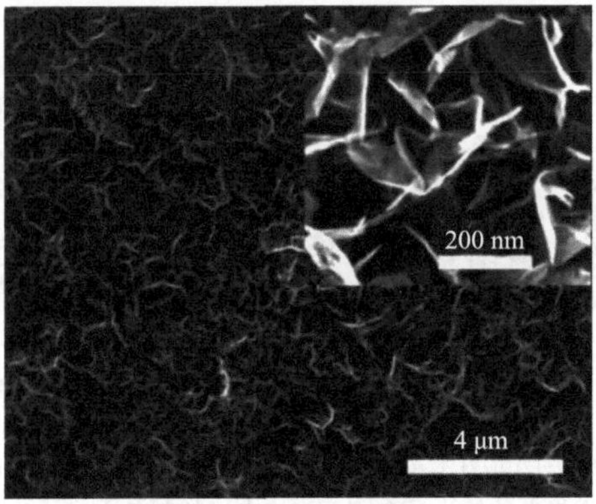

图 1-4　碳纳米墙的扫描电镜图片[23]

---

① 1 Torr＝0.133 kPa

方法所制备的碳纳米墙比表面积大，在其表面沉积二氧化钛，形成了二氧化钛和碳纳米墙异质结，对苯酚的光催化降解实验表明二氧化钛/碳纳米墙电极的光催化活性是二氧化钛纳米管阵列电极的 1.7 倍。

据报道[24]，热丝等离子体化学气相沉积方法也广泛地用于制备硼掺杂的金刚石电极，一种用于各种难生物降解废水深度处理、具有较高催化活性的电极材料。通常以甲烷、氢气作为反应气体，硼烷作为掺杂剂，在压力 4～6 kPa、基底温度 500～800 ℃时沉积得到硼掺杂的金刚石电极，金刚石膜的厚度可以通过沉积时间进行调控。形貌和结构表征表明这种方法制备的硼掺杂金刚石是金字塔形的立方晶，其颗粒尺寸为 0.5～1.5 μm。用这种方法制备的硼掺杂金刚石具有高的析氧电位，为 2.4 V，是一种理想的电极材料。将其应用于电化学安培法测定化学需氧量，与传统方法相比，它简易、快速、稳定、耐用，在环境监测中有着很好的应用前景。Kato 等[25]报道了采用微波等离子体化学气相沉积在微波功率 2.7 kW、基底温度 650℃、压力 40 mbar① 下以甲烷、氢气和三甲基硼为气源制备了硼掺杂的纳米晶金刚石泡沫电极。制备步骤如图 1-5(a)所示：以硅片为基底，先在纳米金刚石的水溶液中超声 5～10 min 接种，然后涂一层颗粒尺寸为 500 nm 的二氧化硅球，将其放入微波等离子体化学气相沉积系统里进行硼掺杂纳米晶金刚石薄膜沉积，最后用氢氟酸将二氧化硅球刻蚀即得到硼掺杂的纳米晶金刚石泡沫结构。这种制备方法可通过不断地重复金刚石的生长和二氧化硅球刻蚀来增加硼掺杂纳米晶金刚石薄膜的厚度。结构和电化学性能表征结果显示[图 1-5(b)]，这种方法制备的泡沫结构纳米晶金刚石和平面薄膜结构金刚石一样很稳定，而且它的电化学活性面积是平面薄膜结构金刚石的 40 倍，表明这种方法制备的金刚石的电催化活性将显著提高。

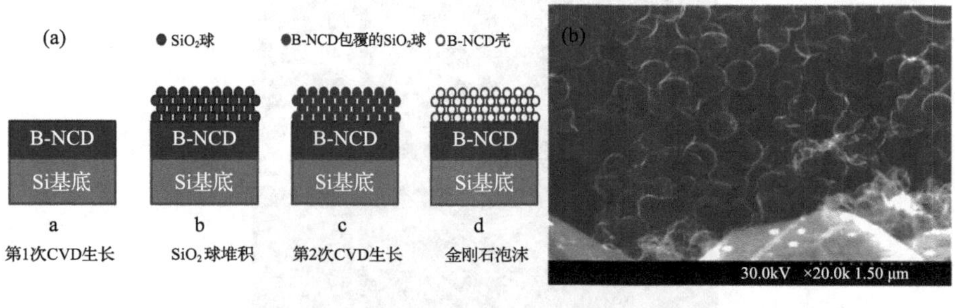

图 1-5 硼掺杂的纳米晶金刚石泡沫电极的制备方法和形貌[25]

(a)硼掺杂的纳米晶金刚石泡沫电极的制备方法示意图；

(b)硼掺杂的纳米晶金刚石泡沫电极的扫描电镜图片

① 1 bar=10^5 Pa

1.2.1.5 热解化学气相沉积法

热解化学气相沉积也属于化学气相沉积法的一种。它是利用化合物的加热分解，通过一种或几种气态元素或化合物产生的化学反应形成纳米材料，然后在基体表面进行沉积的过程。热解化学气相沉积法最典型的应用是制备碳纳米管，通过热分解前驱体如甲烷、丙烯、乙炔、二甲苯、乙醇等沉积得到碳纳米管。已有报道[26]采用二甲苯(碳源)和二茂铁(催化剂)为前驱体，在氢气和氩气的混合气中，经过800℃热解后在钛基底上沉积得到有序的多壁碳纳米管阵列，并考察了催化剂浓度、热解沉积时间和温度对制备碳纳米管的影响。结果表明，二茂铁浓度太低时，由于铁催化剂太少导致碳纳米管的阵列性被破坏。而二茂铁浓度太高即铁催化剂太多时，生长的碳纳米管发生了弯曲，出现了明显的分层，最适合的浓度为24 mg/mL。碳纳米管的沉积时间主要是对管长产生影响，从而影响碳纳米管的阵列性和电极性能。热分解沉积时间过长会导致碳纳米管长度过长而产生倒伏，破坏其阵列结构；同时会使碳纳米管变厚，使其与钛基底的结合不紧密，易造成电极表面的脱落，沉积的最佳时间为5 min。热解气相沉积法制备碳纳米管的反应温度一般为700～900℃，含碳前驱物和催化剂在此温度范围下裂解，然后沉积在基底上。含碳前驱物的分解程度受温度的影响，因而所沉积的碳纳米管的石墨化程度与温度有关。一般来说，碳纳米管的石墨化程度与温度呈正相关关系，升高沉积温度可以提高碳纳米管的石墨化程度并降低无定形碳的比例，进而提高碳纳米管的导电性。在优化的条件下，制备出了内径为15 nm、外径为80 nm的多壁碳纳米管。他们进一步用电沉积的方法在所沉积的碳纳米管上负载金属钯，得到的钯/碳纳米管复合电极具有较高的电化学活性和电还原脱氯加氢能力。对2,4,5-三氯联苯的电催化脱氯实验表明，三氯联苯能有效地被还原成二氯联苯、一氯联苯，最后完全脱氯变成联苯。和负载在石墨上的靶颗粒相比，负载在碳纳米管阵列上的脱氯速率更快、活性更高。

郭燕川等[27]用新型酞菁高温热解气相沉积法制备了碳纳米球。对碳纳米球的外表面进行了功能化处理，在此基础上制备了碳球载铂催化，并且实验结果表明纳米碳球载铂是燃料电池的优良催化剂，活性高，寿命长。Dai等[28]通过热解气相沉积法制备了垂直于基底排列的硼和氮共掺杂的碳纳米管阵列。他们首先通过三聚氰胺和硼酸共沉淀制备了前驱体三聚氰胺二硼酸盐，然后在镍和铁纳米颗粒的催化下、1000℃的氩气和氢气的混合气中将三聚氰胺二硼酸盐热解、气相沉积在硅基底上得到垂直于基底排列的硼和氮共掺杂的碳纳米管阵列。如果气体中通入氨气，热分解二茂铁的甲苯溶液能沉积得到氮掺杂的碳纳米管阵列，同样将前驱体换成硼酸三乙酯能制得硼掺杂的碳纳米管阵列。扫描电镜图片表明所制得的硼和氮共掺杂的碳纳米管长15 μm，经透射电镜表征管的外径是40 nm，管壁厚为2～3 nm。

1.2.2 液相法

1.2.2.1 溶胶-凝胶法

溶胶-凝胶法的基本原理是将无机盐或金属醇盐经水解或解凝形成溶胶，然后溶质聚合凝胶化，凝胶再经干燥、焙烧去除有机成分得到无机材料。从溶胶到凝胶、粉末，基本上能够保留组分的均匀性和分散性，加上在低温下煅烧，因此所制得粉末粒径通常是几十纳米。利用金属醇盐水解的溶胶-凝胶法一般采用表面张力较低的有机醇作为溶剂，基本不含水或含水量较低，因而所制备的粉末不易团聚。目前大量使用的是用非醇盐为反应前驱体的络合物溶胶-凝胶法。比如采用柠檬酸络合的溶胶-凝胶法，被广泛用于制备用于催化的氧化物材料。络合剂主要起到抑制组分结晶析出的作用，以确保各个组分在溶液状态下的均匀性混合，但是，用该方法制得的粉末基本上是团聚的[19]。溶胶-凝胶技术具有其他传统的无机材料制备方法无可比拟的优势，以溶胶-凝胶技术制备的纳米材料纯度高、均匀性好、操作温度低、可制备的种类多。溶胶-凝胶法已被报道用于制备一系列纳米氧化物、复合氧化物、金属单质及金属薄膜等，它是固体材料制备的主要方法。溶胶-凝胶法应用范围十分广泛，目前可用于制备污染物降解的光电材料、催化剂及其载体，制备用于污染物吸附的磁性材料和用于气体、悬浮物、细菌、有机污染物分离的高机械强度陶瓷材料等。

已有人报道[29]采用溶胶-凝胶法制备了的锑和铋共掺杂的二氧化锡电极（Ti/SnO_2-Sb-Bi），这种电极对持久性有机污染物的降解表现出较高的电催化活性。他们采用三氯化锡、四氯化铋和三氯化铋（摩尔比 Sn∶Sb∶Bi＝89∶3∶8）为前驱体，通过在柠檬酸和乙二醇的混合液中 90℃加热得到溶胶-凝胶，然后将得到的溶胶-凝胶涂在钛片基底上，通过 600℃煅烧 10 min 得到锑和铋共掺杂的二氧化锡电极。寿命加速实验证明这种方法制备的 Ti/SnO_2-Sb-Bi 电极的寿命是传统锑掺杂的二氧化锡电极（Ti/SnO_2-Sb）的 2 倍，并且 Ti/SnO_2-Sb-Bi 电极能高效、快速地将全氟辛酸降解，在 2 h 内对 25 mL，50 mg/L 的全氟辛酸去除率高达 99%。Li 等[30]采用溶胶-凝胶法开发了一种光催化降解挥发性有机物的高效催化剂。四异丙醇钛通过在酸性溶液中水解得到二氧化钛前驱体的溶胶，经过 50℃蒸发处理得到干凝胶，然后加入浓氨水作为掺杂的氮源，经过高温煅烧即可得到氮掺杂的二氧化钛。它是以锐钛矿为主的纳米晶，颗粒尺寸为（8.5±1）nm。将溶胶-凝胶法制备的氮掺杂二氧化钛通过湿浸渍法和铂复合，所得的铂/氮掺杂二氧化钛复合物在氢气-氧气氛围中光催化降解挥发性有机物的量子效率显著提高，不仅表现出高的光催化活性，而且这种方法制备的催化剂很稳定。机理分析表明其增强的量子效率主要源于光生电子和空穴的分离效率提高、材料的电子迁移速率快和催化剂表面产生的活性自由基(羟基)数量增多。

1.2.2.2　沉淀法

沉淀法是在一定温度下可溶性金属盐溶液发生水解或者在其中加入试剂发生化学反应,在溶液中生成沉淀(例如难溶性的盐类化合物、氢氧化物或氧化物)而析出,蒸发溶剂后将沉淀物洗涤、干燥,或加热煅烧、除去杂质后制备纳米材料的方法。一般所制备纳米材料的粒径受前驱体沉淀物的溶解度影响,纳米材料的粒径随着沉淀溶解度的升高而增大。此外,纳米材料的粒径还与溶液的饱和度相关,溶液的过饱和度越小,所制备的纳米材料的粒径越大。调节溶液 pH 值、溶剂、温度等因素可控制沉淀物的条件溶度积,以制备不同性质与粒径的纳米材料。

沉淀法分为共沉淀法、均相沉淀法和水解法等方法。共沉淀法是在含有多种金属阳离子的盐溶液中加入过量的沉淀剂使所有阳离子全部沉淀,然后通过过滤、加热分解等过程来制备纳米材料的一种方法。共沉淀法一般采用氨水、氢氧化钠、碳酸氢铵、草酸或者盐为沉淀剂。该法具有如下优点:①操作与设备较简单,沉淀过程中合成和细化可同时完成,从而便于实现工业化;②可精确控制各组分的含量,使不同组分之间实现分子原子水平上的均匀混合;③在沉淀过程中,粉体的纯度、晶粒大小、颗粒大小、分散性和相组成可以通过控制沉淀条件及沉淀物的煅烧温度来实现;④样品致密、性能稳定、煅烧温度低、重现性好。共沉淀法广泛用于制备多功能氧化物及复合氧化物等纳米复合材料。均相沉淀法是利用沉淀溶解平衡的原理,通过加入的某种物质与溶液不断地发生化学反应而缓慢地产生沉淀剂,沉淀剂继而与金属阳离子反应生成氢氧化物过饱和溶液而产生沉淀,得到高纯度、均匀的纳米颗粒材料。均相沉淀法由于是用化学反应缓慢地产生沉淀剂,因此其过饱和度可通过调控沉淀剂的生成速度而控制在一定的范围内,进而达到控制粒子生长速度的目的,获得粒度均匀、纯度高的纳米粒子。该方法的优点是沉淀剂可一次性加入,工艺相对于通常需要控制沉淀剂加入快慢的直接沉淀法要简单。此外,此法还可以通过将饱和度控制在一定的范围内而达到粒子生长速度可调制的目的,获得粒度均匀、致密、纯度高的纳米材料。缺点是反应物浓度较低,产率也较低。对于直接沉淀法,在沉淀剂加入时通常无法避免沉淀剂局部浓度过大,这种现象往往促使颗粒团聚成块、出现不完整的晶体结晶、吸附或包夹杂质的现象比较严重。所以直接沉淀法需要多次洗涤而消耗大量的水,且干燥时间长,易于结成硬块。而均相沉淀法克服了其他沉淀法制备纳米颗粒的不足,其沉淀均匀分布于溶液中,且沉淀过程很慢。因此,沉淀颗粒均匀致密,结晶较为完整且含杂质少。例如徐建中等[31]将均匀沉淀法与超声分散和共沸蒸馏技术结合,制备了羟基锡酸锌和羟基锡酸锌包覆纳米碳酸钙。水解法也是制备纳米粒子很重要的一种方法,它通过配制无机盐的水合物,并控制其水解条件,合成单分散性的具有一定晶型的纳米粒子。Ito 等[32]利用水解法把硫酸氧钛溶入醇水溶液中制备出锐钛型纳米 TiO_2 粒子，比表面积为 310 m^2/g，粒径范围为(15±3)nm。

Zhan 等[33]用共沉淀法以醋酸锌和硫化钠为前驱体、通过调节溶液的 pH 合成了 *N*-乙酰-L-半胱氨酸修饰的 ZnS 量子点。根据这种 ZnS 量子点水溶液在波长为 360 nm 的紫外灯照射下发出蓝色荧光的特性，开发了一种新型无毒、绿色环保、灵敏度高、检测限低的检测重金属 Hg^{2+} 离子的荧光探针，其原理是 Hg^{2+} 离子的存在会猝灭 ZnS 量子点的荧光，在不同浓度 Hg^{2+} 离子存在下，ZnS 量子点的荧光寿命不同，ZnS 量子点的荧光寿命是随着加入的 Hg^{2+} 离子浓度的增加而逐渐降低的。这种 ZnS 量子点荧光探针可检测的 Hg^{2+} 离子浓度范围是 0～2.4 μmol/L，检测限为 5.0 nmol/L。

用沉淀法制取纳米级粒子尚有不少问题有待解决，如水洗、过滤等，但其工艺简单，所得颗粒的性能良好，而且在制备金属氧化物纳米粒子等方面具有独特的优点。因此，沉淀法也是目前纳米材料制备中较常用的方法。

1.2.2.3 电沉积法

电沉积法是一种很有前景的制备纳米材料的方法，因而是目前的研究热点。电沉积法是指溶液中阴极附近的金属离子与电子相结合，被还原成金属原子而结晶沉积到阴极表面的方法。电沉积方法根据所采用电流的不同，分为直流电沉积和脉冲电沉积，通过电沉积法可以制备出厚度为 0.1～2.0 mm 的纳米晶材料。

电沉积法制备纳米晶材料与其他制备方法相比具有以下优点[34,35]：

(1) 薄膜密度高、孔隙率低且晶粒尺寸分布窄，其结晶取决于电沉积参数；

(2) 工艺上材料的化学成分、结晶和晶粒大小易通过改变电沉积参数、电解液成分等条件来控制，产物可以是等轴的，也可是随机取向或织构的微观结构；

(3) 纯金属、合金和复合材料纳米晶容易大量制备，在室温下即可制备合金；

(4) 设备简单，较好的经济性、较高的产率；

(5) 容易进行大规模生产，这是由于电沉积设备简单、在室温下操作，再加上现有的电镀和电铸工业已为其提供了广泛的基础，将该技术从实验室转向现有的电镀和电铸工业需要克服的技术障碍相对较小，初始成本低。

电沉积过程中，大量形核和减少晶粒生长需要高的阴极过电位、高的吸附原子总数和低的吸附原子表面迁移率。为了使电沉积制备出纳米晶，工艺上通常采用适当高的电流或脉冲电流、添加有机试剂、采取合金共沉积和复合共沉积的方式。Niu 等[36]采用一步电沉积法制备了铈掺杂的二氧化铅纳米晶，他们在硝酸铅(200 g/L)和硝酸铈(0.4 g/L)的水溶液中加入氟化钠(0.5 g/L)和硝酸(0.1 mol/L)，在电流 200 A/cm^2 时将其电沉积在阳极上得到铈掺杂的二氧化铅纳米晶电极。这种电沉积法得到的铈掺杂的二氧化铅纳米晶电极对全氟羧酸表现出很高的电化学氧化能力，在工作电流密度为 20 mA/cm^2 时，在 90 min 内对浓度为 100 mg/L 的全氟丁酸、全氟戊酸、全氟己酸、全氟庚酸和全氟辛酸的矿化率分别达到 49%、70%、84%、91%和 95%。Zhao 等[37]在阳极氧化的二氧化钛纳米管阵列上通过脉冲电沉积了一层锑掺杂的二氧化锡电极薄膜。采用的电沉积液是氯化亚锡和氯化锑的稀盐酸溶液，电沉积温度为 40℃，脉冲电沉积在(45 mA，10 ms)、(−45 mA，1 ms)和(0 mA，1 s)三种模式下交替运行。扫描电镜图片(图 1-6)表明电沉积的薄膜是由锑掺杂的二氧化锡纳米颗粒构成的微球结构，和传统溶胶-凝胶法制备的锑掺杂的二氧化锡相比，脉冲电沉积法制备的结晶度更高、氧缺陷浓度更低、比表面积更大，而且电极的析氧电位高达 2.4 V(*vs.* SCE)。正是由于这些优点，脉冲电沉积法制备的锑掺杂的二氧化锡纳米晶电极比溶胶-凝胶法制备的电催化活性和效率都显著提高。将它们应用于氟代苯的电化学降解，脉冲电沉积法制备的电极降解速率常数提高了 11 倍，而且降解的电流效率也提高了 2.3 倍。电沉积法已被报道[38]用于制备选择催化还原氮氧化物的催化剂载体即在在金属不锈钢丝网表面负载氧化铝涂层。研究发现以氧化铝、异丙醇铝和聚丙烯酸为电解液比以氧化铝、硝酸铝为电解液制得的氧化铝涂层与基底结合更牢固。这种方法制备的金属丝网载体经过盐酸预处理后可以进一步提高涂层与基体的结合强度；采用异丙醇铝还可以提高涂层的抗热振性能，经过 13 个热振循环实验后，涂层的损失率为 5.0%(质量分数)。在此载体上负载催化活性组分如 Pd/CeZr/TiO_2 后，在低温下表现出较好的氮氧化物还原能力。

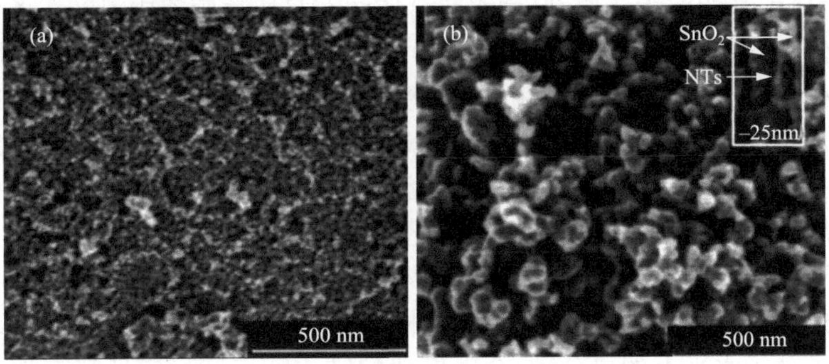

图 1-6　锑掺杂的二氧化锡电极的扫描电镜图片[37]

(a)溶胶-凝胶法制备的电极；(b)脉冲电沉积法制备的电极

1.2.2.4　水热合成法

水热合成法是指在特定的密闭反应器(高压釜)中，水溶液作为反应体系，将其加热至临界温度(或接近临界温度)使得通常难溶或不溶的物质溶解，并在高温高压环境下的反应体系中进行纳米材料制备的方法。此方法的特点是反应条件温和，原料易得，成本相对较低，污染小，制备出的纳米颗粒纯度高、晶型好、分散性好、大小可控。此方法制备的纳米材料具有以下特点：①在高温高压条件下能形成特定的氧化还原条件，制备出其他技术难以制得的某些物相；②使用的反应温度相对较低，有利于生长高取向、低缺陷的晶体，同时产物粒径可控，并保证高结晶度；③可制备物质的低温同质异构体以及某些物质的含羟基物相，这有效促进了新的环境功能纳米材料的发展；④设备简单，利于大规模工业生产；⑤反应条件比较温和。

目前水热制备纳米材料方法包括很多种，依据反应温度可分为两种：一种是低温水热法，温度范围一般在 100～250℃之间；一种是超临界水热法（高温水热法），温度一般大于 250℃。而按照水热反应种类可将其分为：水热结晶法、水热氧化还原法、水热合成法、水热分解法、水热电化学反应法、微波水热法、水热脱水法、水热相变法、水热机械化学反应法、水热阳极氧化法、超声水热法等。水热制备的超细粉末可以达到几纳米，但反应产物粒度分布不均匀，这是由于通常的加热方式使反应溶液中存在严重的温度不均匀，从而使得溶液中产物“形核”在不同区域的时间不同，早期成核的晶体会聚焦生长，容易导致水热产物粒径的差异较大。

王昕等[39]采用微波水热法制备了纳米氧化锆。微波加热所产生的热量和温度能均匀分布，而且还有升温速度快、操作简便等优点。他们利用微波为水热反应提供的良好的热源条件，制备出了比常规加热方法粒径更加均匀、集中分布的单分散的氧化锆纳米晶。徐建等[40]以季铵盐型阳离子表面活性剂为结构导向剂和稳定剂，以六次甲基四胺为还原剂，用水热合成法在自压反应釜中，100℃条件下由硝酸银前驱体制备了直径约 30 nm，长约 50 μm 的银纳米线。水热法经常用于制备金属有机框架化合物，一种近十几年来备受关注的气体吸附、催化材料。Liu 等[41]利用一步水热反应，通过硝酸铜、多金属氧酸盐（硅钨酸、磷钨酸、硅钼酸、砷钼酸等）、均苯三甲酸和四甲基氢氧化铵的水溶液在 180℃水热，将一系列具有催化活性的多金属氧酸盐引入到金属有机框架化合物的开放体系中得到了一系列基于电中性 Cu-BTC（BTC：均苯三甲酸）主体框架固载多金属氧酸盐在其孔道中的化合物，这种方法实现了催化剂的包裹和载体框架的构筑一步完成，使催化剂多金属氧酸盐实现了分子水平上的单分散，金属框架的结构特点和稳定性能有效地克服传统催化剂的团聚、难回收、易流失和钝化的不足，这种方法为设计、合成具有新颖的环境功能纳米材料提供了方便、有效、可行的途径。Rao 等[42]研究了不同水热前驱体对所合成纳米材料形貌和催化活性的影响。他们发现当选用氯化锰为反应物时，用尿素在 120℃水热还原 12 h 得到的是微米立方块的氧化锰；而选用高锰酸钾为反应物时，用盐酸在同样温度下水热还原同样的时间得到的是纳米棒组成的海胆状的氧化锰。经分析表征，两者的粒径大小基本一样，而后者的比表面积更大，将它们用作催化剂的载体，纳米棒组成的海胆状氧化锰担载铂时比微米立方块氧化锰表现出更高的电化学氧化能力，氧化甲醇的电压更低、电流密度前者是后者的1.32倍，而且催化剂的抗一氧化碳中毒能力增强。

1.2.2.5　溶剂热法

溶剂热法是在水热法的基础上发展起来的，当溶剂中含有液态有机物或完全以有机物作为溶剂时进行水热反应则可称为溶剂热法，它是在密闭体系中一定的溶液压力和温度条件下，采用有机物或者非水介质（如乙醇、甲酸、苯、乙二胺、CCl_4等）为溶剂，前驱体反应物在反应釜内的高压、相对较低的温度下反应。在密闭的反应釜内，溶液随着反应温度的升高而膨胀，从而得到较高的压力；又由于反应物的溶解度在升温的过程中会增大，使得反应物在溶剂中充分地溶解，溶液饱和之后导致更加稳定的新相逐渐形成，在溶解的反应物、中间产物和新生成相之间溶解度之差的驱动下，生成原子或分子生长基元，然后结晶成核得到纳米粉末材料。采用溶剂热反应来制备纳米材料不仅扩大了水热法的应用范围，而且能够实现通常条件下无法实现的反应，包括制备具有亚稳态结构的材料。

溶剂热条件下的晶体生长机理：反应物先经历一个有势垒的相变过程而在溶液中成核，晶核的形成一方面由于体系从液相转变为内能更小的晶体相而使体系自由能下降，另一方面又由于增加了液-固界面而使体系自由能升高。一旦晶核形成后就形成了晶-液界面，晶核就会在此界面上进行生长，即组成晶体的原子、离子要按照晶体结构的排列方式堆积起来形成晶体。目前，晶核的生长有两个理论模型，包括层生长理论模型和螺旋生长理论模型，前者的晶体生长过程是晶面层层外推的过程，晶核在光滑表面上生长一层原子面时，质点在界面上进入晶格的最佳位置是具有三面凹入角的位置；后者的晶体生长是将围绕螺旋位错露头点旋转生长的过程，即在晶体生长界面上螺旋位错露头点所出现的凹角及其延伸所形成的二面凹角可作为晶体生长的台阶源，这对平坦面的生长起着催化作用，从而促进光滑界面上的生长。

有机溶剂热生长技术具有晶体生长完美、设备简单、节省能力等优点，因而成为近年来的研究热点。据报道，Stride等[43]以摩尔比为1∶1的钠和乙醇为反应物，在220℃溶剂热72 h得到了石墨烯前驱体，经过热解和真空抽虑等处理得到了石墨烯（见图1-7）。原子力显微镜表征它的厚度是0.4 nm，表明这种方法制备的石墨烯是单层的。和以往采用物理或化学法剥离石墨得到石墨烯的方法不同，这种溶剂热法采用的是非石墨前驱体，能够廉价、大量地制备石墨烯，产量达到克级别，为大规模地批量生产提供了技术指导。Loh等[44]采用溶剂热法成功地将石墨烯组装到铜基金属有机框架化合物上。他们选用二甲基甲酰胺为溶剂，硝酸铜、石墨氧化物、1,4-苯二甲酸和三乙烯二胺为反应物在120℃溶剂热36 h制备了石墨烯/含铜的金属有机框架复合物。这种复合物在电化学上表现出多功能性，不仅电解水产氢的过电位低、产氢速率快，而且还能低电压、高效、快速的分解水产氧气，同时将其运用于燃料电池阴极表现出较高的氧还原活性，在质子交换膜燃料电池中的输出功率可以达到商业化贵金属催化剂的 76%。石墨烯/含铜的金属有机框架复合物的这种优良的催化性能和功能性主要来源于它独特的孔道结构、快速的电荷传递速率和石墨烯与铜基金属有机框架化合物的耦合协同效应。

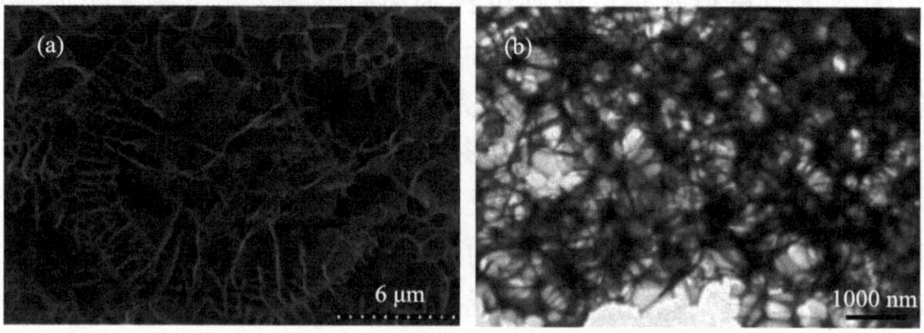

图 1-7 石墨烯的形貌表征[43]

(a)石墨烯的扫描电镜图片；(b)石墨烯的透射电镜图片

1.2.2.6 超声法

超声波制备纳米材料是利用超声波的空化作用来制备纳米材料，空化核内会产生高温高压并伴有强烈的冲击波和射流，从而打开结合力强的化学键，引起相应化学反应而制备纳米材料的方法。超声波法具有很多优点，它可以合成出具有特殊性质的新材料，而且超声的辅助能量可加快传热和传质过程。重要的是该方法存在超声空化效应，即液体中空化泡的形成、生长和坍塌。在空化泡崩裂的瞬间可释放大量的能量，产生极高的温度（>5000 K）、压力（>20 MPa）和高速微射流，具有极强的冲击力，这会促进反应物的氧化、还原、水解及热分解等反应，提高反应速率，促使新相的生成，调控粒子的尺寸。该方法的制备过程中一般同时利用超声波的能量特性和频率特性，主要表现为高温分解作用、剪切破碎作用和分散作用。当这些作用施加于固液表面时会对固体表面的形态、组成、结构以及化学反应活性产生影响。除此之外，超声波法具有设备简单、操作方便、合成温度低、成核率高、制备的纳米粒子不易团聚等优点。

在实际应用过程中，超声波主要的作用形式有：超声分解法、超声共沉淀法、超声还原法、超声水解法、超声分散法、超声溶胶-凝胶法等。Suslick 等[45-47]用超声分解法分别制备出了纳米尺度的合金、氧化物、硫化物、碳化物等材料。Harpeness 等[48]用超声还原法，以乙酸银和硒（或碲）粉为原料，以乙二醇为还原剂进行超声制得了 Ag_2E（E=Se，Te）纳米合金粉末。Siskova 等[49]通过超声波法制备出了能在空气中稳定存在的磁性铁-银双金属纳米颗粒。他们将零价铁和硝酸银的水溶液混合物在氮气保护下超声很短时间(10 s),零价铁能还原硝酸银,在超声空化时产生的极其高的温度和压力下提供了足够的能量促使晶核形成,加快了铁-银双金属纳米颗粒的成核速度。同时,产生的高温和气泡也减少了晶核和溶液之间的界面自由能,从而抑制核的增长,得到了 10～30 nm 的银纳米颗粒。这种超声波制备的方法简单、快速、价格低廉、易于实现大规模生产,而且银的含量和颗粒尺寸可以简单地通过调节硝酸银的浓度实现调控。所制备的磁性铁-银双金属纳米颗粒表现出很强的灭菌能力和较高的除磷效果,不仅提高了传统银在空气中的稳定性,而且由于纳米颗粒的铁磁性,这种纳米粒子能在环境中和水处理时有效回收。

无论从理论上还是实践上,超声法制备零维纳米材料都已经趋于成熟,为了实现大规模的生产应用,对纳米粒子的油溶性、电磁应用性能等方面仍需深入研究。但是用超声法合成的一维纳米材料有限,目前报道的有氧化物、硫化物等,并且合成机理有待进一步研究和探讨。除此之外,对于某些特殊结构的纳米材料合成,超声波法是非常诱人和有前景的,主要是因为这类材料的特殊性以及超声波在这类材料的制备应用方面巨大的开发潜力。另外,超声波方法在零维、一维以及特殊结构纳米材料的制备方面仍存在颗粒大小不均、晶型较差、分散性差、产率较低、制备困难或毒性较大等不足。充分开发超声波在纳米材料尤其是一维及特殊结构纳米材料制备中的应用仍是一项十分艰巨的任务。

1.2.2.7　喷雾热解法

喷雾热解法是将金属盐溶液喷入到加热的反应器中,立即引起溶剂的蒸发和燃烧,从而直接合成氧化物粉,该法适合于连续操作。与大多数液相法不同,它把沉降、热解(或煅烧)、烧结这些步骤合成了单个连续的过程。

喷雾热解法的过程和原理[50]如下:

1) 前驱体制备

超声喷雾法制备环境功能纳米材料在选取前驱溶液原材料时,需考虑以下几个方面:所选材料要求能发生热分解反应生成所需材料,且反应温度需合适;配置好的前驱溶液可进行酸碱等调节;如果需要掺杂,要使用和掺杂相统一的酸根体系,尽可能避免反应副产物有毒性或腐蚀性。真溶液、胶体的悬浮液、乳化液和溶胶都能用作气溶胶前驱物,我们通常使用水溶液作前驱物,因为水溶金属盐更普遍、容易处理、安全、低成本。对于溶液,溶质在溶剂中必须有高的溶解度,以便增加粉末的生产效率。金属盐的渗透性和热性能在温度高于溶剂的沸点时会影响所制备纳米粒子的形貌,可溶的前驱物的物理和化学性能对喷雾热解法制备尤其是颗粒的性能是非常重要的。

2) 雾化

雾化能将溶液分散成微小的雾滴,增大表面积,当这些微小的雾滴接触热空气时，雾滴的水分会被快速汽化，得到干燥的材料粉体。雾滴的均匀性和大小在很大程度上会影响所合成的纳米材料的质量，例如出现雾滴大小很不均一的时候，会存在小的干燥过度、大的为干燥不完全的现象。目前，已经开发了种类繁多的雾化器用于纳米材料合成，包括超音速喷嘴、静电喷嘴、压力喷嘴和双流体喷嘴等。对于一种具体的喷雾器来说，液滴的性质取决于溶液的密度、速度和表面张力。不同的雾化仪器在雾化颗粒尺寸、雾化速率和液滴速度上是不同。液滴离开喷雾器时的速度很重要，因为它能决定喷雾热解中液滴的热速率和停留时间。喷雾热解法的概念是每个液滴产生一个颗粒。因为对于大多数先进陶瓷需要使用小颗粒，就有一种迫切的需要去发展在低的出口速度下能够雾化大质量的小液滴技术。超音速喷嘴，相反的用了相对少的能量，但有效地利用了这一能量而使得粒子形成。超音速雾化器能够容易地产生 2～4 μm 的液滴，但雾化速率被限制为小于 2 cm^3/min。双流体的喷雾器在液滴速度为 0.5～20 m/s 时，可雾化大质量的流体，但最小液滴尺寸仅为 10 μm。

3）蒸发过程

在喷雾热解的第一阶段会同时出现以下现象：气体溶剂在液滴表面的扩散、液体溶剂从液滴表面蒸发、液滴产生收缩、温度变化以及溶质朝液滴中心的扩散。这也同时表明溶剂蒸发的难易、溶液的浓度和比热、反应的压力、湿度、温度等条件对蒸发过程有影响。蒸发和溶质沉淀同时出现，但是后者对所制备颗粒的形状有很大影响。当溶质在液滴中心的浓度大于或等于它在此温度下的饱和浓度时，整个液滴在表面催化沉淀成核，出现体积沉淀，从而得到实心的纳米颗粒。当溶质在液滴中心的浓度小于它在此温度下的饱和浓度时，沉淀会在溶质浓度高于平衡饱和浓度的区域形成，容易导致片状、空心颗粒的出现。

4）干燥

在沉淀层中通过气孔的气相扩散度比溶剂蒸气在气相中的扩散度大大减小，因而对质量迁移的阻力增加了很多，降低蒸发速度。然而液滴表面壳层的形成对热传输的阻力基本不影响，使得液滴温度升高。当溶液沸点低于环境温度且沉淀层的渗透性低时，有可能会使溶剂蒸发、形成气泡，导致液滴的膨胀甚至破裂。当气孔小时，干燥速度快，壳层和液相之间的毛细管力可能会引起破裂颗粒的力大大增加。

5）液滴的凝聚

以上均把喷雾热解作为单滴系统，但液滴能进行凝聚即两个或多个液滴合并或碰撞形成更大的液滴。通常热解、烧结阶段的凝聚被认为是不重要的，因为固体的黏滞系数越小，无机颗粒也越小。然而当颗粒被加热至高于它的熔融温度时，那么凝聚就变得很重要了。只要有液相存在就会发生这种凝聚现象。

6）热解和烧结

目前，大多数反应装置将热解、烧结过程作为一体进行设计。由于热解后的颗粒是有活性的，那么原位烧结能更好地发挥喷雾热解过程的优势。

与其他真空气相沉积方法不同，喷雾热解法不需要高质量的靶材或基板，也不需要任何真空设备，实验条件简单，成本低廉。其中超声喷雾热解法由于具有工艺操作简单、容易实现掺杂、适合大面积成膜等优点，得到了人们越来越广泛的关注。若要实现掺杂目的，在前驱体溶液中加入掺杂源的盐溶液即可实现。

已有人报道[51]用超声喷雾热解法在玻璃基底上制备的氮掺杂纳米二氧化钛薄膜用于光催化降解染料。他们将钛酸四丁酯在乙醇溶液中静置陈化，混合溶液经过超声雾化后以 300 mL/h 的喷雾量进入高温管式电炉在温度 325～500℃沉积得到纳米二氧化钛薄膜。在喷雾中加入氨水可以实现对纳米二氧化钛薄膜的氮掺杂。经过形貌、结构和元素组成分析表明：在 400℃所沉积的氮掺杂纳米二氧化钛薄膜比较均匀、致密性好，是多晶锐钛矿结构，氮掺杂量为 4.0%（原子分数）。该氮掺杂纳米二氧化钛薄膜在紫外光下对亚甲基蓝具有良好的光催化降解作用。Chen 等[52]采用超声喷雾热解法成功制备了用于电化学降解废水中的难降解有机污染物的 Sb、Ce 共掺杂的 SnO_2 电极。通过将氯化锡、氯化锑、氯化铈按一定比例溶解在盐酸中配成的先驱物溶液经超声雾化器雾化，以 N_2 为载气将其携带进高温炉子，先驱物在高温下发生热解在基底上沉积形成 Sb、Ce 共掺杂的 SnO_2 电极。同时考察了热解温度对沉积薄膜的影响，发现温度低时沉积的无定形的 SnO_2，而且膜裂纹比较明显，在 550℃时有明显的大小均匀的晶粒形成，薄膜比较致密基本无裂纹。表征结果证明 Ce 掺杂可显著优化 SnO_2 薄膜的微观结构，提高电极的比表面积，改善其电化学性质。和单独 Sb 掺杂相比，Sb、Ce 共掺杂的 SnO_2 电极降解橙黄Ⅱ的电流效率提高了 22%，能耗降低了 21%。

1.2.2.8　辐射合成法

辐射合成法是指利用微波、γ 射线、超声波等对盐溶液辐射加热，从而发生一定的物理化学反应来制备纳米材料的一种方法。微波加热法主要是通过极化和传导机制对物质进行整体加热来制备纳米材料。微波加热法因为没有热梯度产生，所以具有加热均匀、反应诱导期短，反应速度快，转化率高的优点，同时所制备的纳米粒子具有分布均匀、团聚少、分散性好、质量高的优点。γ 射线辐射法是利用 γ 射线对水溶液体系或微乳液体系进行辐射，产生自由电子、氢自由基和氢氧自由基等活性微粒，所产生的这些活性微粒易引发一系列的化学反应，最后沉淀或团聚得到纳米粒子的方法。γ 射线辐射具有制备工艺简单、周期短、易操作、产率高、产物粒径可控等优点。

辐射合成法最初阶段研究工作主要集中在制备金属纳米粉末，其基本原理是电离辐射使水发生电离和激发，生成还原性粒子氢自由基和水合电子（e_{aq}^-）以及氧化性粒子羟基自由基等[53]。

$$H_2O \longrightarrow H\cdot, \cdot OH, e_{aq}^-, H_3O^+, H_2, H_2O_2, HO_2, H_2O^* \quad (1-1)$$

e_{aq}^-的氧化还原电位高达－2.77 V，具有较强的还原活性，理论上能够还原大部分的金属离子（除了碱土金属离子、碱金属离子之外）。如果加入异丙醇、甲醇等自由基猝灭剂时，会发生夺 H 反应而消耗掉氧化性自由基·OH，产生的有机自由基同样也有还原活性。这些具有还原活性的自由基能把金属离子逐渐地还原为金属原子或更低价的金属离子，而新生成的金属原子成核生长形成纳米颗粒。以水合电子为例：

$$M^{n+} + e_{aq}^- \longrightarrow M^{(n-1)+} \quad (1-2)$$

$$M^{(n-1)+} + e_{aq}^- \longrightarrow M^{(n-2)+} \quad (1-3)$$

$$M^+ + e_{aq}^- \longrightarrow M \quad (1-4)$$

辐射合成法制备环境功能纳米材料具有以下明显特点：①在常温、常压下反应，合成速度快，一般采用 γ 射线等照射浓度较高的金属盐溶液，合成工艺相对简单；②容易控制产物的粒径，一般粉末可达 10 nm 左右；③较高的产物合成率；④可制备多种纳米材料，如金属、硫化物和氧化物纳米颗粒或纳米复合材料等；⑤调节反应条件还可以制备非晶粉体。正是基于以上优点，辐射法合成纳米材料近年来得到了很大发展并趋于成熟。

辐射合成时往往需要加入一定量的表面活性剂等作为分散剂，以防止颗粒长得过大而从溶液中沉淀出来，它可以对纳米微粒表面进行修饰，降低其表面能，使其稳定存在，常用表面活性剂包括聚乙烯醇、十二烷基苯磺酸钠、聚乙烯吡咯烷酮等。张小娟等[54]用微波协助加热的联氨还原工艺快速合成了纳米镍粉，采用的前驱体是氯化镍和联氨，以聚乙烯吡咯烷酮为分散剂，在微波加热辐射下进行还原反应而制得。经过和水浴加热法对比证明微波合成工艺法不仅速度快、反应条件简单、重现性好，而且所得的纳米镍粉结晶好、分散性好、比表面积大。这种由微波辐射所合成的纳米镍粉对高氯酸铵的热分解表现出很高的催化活性。

已有文献[55]报道用微波辐射快速合成 Pt 纳米粒子/碳纳米管复合材料，并且首次将其应用于氧化检测痕量 As(Ⅲ)的研究。他们将碳纳米管分散在氯铂酸的乙二醇溶液中，通过加入氢氧化钾溶液调节溶液的 pH 值，仅需微波(2450 MHz，800 W)辐射加热 1 min，悬浮液经过滤得到的固体即为 Pt 纳米粒子/碳纳米管复合材料。透射电子显微镜和电化学性质表征证明微波辐射合成的 Pt 纳米粒子/碳纳米管复合材料具有更大的比表面积和更高的催化性能。将 Pt 纳米粒子/碳纳米管修饰的玻碳电极应用于痕量 As(Ⅲ)的电化学检测显示出更优越的性能，方法的重现性和稳定性大大提高，灵敏度比常规的 Pt 纳米粒子/玻碳和 Pt 盘电极低 1～2 个数量级。他们的实验结果证明微波辐射为合成高催化性能的电极材料提供了更方便、更优越的方法，该电极材料有望应用于环境中痕量 As(Ⅲ)的快速检测。

1.2.2.9　静电纺丝法

静电纺丝法是一种利用高压静电来制备纳米纤维的方法，其技术核心是利用高压静电使带电荷的高聚物溶液或者熔融体在高压电场中高速拉伸导致其细化，经过溶剂的挥发干燥或者熔体的冷却固化后，在接收电极上形成纤维状物质。此法所制备的纤维直径是纳米级别的，而且是连续的，其长度可以达到几米甚至上千米。更重要的是，静电纺丝法几乎适用于所有可溶可熔的高分子材料。从文献报道可知[56]，到目前为止，用这种方法可将包括通用高分子、导电高分子、生物高分子及液晶高分子等在内的近百种高分子纺制成相应的纳米级纤维。

静电纺丝法是目前制备纳米级纤维最重要的方法之一。静电纺丝制备纳米复合纤维方法包括共混复合静电纺丝法、共混静电纺丝法、同轴共纺法、多层混合静电纺丝法、多喷头静电纺丝法等。此法制备纳米纤维的整个过程都与流体动力学性质紧密相关。当施加的电场力大于纺丝液体表面张力时，带上静电的纺丝液体就会以纤维束的形式从喷丝头喷射出来，并迅速地飞向收集板。此过程大致分三个阶段：形成纤维束，并沿其轴向伸长；纤维束的弯曲移动及劈裂细化；溶剂不断挥发，纤维束的固化，最终在收集板上形成纳米纤维。静电纺丝过程中，纺丝溶液（射流）一般受到自身的重力、电场力、表面张力、黏弹力、库仑力、摩擦力（与空气）的作用。虽然其中的某些作用力很小，但是在纺丝的实际过程中，由于纳米纤维的质量轻、体积小，且电场力随体系的变化较大，所以这些作用力的综合结果导致在高压静电纺丝过程中，纤维在接收电极上的状态是较难控制的。

静电纺丝技术制备的功能性纳米材料的形貌可以通过多个因素的控制来实现，主要包括：①纺丝液性质的调节，如溶剂的挥发性、电导率、易分相聚合物、黏度之间的混合；②纺丝过程中外部施加的参数，如纺丝电压、基底板与喷丝头的间距、纺丝液的速率等；③压力、温度、湿度等环境因素的调节，具有特殊形状、功能的喷丝针头的设计。在这些因素中，设计某种特定的喷丝针头已成为最有效的控制所合成纤维形貌的常用方法。目前，通过对以上参数的调节，该技术可制备出多种形貌的纳米纤维，例如核壳结构的、带状的、实心的、中空的、多孔的以及螺旋状的等。

Leng 等[57]通过静电纺丝方法制备了 $LaFeO_3$ 超细纤维，它的平均直径为 200 nm。研究表明，PVP 含量对纤维尺寸有很大影响。Liu 等[58]用静电纺丝法制备了具有较好污染物吸附性能的二氧化硅纤维，他们通过正硅酸乙酯在磷酸水溶液中水解得到硅凝胶，用聚乙烯醇来提高凝胶的黏度，然后在电压 16 kV、纺丝液流速 1.0 mL/h 的条件下静电纺丝，经过 800℃空气中烧掉聚乙烯醇得到二氧化硅纤维。这种方法制备的二氧化硅纤维直径为 500 nm，X 射线衍射分析表明，它是无定形的。由于静电纺丝制备的二氧化硅纤维具有高的弹性和热稳定性，有助于勃母石纳米片在其上垂直生长，制备出二氧化硅和勃母石复合吸附剂。这种结构的吸附剂和传统的纳米颗粒吸附剂相比，弹性高，应用于环境污染物的吸附更加易于操作和回收利用，是一种很有潜力的水处理吸附材料。

制备中空状纳米纤维最有效、应用最广泛的静电纺丝方法是同轴静电纺丝。它具有同轴排列的、直径不同的两个喷丝口，基本制备原理就是两种互不相溶的纺丝液（一般是水相作为外层纺丝液，油相作为内层纺丝液）同时从两个喷丝口分别喷出，纺丝液喷出的瞬间在喷丝口形成具有内外层结构的悬挂液滴，此悬挂液滴在高压静电的电场作用下内外层同时被拉升而产生内外层结构的射流，然后外层溶剂迅速蒸发得到具有清晰界面的芯包结构，最后通过后续的处理，如热处理将芯层烧掉或者采用有机溶剂将芯层溶出，得到中空纤维。Qu 等[59]报道了采用同轴静电纺丝、内管连接含有氯化钾的甲醇溶液，外管接石墨氧化物水溶液（图 1-8），调节两种纺丝液的流速可以纺出中空、连续的石墨氧化物纤维，将石墨氧化物用盐酸或者高温煅烧还原得到石墨烯中空纤维。该同轴静电纺丝法能制备出连续的“项圈”状的中空纤维，扫描电镜图片表明中空纤维的管径是 470 μm，壁厚是 1 μm。同轴静电纺丝法制备中空纤维的方法简单，且纤维的壁厚和内外径可以通过纺丝头的大小设计、石墨氧化物的溶度进行调节。这种方法为大规模组装石墨烯提供了技术指导。所制备的石墨烯中空纤维为构建高效的柔性中空纤维膜提供了新思路，是一种很有前景的用于污染物、细菌、微小颗粒物去除的膜水处理材料。

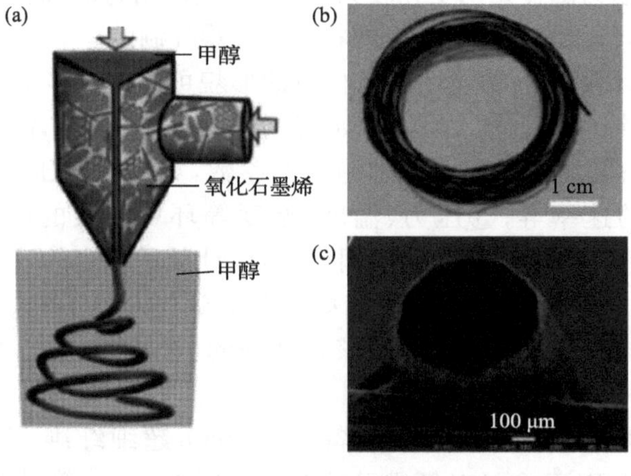

图 1-8　电纺丝装置和石墨烯中空纤维形貌[59]

(a)同轴静电纺丝装置示意图；(b)石墨烯中空纤维实物图；(c)石墨烯中空纤维扫描电镜图片

1.2.2.10　冷冻干燥法

冷冻干燥法是以可溶性盐水溶液为原料，经过喷雾，冷冻，在减压条件下加热使冰升华得到无水盐，再加热分解形成氧化物或复合氧化物粉体的方法。它分为冻结、干燥、焙烧三个过程，生产中通常使用干冰与丙酮混合冷却后的己烷或液氮（77 K）作冷冻剂，用惰性气体携带溶液喷入冷冻剂中快速冻结。再将冻结的液滴加热使水升华得到无水盐。冷冻干燥法有以下特点：①该法制备的纳米粉末具有粒径小（0.1～0.5 μm）、纯度高、粒度和组成均匀、比表面积大的优点；②因为冷冻的液滴中仍保存着溶液中的离子混合状态，所以组成不发生分离，可实现原子级的完全混合；③盐的水溶液易配制，与沉淀法相比，由于不添加沉淀剂，可避免杂质的引入；④可制得多孔质粉体，热分解时气体放出容易，利用流动床煅烧时，气体透过性好；⑤工艺简单，此法无水盐的热分解温度与其他方法制备的无水盐相比要低得多，避免了水合盐熔化的问题。

该方法的缺点[60]是对雾化室和真空度的要求高，而且该法还利用了原料可溶性盐溶液的脱水、分解，因此制备效率比较低。近年来冷冻干燥法在制备石墨烯等碳材料的泡沫结构上应用得较多。Ren 等[61]报道了用这种方法制备了具有强吸附能力和高吸附容量的海绵状结构石墨烯。他们以石墨烯氧化物的水溶液和硫脲为前驱体，先在 180℃条件下水热还原石墨烯氧化物，然后将还原得到的石墨烯通过冷冻干燥制得海绵状的石墨烯。这种制备方法可以通过调节硫脲的加入量、石墨氧化物的浓度和尺寸来调节海绵结构石墨烯的结构和表面性质。这种方法制得的海绵结构石墨烯表现出很强的吸附能力，它能大量地吸附各种有机物污染物，比如染料、油类，其对亚甲基蓝和柴油的吸附容量分别达到 184 mg/g 和 129 g/g。Feng 等[62]也用冷冻干燥法制备了氮掺杂的石墨烯气溶胶，并在氮掺杂石墨烯上包覆了四氧化三铁纳米颗粒（图 1-9）。他们在石墨氧化物水溶液中加入醋酸铁和聚吡咯，先经过 180℃水热 12 h 形成四氧化三铁和氮掺杂石墨烯复合物的溶胶，在这个过程中，石墨氧化物被还原的同时还掺杂了氮原子，四氧化三铁在还原的石墨烯表面成核并生长，然后将形成的复合物的溶胶冷冻干燥，经过 600℃惰性气体保

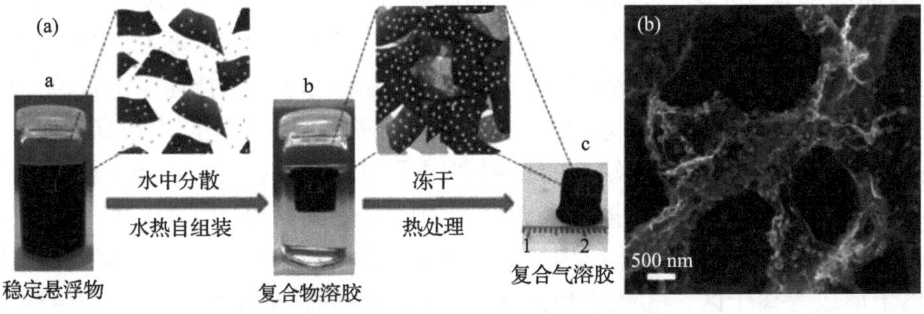

图 1-9　负载四氧化三铁纳米颗粒的石墨烯气溶胶的制备和形貌[62]

(a) 制备方法示意图；(b) 扫描电镜图片

护下煅烧就得到了负载四氧化三铁纳米颗粒的石墨烯气溶胶。将这种气溶胶应用于燃料电池阴极，它表现出较好的氧还原性能，其还原电压和电流密度、运行稳定性都要优于用层状结构的氮掺杂石墨烯或者氮掺杂炭黑负载的四氧化三铁纳米颗粒。它的高电化学还原性能主要来源于气溶胶的三维大孔结构和高的比表面积。

1.2.3　固相法

固相法是通过固相的变化来制造粉体，其特征是不像气相合成法和液相合成法伴随有气相到固相、液相到固相那样的状态（相）变化。对于气相和液相，分子（原子）的易动度相对较大，能敏感地反应外界条件的变化。而对于固相，分子（原子）较慢地扩散，具有多种集合状态。固相法采用固体作为原料，这和采用液体或气体为原料具有明显的不同。根据采用固相法的不同，合成的固相粉末和采用的固相原料可能是同一物质，也可能不是同一种物质。

1.2.3.1　机械球磨法

机械球磨法是以粉碎与研磨相结合来实现材料粉末的纳米化方法。它是通过球磨介质之间、粉末与球磨罐壁之间发生剧烈的碰撞、摩擦、挤压，将球磨介质的机械能以不同的形式传递给粉末，粉末在此过程中发生强烈的塑性变形，经历反复的破碎—焊合—破碎过程使得晶粒细化。机械球磨法的优点是操作工艺简单，制备效率高，成本低廉，能够制备出常规方法难以获得的高熔点金属合金纳米超微颗粒，其缺点是颗粒分布不均匀，纯度较低，因此人们很少采用该法制备高纯度的纳米粉体[63]。

对纳米结构形成机理的研究认为球磨过程是一个颗粒循环剪切变形的过程。在这一过程中，晶格缺陷不断在大颗粒的晶粒内部大量产生，从而导致颗粒中晶界的重新结合。在球磨的过程中，球磨时间越长，晶体颗粒就越小，而应变则越大。经过样品的反复变形之后，晶体颗粒局部应变带中的缺陷密度升高到临界值时开始破碎，不断地重复此过程使得晶粒逐渐地细化，最终得到纳米颗粒。当球磨的时间达到一定时，应变导致的晶粒破碎趋于饱和，晶粒尺寸将保持在一定数值。球磨作用现象与机理如下：①局部升温。球磨在局部碰撞点中可能产生很高的温度，且因为高的碰撞力会导致晶体缺陷的扩散和原子的局部重排，并可能引起纳米尺度范围内的热化学反应。②摩擦等离子区。物质在受到高速冲击时，在一个极短的时间和极小的空间里，对固体结构造成破坏，导致晶格松弛和结构裂解，释放出电子、离子形成等离子区。③缺陷和位错。一般活性固体处于热力学上和结构上均不稳定的状态，其自由能和熵值较稳定物质都高。当受到机械力作用时，物体接触点处或裂纹顶端就会产生应力集中。局部应力的释放往往伴随着结构缺陷的产生以及热能的转变。④新生表面和共价键开裂。固体受到机械力作用时，材料破坏并产生新生表面，这些新生表面具有非常高的活性。

适当控制机械球磨法的条件，可以得到纯元素、合金或复合材料的纳米超微颗粒。高能球磨法能利用粒子之间的固相反应，直接制备化合物纳米颗粒，它的基本原理是在球磨机的转动或振动过程中，通过硬球对反应物原料进行强烈的撞击、搅拌和研磨，将原料破碎为纳米颗粒。Glushenkov 等[64]首次以天然钛铁矿为原料，经过球磨-碱浸工序成功制备出了纳米花状钛铁矿。经过表征，所获得的纳米花状钛铁矿的每个纳米花大小为几微米，花瓣的厚度和宽度分别为 5～20 nm 和100～200 nm。这种球磨法制备的纳米花状钛铁矿具有良好的超级电容器性能。他们进一步将这种钛铁矿纳米花经过稀盐酸工艺处理后可全部转换为以(110)晶面为主的二氧化钛纳米棒，纳米棒的长度为 50～100 nm、厚度为 2～5 nm、宽度为 5～20 nm，经过光催化降解草酸实验证明，同等条件下，所得到的二氧化钛纳米棒的光催化性能高于商业金红石型二氧化钛粉末，与 P25 的性能接近。Yao 等[65]以钛粉和六方氮化硼为原料与不锈钢球一起放入不锈钢球磨罐中在高能振动球磨机上进行机械球磨，氮原子通过和钛的扩散反应形成氮化钛非晶，在钢球碰撞引起的局域压力和局域温度的共同作用下氮化钛非晶逐渐转变为氮化钛纳米晶。提出机械驱动晶化过程是在球磨过程中碰撞引起的局域温度和压力共同作用的结果，其晶化机制与高压下无长程原子扩散的非晶晶化机制相似。

1.2.3.2　离子注入法

离子注入法通过静电加速器将具有一定能量的离子嵌在某个与它固相不相溶的衬底上，再超过某一注量时自发的，或经过高温退火处理，或其他处理(如在高能离子辐照、电子辐照等作用)下，使其在基体材料的近表面(<1 μm)偏析出来，形成纳米颗粒。离子注入的元素可以任意选取，注入能量和剂量可以调节。合成的纳米粒子大小会随着注入剂量的变化发生相应的变化。离子注入法相对于其他纳米材料制备方法具有独特的优点，比如注入参数的调节可以改变纳米晶的空间分布；对纳米晶析出相进行浓度或尺寸调节能优化纳米粒子的基体材料的物理性质；此外，离子注入技术易于实现与其他制备技术结合以获得新颖的结构；离子注入法合成的纳米材料使用寿命长，其形成于基体近表面并成为基体材料的组成部分，因而纳米晶能被基体材料保护。

目前，离子注入法已经在制备分离的纳米粒子、合金纳米粒子、核壳结构纳米粒子、半导体量子点、磁性纳米颗粒等多方面取得了进展。肖湘衡等[66]利用离子注入法将银、铜离子分别以 5×10^{16} ions/cm^2 和 1.5×10^{17} ions/cm^2 的剂量在室温下先后注入非晶二氧化硅玻璃中。经过对样品光吸收曲线、选区电子衍射花样晶格常数的计算及未倾转透射电镜明场像的观察和研究，表明样品中形成了银和铜纳米颗粒或铜壳银核的核壳结构。赵勇等[67]采用热蒸发氧化锌和石墨粉末混合物的方法，在硅衬底上合成了氧化锌纳米线阵列，然后采用能量为 63 keV、剂量为 5×10^{15} ions/cm^2 的银离子对其进行离子注入掺杂。掺杂后样品在空气中 600～1000℃进行退火处理。分析表征结果证明离子注入和退火实现了对氧化锌纳米线的银掺杂，离子注入银之后样品仍保持六角纤锌矿结构。虽然离子注入会对氧化锌纳米线造成结构损伤，但这种损伤可通过选择合适的温度退火得以恢复；同时离子注入引进了很多缺陷，造成样品的紫外发射和可见光发射均受到抑制，但这种抑制效应也可通过退火来消除。当退火温度超过 650℃时，银离子注入氧化锌纳米线的紫外发光强度比纯的氧化锌纳米线更高，这归因于能够引起光生载流子快速扩散的银原子替代了锌原子的位置。在 650～900℃范围内，随着退火温度的提高，银离子注入氧化锌纳米线内被激活的锌空位和氧空位浓度逐渐升高，从而导致样品的可见光发射逐渐增强。

1.2.3.3 热分解法

热分解是指原始反应物在一定的温度下分解成固态化合物和气体的化学过程。反应一结束，蒸发掉不需要的气体就可以得到想要的新固态材料。单一的金属氧化物可通过固相热分解的方法制备，但是碳化物、氮化物、硅化物以及双金属氧化物等化合物难以通过单独的热分解方法合成，一般是将合成最终产物所需的组分原料混合后，再经过高温使原料发生反应。

通过常规化学热分解法制备的化合物粒子往往是多分散体系，且其粒径通常是微米级别。要实现合成单分散的纳米颗粒，可以对常规化学热分解法的过程和条件做一些改进，常用的改进方法有：将反应氛围中的液体或气体改成惰性的；反应前驱物、合成的纳米颗粒可通过能分解的高分子、聚合物分散或保护起来；把反应前驱物溶在溶液中、使用稳定的基体（比如沸石分子筛或玻璃）来分散反应前驱物溶液、降低反应速率。这些改进方法使合成的纳米颗粒的临界温度得到有效的降低，而且可以使得纳米颗粒之间的聚集和凝聚成功避免。原始反应物应该选择易于分解的以及分解的副产品易于挥发的前驱体。热分解法大多是盐的分解，微粉除了粉末的粒度和形态外，纯度和组成也是主要因素。基于此，有机酸盐很早就开始使用，这是由于其易于提纯，化合物的金属组成明确，盐的种类少，容易制成含两种以上金属的复合盐，分解温度比较低，产生的气体组成为 C、H、O。但同时也有价格较高，碳容易进入分解的生成物中等缺点。

近年来有大量文献报道采用热分解的方法将有机物碳化制备石墨相碳材料。Hu 等[68]将氯铂酸的乙醇溶液滴在二氧化钛纳米棒上，在 385℃下热分解 15 min 得到粒径为 9 nm 的铂纳米颗粒。得到的铂/二氧化钛复合材电极具有较大的电化学活性面积；同时，由于二氧化钛与铂在催化氧化乙醇中的协同作用，铂/二氧化钛电极对乙醇的电催化氧化表现出了较高的电化学活性和稳定性。Qiao 等[69]通过热分解碳化蔗糖、借助模板法制备了三维有序大孔 C_3N_4/C 复合物。他们采用蔗糖为碳源，硅球为模板，两者在混合的条件下通过浓硫酸的作用蔗糖发生聚合，得到的固体在900℃热分解碳化，生成碳包裹的硅球（$C@SiO_2$）；将 C_3N_4 的前驱体氨腈与 $C@SiO_2$ 混合进一步在550℃热分解、通过氢氟酸去除硅球即得到大孔 C_3N_4/C 复合物。这种三维有序大孔状结构有利于提高反应物与材料的接触面积，将其应用于燃料电池的阴极，取得了较高的氧还原反应的电流密度和较快的动力学电流密度，从而提高了能量转化率。

1.2.3.4　原子排布法

原子排布法能够按照人们的要求排布出需要的物质，是一种理想化的终极生产方式。目前人们已经能够做到少数原子的排列操作，但效率很低，远远达不到想要的效果，这方面的研究还在继续。目前对原子进行排布的有力工具是扫描隧道显微镜，不仅可以实现一个平面上的原子的排布操作，还可以进行三维的立体搬迁。但要想达到原子排布生产物质的目标，仍然需要漫长的研究。

1.2.4　其他方法

1.2.4.1　超临界流体法

处于临界温度和临界压力以上的流体称为超临界流体。超临界流体拥有一般溶剂所不具备的多种性质，它的物理化学性质如密度、黏度、溶剂化能力、介电常数、扩散系数等随温度或者压力的变化而变化，即在化学组成不改变的情况下，其性质可由压力来连续调节。超临界流体法主要是利用改变压力来调节体系的过饱和度和过饱和速率，从而使溶质从超临界溶液中结晶或沉积出来，制备功能纳米材料的方法。用超临界流体法合成环境功能纳米材料具有以下优点：采用的溶剂绿色、操作条件温和、渗透扩散能力强、载体结构不被破坏、能通过调节温度压力实现调控。

目前，合成纳米材料的超临界流体技术主要包括超临界溶液快速膨胀技术[70]和超临界流体抗溶剂技术[71]。超临界溶液快速膨胀制备技术主要利用溶质的溶解度与超临界流体密度之间的关系，从超临界状态快速地膨胀到低温、低压状态时，溶质的溶解度会急剧下降而使溶质迅速成核和生长成为微粒而沉积。通常超临界流体溶液的溶质-溶剂体系形成就可发生超临界溶液快速膨胀。所生成纳米粒子的性质可通过压力、温度、喷嘴口径大小以及流体喷出速度等来调节。超临界流体抗溶剂制备技术是利用很多物质能溶于有机溶剂而不溶于高压流体或超临界流体，同时高压流体或超临界流体在许多有机溶剂中溶解度很大，使得这些有机溶剂体积发生膨胀，内聚能降低，溶剂的溶解能力变小，最终导致溶质结晶析出。液体在膨胀后的扩散系数比常压下的更高，而黏度则比常压下更低。和传统法相比，超临界流体抗溶剂法能增大合成纳米晶的纯度，因为它制备的晶体中溶剂含量更低。具有抗溶剂效应的是高压流体、超临界流体，在抗溶剂过程中，析出产物的晶型和粒径能通过反应体系的温度、压力和高压气体的溶解速度等来控制。

由于超临界流体的特殊的物理化学性质，超临界流体被广泛地应用于在纳米材料的制备中。但目前的研究只要致力于制备方法原理、纳米材料粒径的影响因素和操作条件的研究，而对其中某个步骤起支配作用的重要理论、过程模型模拟却很少报道，这限制了超临界流体在纳米材料制备中的进一步发展。此外，目前在超临界流体中制备纳米材料，绝大部分都处于实验室规模。将实验室开发的工艺过程发展成为大范围推广的实用技术，尚需在过程理论、过程模拟、工程放大、生产设备制造等方面取得突破[72]。

张华东[73]等以微乳液反胶束法获得粒径为 5～10 nm 的硫化镉纳米颗粒为骨架，利用表面硫醇偶联制得了硫化镉湿凝胶。经过超临界 CO_2 干燥后得到的块状硫化镉纳米晶气凝胶显示了较大的比表面积（202.2 m^2/g）和较高的孔洞率（0.47 mL/g），平均孔径为 6.31 nm。对所得到的硫化镉气凝胶进行了光催化性能研究实验证明它比纳米粉体和块体材料具有更高的光催化效率。对不同晶形的硫化镉纳米材料的光催化性能考察证明未经焙烧的硫化镉气凝胶展现了最佳的光催化效率，而较低温度下形成的立方闪锌矿结构的硫化镉要比高温条件下得到的六方纤维锌矿结构的硫化镉具有更好的光催化性。银建中等[74]报道了用超临界流体沉积法以无机盐为前驱物制备纳米 Ag/SBA-15 复合材料。他们以超临界二氧化碳为溶剂，乙醇或乙二醇为共溶剂，$AgNO_3$ 为前驱物，SBA-15 为载体，在 50℃、23～25 MPa、3～24 h 条件下制备了 SBA-15 担载 Ag 纳米复合材料。透射电镜图片表明担载的 Ag 纳米粒子分散均匀，粒径范围 3～7 nm，纳米线宽度 5～9 nm，长度由十几纳米到几微米，分散性较好。超临界流体法可以通过选择合适的沉积条件实现复合材料中金属相形态的控制。通过 CO 选择性氧化实验证明，超临界流体法所制备的 Ag/SBA-15 催化活性高，300℃下 CO 选择氧化反应可以完全转化。

1.2.4.2 分子自组装法

分子自组装是一个自发的从无序到有序的过程，各组分主要依靠非共价键分子间作用力如范德华力、静电力、疏水作用力、氢键、π-π 堆积作用等作用，使溶液中的分子自发组装成具有特定形状和尺寸的纳米级有序聚集体，是一种制造具有规则结构的纳米功能材料的很有效的方法。体系中的组分按适当比例混合后发生有序排列或自聚集，在固/气或固/液界面形成稳定有序的单层或多层膜。比较典型的离子型表面活性剂在功能纳米材料表面的自组装一般基于表面活性剂与纳米材料之间的静电作用而进行的。分子自组装技术合成一维异质结纳米材料是利用分子间的非共价键作用力、自发地将两种或多种不同的纳米材料组装成异质结功能纳米材料的方法，是一种新的从分子水平构筑异质结功能纳米材料的方法。已有大量报道用自组装方法成功地获得了金属/金属[75]、半导体/半导体异质结[76]的纳米材料和一维金属/半导体异质结纳米材料。自组装法制备一维金属/半导体异质结纳米材料有操作简单，条件温和，容易得到多个异质结，甚至可获得具有二维异质结网络结构等的优点。但它也存在如下缺点：异质结和纳米材料的尺寸不均一而且界面不整齐；多数通过非共价键获得的异质结还存在稳定性较差，进而导致不容易操纵的缺点。在纳米材料的合成中，超分子自组装可以使得有机/无机杂化体在分子水平上实现组装，从而在分子水平、纳米尺度、宏观形貌上可控，得到具有新性质及功能的多级结构新材料[77]。分子自组装在不同的领域如催化、生物制药、纳米电子器件、传感器等都具有广阔的应用前景。

Li 等[78]用自组装的方法构建了一个灵敏的有机磷农药传感元件。他们首先通过还原氯金酸和石墨氧化物、在石墨烯上原位生长金纳米颗粒，以聚二烯丙基二甲基氯化铵为连接剂，通过分子自组装将乙酰胆碱酯酶连接在金/石墨烯上，得到的复合材料用于电化学法检测有机磷农药，不仅表现出较高的灵敏度而且稳定性好。这种分子自组装法提供了一种有效的酶固定方法，为构建高灵敏度、高酶活性和高稳定性的电化学生物传感器提供了潜在的有效方法。Huo 等[79]以硝酸铜为金属源、5-羟基间苯二甲酸(5-OH-BDC)为配体和十六烷基三甲基氯化铵(CTAC)阳离子表面活性剂为模板，通过分子协同自组装结合配位反应、超分子作用和水热合成方法，直接由 Cu^{2+}，5-OH-BDC 和 CTAC 在水体系中的协同自组装成功制备出具有介观结构的金属有机框架材料 Cu-(5-OH-BDC)-C16，即在框架结构中金属铜离子与羧基发生配位，与起到模板效应的表面活性剂阳离子发生作用，共同促使整个材料的形成。经分析此材料具有高度有序的平面六方结构，具有孔道尺寸和形状可调、结构和功能多变的特点。而且他们通过更换金属前驱体、成功地将这种方法拓展到合成其他类似的介观结构的金属有机框架材料，Co-(5-OH-BDC)-C16 和 Ni-(5-OH-BDC)-C16，表明这种合成方法具有一定的规律性和普遍性，具有很好的研究价值和意义。

1.3　环境功能纳米材料的功能化

为了使纳米材料更好地应用到环境领域，我们在研究和改善各种制备方法以合成满足环境应用需求的环境功能纳米材料的同时，还可以根据对所合成的纳米材料进行功能化，以增强其分散性和稳定性，同时赋予它更加丰富的物理化学性质，并使之具有所需的功能以满足不同的具体环境应用要求。常用的环境功能化主要包括改善其亲疏水性、生物亲和性、提高导电性、增加催化活性等。通过对环境功能纳米材料的功能化，使其达到更好的吸附，或催化，或分离分析，或传感等性能。

1.3.1 环境纳米吸附材料的功能化

开发吸附性能优良的环境功能纳米材料对环境污染控制领域具有重要作用，环境功能纳米材料不仅可以通过吸附去除重金属等无机离子，而且可以通过吸附去除各种有机污染物、油污等。为了提高环境功能纳米材料的吸附性能，可以利用表面基团修饰改变环境功能纳米材料的亲水或疏水性，从而提高纳米材料在具体环境中的分散性，修饰的表面基团还可以增强环境功能纳米材料对某些化合物的吸附或亲和能力，使其更好地应用于环境污染物的吸附去除。表面基团修饰主要分为两种：一种是有机官能团通过共价键的方式嫁接到纳米材料的表面；另一种是离子型表面活性剂通过吸附自组装在纳米材料的表面。许多有机基团以硅烷化偶联、络合或酯化反应的形式共价修饰到纳米材料的表面，从而达到不同的环境功能。通常修饰的表面基团有氨基、巯基、烷基、羧基、羟基、醛基等。Yantasee 等[80]在超顺磁性 Fe_3O_4 纳米颗粒表面修饰 2,3-二巯基丁二酸，获得的材料用于去除人体血清和地表水中的 Hg、Ag、Cd、Pb、As 等重金属。经 2,3-二巯基丁二酸修饰的 Fe_3O_4 纳米颗粒能很好地分散在水溶液中并且稳定存在，它对 Hg 的吸附容量比传统的树脂吸附剂 GT-73 提高了 3 倍，对 Pb 的吸附速率比 Chelex-100 和 GT-73 分别快至少 10 倍和 120 倍。

此外，将环境纳米吸附材料与具有磁性的纳米粒子复合，利用磁场作用力回收吸附剂，能解决吸附剂使用过程中难以回收利用的问题。孟昭福等[81]合成了亲水性碳层包覆的磁性纳米四氧化三铁颗粒；经 850℃高温煅烧得到核壳结构的石墨化碳层包覆的磁性纳米颗粒碳化铁/铁吸附剂（Fe_3C/Fe@C）并将其应用于吸附去除水环境中金霉素。由 Langmuir 吸附模型拟合的金霉素的最大吸附容量高达 909 mg/g，而且吸附金霉素后的 Fe_3C/Fe@C 磁场作用下可以快速从水样中收集，避免对环境的二次污染。这种经过无机材料修饰的功能纳米复合材料，不仅提高了单独磁性纳米颗粒容量低的问题，而且解决了碳材料吸附剂难以从环境中去除、可能造成环境的二次污染的问题。这些结果表明，无机材料修饰是一种潜在的将环境功能纳米材料功能化，制备高效、绿色吸附剂的方法。Ma 等[82]利用表面基团修饰的多壁碳纳米管实现了对水中苯及其衍生物的有效吸附。在多壁碳纳米管的纯化过程中使其开口，利用毛细管现象将硝酸铁水溶液填充在碳纳米管的管内，经过 560℃下分解和 900℃氢气还原，得到铁/多壁碳纳米管复合物异质结，这种异质结实现了外来物质在碳纳米管的空腔内填充，可获得纳米量级的具有新颖物理和化学性质的纳米功能材料；由于铁纳米粒子具有磁性，利用磁场易于实现铁/多壁碳纳米管吸附剂在水溶液中回收。然后利用偶氮二异丁氰在恒温的条件下裂解，产生烷烃链自由基修饰的碳纳米管，使铁/多壁碳纳米管复合物具有水溶性，易于在水中分散从而提高其在水溶液中对污染物的吸附速率和容量。实验结果表明，经过双功能化的碳纳米管，对水中的苯及其衍生物具有良好的吸附性能，能应用于去除水中苯及其衍生物且实现多次重复使用。

1.3.2　环境纳米催化材料的功能化

环境功能纳米催化材料对环境治理和环境修复发挥着重要作用，它不仅可以通过光或电或光电催化降解各种工业废水（印染废水、造纸废水、含油废水）、农业废水（有机农药废水）和生活污水等，还可以通过热催化处理汽车尾气和对烟气进行脱硫脱硝。为了进一步提高环境功能纳米材料的催化性能，可通过掺杂引起纳米材料的结构、成分或性能发生变化以实现环境功能纳米材料的表面改性，这种改性可以改善物理性能，例如改善环境功能纳米材料表面的电磁学和光学性能；也可以改善化学性能，例如提高材料表面的抗氧化、抗腐蚀性能，提供更多的催化活性位点以提高催化性能。已有报道[83]利用浸渍法制备了铁掺杂的铈钛催化剂，这种经过掺杂修饰的催化剂对氮氧化物的低温催化活性和抗硫中毒能力都得到显著提高。在 160℃时，铁掺杂铈钛催化剂对氮氧化物的去除率即能达到 80%，且在 250℃时经过 11 h 的抗硫实验测试，对氮氧化物的去除率始终能够保持在 95%以上。进一步研究表明铁掺入铈钛催化剂中能够有效地提高催化剂表面铵离子和吸附态二氧化氮的数量，从而促进了催化剂的低温选择性催化还原活性。刘海津等[84]报道了对阳极氧化的二氧化钛纳米管阵列进行锆掺杂和锆、氮共掺杂以增加其光吸收利用范围并提高其光催化活性。和非掺杂的二氧化钛纳米管阵列相比，锆掺杂明显提高了其在紫外区的光催化活性，是未掺杂的 1.55 倍，但其对可见光仍然没有吸收；而锆、氮共掺杂的二氧化钛纳米管不仅提高了紫外区的光催化活性，而且将光响应范围扩展到可见区，可能是锆、氮共掺杂产生了协同效应。将其应用于二溴联苯光电催化降解，结果表明无论是光催化、电催化还是光电催化，锆、氮共掺杂的二氧化钛纳米管对二溴联苯的去除效果都要显著高于非掺杂的二氧化钛纳米管。

通过对环境功能纳米材料进行无机材料修饰或者有机聚合物修饰也可以实现催化性能的改善。无机材料修饰主要分为两种途径：一种是非化学修饰法，将某些无机材料吸附在被修饰纳米材料的表面得到环境功能纳米复合材料；另一种是直接在纳米材料的表面沉积无机材料，制备包裹式、核壳式等结构的环境功能纳米复合材料。Kanan 等[85]报道了对锡电极进行氧化锡薄膜修饰后，锡/氧化锡电极对温室气二氧化碳的转化效率显著提高。他们发现经过酸刻蚀处理得到的锡单质电极基本没有电催化二氧化碳还原活性，而经过空气氧化形成的锡/氧化锡复合电极具有较高的二氧化碳还原能力，其中通过氯化亚锡或者三氟甲磺酸亚锡电沉积得到的锡/氧化锡复合电极电催化能力最强。这种锡/氧化锡复合电极能将二氧化碳转化为一氧化碳和甲酸等小分子燃料，其电还原二氧化碳的电流密度比锡单质电极提高了 8 倍，而且它的电流效率比锡单质电极也提高了 4 倍。环境功能纳米材料的有机聚合物修饰是指在纳米材料的表面包覆一层高分子材料，从而得到具有新奇的光、电、催化等功能和特性的环境功能纳米复合材料。已有报道[86]将壳聚糖与石墨烯通过非共价功能化方式进行复合，经热处理后成功制备出具有空间三维及介孔结构的壳聚糖修饰的石墨烯纳米复合材料。壳聚糖的修饰赋予了功能材料亲水、易降解、介孔、超大比表面积的特性。这种三维介孔石墨烯复合材料对典型偶氮染料活性黑 5 具有较好的去除效果。基于修饰后石墨烯复合材料的特性，这种复合材料有望应用在催化、传感等领域。

1.3.3 环境纳米分离分析材料的功能化

样品前处理效果对分离分析的有效性具有直接影响作用，开发高效的环境功能纳米材料用于分离分析和样品前处理，有助于简化操作步骤和提高处理效果。因此通过环境功能纳米材料及其功能化，建立简单、快捷和高效的样品前处理技术具有重要意义。利用表面基团修饰可以改变环境功能纳米材料对某些化合物的亲和能力，从而在分离分析方面实现效果的提高。同时，将具有分离分析效果的环境功能纳米材料与磁性材料相结合，可以实现环境功能纳米材料的高效回收。Rubio等[87]报道了表面基团修饰的 Fe_3O_4 磁性纳米颗粒用于环境水溶液样品中有机化合物的萃取。他们采用商品化的平均粒径为 20～30 nm 的 Fe_3O_4 磁性纳米颗粒，利用表面活性剂与 Fe_3O_4 纳米颗粒的化学共价键作用力，将 Fe_3O_4 磁性纳米颗粒表面的羟基与不同长链的烷基羧酸发生酯化反应，从而获得表面烷基功能化的磁性颗粒，将其应用于环境水样中多环芳烃类污染物的萃取。由于表面活性剂与 Fe_3O_4 纳米颗粒之间以牢固的共价键连接，避免了传统靠静电作用力连接带来的表面活性剂污染。这种烷基功能化的 Fe_3O_4 磁性纳米颗粒可以成功地用于地表水和地下水中多环芳烃类污染物的萃取，不仅回收率高，而且相对标准偏差小。Cai 等[88]通过利用巯基十一酸和巯基十一烷的羧基和甲基将他们自组装到核壳结构的 Fe_3O_4@Au 磁性纳米颗粒上，研究了经巯基十一酸和巯基十一烷修饰的 Fe_3O_4@Au 磁性纳米颗粒对多环芳烃、十二烷基硫酸钠及几种不同疏水性的烷基酚的萃取效果，表明巯基十一酸修饰的 Fe_3O_4@Au 对吸附目标物具有一定的离子选择性，这种选择性主要来自于材料表面的疏水性、目标物与巯基十一酸之间的静电作用力。

1.3.4 环境纳米传感材料的功能化

开发选择性好、灵敏度高、响应速度快的传感元件对于及时掌握被监测对象的变化规律、尽快发现异常、有效地预测或预防环境污染具有重要意义。通过表面基团修饰和聚合物修饰可以提高环境功能纳米材料对某些基团或化合物的响应,进而提高检测的灵敏度;杨俊卿等[89]报道了对单壁碳纳米管表面分别进行羧基、氨基、对苯基、对硝基苯基修饰,考察了不同官能团功能化的单壁碳纳米管在温度30℃、50℃、70℃和90℃对NO_2的气敏性。结果表明对硝基苯基功能化后的单壁碳纳米管对NO_2的响应明显高于其他官能团功能化的单壁碳纳米管。对苯基修饰的单壁碳纳米管在50℃时的灵敏度达到最大,而羧基或氨基修饰的单壁碳纳米管在30℃时灵敏度就达到最大。Zhou等[90]用环糊精修饰石墨烯,研究了石墨烯、环糊精复合石墨烯对邻、间、对氯酚三种异构体上的电化学检测。他们在用水合肼超声还原法制备石墨烯的过程中原位复合环糊精,使环糊精负载在了石墨烯表面,使得石墨烯具有了更好的主客体吸附性,和传统的先还原后修饰法相比,这种方法制得的环糊精复合石墨烯具有更好的电化学响应。经环糊精修饰的石墨烯不仅实现了同时对邻或对位取代氯酚与间位取代氯酚的选择性检测,而且极大地增敏了氯酚氧化的电流信号,其对邻、间、对氯酚的检测限分别达到0.6 μmol/L、0.9 μmol/L和0.2 μmol/L。

表面基团修饰还可以提高环境功能纳米材料的生物亲和性,使其容易被抗体、生物素、DNA、蛋白、酶等分子探针功能化,构建选择性好和灵敏度高的生物传感器。Dordick等[91]报道了将多种酶连接在官能团修饰的多壁碳纳米管上。修饰过程如下:混酸处理后的多壁碳纳米管在EDC与NHS的作用下形成中间体-氨基反应活性的NHS酯,然后与氨基终端的酶进一步偶联反应实现了酶共价功能化多壁碳纳米管。所得的酶-多壁碳纳米管复合物在水溶液中具有很好的分散性,且多壁碳纳米管大的比表面积能够提高酶的负载量,从而改善传感器的灵敏度;碳纳米管能够有效地促进电子传输,从而提高酶传感器的检测速度;碳材料良好的生物兼容性有利于提高酶传感器的稳定性和使用寿命。Jiang等[92]开发了一种基于单链DNA修饰多壁碳纳米管的检测水中Hg^{2+}的生物传感器。将多壁碳纳米管电化学标记物链置换反应和Hg^{2+}能特异性识别特定碱基对T-T结合起来,实现了污水中Hg^{2+}的检测。经过DNA修饰的多壁碳纳米管对20 nmol/L～10 μmol/L Hg^{2+}的电流响应与其浓度呈现良好的线性关系,检测下限达到10 nmol/L。这种方法具有操作简单、无标记检测、高灵敏度、高特异性的优点,对于快速检测污水中Hg^{2+}具有潜在的应用价值。

对于利用光、电或光电催化原理进行检测的传感器,还可以通过掺杂、无机材料或有机聚合物修饰的方式来提高其导电性、增加催化活性,以提高检测的灵敏度。Wang等[93]报道了对氧化亚铜进行石墨烯修饰以提高其检测的灵敏度。他们通过醋酸铜和石墨氧化物的乙二醇溶液溶剂热,一步合成了氧化亚铜/石墨烯复合材料。表征结果证明氧化亚铜纳米颗粒均匀地分散在石墨烯上,经过石墨烯修饰后其比表面积增大，对多巴胺的电化学检测结果表明：与单独的氧化亚铜电极和石墨烯电极相比，氧化亚铜/石墨烯复合电极对多巴胺具有很高的电催化活性，其检测线性范围是 0.1～10 μmol/L，检测限为 10 nmol/L，而且在高浓度尿酸存在的情况下仍然对多巴胺具有极好的选择性和灵敏性。Lee 等[94]开发了基于氮掺杂金刚石纳米线的多巴胺原位检测方法。氮掺杂不仅提高了纳米金刚石的导电性，还提高了其电催化活性。这种氮掺杂纳米金刚石能同时实现对多巴胺、抗坏血酸和尿酸的检测，灵敏度高，稳定性好，而且相比其他碳材料如石墨、玻碳、硼掺杂金刚石等具有更好的选择性。

刘艳明　赵慧敏　全　燮　大连理工大学

参 考 文 献

[1] 张荣良，丘克强，胡汉祥，等. 中南大学学报，2006，37：948-953.
[2] Tan T，Li Y，Liu Y，et al. Mater Chem Phys，2008，111：305-308.
[3] Ham H，Shen G，Cho J H，et al. Chem Phys Lett，2005，404：69-73.
[4] Feng F，Zhi G，Jia H S，et al. Nanotechnology，2009，20：1-6.
[5] 李敏，李盼，王维刚. 中国粉体技术，2008，14：54-58.
[6] 贾嘉. 半导体技术，2004，29：70-73.
[7] 田民波. 薄膜技术与薄膜材料. 北京：清华大学出版社，2006.
[8] Helmersson U，Lattemann M，Bohlmark J，et al. Thin Solid Films，2006，513：1-24.
[9] Mejia M I，Restrepo G，Marin J M，et al. ACS Appl Mater Interfaces，2010，2：230-235.
[10] Horprathum M，Limwichean K，Wisitsoraat A，et al. Sens Actuators B：Chemical，2013，176：685-691.
[11] Quinzeni I，Ferrari S，Quartarone E，et al. J Power Sources，2011，196：10 228-10 233.
[12] McCann M T，Mooney D A，Rahman M，et al. ACS Appl Mater Interfaces，2011，3：252-260.
[13] Leskela M，Ritala M. Angew Chem Int Ed，2003，42：5548-5554.
[14] 仇洪波，刘邦武，夏洋，等. 微纳电子技术，2012，49：701-708.
[15] Knez M，Nielsch K，Niinistö L. Adv Mater，2007，19：3425-3438.
[16] Lin Y，Zhou S，Liu X，et al. J Am Chem Soc，2009，131：2772-2773.
[17] Kong J，Gong Y，Li X，et al. J Mater Chem，2011，21：5046.
[18] Velleman L，Triani G，Evans P J，et al. Micropor and Mesopor Mater，2009，126：87-94.
[19] 许志云. 武汉科技学院学报，2007，8：44-47.
[20] 周生刚，竺培显，黄子良，等. 中国粉体工业，2008：10-15.
[21] 江川. 微波等离子体 CVD 法制备纳米金刚石薄膜的研究. 武汉工程大学，2012.
[22] 李社强，江南，王太宏. 真空，2004，41：40-46.
[23] Wang H，Quan X，Yu H，et al. Carbon，2008，46：1126-1132.
[24] Yu H，Wang H，Quan X，et al. Electrochem Commun，2007，9：2280-2285.
[25] Kato H，Hees J，Hoffmann R，et al. Electrochem Commun，2013，33：88-91.
[26] Chen S，Qin Z，Quan X，et al. Chin Sci Bull，2010，55：358-364.

[27] 郭燕川，徐海涛，张兵，等. 科学通报，2003，48：2338-2342.
[28] Wang S，Iyyamperumal E，Roy A，et al. Angew Chem Int Ed，2011，50：11756-11760.
[29] Zhuo Q，Deng S，Yang B，et al. Environ Sci Technol，2011，45：2973-2979.
[30] Li D，Chen Z，Chen Y，et al. Environ Sci Technol，2008，42：2130-2135.
[31] 徐建中，刘建州，谢吉星，等. 无机盐工业，2009，41：28-30.
[32] Ito S，Inoue S，Kawada H，et al. J Colloid Interface Sci，1999，216：59-64.
[33] Duan J，Jiang X，Ni S，et al. Talanta，2011，85：1738-1743.
[34] 张运，冯慧娟，梅燕娜，等. 材料导报，2008，22：5-14.
[35] 杨建明，朱获，雷卫宁. 材料保护，2003，36：1-4.
[36] Niu J，Lin H，Xu J，et al. Environ Sci Technol，2012，46：10191-10198.
[37] Wu T，Zhao G，Lei Y，et al. J Phys Chem C，2011，115：3888-3898.
[38] Sun H，Quan X，Chen S，et al. Appl Surf Sci，2007，253：3303-3310.
[39] 王昕，李镇江，杨丰科，等. 化工学报，1999，50：519-523.
[40] 徐建，韩霞，周丽绘，等. 过程工程学报，2006，6：323-326.
[41] Sun C，Liu S，Liang D，et al. J Am Chem Soc，2009，131：1883-1888.
[42] Meher S K，Rao G R. J Phys Chem C，2013，117：4888-4900.
[43] Choucair M，Thordarson P，Stride J A. Nat Nanotechnol，2009，4：30-33.
[44] Jahan M，Liu Z，Loh K P. Adv Funct Mater，2013，22：5363-5372.
[45] Mdleleni M M，Hyeon T，Suslick K S. J Am Chem Soc，1998，120：6189-6190.
[46] Suslick K S，Fang M，Hyeon T. J Am Chem Soc，1996，118：11 960-11 961.
[47] Shafi K，Gedanken A，Goldfarb R，et al. J Appl Phys，1997，81：6901-6905.
[48] Harpeness R，Palchik O，Gedanken A，et al. Chem Mater，2002，14：2094-2102.
[49] Markova Z，Siskova K M，Filip J，et al. Environ Sci Technol，2013，47：5285-5293.
[50] 张小会. 喷雾热解法合成镁铝尖晶石纳米粉末的制备与表征. 西安建筑科技大学，2004.
[51] 李达，张军，袁川杰，等. 物理实验，2010，30：13-17.
[52] Chen X，Yao P，Wang D，et al. Chem Eng J，2009，147：412-415.
[53] 殷亚东，张志成，徐相凌，等. 化学通报，1998，12：21-24.
[54] 祁磊，张小娟. 金陵科技学院学报，2011，27：33-37.
[55] Xu H，Zeng L，Xing S，et al. Electrochem Commun，2008，10：551-554.
[56] Greiner A，Wendorff J H. Angew Chem Int Ed，2007，46：5670-5703.
[57] Leng J，Li S，Wang Z，et al. Mater Lett，2010，64：1912-1914.
[58] Miao Y E，Wang R，Chen D，et al. ACS Appl Mater Interfaces，2012，4：5353-5359.
[59] Zhao Y，Jiang C，Hu C，et al. ACS Nano，2013，7：2406-2412.
[60] 陈彩凤，陈志刚. 江苏理工大学学报：自然科学版，2000，21：98-102.
[61] Zhao J，Ren W，Cheng H M. J Mater Chem，2012，22：20197-20202.
[62] Wu Z S，Yang S，Sun Y，et al. J Am Chem Soc，2012，134：9082-9085.
[63] 方云，杨澄宇，陈明清，等. 日用化学工业，2003，33：55-59.
[64] Tao T，Glushenkov A M，Liu H，et al. J Phys Chem C，2011，115：17297-17302.
[65] Ding Z H，Yao B，Qiu L X，et al. J Alloys Compd，2005，391：77-81.
[66] 肖湘衡，蒋昌忠，任峰，等. 功能材料，2005，36：1555.
[67] Zhao Y，Chen X，Fang L，et al. Plasma Sci Technol，2013，15：817-820.

[68] He X,Hu C. J Power Sources,2011,196:3119-3123.
[69] Liang J,Zheng Y,Chen J,et al. Angew Chem Int Ed,2012,51:3892-3896.
[70] Matson D W,Fulton J L,Petersen R C,et al. Ind Eng Chem Res,1987,26:2298-2306.
[71] Reverchon E. J Supercrit Fluids,1999,15:1-21.
[72] 陈立军,张心亚,黄洪,等. 化工新型材料,2005,33:5-9.
[73] 张华东. 超临界流体技术在气凝胶和纳米粉体制备中的应用. 济南:山东大学,2009.
[74] 银建中,张传杰,徐琴琴,等. 无机材料学报,2009,24:129-132.
[75] Lauhon L J,Gudiksen M S,Wang D,et al. Nature,2002,420:57-61.
[76] Nicewarner-Pena S R,Freeman R G,Reiss B D,et al. Science,2001,294:137-141.
[77] 陶莉. 分子自组装合成新型催化材料及其在绿色化学中的应用. 长沙:湖南大学,2009.
[78] Wang Y,Zhang S,Du D,et al. J Mater Chem,2011,21:5319-5325.
[79] Li Y,Zhang D,Guo Y N,et al. Chem Commun,2011,47:7809-7811.
[80] Yantasee W,Warner C L,Sangvanich T,et al. Environ Sci Technol,2007,41:5114-5119.
[81] 王懿萱,张娣,牛红云,等. 环境科学,2012,33:1234-1240.
[82] Jin J,Li R,Wang H,et al. Chem Commun,2007,4:386-388.
[83] Shu Y,Sun H,Quan X,et al. J Phys Chem C,2012,116:25 319-25 327.
[84] 刘海津. 新型掺杂二氧化钛纳米管光催化材料的制备及其光催化性能的研究. 新乡:河南师范大学,2010.
[85] Chen Y,Kanan M W. J Am Chem Soc,2012,134:1986-1989.
[86] 程金生. 功能化石墨烯纳米材料的合成与应用. 合肥:中国科学技术大学,2012.
[87] Ballesteros-Gomez A,Rubio S. Anal Chem,2009,81:9012-9020.
[88] Zhao X,Cai Y,Wang T,et al. Anal Chem,2008,80:9091-9096.
[89] 杨俊卿,魏忠,李鸿波. 武汉理工大学学报,2012,34:5-7.
[90] Asuri P,Karajanagi S S,Sellitto E,et al. Biotechnol Bioeng,2006,95:804-811.
[91] Duan S,Xu S,Xu X,et al. Adv Mater Research,2011,217:1469-1474.
[92] Liu S,Nie H,Jiang J,et al. Anal Chem,2009,81:5724-5730.
[93] Zhang F,Li Y,Gu Y,et al. Microchim Acta,2011,173:103-109.
[94] Shalini J,Sankaran K J,Dong C L,et al. Nanoscale,2013,5:1159-1167.

第 2 章　纳米材料的表征和分析测定

2.1　引　　言

纳米材料的分离和测定方法在其制备、应用、环境行为与生物安全性研究中起着关键性作用。首先，需要对合成的纳米材料的形貌、粒径、晶型、表面结构及元素组成进行一系列的分析表征，以确定合成效果。由于处于纳米尺度，传统的表征技术无法满足要求，需要新型的分辨率和灵敏度更高的检测方法对纳米材料进行表征和分析测定。其次，纳米材料的光学、电学、催化等性能及生物学效应跟它们本身的结构、大小和形貌密切相关，但一次性合成粒径均一、形貌相近的材料并不容易。因此，为了得到性能优良的材料，往往需要对合成的不同尺度的材料进行后续的富集分离处理，以得到粒径分布窄、形状大小稳定的纳米材料，实现更好的应用。第三，纳米材料的大量生产和广泛使用，不可避免会释放到环境中，可能对人类和环境生物带来潜在的负面效应。为科学评估纳米材料的潜在风险效应，也需要对环境和生物体内的纳米材料进行富集分离测定和定性定量的表征。本章重点介绍了近些年来发展起来的针对纳米材料的一系列的定性定量的表征技术及分离测定的方法。

2.2　纳米材料的定性表征与定量

2.2.1　颗粒形貌表征

2.2.1.1　透射电子显微镜

光学显微镜采用可见光为光源，分辨率非常有限，难以满足纳米尺度材料的表征。而电子显微镜的电子束光源的波长随电子加速电压的提高而减小，因此其分辨率远高于光学显微镜。随着电子显微镜制造技术的不断进步，目前透射电子显微镜（transmission electron microscopy，TEM）已经发展成为纳米材料直观表征的重要手段之一。

TEM 主要包括照明系统、成像系统、观察记录系统、调校系统、真空系统等，其中电子枪是照明系统的核心部件。电子枪发射出来的电子束在真空通道中形成均匀明亮的电子探针，并照射在成像系统中的样品台上。电子束透过不同物理特性纳米结构的能力存在差异，这种差异经过成像系统放大后，在观察记录系统转化为可识别的影像格式[1]。样品制备的质量直接影响到分析结果的准确性和代表性。纳米材料具有较大的比表面积，因此吸附能力较强，极易发生团聚。若将纳米材料分散在溶液中或向其中加入表面活性剂，可以有效抑制其团聚[2]。

目前，高分辨的 TEM 不仅能提供纳米材料的形貌信息，而且能提供纳米晶粒的结构信息，有助于解释特定构象纳米材料的吸附和催化降解性能。Peterson 等[3]研究发现，中性条件下磁铁矿的给电子能力减弱，对 Cr(Ⅵ)的还原能力钝化。作者采用高分辨 TEM 对与 Cr(Ⅵ)作用前后的磁铁矿颗粒进行了表征，见图 2-1。未与 Cr(Ⅵ)作用的磁铁矿颗粒的边界与主体一样呈颗粒状；而与 50 mmol/L 的 Cr(Ⅵ)反应 5 周的磁铁矿颗粒的边界与主体结构差异较大。而且，氧化层的厚度(10～20 Å)与因磁铁矿中的 Fe^{2+} 电子转移到 Cr(Ⅵ)上引起的磁铁矿转化为磁赤铁矿量的计算值相近。因此，在 pH 7 的环境中，磁铁矿表面的钝化作用产生了表面氧化层，导致其不能被 Cr(Ⅵ)完全氧化为磁赤铁矿。

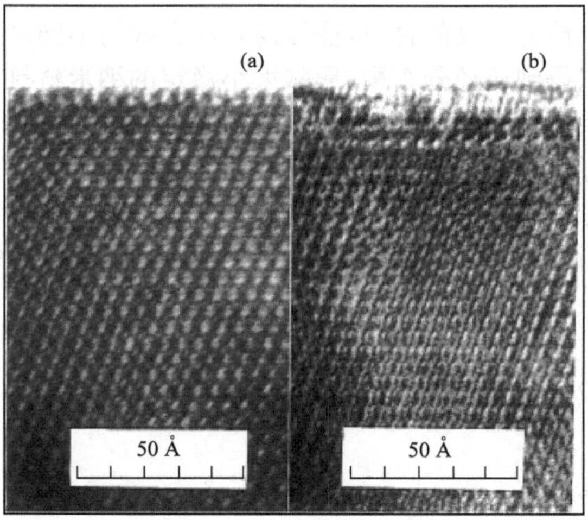

图 2-1 磁铁矿晶体[110]晶面高分辨 TEM 图[3]

(a)原磁铁矿；(b)pH 7 条件下，与 50 mmol/L Cr(Ⅵ)反应 5 周后的磁铁矿

2.2.1.2 扫描电子显微镜

在电子显微镜家族里面，扫描电子显微镜(scanning electron microscopy，SEM)的使用数量远大于透射电子显微镜(TEM)，其主要原因是 SEM 价格低廉，运行成本低，应用领域广。目前，SEM 广泛用于固态物质的亚微、超微结构形态成分分析和对常规成分的微区分析。

SEM 主要由电子光学系统、信号检测系统、记录系统、数据处理系统、真空系统等组成。电子枪发射出的直径为几十微米的电子束在静电场作用下，沿镜筒向下加速。经二级聚光镜及物镜后，聚焦为具有一定能量、直径数十埃的电子束并打在样品上，在扫描线圈磁场作用下，电子束在样品表面做纵横扫描。高能量电子束与样品相互作用产生二次电子发射，二次电子的能量与样品表面的形貌、组成以及物理化学性质等因素有关。将二次电子发射信号转化、放大处理后，即可得到反映样品形貌的扫描电子显微镜图。伴随二次电子，同时产生背散射电子和 X 射线[4]。其中，背散射电子与样品组分原子的质量大小有关；X 射线可以用于微区成分分析，获得更多样品元素种类的信息。

与 TEM 相比，SEM 制样较为简单，多用于粒径较大的纳米材料的形貌表征。Li 等[5]采用简单的水热合成法制备了多刺管状二氧化钛。为了考察这种特殊形貌结构的二氧化钛管的形成过程，他们对不同反应时间下生成的产物进行了扫描电镜表征，结果见图 2-2。从 SEM 图可知，多刺管状二氧化钛的形成经历了立方体棒状结构—中空结构—多刺中空结构的生长过程。反应初期[图 2-2(a)]，硫酸氧钛-硫酸水合颗粒呈现方棒状结构，并且相当一部分叠加累积形成更大的立体棒状前驱体。反应 6 h 后，立方棒状结构转变成了不规则的圆柱体棒状结构，且表面光滑[图 2-2(b)]。当反应时间延长至 12 h，圆棒纳米结构的内部连接部分消失，形成中空管状结构[图 2-2(c)]。继续增加反应时间，24 h 后，中空孔径变大，管壁变

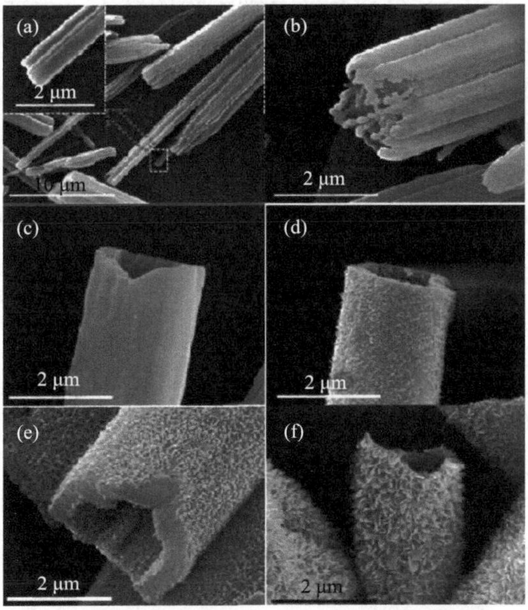

图 2-2　煅烧前，不同反应时间钛管的扫描电镜图[5]

(a)0 h；(b)3 h；(c)12 h；(d)24 h；(e)36 h；(f)60 h

薄，管壁上开始形成众多突起[图 2-2(d)]。该突起会随着反应时间的延长而继续生长形成片状突出物[图 2-2(e)]。延长反应时间为 60 h，在中空管表面生长出独特的突起，形成由薄片交叉关联而成的管状二氧化钛[图 2-2(f)]。在偶氮染料脱色反应中，这种多刺结构二氧化钛管具有独特的光化学催化活性，可以实现 100% 的偶氮染料罗丹明 B 的脱色反应。

2.2.1.3 原子力显微镜

扫描探针显微镜(scanning probe microscope，SPM)是继光学显微镜和电子显微镜之后的第三代显微镜，主要包括扫描隧道显微镜(scanning tunneling microscope，STM)和原子力显微镜(atomic force microscope，AFM)。由于 STM 的信号和探针针尖与样品之间的隧道电流密切相关，所以其表征对象仅局限于导体和半导体材料。AFM 则通过测量微悬臂探针与样品之间的相互作用来表征样品表面的形貌。因此，AFM 将 SPM 适用范围扩展到绝缘的样品，并且可在大气、真空、液相等多重环境下操作。目前 AFM 已发展成为研究表面结构和性质的最常用的 SPM。

原子力显微镜主要由激光系统、微悬臂系统、光电检测系统、数据处理系统、电子控制系统、计算机控制系统等组成。微悬臂对极微弱力十分敏感，是 AFM 的核心部件[6]。微悬臂一端固定，另一端装有纳米级的针尖。当针尖与样品表面接触时，由于针尖原子和样品表面原子存在极微弱的作用力，可引起微悬臂偏振。在控制这种作用力保持恒定的条件下，通过照射在悬臂尖端的激光束的发射接收微悬臂的偏振，可测得样品任意点相对于初始位点的高度。通过光电检测系统和数据处理系统，可获得被测样品表面的三维立体形貌信息。

AFM 的横向和纵向的分辨能力分别是 0.1～0.2 nm 和 0.01 nm，因此 AFM 可实现在分子或原子水平下观察环境纳米材料的形貌。Kaegi 等[7]使用 AFM 对饮用水中的 100 nm 以下典型颗粒物的形貌进行了考察，表征结果见图 2-3。AFM 表征结果显示，在该饮用水中存在球状和纤维状两种颗粒。另外还可以看出球状的颗粒高为 50 nm，为若干个小粒径颗粒(5～10 nm)的聚集体。纤维状颗粒仅有几纳米高，但长约 100 nm。由于原子力显微镜是在真实环境下操作的，因此对颗粒物的表征(特别是高度)更接近于颗粒物的真实尺寸。

除了能够提供三维形貌信息外，AFM 还被用于研究分子间或化学官能团之间的相互作用力。Aubry 等[8]分别将四种不同物理化学性质和来源的天然有机质修饰在 AFM 探针表面，研究了在不同离子强度下它们与云母表面的作用力。这四种有机质均可以紧密吸附在带正电的硅包裹的氧化铁胶体探针上，并且保持它们原有的性质。由 AFM 产生的力-距离曲线可阐明有机质和云母间相互间作用力的本质和机理。当二者接近时，排斥力主要来自静电力和空间作用力。疏水性

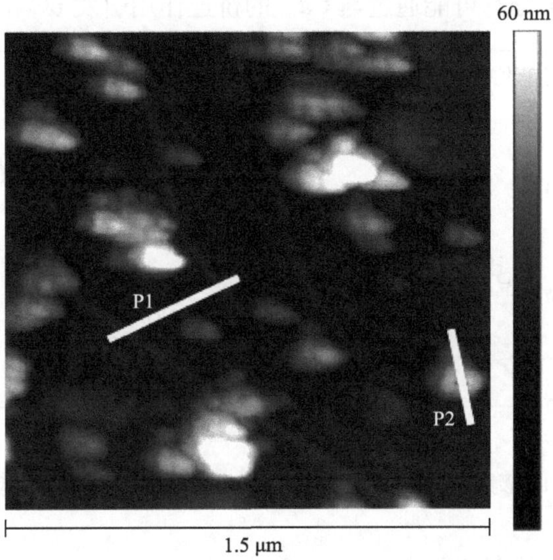

图 2-3　饮用水中颗粒物的原子力显微镜照片[7]

的腐殖酸富含离子化的羧基、芳香和疏水性基团，很难吸附在亲水的云母表面。但随着离子强度增加，云母表面的双电层被压缩，疏水性腐殖酸的吸附能力增强，且在高离子强度下，空间作用力占主导。

2.2.1.4　动态光散射

动态光散射(dynamic light scattering，DLS)技术是基于布朗运动，通过研究照射光在某一空间位置上散射光强随时间的变化来获取溶液中待测颗粒的粒径大小或流体力学半径的重要手段。

典型的 DLS 仪由激光器、样品池、检测器和数据处理系统组成。激光器发出一束激光照在样品池中的待测物溶液中，包含颗粒大小信息的散射光经透镜聚焦后进入检测器(如光电倍增管)，检测器将探测的光信号转化为电信号，传输入数据处理系统[9]。经过相关运算，可得到待测溶液中颗粒的粒径分布。

DLS 技术具有测量粒度分布范围广、样品用量少、检测时间短、运行成本低等特点，广泛用于研究纳米材料环境过程中的粒径变化。刘景富等[10]利用时间分辨 DLS(time-resolved DLS)测定了富勒烯纳米颗粒(nC_{60})在 500 mmol/L 存在下团聚动力学，并研究基于天然有机质(NOM)分子量的异质性及其对 nC_{60} 分散-团聚行为的影响，见图 2-4。相比于不存在天然有机质的体系，未分级天然有机质(Pristine-SRNOM，1 mg C/L)和高分子量天然有机质(SRNOM＞100 kDa，1 mg C/L)在 nC_{60} 团聚动力学初期均会显著降低 nC_{60} 的团聚速率。虽然高分子量天然有机质可以通过空间位阻作用稳定 nC_{60}，但是，在高浓度 $CaCl_2$ 电解质存在下，高分子量天然有机质组分有可能通过与 Ca^{2+} 的桥连作用引发 nC_{60} 的加速团聚。

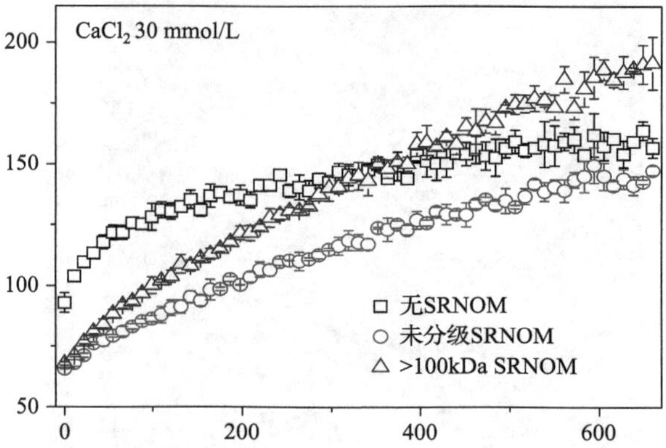

图 2-4　DLS 测定富勒烯纳米颗粒(nC_{60})在电解质中的团聚动力学[10]

2.2.1.5　小角 X 射线散射

虽然电镜法可比较直观地表征纳米材料尺寸大小和形态，但无法直接给出其粒径分布情况。小角 X 射线散射法(small angle X-ray scattering，SAXS)则是直接测量纳米材料尺寸分布的一种有效方法。小角 X 射线散射现象来自于物质内部 1～100 nm 量级范围内电子密度的不均匀性。因此，SAXS 的测定范围集中在纳米级水平，而且该方法测量的是独立存在原颗粒的尺寸分布，因此测量数据非常具有代表性。

SAXS 主要由辐射光源系统、样品室、检测系统和数据处理系统组成。光源发出极细的 X 射线穿过纳米材料层，经不均匀组分电子的散射后，在原光束附近的小角度区域内分散开来，进入检测器。通过数据处理系统分析散射强度分布，可以获知纳米材料粒径分布情况[11]。

SAXS 试样制备和测定均较为简单，一次分析的纳米颗粒数一般达 10^{10}～10^{13}，在统计上非常具有代表性，因此可准确测得纳米材料的粒径分布。Guiot 等[12]采用 SAXS 对牛血清蛋白处理过的二氧化钛分散液的微观结构进行了分析。首先，q^{-4}(Porod 区域)表示原颗粒的总表面，通过该值可得到原颗粒的回旋半径(R_{g1})。在较低 q 处，可测定团聚体的内分形结构和较小团聚体的回旋半径(R_{g2})。除了测定粒径外，通过 SAXS 还可确定团聚体包含的原颗粒的浓度和分形维数。

2.2.2　颗粒表面表征

2.2.2.1　比表面积

表面效应是纳米材料的基本物理效应之一。随着纳米材料粒径的减小，比表面积迅速增大，而且表面原子数急剧增加，纳米材料的物理化学性能也相应发生变化[13]。BET 法准确度高、重现性好，操作简单，被普遍认为是测定纳米材料比表面积的表征方法。

BET 法采用的装置一般包括吸附量测定装置、抽真空装置和饱和蒸气压测定装置。BET 法多采用具有较大吸附热和对绝大多数纳米材料惰性的氮气、氩气或氦气作为吸附质。置于吸附质中的样品，其物质表面在低温下将发生范德华力主导的物理吸附[14]。当吸附达到平衡时，测量平衡吸附压力和吸附的气体量，根据 BET 方程可计算出试样单分子层饱和吸附容量，继而得到样品的比表面积。

纳米材料比表面积是影响其吸附特性、催化活性、生物效应等的重要因素。为评价常见纳米材料的毒性-剂量关系，Stoeger 等[15]分析了暴露 24 h 纳米材料老鼠体内的多核白细胞比例，发现粒径 10～250 nm 纳米颗粒的比表面积与观测的炎症反应的相关系数平方值为 0.72。因此，作者认为纳米粒子的比表面积是评价纳米粒子毒性的有效参数。Zhang 等[16]将纳米零价铁负载在高岭土表面，用于去除废水中的 Pb^{2+}。当高岭土负载 20%零价铁时，高岭土的比表面积增加了约 7 倍(从 3.67 m^2/g 到 26.11 m^2/g)。采用这种粒径小和比表面积大的负载零价铁的高岭土，废水中 Pb^{2+} 的去除率达 96%以上。Yang 等[17]采用超声胶体沉淀物的方法成功制备了比表面积高达 110 m^2/g 的纳米氢氧化铟催化剂。与三氧化二铟和二氧化钛的光催化活性和持久性相比，这种纳米氢氧化铟富含表面羟基，具有多孔结构和高的比表面积，光催化降解丙酮、苯、甲苯等多种挥发有机污染物的能力都略胜一筹。

2.2.2.2　*表面电荷*

纳米粒子的表面电荷是纳米材料最重要的性质之一，它不仅影响颗粒的团聚行为，而且可影响纳米粒子和周围环境介质间的相互作用。纳米粒子的表面电荷性质常用 ζ 电位来衡量。

一般的 DLS 仪都可以用来测定纳米颗粒的 ζ 电位。动态光散射仪测定 ζ 电位是基于电泳光散射原理。在电场作用下，溶液中带电纳米粒子向与其表面电荷电性相反的方向迁移。此时，用激光照射纳米粒子会产生散射光，通过检测散射光的频率偏移，即可求得纳米粒子的电泳淌度。通过 Smoluchowski 等公式就可以计算出 ζ 电位[18]。

除表示纳米粒子表面电荷大小外，ζ 电位还通常被认为是衡量纳米材料分散液稳定性的重要指标。分散较好的纳米材料胶体溶液，其 ζ 电位值一般都比较大。当 ζ 电位降低时，纳米粒子的稳定性相应减弱，易发生团聚。例如 13 nm 金纳米粒子在水溶液中呈酒红色；在高盐介质中，纳米金表面的 ζ 电位减弱，金纳米粒子失去稳定性而团聚，溶液呈现紫色或蓝色。纳米金溶液的这种变化可用于可视化检测环境中的污染物[19]。ζ电位也是影响纳米材料毒性的重要因素。在评价纳米银的细胞毒性实验中，Mukherjee 等[20]考察了不同环境介质中纳米银的ζ电位变化，见图 2-5。单纯人永生化表皮细胞（HaCaT）和海拉细胞（HeLa）分散液的ζ电位分别为 6.61 mV 和−6.22 mV。引入 100 mg/L 纳米银后，去离子水、HeLa 介质、HaCaT 介质中的平均ζ电位变为−33.33 mV，−20.67 mV 和−15.83 mV。ζ电位值变化证实纳米银和细胞培养液中蛋白质之间存在吸附作用。蛋白质吸附在纳米表面引起其表面电势发生变化，继而改变了纳米银的表面性质和细胞毒性。

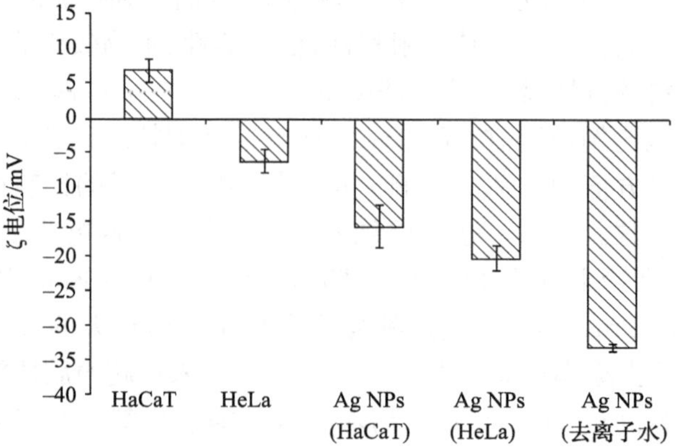

图 2-5 人永生化表皮细胞（HaCaT）、海拉细胞（HeLa）分散液和纳米银在去离子水、HeLa 介质、HaCaT 介质中的ζ电位值[20]

2.2.2.3 X 射线光电子

纳米材料的物理化学性质与其内部的原子排列和电子结构密切相关。纳米材料表面及界面研究和表面改性已成为纳米材料研究的热点之一。与其他表面分析手段相比，X 射线光电子能谱（X-ray photoelectron spectroscopy，XPS）灵敏度高，制样简单，对样品损害小，可提供表面存在的所有元素（除 H 和 He 外）的定性和定量信息。

XPS 仪主要由 X 射线源系统、超高真空系统、电子能量分析系统、样品室、电子探测系统、记录系统等组成。X 射线和样品表面的原子或分子相互作用，将其中内层电子激发出来，释放出光电子，然后进入电子能量分析器。通过分析光电子的数量和能量的大小，即可确定样品含有的元素、元素的化学状态和含量，以此作为定性分析和定量分析的依据[21]。

Gong 等[22]采用 X 射线光电子能谱研究了吸附 Cu^{2+} 前后层状双氢氧化物纳米晶体-碳纳米球复合体（LDH-NCs@CNs）表面化学组成变化，见图 2-6。吸附 Cu^{2+} 后，除了在 LDH-NCs@CNs 表面可确定 Cu^{2+} 的存在外，还可以观察到 O 1s、Mg 2p

和 Al 2p 的结合能转移了 0.34 eV、0.58 eV 和 1.05 eV，这表明区域结合环境发生了变化。高分辨 XPS 能谱在 934.5 eV、942.8 eV、954.7 eV 和 963.2 eV 观测到 Cu 2p 峰，表明在去除铜离子的同时有氢氧化铜的形成。层状双氢氧化物去除金属离子的机制一般包括：①与层状氢氧化物表面的羟基基团吸附；②同构置换；③金属氢氧化物在净化剂表面沉淀。在该系统中，Mg^{2+}/Al^{3+} 的原子浓度比从 1.54 降低到 1.31，这表明 Cu^{2+} 的吸附过程中，发生同构置换，Mg^{2+} 被定量地释放出来。

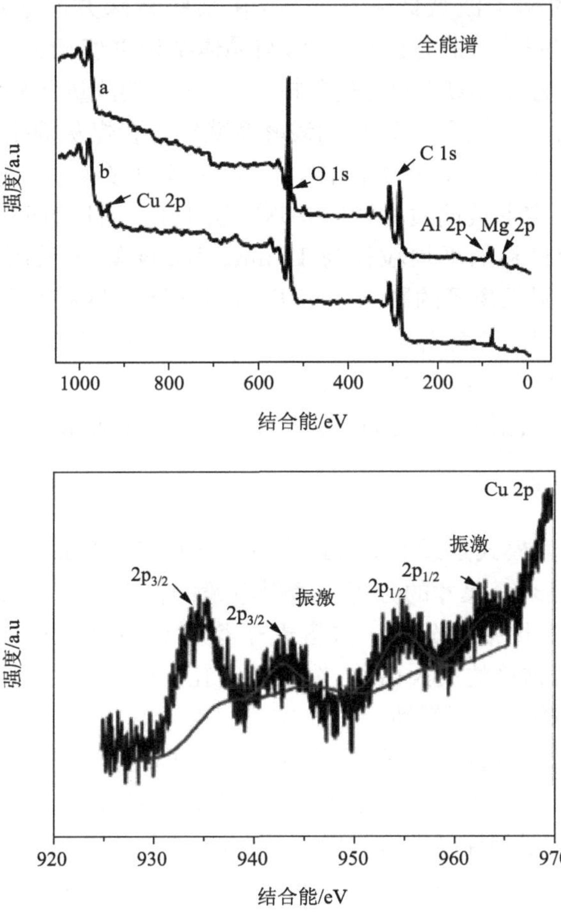

图 2-6　吸附 Cu^{2+} 后 LDH-NCs@CNs 复合材料的 XPS 图[22]

2.2.3　晶体结构与微环境

2.2.3.1　X 射线衍射

纳米材料晶体结构性质(如晶粒度、颗粒度、结晶度等)是决定纳米材料性能的重要因素。X 射线衍射(X-ray diffraction,XRD)是人类研究物质微观结构最早使用的方法,目前已发展为研究晶体结构最有效和应用最广泛的手段之一。XRD 方法具有不破坏样品、测量精度高、分析速度快等优点。

XRD 仪主要由 X 射线发射器、测角器、检测器和数据处理系统等四部分组成。晶体由原子规则排列成的晶胞组成,而这些规则排列的原子间距离与入射 X 射线波长有相同数量级。当 X 射线沿某方向入射到纳米材料晶体时,晶体中每个原子的核外电子产生的相干波彼此发生干涉,在某些特殊方向上产生强 X 射线衍射[23]。衍射线在空间分布的方位和强度,与晶体结构密切相关。分析待测试样的 X 射线衍射峰可实现结晶物质的定量分析、晶粒大小的测量和晶粒的取向分析等。

Dwivedi 等[24]通过分析 XRD 峰的线峰宽确定了粉煤灰的平均粒径。XRD 图中的 2θ 值表明粉煤灰中含有石英晶体(26.62°)、莫来石(16.422°和 40.851°)、氧化铁(33.197°)和无定形玻璃质材料(36.53°)等组分。通过 Scherrer 方程,由半峰宽求得粉煤灰纳米材料的平均粒径为 14 nm。Jeong 等[25]采用 XRD 考察了 pH 对纳米 FeS 晶体吸附汞离子的影响。XRD 谱图结果表明汞离子以 β-HgS 的形式吸附在硫化亚铁表面。随着溶解态 HgS 的沉淀,溶解态 FeS 释放的 Fe(Ⅱ)离子在酸性条件下被再吸附,或在中性或碱性条件下,以氧化铁/氢氧化亚铁的形式吸附或沉积在纳米 FeS 晶体。因此,这种铁沉积物也可作为汞离子的吸附剂。

2.2.3.2 选区电子衍射

成像模式和透射模式是透射电镜最常见的两种工作模式。透射电镜的成像模式可实现纳米材料形貌、尺寸的分析。透射电镜的衍射模式可实现纳米材料晶体结构、晶相组成等物相结构分析。选区电子衍射(selected area electron diffraction,SAED)可根据物镜的放大倍数,选取特定孔径的选区光阑,提高待测微区物像结构的分析的准确度和可靠性。

SAED 分析可在一般电子显微镜上进行。SAED 分析分两步操作:首先,通过电镜中间镜上方的选区光阑可实现待测微区的选区成像;然后,减弱中间镜的电流,电子像波一样在遇到样品的过程中相互叠加,产生干涉现象。不连续的干涉现象的空间分布组成电子衍射花样[26]。据此,由微区电子衍射花样可得到样品的结构信息。

硅纳米材料在微电子、生物医学成像和新型能源领域应用较为广泛。近年来,硅纳米材料对环境和人类健康的影响正引起人们的广泛关注。Liu 等[27]采用 SAED 分析表征特定区域(直径约 50 nm)的纳米结构,对 Ca^{2+} 和腐殖酸对水体中硅纳米材料的团聚过程进行了研究,见图 2-7。透射电镜照片显示 Ca^{2+} 和 Suwannee 河腐殖酸(SRHA)络合物在硅纳米材料间存在凝胶聚合物。在图 2-7(a)中有一个区域是样品的有机部分和碳膜基底混合产生的无定形结构,连续圆环反映了

SRHA-Ca^{2+}桥连区域的非晶相结构，证实硅纳米材料的团聚来源于腐殖酸和Ca^{2+}的桥连作用。图 2-7(b)包括衍射环(无定形碳膜基底)和界限明确斑点(硅晶)，不连续点线表示硅纳米材料的晶相结构。

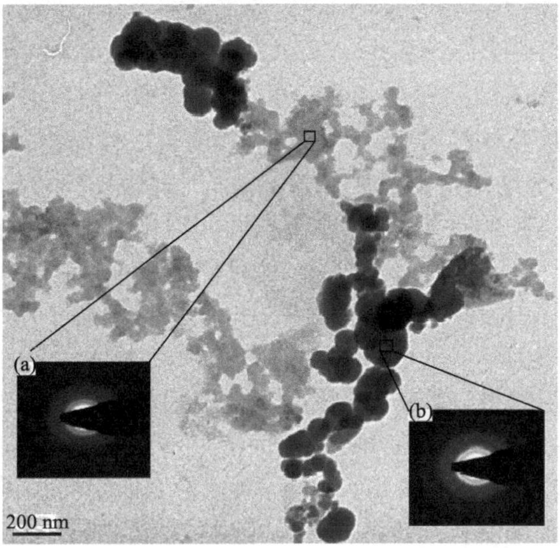

图 2-7　0.08 mol/L $CaCl_2$和 15 mg/L SRHA 环境中硅纳米材料的透射电镜照片和区域电子衍射花样[27]

2.2.3.3　X 射线吸收光谱

X 射线衍射常用于晶态物质的物像分析，由衍射花样特征和强度可确定样品中晶体的种类和相对含量。由于非晶态物质没有特定的衍射花样，因此需采用其他分析方法实现其物像分析。近年来，特别是高亮度、高稳定性、高分辨率的同步辐射光源发明后，X 射线吸收光谱(X-ray absorption spectroscopy，XAS)正逐渐发展成为研究晶态、非晶态、液态或气态甚至混合态物质结构的新方法[28]。X 射线吸收边具有原子特征，不同的原子具有不同的吸收边，所以元素间的干扰一般很小。X 射线吸收光谱一般可以分成两部分：近边 X 射线吸收精细结构(XANES)和扩展 X 射线吸收精细结构(EXAFS)。前者指吸收边附近 30～50 eV 范围内的精细结构，主要提供吸收原子的电子结构信息，进一步获知元素的价态和化合物组成、键长等信息；后者指吸收边后 30～1000 eV 甚至更高能量范围内振荡结构，可提供邻近原子的种类、配位数等信息。

现代 XAS 仪一般由同步辐射光源、单色器、样品台和 X 射线探测器组成[29]。同步辐射光源发出的 X 射线经单色器后可得到单色光。单色光透过样品时，会被吸收而使其强度减弱。X 射线减弱的程度与样品中原子的种类和数目有关。通过调节 X 射线的能量，可对不同元素原子的周围环境分别进行研究。

XAS 不损坏样品，可用于研究纳米材料表面物化性质、化学反应、吸附物质特征等。为了提高零价铁纳米材料的稳定性，Kustov 等[30]合成了壳聚糖衍生物修饰的钯-铁合金纳米粒子。作者采用 XAS 考察了在合金纳米粒子中铁氧化态的变化情况。对比铁箔(Fe^0)、FeS(Fe^{2+})、Fe_2O_3(Fe^{3+})、Fe_3O_4($Fe^{2+,3+}$)和 $Fe_2(SO_4)_3$(Fe^{3+})等不同价态和区域结构参考物质的 XAS 谱图，合金纳米粒子样品中铁 K 吸收边的形状和强度与铁箔(Fe^0)的一致，这表明合成样品中铁的电子态与金属态相近。这种钯-铁合金纳米材料对四氯乙烯具有非常好的脱氯效果。虽然零价纳米铁已广泛用于污染物的有效去除，但污染物在纳米材料表面或内部的转化和迁移的过程尚不清楚。Yan 等[31]采用原位时间相关 XAS 测定 As(Ⅲ)溶液中零价铁表面砷核水平。作者发现在此吸附过程中，As(Ⅲ)经历了两个阶段的转化。第一阶段为纳米粒子表面 As—O 键的断开；第二阶段为 As(Ⅲ)的进一步还原及向纳米颗粒表面氧化层扩散，使砷与铁核形成金属间相。不同铁/砷比例的 EXAFS 实验数据表明还原态的砷易于在 Fe(0)表面富集，阻止进一步向金属核内部迁移。因此，当固相中有较高浓度砷时，在 Fe(0)/氧化物表面就会积累部分还原态的砷。上述实验结果有利于阐明粒内扩散和还原作用对零价铁纳米材料上砷的化学形态和空间分布的影响。

2.2.4 颗粒组成

2.2.4.1 能谱

X 射线能谱分析(energy dispersive X-ray spectroscopy，EDS)是样品成分分析的重要方法。早期 EDS 被用作核物理分析设备，常用于较重元素的检测。随着半导体检测器制造技术水平的提高和电子学技术的发展，原子序数较轻的元素(如碳、氮、氧等)也可由 EDS 检测，而且定量分析的精度也不断提高。X 射线能谱具有操作方便、分析速度快、全元素同时分析、对样品非破坏性、定量分析结果准确度高等特点。另外，X 射线能谱分析的空间分辨率非常高，可实现直径埃米水平的微区成分分析。

X 射线能谱仪一般由半导体探测器、放大器、样品室、多道脉冲高度分析器和数据处理系统组成。将聚焦电子束打到样品上，入射电子与原子核发生非弹性碰撞，使原子核外电子脱离原子，原子将处于激发态。原子核外层电子跃迁到内层电子空位引起原子激发态能量降低，产生 X 射线光谱。X 射线进入半导体探测器，产生与其能量成正比例的电荷，通过场效应管、放大器后，产生与电荷量成比例的脉冲电压[32]。经过多道脉冲高度分析器和数据处理系统可得以 X 射线能量为横坐标，以 X 射线光子数为纵坐标的能谱图。由能量值和光子数可对样品中的元素进行定性和定量分析。

EDS 可同时获得样品中所含多种元素成分的种类及含量信息，实现对不同样品达到辅助定性鉴别的目的。空气中的气溶胶对气候变化和人体健康都有很大影响。Wittmaack[33]采用 EDS 对表面光滑的硅片采集的大气中颗粒物的组成进行了分析。EDS 分析表明亚微米级的气溶胶颗粒物含有大量的氧和硫。由于电子束能量较小，采用 EDS 很难准确识别其他含硫组分。从气溶胶组成角度考虑，氧-硫的比例可以作为硫化的主要指示参数。除了直接用于纳米材料元素分析外，EDS 还经常被装配在扫描电镜（SEM）、透射电镜（TEM）等常规纳米材料形貌表征仪器上。Xu 等[34]采用球磨法制备了对四氯酚具有催化脱氯效果的镍-铁合金。作者采用装有 EDS-SEM 仪器对球磨前后镍-铁合金的形状和元素映像进行了分析。球磨前，铁粒子以表面光滑的不规则形状存在，而镍粒子以表面有许多小谷粒的稻穗形状存在；球磨后，镍粒子表面的稻穗状颗粒消失，生产形状相对均一的新颗粒。采用 EDS 对球磨后合金中不同位置铁和镍的浓度进行了分析，结果表明镍在铁相中的分布非常均匀。简单的铁和镍的混合物接触得较为松散，而球磨法制得镍-铁合金中的铁和镍可紧密有效接触，因此这种合金纳米材料的脱氯效果较好。燃煤发电厂产生的粒径在 1～110 nm 的含碳物质和混合晶体/无定形无机超细和纳米粒子具有潜在风险，目前已经成为全球性的环境问题。Ribeiro 等[35]采用 EDS-TEM 对葡萄牙某热电厂无烟焚烧产生的粉煤灰的粒径和组成进行了研究，发现 0.1～100 nm 的粉煤灰含有少量但比例明显的 As、Hg、Pb、Se 等有害挥发性元素（HVEs）存在。粉煤灰中大量的多壁碳纳米管和无定形碳颗粒也含有有害挥发性元素，而且粉煤灰中 HVEs 的浓度和煤燃烧的方式以及该类元素的挥发性、浓度和存在形态有关。此外，粉煤灰中汞和碳的浓度也具有相关性，原因可能为表面汞被碳捕获。

2.2.4.2　X 射线荧光光谱

X 射线荧光光谱（X-ray fluorescence，XRF）法基本理论的研究始于 20 世纪初期。随着计算机技术的快速发展，X 射线荧光光谱法已发展成为一种常规射线检测技术，具有样品前处理简单、测定速度快、准确度高、分析范围广、可实现多元素同时测定等优点。

XRF 仪一般由激发光源、样品室、分光系统、探测系统和数据处理系统部分组成。XRF 分析的原理依据是光电效应[36]。由 X 射线管产生的入射 X 射线辐射到待测样品表面时，样品待测元素原子内层电子获得能量脱离原子的束缚而释放，产生电子空位。处于高能量电子壳层的电子跃迁到该低能级电子壳层来填补空位，多余的能量在被照射的样品表面产生光电子，以 X 射线荧光的形式释放出来。产生的 X 射线荧光依次经过分光系统、探测系统，最后经数据处理系统转化为样品中待测元素的种类及含量信息。

Zhuang 等[37]制备了纳米零价铁、铁-钯合金纳米粒子、负载铁-钯合金纳米粒子的活性炭复合纳米粒子(nZVI/Pd-AC)等三种纳米材料，并评价了它们对溴代阻燃剂(PBDEs)和多氯联苯(PCBs)脱氯效果。作者采用 XRF 研究了 nZVI/Pd-AC复合纳米材料中铁、钯以及 Fe^0 和 Fe^{3+} 的形态分布。整个复合纳米粒子中都能观察较高浓度的 Fe^{3+}，而 Fe^0 的浓度较低，钯主要沉积在复合粒子的外部。延长反应时间和还原剂的量对复合纳米材料中 Fe^0 的量没有显著影响。因此，作者认为对含氯化合物的还原作用主要源于少量的 Fe^0 和钯接触。在研究二氧化钛存在下镉离子对水中甲壳纲动物斑马鱼和底泥中寡毛纲带丝蚓毒性的影响时，Hartmann 等[38]采用 XRF 考察了有无二氧化钛存在时暴露 24 h 后生物体组织中元素的分布情况。他们以寡毛纲带丝蚓为例，表征其组织内元素分布的 XRF 图见图 2-8。由于镉离子的浓度较低(100 μg/L)，其 XRF 信号非常弱。采用 XRF 技术虽然能确定镉离子的存在，但并不能获得镉离子因二氧化钛存在而引起的生物体内分布的变化。由图 2-8(a)和(d)可知，硫元素均匀分布在带丝蚓头部和躯干中，而钛在带丝蚓体内的分布很不均匀，如图 2-8(b)和(e)所示。图 2-8(b)显示在头部有些位置钛的浓度相对较高，但组织表面的二氧化钛限制了对其内部分布的准确检测。以上研究结果表明，二氧化钛既可以附在组织表面也可以在组织内部离散分布。与水和底泥中纳米材料的毒性研究相比，纳米材料对陆生生物系统影响的研究较少。Judy 等[39]采用烟草和烟虫天蛾为模型生物，研究了它们对不同粒径的纳米金(5 nm、10 nm、15 nm)的摄入和营养传输的影响。作者采用 XRF 对暴露纳米金后内脏腔内纳米金的累积情况进行了分析。实验结果表明，从初级生产者到初级消费者，5 nm、10 nm 和 15 nm 粒径的金沿营养级的放大倍数分别为 6.2、11.6 和 9.6。

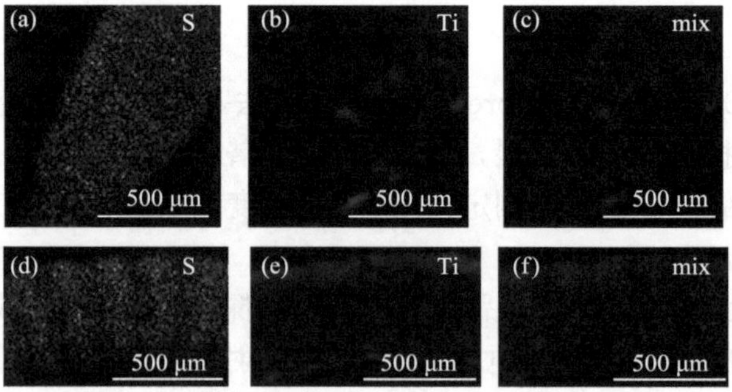

图 2-8 寡毛纲带丝蚓的 XRF 元素谱[38]

头部：(a)硫，(b)钛，(c)a 图和 b 图的叠加；躯干：(d)硫，(e)钛，(f)d 图和 e 图的叠加

2.2.4.3　单颗粒 ICP-MS

电感耦合等离子体质谱法（inductively coupled plasma-mass spectrometry，ICP-MS）将电感耦合等离子体的电离特性和质谱的快速灵敏扫描相结合，具有干扰少、检出限低、动态线性范围宽、分析速度快、多元素同时分析等特点，被认为是超痕量元素分析最准确的技术。

ICP-MS 仪主要由进样系统、ICP 离子源、接口和质谱仪等部分组成。样品由进样系统进入高温 ICP 离子源后，样品中的元素电离为正离子。正离子进入真空系统后，经过透镜的干扰消除作用，重新聚焦进入到质量分析器，按质量、电荷比（m/z）顺序进行分离[40]。根据各个离子的质荷比进行多种元素的定性分析、半定量分析和定量分析。

用 ICP-MS 测定单个纳米粒子的组成是目前纳米材料分析研究领域的热点之一。在测定时，为了保证质谱仪每次积分时间内只有一个纳米粒子被检测，纳米粒子溶液浓度应足够稀。质谱图中记录的峰的高度与纳米粒子的粒径相关，据此可确定纳米粒子的粒径分布。Degueldre 等[41]首先用 100 mL 水对纳米金胶体溶液（颗粒数目：$10^5 \sim 10^6/cm^3$）进行稀释，然后采用线性电动注射器以 $2.2\times10^5\ cm^3/s$ 的流速将稀释液注入质谱内，采用 ICP-MS 单颗粒模式对纳米金的粒径进行了分析。$^{197}Au^+$ 的同位素丰度为 100%，因此该位置信号强度被用来检测纳米金颗粒，信号的强度与颗粒的粒径有关。这种检测方法对纳米金粒径的检出限为 25 nm。另外，作者发现采用较小等离子体可以实现较小粒径颗粒的检测，如将等离子体直径减小到毫米级可以实现约 5 nm 粒径胶体金的测定。由于质谱峰的强度与纳米银颗粒中银元素的质量数成正比，Farkas 等[42]采用单颗粒 ICP-MS 对纳米银洗衣机排放的废水中纳米银的粒径分布进行了表征。由质谱图可知，大部分纳米银的粒径低于 20 nm。高强度峰的出现表明样品中有少量的大粒径颗粒存在。研究还发现，清洗机中释放的纳米银进入环境中，对天然细菌群落具有较强的杀菌作用。随着纳米银的广泛使用，纳米银向环境中释放所带来环境问题值得关注。

2.2.4.4　光谱方法

紫外-可见分光光度分析法是基于朗伯-比尔（Lambert-Beer）定律，根据待测物的紫外-可见吸收光谱实现定性和定量分析的方法。因为该方法所需设备简单、操作简便、适用性广、准确度高、精密度好，目前已在国内绝大部分分析实验室得以普及。

紫外-可见分光光度计一般由光源、样品池、光栅、检测器和数据处理系统组成。由光源发出的足够能量的光与样品池中的目标物相互作用，目标物内能发生改变，引发电子能级跃迁[43]。吸收后的入射光依次经过光栅和检测器，由数据处理系统可得到呈带状的紫外-可见吸收光谱图。

Joo 等[44]在一项以鳟鱼为模型，研究纳米银在水环境中的归趋、毒性和生物累积性的工作中，采用紫外-可见光谱法考察了 48 h 内水中纳米银的稳定性和粒径变化情况。波长 380～550 nm 范围内的吸光度表明，低盐度水体中(脱氯自来水，0.3 μg/L)，纳米银的最大吸收波长不随时间变化(415～420 nm)，但不同浓度纳米银的吸光度随着时间延长均下降，这表明部分纳米银转化为了银离子。在中等[自来水和里海海水混合液，(6±0.3)μg/L]或高盐度[里海海水，(12±0.2)μg/L]下，纳米银的双电层和 ζ 电位减小，纳米银水合粒子半径增大，因此其最大吸收波长红移，吸光度相应明显下降。在中、高盐度下，前 4 h 内纳米银具有较高的团聚速率，随后团聚速率减弱。纳米银在高盐度下的团聚速度比在中盐度下快，特别是对高浓度的纳米银，这种趋势更加明显，这与吸光度的变化趋势一致。Li 等[45]研究了离子强度、天然有机质、太阳光等对富勒烯分散动力学的影响。作者对比了不同环境条件下富勒烯的紫外-可见吸收光谱图，见图 2-9。由图 2-9(i)可知，采用四氢呋喃溶剂交换法制得的富勒烯与 Suwannee 河腐殖酸(SRHA)混合后，其紫外-可见吸收光谱未发生明显变化，在 260 nm 和 340 nm 仍表现有较强的富勒烯的特征吸收峰。将富勒烯分散液与去离子水混合后，由于分散的富勒烯浓度较低且部分发生了团聚，富勒烯的特征紫外-可见吸收光谱发生较小的红移，如图 2-9(ii)所示。图 2-9(iii)和(iv)表明，在日光下富勒烯与天然有机质的混合液没有明显的最大紫外-可见吸收峰，说明此时富勒烯发生了化学变化。而且，在避光状态下，富勒烯也会发生类似的化学转化。另外，钙离子对富勒烯的水溶性有重要影响。在没有钙离子存在下，虽然避光条件下形成的富勒烯的悬浊液在 260 nm 和 350 nm 有特征吸收峰，但峰强度比去离子水溶液中的小很多，如图 2-9(v)所示。向混合液中加入 1 mmol/L 的钙离子，富勒烯的特征吸收峰消失，仅在 310 nm 处有较小的中间产物吸收峰出现，见图 2-9(vi)。以上研究表明，天然有机质、离子强度、钙离子和日光对水溶液中富勒烯的分散性、物理化学性质和化学特性均有显著影响。

红外光谱法始于 20 世纪初期，是通过测定红外电磁辐射与分析物之间相互作用而产生吸收光谱的现代分析方法。根据红外谱图中吸收峰的位置和性质可判断待测物的组成。依据朗伯-比尔定律，还可根据吸收峰的强度可对待测物进行定量分析。根据选择红外区波长的不同，红外光谱又分为近红外、中红外、远红外光谱。红外光谱法在有机物分子结构鉴定中应用较为广泛。在纳米材料领域，红外光谱可提供间歇原子、晶界、相界等信息，有助于分析与鉴定纳米材料的结构单元[46]。另外，红外光谱法具有操作简单、检测速度快、应用范围广以及对样品破坏小等优点。

红外光谱仪主要由光源、样品池、单色器、检测器、记录系统等组成。光源发出的光分成两束：一束通过样品池，一束作为参比光束。当样品有红外吸收时，穿过样品的光强减弱，带有样品信息的光进入检测器，由记录系统给出样品的红外光谱图。

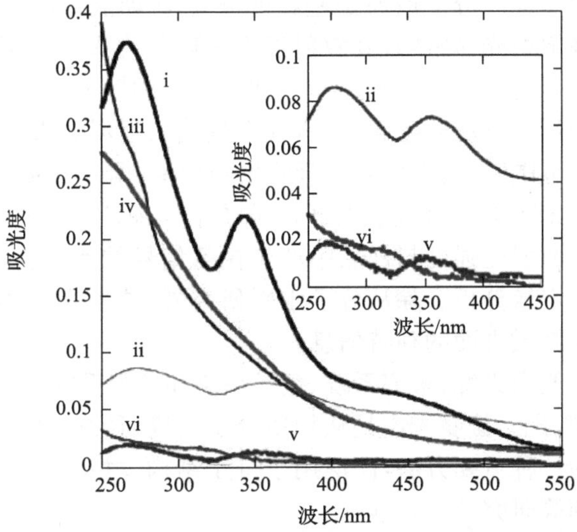

图 2-9　不同环境条件下富勒烯溶液的紫外-可见光谱图[45]

(i)THF 溶剂交换 3 mg/L nC60 与 10 mg/L SRHA 混合溶液(10 mmol/L NaCl)；(ii)避光下水溶液(0. 1 mmol/L NaCl，3 周)；(iii)日光下 10 mg/L SRHA (0. 1 mmol/L NaCl，72 h)；(iv)日光下 10 mg/L SRHA(7 mmol/L NaCl，1 mmol/L，$CaCl_2$，72 h)；(v)10 mg/L SRHA 日光下 SRHA (0. 1 mmol/L NaCl，72 h)；(vi)避光下 10 mg/L SRHA(7 mmol/L NaCl，1 mmol/L，$CaCl_2$，3 周)

Panessa-Warren 等[47]采用红外-可见光谱法研究了灭菌超纯水和 PBS 缓冲液(pH 7. 2)中放置不同时间的原碳纳米管和经酸洗的碳纳米管表面的活性基团。结果表明，与新制备的碳纳米材料相比，放置 2. 5 年的碳纳米管在低能量区均出现一些活性基团。在 PBS 缓冲液中，空气氧化的碳纳米管表面同时具有活性羰基基团和可测定的羟基基团。二氧化钛(TiO_2)常被用作研究环境污染物吸附实验的模型底物，但 TiO_2 前处理方法对其吸附性能影响较大。Comarmond 等[48]研究了二氧化钛表面积、表面电荷、纯度等对铀离子[U(Ⅵ)]吸附能力的影响。作者采用原位全反射傅里叶红外光谱技术对原 TiO_2 纳米材料和经酸、碱处理的 TiO_2 纳米材料吸附 U(Ⅵ)后的表面特征进行了表征。未经处理的四种 TiO_2 吸附 U(Ⅵ)后，在 910 cm^{-1} 和 1050 cm^{-1} 处都有相似的吸收峰。其中，910 cm^{-1} 处的吸收峰来自 TiO_2 表面吸附 U(Ⅵ)的反对称伸缩振动 $\upsilon(UO_2)$。经酸、碱处理前后的 TiO_2 纳米材料吸收 U(Ⅵ) 后的红外光谱图没有明显区别，这说明 TiO_2 的纯度对其吸附能力影响较小。但这四种 TiO_2 纳米材料在 909～917 cm^{-1} 处表现出不同的红外光谱吸收峰，而且很多峰型不对称，这说明 U(Ⅵ)在这四种 TiO_2 表面以不同的形态存在。

人们对拉曼光谱的研究始于 1982 年，与红外光谱类似，它也属于分子振动光谱。拉曼光谱来源于物质分子或原子基团的振动-转动能级跃迁而产生的对入射光源的散射。拉曼散射光非常弱，其散射强度一般仅为入射光强的 10^{-10}，这在很长时间内限制了拉曼光谱技术的推广。20 世纪 60 年代，随着激光光源的出现，拉曼光谱技术得以长足的发展。近年来，研究发现当入射激光波长接近或等于待测分子的电子吸收峰范围时，会引发共振吸收增强现象，据此发展起来了共振拉曼光谱技术[49]。拉曼位移只取决于待测分子的分子结构，所以常用于目标物分子结构的定性分析。拉曼散射光强度与样品中产生拉曼信号的待测物质浓度成正比，可对待测物分子进行定量分析。除从分子水平研究外，拉曼光谱还可提供纳米尺度材料在振动和电子性质方面的独特信息。

拉曼光谱仪一般由光源、采集系统、色散系统和检测系统组成。光源常采用能量高、功率稳定的激光。拉曼光谱是从物质分子角度研究分子价键和官能团振转动能级跃迁状态的一种重要方法，广泛用于分子结构、材料物相结构变化、表面特征和催化反应机理等研究[50]。

Shan 等[51]采用异相成核技术制备了磁赤铁矿为核、Fe-Mn 双氧化物(FMBO)为包裹剂的磁性纳米粒子(Mag-Fe-Mn)，并将其用于去除水中三价砷离子。作者采用拉曼光谱对 Mag-Fe-Mn 粒子磁核进行了表征，证明了该磁核是 γ-Fe_2O_3，而非 Fe_3O_4。Yuan 等[52]采用纳米金颗粒(60 nm)作为共聚焦拉曼光谱仪的增强基底，研究了不同浓度聚乙烯醇包裹的纳米银与纯硝化菌(*N. europaea*)的相互作用。由表面增强拉曼散射(SERS)光谱图可知，与蛋白相关的光谱带(如 945 cm^{-1} 和 1113 cm^{-1})明显增强，这表明纳米银破坏了细胞壁和细胞膜，引起了蛋白质的泄露和变性。720 cm^{-1} 和 1310 cm^{-1} 处的拉曼峰表明脂质体也有与蛋白质类似的增强趋势。另外，纳米银通过活性氧自由基可引起线粒体呼吸链的断裂和干扰 ATP 的合成，继而破坏 DNA 复制，因此核酸的特征拉曼峰强(1572 cm^{-1})随着纳米银浓度的增加而减小。

核磁共振(nuclear magnetic resonance，NMR)技术的研究始于 20 世纪 50 年代，早期主要用于物理科学领域。经过近七十年的飞速发展，NMR 已经广泛用于化学(如有机物结构的鉴定)、生物(成像技术和代谢)、材料科学(共聚物组成)等领域。其中，在纳米科学领域，NMR 除了可以表征纳米晶体或结构单元的聚集状态外，还可以从原子或分子水平上解释纳米材料微观结构和特殊的物理化学性能之间的关系[53]。

NMR 仪器主要由探头、磁铁、射频接收器、记录仪等组成。探头位于磁铁两极之间，待测样品置于此处。在外磁场作用下，目标物中的磁性原子核(如 ^1H、^{13}C)吸收一定波长的电磁辐射而产生共振吸收，经过射频接收器转化，在记录仪上读出共振信号。由同一种磁性核共振位置的差异可进行结构分析，由共振峰的面积可进行目标物的定量分析。

已有大量研究表明溶解性有机物可有效分散碳纳米管，但碳纳米管在溶解性有机物悬浊液中的吸附特性尚不明确。Pan 等[54]采用^1H NMR 测定了水溶液团聚和悬浊状态的碳纳米管，首次发现与团聚态相比，溶解腐殖酸悬浊液中的碳纳米管的表面积显著增加。磺胺甲咪唑在溶解腐殖酸碳纳米管的吸附系数比团聚碳纳米管的高两个数量级，因此有机物悬浊液中碳纳米管存在更大的潜在环境风险。硅(Si)元素具有提高农作物产量和质量的作用，硅酸是植物体摄取和传输的主要形态，但对纳米聚合硅化合物的植物代谢机制尚不明确。为解决这个问题，Schaller 等[55]采用 NMR 研究了纳米聚合硅化合物在 *P. australis* 植物体内的摄取、传输和沉积过程。作者对 *P. australis* 植物体内不同组织内的 Si 的分布进行了表征，见图 2-10。在该植物的根部和根茎部都没有检测到硅，因此根部富集 Si 的能力相对较小。在叶片、叶鞘、少量茎等具有光合成活性的组织内，由蒸发引起过度饱和会导致硅的聚合和沉积。因此，[$Si(OH)_4$]（Q^0 组）转化成了（$nSiO_2+nH_2O$）（Q^3 组和 Q^4 组），其中 Q^3 组和 Q^4 组分别代表 [$(HO)Si\cdot(OSi^-)_3$]和[$Si\cdot(OSi^-)_4$]。因为植物样品和硅肥具有不同的^{29}Si NMR，因此二氧化硅以溶解态的形式被植物摄入体内。虽然二氧化硅和植物样品在 Q^3 组（～100 ppm）和 Q^4（～110 ppm）组均有明显的峰，但二者峰分辨率存在较大差异。与叶片的 NMR 图相比，二氧化硅的信号峰较宽，而且基本没有分开。随着植物体沉积二氧化硅的增加，Q^3 组和 Q^4 组的比例按叶鞘-叶边-叶端的顺序发生相应变化，如随着 Q^3 不断增加，Q^4 逐渐减小。作者认为这种变化可能来源于叶-空气的蒸气压差异和由此引起的增加的蒸腾速率（从茎到叶边）和老化过程（从叶边到叶端）。

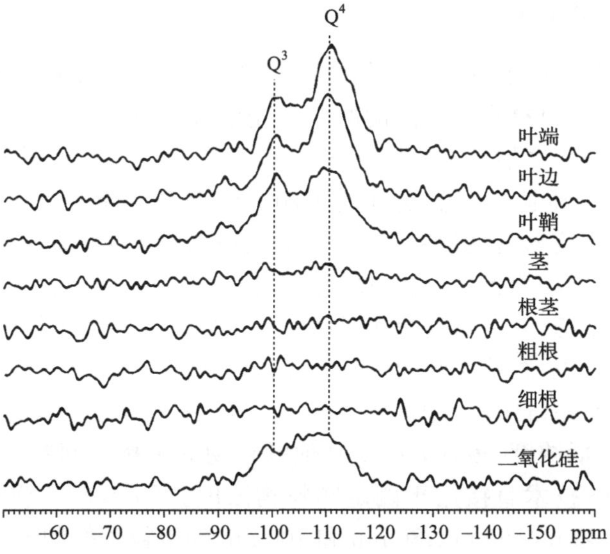

图 2-10　*P. australis* 不同组织中固态^{29}Si NMR 谱[55]

2.2.5　颗粒浓度

2.2.5.1　质量浓度

纳米材料质量浓度用其组成元素的含量来表示。因此，常见的元素分析仪器被用来测定纳米材料的质量浓度，其中以 ICP-MS 应用最为广泛。刘景富等[56]将 TX-114 的浊点萃取技术与 ICP-MS 检测相结合，实现了环境水样中痕量纳米银的分离和测定。该研究中，由于 $Na_2S_2O_3$ 中 $S_2O_3{}^{2-}$ 能够与 Ag^+ 络合而阻止 Ag^+ 被萃取进入 TX-114 富集相，有效地消除了样品中 Ag^+ 的干扰。TX-114 富集相中的纳米银经微波消解后采用 ICP-MS 进行定量，方法的检出限为 0.006 μg/L，相当于 34.3 fmol/L 纳米银颗粒。在此基础上，作者发展了用于市售抗菌产品中纳米银和银离子形态的分析方法[57]。样品中的总银由样品直接消解后用 ICP-MS 定量，纳米银经浊点萃取分离并经消解后由 ICP-MS 定量，总银离子含量(包括纳米银吸附的银离子、与基质结合的银离子以及自由溶解态银离子)则是由总银含量减去纳米银含量获得。抗菌产品中纳米银、总银离子和总银的定量限(S/N ＝ 10)分别为 0.4 μg/kg、3 μg/kg 和 0.2 μg/kg。为考察萃取过程中是否有可能将共存的其他含有银的纳米材料(如氯化银)萃取进入 TX-114 富集相，作者采用 TEM、SEM-EDS 和 UV-Vis 对萃取相中的纳米颗粒进行了鉴别。结果表明，声称含有纳米银的 6 种市售抗菌产品中只有 3 种检出了纳米银。本研究表明常用的经样品消解后测定总银含量来定量纳米银的方法是不可靠的，需要关注银在这些产品中的存在形态。

2.2.5.2　计数浓度

纳米材料的颗粒浓度指单位体积内含有纳米材料基本结构单元的总个数。不同形貌、粒径的纳米材料具有不同的摩尔消光系数，因此紫外-可见光谱法是最常用的纳米材料颗粒浓度估算方法。Schwyzer 等[58]研究了腐殖酸和两性分子化合物对碳纳米管干粉和悬浊液稳定性的影响。作者采用紫外-可见分光光度计在 800 nm处的吸收强度对有无腐殖酸或表面活性剂溶液中上清液中的碳纳米管进行定量。振荡 20 天和静置 5 天后，直接溶于超纯水中碳纳米管干粉仅有 1%的碳纳米管处于分散状态；采用腐殖酸和两性分子预分散的碳纳米管最高有 65%处于稳定分散状态。可见，腐殖酸和两性分子化合物增加了碳纳米管的溶解性能。

在复杂的天然系统中，常用的纳米材料颗粒浓度测定技术，如动态光散射技术，面临纳米粒子低浓度、多分散以及其他颗粒物的干扰等问题。近年来，有报道将单颗粒 ICP-MS 技术直接用于测定颗粒物浓度。Pace 等[59]将单颗粒 ICP-MS 用于环境介质中 40 nm、60 nm、80 nm 和 100 nm 的银粒子的测定。作者将该方法测定结果与动态光散射、差别离心沉淀、纳米粒子示踪分析和透射电镜结果相比较。结果表明，单颗粒 ICP-MS 具有与其他技术相似的纳米粒子粒径和浓度分析的能力。另外，这种技术还被用于测定藻类生长介质中低浓度纳米银的粒径，在实际环境中纳米粒子粒径分析方面表现出比其他技术更强的能力。虽然单颗粒 ICP-MS 的选择性较好，但该技术很难实现具有相同元素组成不同颗粒的区分，如氯化银沉淀和纳米银颗粒的区分。将该技术与其他技术联用，如场流分级技术，能进一步提高这种方法的选择性。

2.3　环境和生物介质中纳米材料的分离富集

2.3.1　液液萃取

液液萃取是根据相似相溶的原理，利用化合物在两种互不相溶（或微溶）的溶剂中溶解度或分配系数的不同，使化合物从一种溶剂内转移到另外一种溶剂中。传统的液液萃取多用来将非极性的化合物从水相中萃取进非极性的溶剂中，经过浓缩以后富集测定污染物。随着纳米材料的大量使用及对环境的释放，该方法也被用于萃取环境或生物样品中的纳米材料，尤其是富勒烯类纳米材料的分离和富集。液液萃取是目前应用最普遍的从水相或生物样品中萃取富勒烯的方法。

富勒烯类纳米材料由 60 个或更多的碳原子组成，形成球形笼状结构，性质非常稳定。不经修饰的富勒烯疏水性极强，但将富勒烯通过非共价键包裹一层可溶性的聚合物分子或在其表面修饰一层亲水性的基团后，能够改变它们在水中的溶解度[60]，使得它们被大量应用在工业领域。液液萃取时，溶剂的选择非常重要。C_{60}的萃取剂有很多，甲苯、苯、庚烷-异戊醇、氯仿-甲醇均有报道[62]，其中甲苯是应用最为广泛的萃取溶剂。

富勒烯在水溶液中能形成富勒烯的团聚体（nC_{60}），在环境 pH 下，富勒烯溶液通常带负电荷，相对稳定[63]，但在非极性有机溶剂中的溶解度并不高。采用传统的液液萃取方法，萃取效率很低，往往需要重复操作，多次萃取费时费力，且大量有机溶剂的使用往往会造成二次污染。但向水相溶液中加入盐以后，能够中和 nC_{60} 团聚体表面的电荷，使它们稳定性下降，更有利于萃取至有机溶剂中。常用的盐类有 $Mg(ClO)_4$，KCl，NaCl，$MgCl_2$ 等[64]，所用的浓度各异，有些甚至能达到 3.4 mol/L。$Mg(ClO)_4$ 的浓度至少在 10 mmol/L 才有助于 nC_{60} 的萃取[62]。无机盐使 nC_{60} 团聚体的稳定性下降可能是由于离子强度增大，离子双电子层的稳定性破坏，范德华作用力使它们形成更大的胶状结构，利于相转移[64,65]。一些盐类如 $Mg(ClO)_4$ 的氧化作用可能会对萃取产生影响，因 nC_{60} 被氧化后生成的氧化物极性增强，在甲苯中的溶解度下降。虽然盐析作用能大大提高 nC_{60} 的萃取效率，但先前的研究表明[62]，当 C_{60} 浓度高于 1 μg/mL 时回收率能达到 80%以上；但当浓度低于 0.5 μg/mL，萃取效率大大下降。由于环境样品中富勒烯含量较低，因此还需要进一步优化萃取的各个条件，提高检测的灵敏度，以便于分析更为复杂的环境样品如污水处理厂的废液、尿液等。

对于一些生物样品，由于富勒烯可能进入胞内，因此在萃取前通常加入一些表面活性剂如 SDS 破碎细胞以利于 C_{60} 的萃取[66]。生物样品或含有机物丰富的废水样品往往含有的大量表面活性剂、蛋白、脂类物质等，当向样品中加入甲苯等萃取剂后，充分混匀的过程可能使两相溶液形成乳浊液[65,67]，从而阻止 nC_{60} 向有机溶剂中转移，降低萃取效率。Xia 等[62]研究发现，从 BSA 溶液或猪的血浆中萃取 nC_{60} 时，向其中加入样品体积 2.25 倍以上的冰醋酸，能够防止乳浊液的生成，利于 C_{60} 的萃取，并且后续过程不用再加入 $Mg(ClO)_4$，可能是由于 pH 下降后 nC_{60} 表面的电荷降低，稳定性减弱。

nC_{60} 萃取至有机溶剂中后，需要用氮吹或悬蒸对样品进行浓缩富集。将样品完全吹干以后，萃取率会大大降低，很可能由于富勒烯吸附在瓶壁上或溶剂减少造成 nC_{60} 团聚加剧，加入甲苯后很难再重新溶解[62]。因此，适当有机溶剂的残留能够保证 nC_{60} 较高的萃取效率。

总体而言，生物和环境中 nC_{60} 的液液萃取通常分为以下几个步骤[68]：

(1) 取一定体积的水相或生物样品，匀浆，充分混合均匀；

(2) 向其中加入≥10 mmol/L 的盐或冰醋酸(体积比≥2.25)防止乳胶的形成；

(3) 加入一定体积的甲苯，剧烈摇晃至少 10 min，使两相混合均匀；

(4) 静置或离心使水相和有机相分层；

(5) 将两相分离，取有机相，用氮吹或悬蒸等方法浓缩样品，除去醋酸，将样品重新溶至甲苯中；

(6) 用 LC/MS 或 LC/UV 测定 C_{60} 的浓度。

2.3.2 固相萃取

固相萃取是利用选择性吸附与选择性洗脱的液相色谱分离原理来分离待测物质。较常用的方法是使样品溶液通过吸附剂，保留其中被测物质，再选用适当强度溶剂除去杂质，然后用少量溶剂迅速洗脱被测物质，从而达到快速分离净化与浓缩的目的。操作中可以是吸附剂选择性吸附干扰杂质，让被测物质流出；也可以同时吸附杂质和被测物质，再使用合适的溶剂选择性洗脱被测物质。

近年来，固相萃取的方法也被用于萃取 C_{60}。反相固相萃取柱能够从水相中吸附 C_{60}，再用非极性的溶剂可以将 C_{60} 洗脱。常用的 SPE 小柱有 Sep-Pak C18 柱[62]，500mg/6mL Strata C18-E 柱[65,69]和 500mg/6mL Strata SDB-L 柱[67]，它们的萃取效率有所不同。同时，萃取柱的预处理溶剂也各不相同，常用的有甲醇、乙腈、甲苯等，实际操作中还会在 nC_{60} 的溶液中加入 KCl 和 $Mg(ClO)_4$ 等来提高萃取效率。

对于大体积的样品，固相萃取相对于液液萃取有更多的优势。萃取时不需要大量添加有机溶剂，相对环保，并且能够将大体积样品从几升浓缩至几百微升，从而提高富集倍数及分析的灵敏度。固相萃取能消除基质干扰，不用担心生物或废水样品在萃取时有乳浊液的形成[66,69]，操作也相对简单。从 SPE 柱上洗脱 C_{60} 往往只需加入 10～15 mL 的甲苯洗脱。但是对于一些含颗粒物较多的水样，为了防止在萃取过程中颗粒物堵塞萃取小柱，往往在萃取前先将水样过滤（如用 1 μm 滤膜）。但除去颗粒物的同时也会去除颗粒物上吸附的富勒烯，造成样品的损失[62]。传统的 SPE 萃取分析方法往往将洗脱的样品用悬蒸或氮吹吹干，再溶解到一定体积的溶剂中，但是这可能会造成 C_{60} 进一步的团聚或增加在瓶壁上的吸附，使萃取效率下降。在大量测定环境样品时，需要标准化各个萃取流程，已达到良好的可重复性。

虽然 SPE 的方法应用广泛且可自动化，也能够萃取多种生物或环境样品，但是与液液萃取方法相比，萃取率仍有待提高[70]。因此在实际萃取过程，需要尽量优化萃取的各个步骤，以达到良好的萃取效果。同时操作中一些基本细节需要注意，大致包括以下几个方面[68]：

(1) 将样品稀释，从而可以提高上样的速率；

(2) 向实际样品（特别是奶制品或血液）中加入一定的溶剂，防止乳浊液的形成；

(3) 上样前将样品进行匀浆处理，防止 C_{60} 与样品基质复合而在过滤过程中保留在柱子上造成损失；

(4) 选择最佳的萃取柱的填料、体积、孔径和活化试剂；

(5) 在固相萃取前对样品进行预处理，如除蛋白除油脂；

(6) 选择最优的洗脱试剂。

2.3.3　浊点萃取

表面活性剂分子通常由疏水和亲水两部分组成。疏水部分在水溶液中聚集成核，亲水部分向外张开形成胶束。当它在水溶液中的浓度高于临界胶束浓度后，溶液中疏水性的物质倾向于溶于表面活性剂的核内，溶解度增大[71]。一个均一的表面活性剂水溶液在外界条件（如温度）变化时，因为引发相分离而突然出现浑浊的现象叫浊点现象，此时的温度叫做浊点温度。静置一段时间（或离心）后会形成两个透明的液相：一为表面活性剂相（约占总体积的 5%）；另一为水相（胶束浓度等于 CMC）。外界条件（如温度）向相反方向变化，两相便消失，再次成为均一溶液。浊点萃取技术就是以表面活性剂胶束的增溶和浊点现象为基础，通过改变实验的参数引发相分离，从而将疏水性物质和亲水性物质分离[72]。该技术最早由 Watanabe 等提出[73,74]，最初主要用于金属螯合物、生物大分子的分离纯化及环境样品的前处理中[75-78]。由于该技术不使用挥发性的有机溶剂，环境友好且萃取效率高，富集倍数大，操作简单，成本低，近年来得到了快速发展。

由于浊点萃取是通过表面活性剂与纳米材料非共价作用形成复合体而进行萃取的，因此控制一定的萃取条件下，萃取操作不改变纳米材料的粒径和形状。刘景富等[79]最早提出了基于 Triton X-114 的浊点萃取技术分离富集再分散多种不同粒径、不同包裹剂的纳米材料，如 PVP 包裹的纳米银、柠檬酸包裹的纳米金、富勒烯、TiO_2和单壁纳米管等。在整个萃取过程中，纳米材料的粒径和形貌保持不变。

在具体操作中，浊点萃取技术一般分为三个步骤：①将 Triton X-114 等表面活性剂加入到样品溶液中，使最终浓度大于临界胶束浓度；②改变外部条件如溶液的 pH 值、温度、压力、离子强度等使表面活性剂达到浊点，溶液变浑浊；③通过离心或长时间放置，促进溶液分相，分析物被萃取进入下层表面活性剂相[75]。为了达到较好的萃取效果，往往需要对萃取的条件进行优化。除了选择合适的表面活性剂外，影响萃取过程的条件主要包括溶液的 pH 值、离子强度、表面活性剂的浓度、萃取的温度及时间等。

由于纳米材料本身处于热力学不稳定的状态，合成过程中往往要加入稳定剂，通过空间位阻或者静电作用力使它们相对稳定，因此纳米材料表面通常会带有一定电荷。改变萃取溶液的 pH 值可以调节纳米材料表面所带的电荷量，削弱相邻颗粒间静电斥力，利于萃取。研究表明，在零点电量 pH 值(纳米材料表面的电荷量为零)条件下，纳米材料最不稳定，容易相互聚集，萃取效率最高，并且偏离零点电量 pH 值越远，萃取效率越低[79]。

表面活性剂的浓度也会对萃取结果产生很大影响，通常情况下其浓度在一定范围内，能够得到良好的萃取效率[78]。表面活性剂浓度过高，会相对降低对纳米材料的富集倍数；浓度过低，不足以将纳米材料完全萃取进表面活性剂的胶束中，影响实验的可重复性和准确性[80]。因此，实验过程中需要优化表面活性剂的浓度。

对于非离子型表面活性剂，当温度或压力改变后，能够引发浊点现象，实际操作中通常通过升高温度来实现。一般认为，升高温度，水的介电常数降低，其对表面活性剂疏水部分的溶解度降低，有利于表面活性剂胶束外层发生脱水作用，利于相分离[80]。但温度过高可能导致纳米材料与胶束间的结合降低，还可能引发纳米材料的团聚，因此需要选择合适的萃取温度[56]。同时萃取物与螯合剂的结合及在胶束间的运动需要一定的时间，一般情况下 10 min 基本能够达到萃取的平衡。实际操作中也经常会延至 20 min 或者更长时间，以确保萃取的稳定性[56,81,82]。

虽然达到表面活性剂的浊点以后，纳米材料能够在胶束中聚集，但由于颗粒表面电荷引发的静电斥力的存在导致聚集体相当松散而无法离心得到富表面活性剂相。加入一定量盐可以掩蔽上述表面电荷并进一步削弱表面活性剂的水合程度，增加纳米颗粒-表面活性剂组装体的聚集度，使其可以在较低的离心力下例如1000 r/min或者通过较长时间的静置而得到萃取了纳米颗粒的富表面活性剂相。但高浓度的盐也可能引发纳米材料发生不可逆的团聚[20]，因此实际操作过程中还需要对盐的浓度进行优化。

用浊点萃取法富集纳米材料时，往往会在体系中加入一定的螯合剂，以消除某些干扰物的影响或对材料的不同形态进行分离[83]。以纳米银为例，由于溶液中不可避免地会有银离子的释放，直接萃取以后，表面活性剂相得到的往往是纳米银和银离子的混合物。二者的毒性、生物有效性差别很大，为了更好地评估纳米银的环境效应，需要将二者分开，单独分析。银离子与硫代硫酸根、EDTA等无机金属螯合剂的结合常数很大，当向体系中引入这些螯合剂后，银离子能与它们形成水溶性的络合物，保留在水相中，而纳米银本身被萃取进表面活性剂相中[56,57,81]，通过离心分离以后，可以实现纳米银和银离子的形态分析。

刘景富等[84]基于浊点萃取分离HepG2细胞中的纳米银和银离子的方法。向破碎的细胞液中加入$Na_2S_2O_3$后，一方面它能够和银离子络合生成水溶性的复合物防止银离子被萃取到TX-114相，另一方面盐效应能够促进相分离；通过低速离心，纳米银被萃取至下层富表面活性剂相，而银离子保留在上层水相，从而实现它们的分离。在优化的条件下，细胞裂解液中超过67%的纳米银被萃取至TX-114相，而94%的银离子保留在上层水相。该方法可以定量测定纳米银暴露的HepG2细胞中银离子和纳米银的含量。与最初纳米银溶液中银离子含量相比，明显升高的银离子的含量表明可能有部分纳米银在细胞体内转变为银离子，也可能由于细胞对银离子的吞噬速率明显高于纳米银。暴露的细胞中大量银离子的存在表明在考察纳米银对生物体的毒性效应时，银离子的生物毒性不可忽略，先前的研究将生物体内银的总量作为纳米银的吞噬量也需要重新考虑。

2.3.4　场流分级技术

场流分级技术最早是由Giddings在1966年提出[85]，适用于样品组分尺寸在1 nm～100 μm的大分子物质、胶体和微粒的分离[86]。经过几十年的发展，该技术作为一种重要的分离手段，得到了广泛应用。场流分级是一种流体辅助的水动力学分离技术，它结合了色谱和场驱动技术的基本特点，只是不需要固定相的参与。当载体负载着待分离物通过超薄带状通道时，在垂直于样品通道的方向上引入一个持续作用的力场或梯度。当所有样品进入通道后，在场的作用下，样品中的不同组分由于分子量、物理化学性质的差异，在积聚壁呈一定的分布，从而实现不同粒径纳米材料的分离[87]。根据外加场的不同，场流分级技术分为不同种类，如热场流分级、流动场流分级、磁场流分级、重力场流分级等[88]。其中以流动场流分级实用性最强、应用最广。

由于该技术分辨率高，可以分离不同粒径的物质，被广泛应用于纳米材料的分离和纯化，如纳米银、金、TiO_2和碳纳米管等[89-94]，同时也可以作为一种辅助手段监测纳米材料在环境中的变化。Lead 等[95]用流动场流分级技术分离纳米银，进而监测纳米银在环境相关条件下（如腐殖酸的存在、离子强度的变化、pH 值的变化等），粒径分布及稳定性的变化。用该技术分离得到的纳米材料的粒径与其他技术如 TEM、DLS 的表征结果非常接近，但却大大节省了测定时间。

由于实际样品中基质较为复杂，分离时需要对样品进行预处理，如先用离心或膜过滤等方法除去大的颗粒物。预处理依据样品本身的性质，如纳米材料的尺寸、密度和样品的分散状态而有所不同。例如，在分离肥料沥出液中纳米材料时，直接将样品用水稀释即可[96]，同样也适用于液体饮料或汤料的分析。对于底泥样品，需要通过离子交换或者加入 NaCl 溶液反复超声离心除去大的颗粒物[97]。对于土壤样品，需要破坏土壤本身大的团聚体的结构，使纳米材料从团聚结构中解离，如加入醋酸使土壤基体中的碳酸盐部分溶解等[98]。对于生物组织样品，则有报道用酶解[99]或浓酸消解[100]的方法来提取 SiO_2纳米颗粒。某些环境样品中纳米材料的含量可能很低，往往还需要经过预富集以后再分离测定[101]。

虽然场流分级技术实用性很强，但在实际的分离过程中为了得到较好的分离效果和较高的回收率，往往需要进行一系列仪器条件的优化，如载流液、外部场的选择，分离通道半透膜的选择等。

分离过程中载流液的 pH 值、离子强度和化学组成都可能改变纳米材料和半透膜的表面电荷，影响纳米材料的物理化学性质，进而影响材料在通道中的吸附或保留。通常选择与分离物和半透膜带有相同电荷的载流液，这样可以提供足够的静电斥力，防止待分离物在膜上的吸附损失，同时还能控制离子双电子层的厚度，防止纳米材料由于静电缓冲效应过早洗提出来[102]。同时，载流液要防止纳米材料的溶解、团聚和溶液中细菌的生长，并且要与其他设备如泵、阀门和反应池兼容。纯水可以直接作为载流液，但大多情况下需要调节 pH 并加入表面活性剂或盐来控制静电双电层的厚度，有时也需要加入抗菌剂如 NaN_3以防止细菌生长。由于 NaN_3在 280 nm 处有紫外吸收，用 UV-Vis 检测器检测时需要格外注意。每种物质分离的最优载流液各不相同，例如分离腐殖酸类物质的最佳分离 pH 范围为 8～9，pH 值低于 5 时可能会引起腐殖酸的团聚[96]；但分离单分散的赤铁矿纳米材料时，载流液中加入阳离子表面活性剂，并控制在 pH 5 左右能得到对称的分离峰[103]。因此，对于不同物质的分离需要各自优化。

场流分级中外部场的选择也会对分离效果产生很大的影响。以应用最为广泛的流动场流分级为例，载流液横向流动产生的驱动力，是决定样品在积聚壁上保留及不同组分之间分离的关键因素。Baalousha 等[98]在分离天然纳米材料时优化了不同的流速对分离效果的影响，发现当流速过低时，纳米材料分离效果较差；流速过高，会导致大颗粒损失严重。调节垂直于样品通道的场力的大小也会影响分离效果，一般高的场力可以实现小颗粒物质的分离，但也会造成样品的保留时间过长和大颗粒物的损失。对于待分离物粒径范围较宽的样品，可以采用不同的流速梯度来达到较好的分离效果[96]。

由于场流分级技术不需要固定相，也就避免了待分析物与固定相之间不可逆的相互作用，从而保持了原纳米材料的形貌和尺寸。它还可以与其他一些检测器联用，在线技术如 UV-Vis、DLS 和 ICP-MS 等，离线技术如 SEM、TEM、AFM 和 AAS 等[102]。纳米材料经分离后，各个组分可以直接进行表征。

2.3.5　尺寸排阻色谱技术

尺寸排阻色谱技术是根据待分离物粒径的大小进行分离的。在一根长的柱子中填充适当的多孔材料，构成分离的色谱柱。当不同粒径的混合物加到色谱柱顶部时，分子量大的组分完全不能进入凝胶颗粒内的孔隙，只能经过凝胶颗粒之间的大孔隙随溶剂流动，先分离下来，而分子量小的组分能够渗入凝胶颗粒内的孔径，流程长，后分离下来。分离效率取决于分离柱中填料的平均粒径，分离柱的长短及流动相的流速也会有较大影响。有时对于粒径范围很宽的样品，可能需要使用三到四根柱子分离以达到良好的分离效果[104,105]。选择合适的分离柱及分离条件后，样品组分的保留时间与颗粒的尺寸相关性良好，分离效果好且重复性高[106]。目前，尺寸排阻色谱技术已用于分离纳米金颗粒、量子点和单壁碳纳米管等。

除色谱柱本身的选择外，选择和优化合适的流动相对于分离不同粒径范围的纳米材料至关重要。为避免材料在分离或放置过程中团聚，往往会向流动相中加入一定量的表面活性剂来稳定纳米材料。已报道的在分离 10～80 nm 金纳米颗粒[106,107]、Au/Pd[107] 和 Au/Pt[108] 核壳纳米结构时，向流动相中加入 SDS 可以提高纳米材料的稳定性；分离金纳米棒和金纳米球时，可同时加入 SDS 和 Brij-35[109]；分离不同粒径的量子点时，加入聚甲基丙烯酸甲酯也能达到良好的稳定效果[110]，且与纳米材料相容性好。

尺寸排阻色谱的方法简单快速、相对便宜、样品用量少，是一种常用的分离纳米材料的色谱技术。它往往与其他检测技术（如 ICP-MS，UV-Vis，DLS 等）联用，以提供更多的分离组分的信息。它还可以作为辅助手段在线监测纳米材料稳定性的变化。Liu 等[111,112]用尺寸排阻色谱研究了盐度、有机溶剂和热处理对纳米金颗粒稳定性的影响，发现一定浓度的 NaCl、甲醇和热处理都能够诱发纳米金团聚。但纳米金包裹有合适的稳定剂后，相同条件下稳定性大大提高，因此也可以作为一种辅助手段选择合适的稳定剂。但尺寸排阻色谱技术也有固有的缺陷，待分析物与固定相之间可能会发生不可逆相互作用，导致样品组分的保留时间、峰形发生变化。

尺寸排阻色谱技术分离环境样品时，由于基质的干扰，可能会造成色谱柱的堵塞，因此需要一些预处理操作，而水动力学色谱技术则克服了这些缺点。水动力学色谱的色谱柱用不可渗透的无孔刚性球颗粒进行填充，主要靠洗脱液流动的速率和速率梯度来分离不同粒径的材料，洗脱的顺序与尺寸排阻技术类似。当洗脱液带着离子流经色谱柱时，在水动力效应的作用下，大粒径的粒子被排挤出靠近管壁的低流速区域进入高流速的中心区，因此会更早流出进入检测器[113]。该技术可以分离 5～1200 nm 范围的纳米颗粒，有望分离单颗粒或部分团聚的纳米材料。尽管有文献报道水动力学色谱技术选择性差，且样品会吸附在填充柱上，但它操作简单，可重复性极好，仍具有一定的优势。Tiede 等[114,115]用水动力学色谱与 ICP-MS 技术联用，成功分离了污泥中的纳米银颗粒。他们向污泥中添加纳米银颗粒，振荡几小时后，取上清液用水动力学色谱分离。色谱图表明纳米银能够直接从上层液中分离，不需要其他的前处理过程，整个分析过程不超过 10 min，表明该技术在分离环境样品中纳米材料方面有较好的应用前景。

2.3.6　电泳技术

电泳技术主要利用带点粒子在电场中移动速度的不同而达到分离的效果。自 1937 年 Arne Tiselius 教授首次建立高重现性的血清蛋白移动界面电泳分离体系以来，电泳技术得到了快速的发展，各种电泳技术相继出现，被广泛用于蛋白质、核酸、多肽等生物大分子的分离测定[116]，其中应用最为广泛的是凝胶电泳和毛细管电泳两种。用电泳技术分离纳米材料时，材料表面必须带有稳定的电荷。这些电荷可能是纳米材料合成时加入的稳定剂的电荷，也可能是分离时加入的有机试剂的表面电荷，如加入巯基试剂与纳米金属材料进行衍生。以纳米金为例，最常用的制备方法是柠檬酸还原氯金酸生成的，合成后胶体金表面会吸附一层柠檬酸离子，带有稳定的负电荷从而阻止颗粒间的团聚。

凝胶电泳是在电场作用下，利用物质在具备分子筛效应的凝胶介质中迁移行为的差别进行分离的技术，多用于分离大分子物质，纳米颗粒的分离也有研究。凝胶电泳可以在线与 ICP-MS 联用分离和测定金纳米颗粒[117]，互补的凝胶柱电泳可以根据颗粒的大小、形状、电荷来分离金属纳米粒子[118]，量子点如 CdSe/ZnS、CdTe[119]和单壁碳纳米管[120]的凝胶电泳分离也均有报道。凝胶电泳分离纳米材料时，凝胶的选择是需要考虑的因素之一。聚丙烯酰胺凝胶的平均孔径大约只有 3～5 nm，且孔径分布不太均匀，不适宜分离大多数纳米材料。琼脂糖凝胶的孔径更大一些，可以在几十到几百纳米间变化，且孔径分布均一度好，制备方便，应用更为广泛[121]。

Xu 等[118]用孔径在 100 nm 左右的琼脂糖凝胶电泳柱分离表面经 11-巯基十一酸修饰的大小、形状和表面电荷各不同的 5 nm、15 nm、20 nm 金纳米材料。金纳米颗粒表面引入羧酸根后，不仅使颗粒带负电荷，可以在电场中向正极泳动，还增加了颗粒间的斥力，使颗粒更加稳定。应用该方法还可以有效地分离金纳米球、纳米片和纳米棒的混合溶液，这是常规的离心分离和体积排阻色谱技术很难达到的。Hanauer 等[122]利用琼脂糖凝胶电泳分离了大小和形状不同的被聚合物 SH-PEG-COOH 包裹的带负电的球状、棒状和三角形的金和银纳米颗粒。金、银纳米颗粒的等离子共振效应使这些纳米颗粒的颜色随颗粒大小和形状的不同而变化，所以它们的分离效率可以直接从凝胶上的彩色条带观察到，不需要染色的过程。

除了分离金属纳米颗粒外，凝胶电泳还可作为纯化的手段分离碳纳米管，以得到性质相似的材料，利于应用。Vetcher 等[120]将单壁碳纳米管（SWCNTs）与 RNA 或 DNA 复合后，用 0.4%的琼脂糖凝胶电泳进行分离。通过拉曼光谱扫描不同的分离条带发现光学性质不同的碳管在电泳时具有不同的迁移行为，半导体性质的碳管/DNA 复合物比金属性质的碳管/DNA 复合物在电场中的电泳迁移率更大。虽然迁移率有所差别，但不同直径、弯曲度和长度的复合碳管都能在凝胶中得到了很好的分离。Heller 等[123]用琼脂糖凝胶电泳分离了胆酸钠分散的 SWCNTs。在分离碳管前，先对其进行超声处理，以利于纳米管的分散。结果发现超声会影响碳管长度和直径的分布。延长超声时间会增加短碳管的比例，使碳管在凝胶中迁移得更快。超声处理后，在短碳管中集聚着大直径的碳管，而在长碳管中集聚着小直径的碳管，凝胶的拉曼光谱和荧光光谱都表明短碳碳管倾向于与大直径碳管一起泳动，所以对不同直径碳管的分离是与不同长度碳管的分离相伴发生的。

凝胶电泳操作简便，对纳米颗粒样品的分离量较大，且在同一块胶上可以同时测定多个样品[124]，但分辨率不及毛细管电泳，适用于对纳米颗粒进行粗分。分离后可以将分离条带中的纳米颗粒提取出来，通过 SEM、TEM 和 DLS 等方法观察分离效果[125]。

毛细管电泳是相对较新的电泳技术，以弹性石英毛细管为分离通道，以高压直流电场为驱动力，依据样品中各组分在电场力作用下迁移速度和分配行为的差异实现分离的液相分离技术。它在分离纳米材料方面具有一定的优势，可用于分离纳米金属材料、金属氧化物和量子点等[126]。Liu 等[126-128]先后报道了用毛细管电泳技术分离不同形状、不同粒径的纳米银粒子，包括银纳米颗粒、纳米棒、纳米立方体以及金/银核壳结构的纳米球等。电解液中加入适量的表面活性剂 SDS 能够防止纳米粒子的团聚，利于颗粒的分离。在分离不同粒径的金/银核壳结构纳米球时（24.3～90.2 nm），向分离体系中加入 40 mmol/L 的 SDS 和 10 mmol/L 的 3-（环己胺）-1-丙磺酸盐溶液（pH 9.7），在 20 kV 的电压下，不同粒径纳米球迁移时间随粒径增大而增大，它们之间成良好的线性相关性（$R^2>0.99$）[128]。因此，可以根据迁移时间来估算纳米材料粒径大小，还可以在线与二极管阵列检测器或荧光检测器联用，实时监测分离样品的光谱信息。

纳米颗粒在缓冲溶液中的稳定性和分散情况直接影响毛细管电泳分离的可重复性，分散性好的样品分离效果明显高于悬浊液或有沉淀物的样品[124]。以碳纳米管为例，由于很容易团聚，用毛细管电泳分离单壁纳米管时一般会向溶液中加入一定浓度的表面活性剂如 SDS。SDS 的疏水基团能够吸附在碳纳米管表面，使其表面带有一定的电荷，增加其稳定性[121]。用超声的方法可以使材料分散性更好，但长时间超声可能会导致碳纳米管表面化学氧化，因此需要控制超声的时间。还可以根据纳米颗粒的水溶性来选择不同类型的毛细管电泳方法，对于水溶性差的样品可以选择相应的非水毛细管电泳方法。此外，还需要考虑纳米颗粒是否会与毛细管内壁发生吸附等作用导致分离区带的展宽。若有此类相互作用，需要在使用前对毛细管内壁进行处理（如用硅烷化试剂涂层）或改变所用缓冲液的 pH 值、离子强度和极性等。对于尺寸相对较大的纳米颗粒，可以用有筛分作用的毛细管凝胶电泳代替普通自由溶液中的毛细管区带电泳进行分离[116,124]。

毛细管电泳的分离速度快、自动化程度高，可以在短时间内对多个样品进行分离，而且所需样品量很少，被更广泛地用于分离纳米颗粒，尤其是较为珍贵的纳米颗粒样品的分离分析。毛细管电泳能与多种检测手段联用[121]，如紫外/可见吸收、二级管阵列、荧光检测、拉曼光谱、ICP-MS 等。但是由于分离量少，不能进行大量分离样品的收集，给已分离颗粒的进一步分析造成了一定不便[124]。

2.3.7 密度梯度离心技术

密度梯度离心技术最初主要用于分离细胞及生物大分子，近年来，随着该技术的进一步发展，有望在纳米材料的分离中发挥重要作用。该技术的工作原理很简单，向离心管中顺序加入不同密度的溶液，使其形成一定的密度梯度。然后从介质的顶部加入待分离物，通过重力或离心力场的作用使目标物分层。不同颗粒或形状的纳米粒子之间由于存在沉降系数差，在一定离心力作用下，颗粒各自以一定速度沉降，在密度梯度不同区域上形成区带，从而实现颗粒的分离。密度梯度离心常用的介质一般为氯化铯、蔗糖和多聚蔗糖，相对容易制备且价格便宜。

Zhang 等[129]用蔗糖作为介质，能够成功分离粒径尺度 80 nm 到 3 μm 的纳米 TiO_2。在分离过程，介质的高密度和黏度使不同粒径的纳米颗粒沉降速度差异大，易于分开；另一方面，蔗糖还可以作为稳定剂防止纳米颗粒的团聚。由于蔗糖生物相容性很好，还可以分离应用于生物领域的纳米颗粒。经分离后，同一区带的纳米颗粒粒径分布相对均匀，易于收集。该技术已经用于分离 FeCo@C 纳米复合结构、纳米金材料、单壁碳纳米管、石墨烯等[130-135]。Sun 等[136]在 5%＋10%＋15%的碘克沙醇介质中分离超短的单壁碳纳米管，通过两次密度梯度离心，可以大大缩短相邻介质中碳纳米管的长度分布。但对于在有机相中合成的纳米材料，将其从有机相转移到水相中分离往往会造成纳米材料的团聚。

密度梯度离心技术的发展使得纳米材料在有机溶剂中的分离成为可能。Sun 等[133,137]发展了在有机相中形成密度梯度，分离不同粒径形貌纳米金、银、CdSe 和 CdS 量子点的新方法。向离心管中加入不同比例的环己烷和四氯化碳溶液(体积分数分别为 50%、60%、70%、80%、90%)，形成五层密度梯度。当不同纳米材料加入到介质中后，经过高速离心，能够形成明显的区带。经过 TEM 图片表征，相邻区带间的纳米银仅相差约 2 nm，表明该方法具有很好的分离效率。

密度梯度离心技术还可作为一种辅助手段来监测纳米材料的反应过程。纳米材料高的比表面积使其具有高的反应活性，很多反应往往瞬间发生，反应过程难以监测。例如，在 $AuCl_4^-$ 溶液中纳米银很容易被氧化，但氧化的机理一直存在很大争议，主要原因是该反应速度很快，用传统的离心方法很难在短时间内分离反应的中间产物。Zhang 等[138]用不同浓度的乙二醇溶液制成的多密度梯度(20%+30%+40%+50%+60%+70%)作为微反应器，监测纳米银在该过程中的变化。上面两层作为反应区，30%的乙二醇梯度中引入反应物 $HAuCl_4$ 溶液，20%的梯度作为缓冲剂，避免纳米银的溶液加入后直接与 $HAuCl_4$ 溶液反应，而下面的几层密度梯度用来分离纳米银。经过在极短的反应时间后，纳米银就会在向心力的作用下被分离到下面的区带。纳米银的大小不同使沉降的速度有差异，与 $HAuCl_4$ 溶液的反应时间也各不相同，据此可监测不同反应阶段的变化。

2.3.8　其他分离方法

其他一些简单的方法如离心、膜过滤、超滤等也经常用于纳米材料的分离。由于设备便宜，操作简单，离心的方法经常用于分离纳米材料，特别是对于刚合成的材料，可以直接用于去除多余的反应物及杂质。对于一些简单基质的环境水样，也可以用该方法进行样品的浓缩和预富集。有文献报道直接用离心的方法分级分离饮用水中不同尺寸的颗粒。水样经自然沉降后，离心力从 330 g 到 120 000 g 依次增大，逐步分梯度离心上层液，可以相继分离 9000 nm、750 nm、180 nm 和 12 nm 的颗粒，用 TEM 和 AFM 可以表征颗粒的大小[139]。超高速离心机也是用相似的原理，能够产生高达 $10^6 g$ 的离心力，用于分离粒径更小的纳米粒子，能够分离饮用水中的纤维多糖(约 50 nm)和更小的黑色颗粒物(5～10 nm)[83]。逐级进行微米孔径膜过滤、超滤及纳米膜过滤，也可以分离不同粒径的纳米粒子。但是操作过程中可能会造成一些颗粒在膜上的沉积及团聚，或者在靠近膜的地方重结晶、极化，造成样品的损失和测定结果的偏差，并且膜孔隙的堵塞也会给操作带来许多不便[140]。

2.4　结论与展望

随着纳米技术的发展，纳米材料的分析表征技术也不断进步，但由于纳米材料的特殊性，没有一种技术能提供它们的全部信息，往往需要多种测定技术相结合，以得到更加全面的定性定量结果。同时也由于纳米材料进入实际环境中后，在环境样品和生物体内含量较少而基质却相对复杂，因此有必要在原有分析技术的基础上发展更加高效、灵敏的分离富集方法，实现实际环境样品的检测。

谭志强　于素娟　刘景富　中国科学院生态环境研究中心

参 考 文 献

[1] Carlton C E, Ferreira P J. Micron, 2012, 43: 1134-1139.
[2] 杜会静. 理化检验(物理分册), 2005, 41: 463-474.
[3] Peterson M L, White A F, Brown G E, et al. Environ Sci Technol, 1997, 31: 1573-1576.
[4] Joy D C. Curr Opin Solid State Mater Sci, 1997, 2: 465-468.
[5] Li G L, Zhao Z S, Liu J Y, et al. J Hazard Mater, 2011, 192: 277-283.
[6] Jin Y, Wang K M, Jin R. Prog Nat Sci, 2006, 16: 445-451.
[7] Kaegi R, Hetzer B, Sinnet B, et al. Water Res, 2008, 42: 2778-2786.
[8] Aubry C, Gutierrez L, Croue J P. Water Res, 2013, 47: 3109-3119.
[9] Alexander M, Dalgleish D G. Food Biophys, 2006, 1: 2-13.
[10] Shen M H, Yin Y G, Booth A, et al. submitted.
[11] Peterlik H, Fratzl P. Monatsh Chem, 2006, 137: 529-543.
[12] Guiot C, Spalla O. Environ Sci Technol, 2013, 47: 1057-1064.
[13] Krahne R, Morello G, Figuerola A, et al. Phys Rep, 2011, 501: 75-221.
[14] Bae Y S, Yazaydin A O, Snurr R Q. Langmuir, 2010, 26: 5475-5483.
[15] Stoeger T, Schmid O, Takenaka S, et al. Environ Health Persp, 2007, 115: A290-A291.
[16] Zhang X, Lin S, Chen Z L, et al. Water Res, 2011, 45: 3481-3488.
[17] Yang T J, Long J L, Shi X C, et al. Environ Sci Technol, 2010, 44: 1380-1385.
[18] 刘春静, 王蕾, 焦永芳. 现代科学仪器, 2011, 12: 160-163.
[19] Ghosh S K, Pal T. Chem Rev, 2007, 107: 4797-4862.
[20] Mukherjee S G, O'Claonadh N, Casey A, et al. Toxicol in Vitro, 2012, 26: 238-251.
[21] Turner N H, Schreifels J A. Anal Chem, 2000, 72: 99R-110R.
[22] Gong J M, Liu T, Wang X Q, et al. Environ Sci Technol, 2011, 45: 6181-6187.
[23] Stangl J, Mocuta C, Diaz A, et al. ChemPhysChem, 2009, 10: 2923-2930.
[24] Dwivedi S, Saquib Q, Al-Khedhairy A A, et al. Sci Total Environ, 2012, 437: 331-338.
[25] Jeong H Y, Klaue B, Blum J D, et al. Water Res, 2007, 41: 7699-7705.
[26] Van Gulijk C, de Lathouder K M, Haswell R. Carbon, 2006, 44: 2950-2956.
[27] Liu X Y, Wazne M, Chou T M, et al. Water Res, 2011, 45: 105-112.
[28] Bordiga S, Bonino F, Lillerud K P, et al. Chem Soc Rev, 2010, 39: 4885-4927.
[29] Yano J, Yachandra V K. Photosynth Res, 2009, 102: 241-254.
[30] Kustov L M, Finashina E D, Shuvalova E V, et al. Environ Int, 2011, 37: 1044-1052.
[31] Yan W, Vasic R, Frenkel A I, et al. Environ Sci Technol, 2012, 46: 7018-7026.

[32] McCarthy J J,McMillan D J. Microsc Microanal,1998,4:632-639.
[33] Wittmaack K I. Atmos Environ,2002,36:3963-3971.
[34] Xu F Y,Deng S B,Xu J,et al. Environ Sci Technol,2012,46:4576-4582.
[35] Ribeiro J,DaBoit K,Flores D,et al. Sci Total Environ,2013,452:98-107.
[36] Kurmaev E Z. Inorg Mater,2005,41:S1-S23.
[37] Zhuang Y,Ahn S,Seyfferth A L,et al. Environ Sci Technol,2011,45:4896-4903.
[38] Hartmann N B,Legros S,Von der Kammer F,et al. Aquat Toxicol,2012,118:1-8.
[39] Judy J D,Unrine J M,Rao W,et al. Environ Sci Technol,2012,46:8467-8474.
[40] Ammann,A A. J Mass Spectrom,2007,42:419-427.
[41] Degueldre C,Favarger P Y,Wold S. Anal Chim Acta,2006,555:263-268.
[42] Farkas J,Peter H,Christian P,et al. Environ Int,2011,37:1057-1062.
[43] 王海军,宁新霞. 理化检验(化学分册),2012,48:740-745.
[44] Joo H S,Kalbassi M R,Yu I J,et al. Aquat Toxicol,2013,140:398-406.
[45] Li Q L,Xie B,Hwang Y S,et al. Environ Sci Technol,2009,43:3574-3579.
[46] 李莉娟,孙凤久. 材料导报,2006,20:92-94.
[47] Panessa-Warren B J,Maye M M,Warren J B,et al. Environ Pollut,2009,157:1140-1151.
[48] Comarmond M J,Payne T E,Harrison J J,et al. Environ Sci Technol,2011,45:5536-5542.
[49] Liu R,Liu J F,Zhou X X,Jiang G B. Trends Anal Chem,2011,30:1462-1476.
[50] Gouadec G,Colomban P. Prog Cryst Growth Ch,2007,53:1-56.
[51] Shan C,Tong M P. Water Res,2013,47:3411-3421.
[52] Yuan Z H,Li J W,Cui L,et al. Chemosphere,2013,90:1404-1411.
[53] Demco D E,Blumich B. Curr Opin Solid State Mater Sci,2001,5:195-202.
[54] Pan B,Zhang D,Li H,et al. Environ Sci Technol,2013,47:7722-7728.
[55] Schaller J,Brackhage C,Paasch S,et al. Sci Total Environ,2013,442:6-9.
[56] Liu J F,Chao J B,Liu R,et al. Anal Chem,2009,81:6496-6502.
[57] Chao J B,Liu J F,Yu S J,et al. Anal Chem,2011,83:6875-6882.
[58] Schwyzer I,Kaegi R,Sigg L,et al. Environ Pollut,2011,159:1641-1648.
[59] Pace H E,Rogers N J,Jarolimek C,et al. Environ Sci Technol,2012,46:12272-12280.
[60] Brant J,Lecoanet H,Hotze M,et al. Environ Sci Technol,2005,39:6343-6351.
[61] Santa T,Yoshioka D,Homma H,et al. Biol Pharm Bull,1995,18:1171-1174.
[62] Xia X R,Monteiro-Riviere N A,Riviere J E. J Chromatogr A,2006,1129:216-222.
[63] Isaacson C W,Kleber M,Field J A. Environ Sci Technol,2009,43:6463-6474.
[64] Bouchard D,Ma X. J Chromatogr A,2008,1203:153-159.
[65] Chen Z,Westerhoff P,Herckes P. Environ Toxicol Chem,2008,27:1852-1859.
[66] Moussa F,Pressac M,Genin E,et al. J Chromatogr B,1997,696:153-159.
[67] Wang C,Shang C,Westerhoff P. Chemosphere,2010,80:334-339.
[68] Pycke B F G,Benn T M,Herckes P,et al. Trends Anal Chem,2011,30:44-57.
[69] Xiao Y,Chae S R,Wiesner M R. Chem Eng J,2011,170:555-561.
[70] Benn T M,Pycke B F G,Herckes P,et al. Anal Bioanal Chem,2011,399:1631-1639.
[71] Quina F H,Hinze W L. Ind Eng Chem Res,1999,38:4150-4168.
[72] Ma Y,Yan Z,Huang J X. Prog Chem,2001,13:25-32.

[73] Goto K, Taguchi S, Fukue Y, et al. Talanta, 1977, 24: 752-753.
[74] Watanabe H, Tanaka H. Talanta, 1978, 25: 585-589.
[75] Bezerra M D, Arruda M A Z, Ferreira S L C. Appl Spectrosc Rev, 2005, 40: 269-299.
[76] Hinze W L, Pramauro E. Crit Rev Anal Chem, 1993, 24: 133-177.
[77] Ojeda C B, Rojas F S. Anal Bioanal Chem, 2009, 394: 759-782.
[78] Quina F H, Hinze W L. Ind Eng Chem Res, 1999, 38: 4150-4168.
[79] Liu J F, Liu R, Yin Y G, et al. Chem Commun, 2009: 1514-1516.
[80] Nilsson P G, Wennerstrom H, Lindman B. J Phys Chem, 1983, 87: 1377-1385.
[81] Hartmann G, Hutterer C, J Anal Atom Spectrom, 2013, 28: 567-572.
[82] Liu J, Sun J, Jiang G. Chinese Sci Bull, 2010, 55: 346-349.
[83] Paleologos E K, Giokas D L, Karayannis M I. Trends Anal Chem, 2005, 24: 426-436.
[84] Yu S J, Chao J B, Sun J, et al. Environ Sci Technol, 2013, 47: 3268-3274.
[85] Giddings J C. J Sep Sci, 1966, 1: 123-125.
[86] Giddings J C. Science, 1993, 260: 1456-1465.
[87] Giddings J C, Yang F J, Myers M N. Anal Chem, 1976, 48: 1126-1132.
[88] Williams S K R, Runyon J R, Ashames A A. Anal. Chem, 2011, 83: 634-642.
[89] Hoque M E, Khosravi K, Newman K, et al. J Chromatogr A, 2012, 1233: 109-115.
[90] Schmidt B, Loeschner K, Hadrup N, et al. Anal Chem, 2011, 83: 2461-2468.
[91] Reschiglian P, Rambaldi D C, Zattoni A. Anal Bioanal Chem, 2011, 399: 197-203.
[92] Poda A R, Bednar A J, Kennedy A J, et al. J Chromatogr A, 2011, 1218: 4219-4225.
[93] Contado C, Pagnoni A. Anal Chem, 2008, 80: 7594-7608.
[94] Chun J, Fagan J A, Hobbie E K, et al. Anal Chem, 2008, 80: 2514-2523.
[95] Cumberland S A, Lead J R. J Chromatogr A, 2009, 1216: 9099-9105.
[96] Bolea E, Laborda F, Castillo J R. Anal Chim Acta, 2010, 661: 206-214.
[97] Plathe K L, von der Kammer F, Hassellov M, et al. Environ Chem, 2010, 7: 82-93.
[98] Baalousha M, Kammer F V D, Motelica-Heino M, et al. J Chromatogr A, 2006, 1104: 272-281.
[99] Deering C E, Tadjiki S, Assemi S, et al. Part Fibre Toxicol, 2008, 5: 18.
[100] Tadjiki S, Assemi S, Deering C E, et al . J Nanopart Res, 2009, 11: 981-988.
[101] Weinberg H, Galyean A, Leopold M. Trends Anal Chem, 2011, 30: 72-83.
[102] von der Kammer F, Legros S, Larsen E H, et al. Trends Anal Chem, 2011, 30: 425-436.
[103] Lesher E K, Ranville J F, Honeyman B D. Environ Sci Technol, 2009, 43: 5403-5409.
[104] Lespes G, Gigault J. Anal Chim Acta, 2011, 692: 26-41.
[105] Berek D. J Sep Sci, 2010, 33: 315-335.
[106] Liu F K. Chromatographia, 2007, 66: 791-796.
[107] Liu F K. Chromatographia, 2009, 70: 7-13.
[108] Liu F K. Chromatographia, 2010, 72: 473-480.
[109] Wei G T, Liu F K, Wang C R C. Anal Chem, 1999, 71: 2085-2091.
[110] Arita T, Yoshimura T, Adschiri T. Nanoscale, 2010, 2: 1467-1473.
[111] Liu F K, Chang Y C. Chromatographia, 2011, 74: 767-775.
[112] Liu F K. Chromatographia, 2012, 75: 1099-1105.
[113] McGowan G R, Langhorst M A. J Colloid Interface Sci, 1982, 89: 94-106.

[114] Tiede K, Boxall A B A, Tiede D, et al. J Anal At Spectrom, 2009, 24: 964-972.
[115] Tiede K, Boxall A B A, Wang X M, et al. J Anal At Spectrom, 2010, 25: 1149-1154.
[116] Ma X, Che Z, Liu Y, et al. Sci China-Chem, 2010, 40: 1478-1486.
[117] Helfrich A, Bruchert W, Bettmer J. J Anal At Spectrom, 2006, 21: 431-434.
[118] Xu X Y, Caswell K K, Tucker E, et al. J Chromatogr A, 2007, 1167: 35-41.
[119] Vinayaka A C, Basheer S, Thakur M S. Biosens Bioelectron, 2009, 24: 1615-1620.
[120] Vetcher A A, Srinivasan S, Vetcher I A, et al. Nanotechnology, 2006, 17: 4263-4269.
[121] Lopez-Lorente A I, Simonet B M, Valcarcel M. Trends Anal Chem, 2011, 30: 58-71.
[122] Hanauer M, Pierrat S, Zins I, et al. Nano Lett, 2007, 7: 2881-2885.
[123] Heller D A, Mayrhofer R M, Baik S, et al. J Am Chem Soc, 2004, 126: 14567-14573.
[124] Surugau N, Urban P L. J Sep Sci, 2009, 32: 1889-1906.
[125] Frost N W, Jing M, Bowser M T. Anal Chem, 2010, 82: 4682-4698.
[126] Lin K H, Chu T C, Liu F K. J Chromatogr A, 2007, 1161: 314-321.
[127] Liu F K, Ko F H, Huang P W, et al. J Chromatogr A, 2005, 1062: 139-145.
[128] Liu F K, Tsai M H, Hsu Y C, et al. J Chromatogr A, 2006, 1133: 340-346.
[129] Zhang Y C, Shi Y F, Liou Y H, et al. J Mater Chem, 2010, 20: 4162-4167.
[130] Sun X M, Tabakman S M, Seo W S, et al. Angew Chem Int Edit, 2009, 48: 939-942.
[131] Quintilla A, Hennrich F, Lebedkin S, et al. Phys Chem Chem Phys, 2010, 12: 902-990.
[132] Deng X Y, Xiong D, Wang H F, et al. Carbon, 2009, 47: 1608-1610.
[133] Ma X J, Kuang Y, Bai L, et al. Acs Nano, 2011, 5: 3242-3249.
[134] Sun X M, Luo D C, Liu J F, et al. Acs Nano, 2010, 4: 3381-3389.
[135] Li S A, Chang Z, Liu J F, et al. Nano Res, 2011, 4: 723-728.
[136] Kuang Y, Liu J F, Sun X M. J Phys Chem C, 2012, 116: 24770-24776.
[137] Bai L, Ma X J, Liu J F, et al. J Am Chem Soc, 2010, 132: 2333-2337.
[138] Zhang C L, Luo L, Luo J, et al. Chem Comm, 2012, 48: 7241-7243.
[139] Kaegi R, Wagner T, Hetzer B, et al. Water Res, 2008, 42: 2778-2786.
[140] Balnois E, Papastavrou G, Wilkin son K J. Environ Sci Technol, 2007: 405-468.

第 3 章　纳米材料在污染物吸附去除中的应用

3.1 引　　言

吸附是一种常用的污水处理技术，吸附剂的性能决定了吸附处理的效率与可行性。因此，经济高效吸附剂的制备及其吸附性能研究一直是环境科学与技术领域的热点。纳米材料具有巨大的比表面积和剩余表面能，对污染物具有很强的亲和力和较大的吸附容量。大量学者研究了纳米材料对有机化合物、重金属离子、无机阴离子等污染物的吸附去除性能，认为纳米材料是一类潜在的理想吸附剂，在污水处理中具有良好的应用前景[1-8]。本章主要阐述纳米材料吸附去除水中有机化合物、重金属离子、无机阴离子等污染物的过程和机制。

3.2 吸附过程与原理

3.2.1 吸附的基本原理

3.2.1.1 吸附的概念

吸附是一种化合物从介质富集到固体物质的过程，通常导致化合物在介质中的浓度下降，而在固体物质上的浓度增加。其中，具有吸附能力的固体物质称为吸附剂(sorbent)，本章所涉及的吸附剂主要是纳米材料；被吸附的化合物称为吸附质(sorbate)。吸附质分子尺寸常比吸附剂小很多，一般为分子和离子。液相吸附中，被吸附的化合物为溶质；介质为溶剂，主要包括水和有机溶剂等液体物质。吸附量一般用单位质量的吸附剂吸附的吸附质质量浓度(如 mg/g、mg/kg 等)来表示，它与吸附系数(溶质在吸附剂上的浓度与在溶剂中的浓度比值，mL/g 或L/kg)一起用来描述吸附剂的吸附特性。吸附通常包括分配作用(partition)和表面吸附作用(adsorption)。分配理论最先由 Chiou 等于 1979 年提出[9]，通常用于描述疏水性有机化合物通过范德华力分配到吸附剂有机组分中的过程。表面吸附是吸附质分子富集在固体吸附剂表面或其内部孔隙表面的现象。碳纳米材料、金属氧化物纳米材料等吸附剂，由于缺少有机组分，其对污染物的吸附机制主要为表面吸附[10]；而对用腐殖酸等有机改性的纳米材料或聚苯乙烯等有机聚合纳米材料，分配作用对吸附有机污染物的贡献会显著增加[11-13]。

同一吸附体系中有多种吸附质共存时，各种吸附质在同一吸附剂表面因相互作用力的不同会产生竞争吸附。在液相吸附体系中，除了吸附剂-吸附质和吸附质-吸附质之间的相互作用外，还存在溶液内的吸附介质-吸附质、吸附介质-吸附剂的相互作用，后者也叫吸附质与吸附介质的竞争吸附。吸附的逆过程即吸附质分子从吸附剂上掉落下来进入溶剂的过程叫脱附。从动力学观点看，吸附质在界面上不断地进行吸附和脱附。当吸附量和脱附量长时间保持稳定即达到吸附平衡，此时的吸附量即为动力学饱和吸附量(或平衡吸附量)。

3.2.1.2　吸附作用力

分配作用的主要作用力是范德华力，包括 London 色散力、偶极子作用、四极子作用，普遍存在于固态、液态、气态分子之间，大小与距离的六次方成反比[14]。London 色散力是固体表面原子和吸附质分子之间彼此靠近时，吸附质分子和表面原子的原子核由于同周围轨道的电子产生相对振动，发生瞬间极化，并诱导邻近原子产生极化，在这两个极化原子之间存在约 10^4J/mol 的弱的电相互作用。偶极子作用是表面偶极子或具有表面极性官能团的键矩与偶极性吸附分子发生相互作用，大小与距离的负三次方成反比，比 London 色散力小[14]。吸附质分子或吸附剂表面分子中有一方存在偶极矩时都能诱导对方分子产生偶极矩，发生弱的相互作用。具有四极矩的吸附质分子与表面的四极子之间发生吸附作用，这种作用力比偶极子作用力更弱。

表面吸附是由于固体表面的原子力场不饱和，存在表面能，从而吸附某些分子以降低表面能。由于吸附剂内部的杂质分子、离子的自扩散作用，使得表面存在电负性或离子价不同的杂质离子或原子时，能推动或阻碍母体离子的表面扩散，形成电子过剩或电子不足等特异吸附位，发生电荷转移型吸附作用。固体表面的—OH、—NH_2、—COOH、—CO 等表面官能团能够成为吸附质的吸附位，发生电荷转移型吸附，有时还会发生化学反应。表面吸附涉及各种化学键力，如氢键、离子偶极键、配位键及 π-π 相互作用等。固体表面含氢原子的极性官能团(如—OH、—SH、—COOH、—NH_2等)中的氢原子能与吸附质分子中电负性大的原子如氧、硫、氮、氟的孤对电子作用，形成键角约为 180°的氢键(直线型 σ 键)。吸附剂表面官能团中的氧、氮、氟等原子的孤对电子也可与吸附质分子中的氢原子作用形成氢键。氢键的强度是范德华力的 5～10 倍。偶极-偶极相互作用发生在极性分子之间，即分子中带部分正电荷的一端与另一分子带负电荷的一端之间的吸引作用，通过这种作用结合的分子比较牢固。π-π 相互作用和配位键都属于化学键，键能大于范德华力。表面吸附作用在对弱极性和极性有机物的吸附过程中贡献较大，取决于吸附剂的比表面积大小。

通过范德华力发生的吸附作用是物理吸附；而有化学键力参与的吸附为化学

吸附。物理吸附与化学吸附通常同时在吸附过程中起作用。

3.2.2 吸附的过程与模型

3.2.2.1 吸附动力学过程及模型

在等温条件下,吸附质从液相被吸附到吸附剂颗粒中,以多孔性吸附剂为例,需经历三个阶段:一是膜扩散阶段,即吸附质从水相主体穿过吸附剂表面的一层假想的薄液层扩散到吸附剂表面;二是内扩散阶段,包括细孔扩散和表面扩散,细孔扩散是吸附质分子在吸附剂细孔内的吸附介质中扩散,表面扩散是已被吸附到孔壁上的吸附质分子转移到相邻吸附位上而不离开孔壁表面;三是吸附反应阶段,吸附质分子吸附在吸附位上。吸附过程的总速率取决于上述过程中最慢的阶段,即决速步骤。一般而言,第三阶段吸附反应的速度很快,迅速在吸附剂表面各吸附位点上建立吸附平衡。因此,总的吸附速率由膜扩散、内扩散或由两者共同控制。

吸附动力学曲线描述吸附量随吸附作用时间的变化,一般可分为三段,即吸附量开始随吸附作用时间快速上升,紧接着缓慢上升,最后停止上升达到平衡。在快速上升阶段,吸附剂表面有大量可用的吸附位点,吸附反应很快;随着吸附反应的进行,大量吸附位点被吸附质分子占据,这些已吸附的吸附质分子会排斥溶液中的吸附质分子继续占据吸附剂表面的剩余吸附位点,因而吸附量缓慢上升;随着吸附的继续进行,弥散作用使得吸附质重新开始从吸附剂向溶液中脱附,直到达到相对稳定的吸附/脱附动态平衡过程。

在科学实验和生产实践中,吸附速率都备受关注,吸附的快慢往往会影响许多表面过程的进行。通过对动力学过程的数学模拟和分析,可获得反映吸附过程和机制的重要信息。常用的吸附动力学模型主要有拟一级动力学模型、拟二级动力学模型、Elovich 动力学模型和孔扩散模型四种。

Lagergren 提出的拟一级动力学模型(Lagergren pseudo-first order model)是最早用来描述固液界面上吸附过程速率的一个模型,其表达式为:

$$q_t = q_e(1 - e^{-K_1 t}) \tag{3-1}$$

式中,q_t(mg/g)为某一时刻单位质量吸附剂的吸附量;q_e(mg/g)为吸附平衡时单位质量吸附剂的吸附量;K_1(h^{-1})为一级动力学吸附速率常数;t(h)为吸附反应进行的时间。其线性形式为:

$$\ln(q_e - q_t) = \ln q_e - K_1 t \tag{3-2}$$

用 $\ln(q_e - q_t)$ 对 t 作图,所得直线的斜率即为 K_1。但是,拟一级动力学模型有其局限性,通常只适合描述吸附初始阶段的动力学过程,而不能准确描述吸附全过程。

拟二级动力学模型(Lagergren pseudo-second order model)常用于拟合发生电子共享或得失的化学吸附过程,其表达式为:

$$q_t = \frac{q_e^2 K_2 t}{1 + q_e K_2 t} \tag{3-3}$$

式中，K_2[mg/(g・min)]为二级动力学吸附速率常数。

初始吸附速率 v_0[mg/(g・min)]可以表示为：

$$v_0 = K_2 q_e^2 \tag{3-4}$$

拟二级动力学模型的线性形式为：

$$\frac{t}{q_t} = \frac{1}{K_2 q_e^2} + \frac{1}{q_e} \cdot t \tag{3-5}$$

拟二级动力学模型包含了外部液膜扩散、表面吸附等过程，比拟一级动力学模型能更真实全面地反映吸附质在吸附剂上的吸附过程。

Elovich 动力学模型是 Elovich 在 20 世纪 30 年代提出来的，描述的是吸附体系的动力学机制，包括吸附质在吸附介质中和吸附剂界面上的扩散，以及吸附剂颗粒表面的活化与去活化作用等，因此更适用于吸附体系中活化能变化较大，即吸附剂化学组分较为复杂且非均一的过程。其表达式为：

$$q_t = (1/\beta_E)\ln(\alpha_E \cdot \beta_E) + (1/\beta_E)\ln t \tag{3-6}$$

式中，α_E[mg/(g・min)]为初始吸附速率常数；β_E(g/mg)为脱附速率常数。

Weber 和 Morris 于 1963 年提出了孔扩散模型（intra-particle diffusion model）[15]，其表达式为：

$$q_t = K_{id} t^{0.5} + C_i \tag{3-7}$$

式中，K_{id}[mg/(g・$h^{0.5}$)]为粒子内扩散速率常数；C_i(mg/g)为与界面厚度有关的量，反映了边界层效应。以 q_t 对 $t^{0.5}$ 作图，如果两者呈线性关系并通过原点，则吸附由内扩散过程控制，所拟合直线的斜率即为 K_{id}；若所拟合直线不通过原点，则截距越大，膜扩散在吸附速率控制步骤中的影响也越大。

3.2.2.2　吸附热力学过程及模型

吸附为自发过程，通常是一个自由能减小的过程。对吸附热力学的研究可以了解吸附的程度和驱动力，深入分析吸附质结构、吸附介质性质、外界条件等各种因素对吸附的作用机理。热力学研究的基本方法是用热力学状态函数来描述一个达到平衡的、与过程及时间无关的状态。只要状态一定，热力学状态函数必须具有唯一确定的值，与反应过程无关。在热力学理论中，热力学参数包括吸附焓（ΔH）、熵（ΔS）和吉布斯自由能（ΔG），其计算公式如下：

$$\Delta G = \Delta H - T\Delta S \tag{3-8}$$

$$\Delta G = -RT\ln K_d \tag{3-9}$$

由上面两式可推导得出：

$$\ln K_d = \frac{\Delta S}{R} - \frac{\Delta H}{RT} \tag{3-10}$$

式中，R 为摩尔气体常量，8.314 J/(K · mol)；T 为热力学温度。若将吸附看作溶质在液相与界面吸附相的分配，则 K_d 为该过程的平衡常数，可通过 Niwas[16] 描述的方法得到：

$$K_d = \frac{a_s}{a_e} = \frac{v_s q_e}{v_e C_e} \tag{3-11}$$

式中，a_s 和 a_e 分别为被吸附的以及平衡溶液中的吸附质活度；v_s 和 v_e 分别为被吸附的以及在平衡溶液中的吸附质的活性系数。

当吸附质在溶液中的浓度接近为零时，活性系数会接近一致。这时，通过 $\ln(q_e/C_e)$ 对 q_e 作图所得截距就是 $\ln K_d$。用 $\ln K_d$ 对 $1/T$ 作线性回归，所得斜率及截距分别为 ΔH 和 ΔS。

若 ΔG 为负值，则表明吸附过程自发进行，为零则处于吸附平衡状态。吸附剂表面层的分子受力不对称，存在表面张力和表面吉布斯函数，不过固体表面分子基本不可移动，不能通过收缩表面以降低表面吉布斯函数，但却可以从外部吸附其他分子以减小表面分子受力不对称的程度，从而降低表面张力和表面吉布斯函数。因此，吸附过程大都自发进行，ΔG 为负值。标准自由能的绝对值越大（即 ΔG 越小），吸附作用力越强，对吸附质的吸附量越大。固体表面能量分布不均匀，吸附总是先发生在能量较高、活性较大的位点，然后依次发生在能量较低、活性较小的位点，因此吸附热一般会随吸附量的增加而下降。

吸附等温线是恒温下描述吸附量与吸附质平衡浓度关系的曲线。吸附等温线是吸附性能的重要特征，反映了吸附剂和吸附质之间的平衡关系、亲和力及吸附体系的作用机理，常用来评价吸附材料的吸附能力。Giles 等[17]对 1961 年以前的文献中的实验数据进行了整理分类，根据吸附等温线起始段的斜率将吸附等温线分为四大类，包括：S 型、L(Langmuir)型、H(high affinity)型、C(constant partition)型，每个大类又分为许多小类，详见图 3-1[14]。

S 型等温线的起始段斜率小，向浓度轴凸出，表明吸附剂表面的吸附质分子促进了吸附，发生了协同吸附，即在低浓度时吸附剂吸附的溶质越多，溶质就越容易被吸附。出现 S 型等温线一般需要满足三个条件：①吸附质分子内只有一个官能团；②分子间作用力适中，吸附层内的分子垂直排列，紧密填充；③溶剂分子对吸附剂的吸附位竞争很激烈。例如氧化铝对水中苯酚的吸附等温线就呈 S 型[14]。

L 型等温线起始段斜率大，向吸附量轴凸出，是最常见的等温线类型，表明随着吸附的进行，吸附剂上的吸附位被覆盖，吸附质分子越来越难接近表面吸附位，即吸附质分子在吸附剂表面不是垂直排列或同吸附剂表面的溶剂分子没有强烈的竞争。以下两种情况都会出现 L 型等温线：①已吸附的分子呈水平排列；②已吸附的分子呈垂直排列，但吸附质分子几乎不与溶剂分子发生竞争吸附。微孔吸附剂如活性炭以孔填充机制吸附时会出现此类等温线。

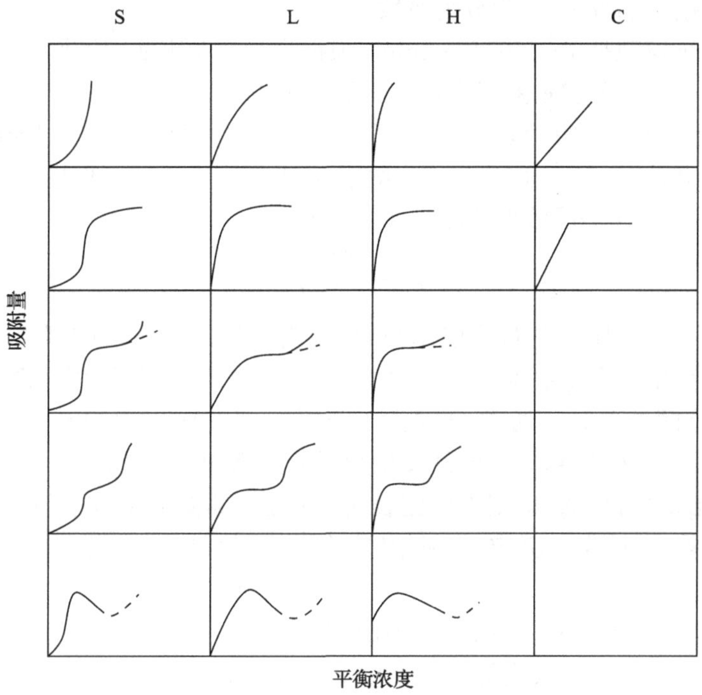

图 3-1　稀溶液中的吸附等温线

H 型等温线是 L 型等温线的特例，起始段几乎垂直，表明吸附剂与吸附质间作用强烈，吸附质在极低浓度时就有很大的吸附量，具有类似化学吸附的特点。离子交换吸附、大分子的吸附等常出现此类等温线。

C 型等温线起始段是直线，表示吸附质在低浓度时是通过分配作用吸附在吸附剂中。吸附质在由晶化区和无定形区构成的聚合物上的吸附有时出现这类等温线，其吸附机制是吸附质最初吸附在无定形区中的吸附位上，吸附作用使固体部分膨胀，形成新的吸附位点，继续吸附，不断形成新的吸附位点，直至达到晶化区[18]。

固体自稀溶液的吸附研究最多，应用最广。在处理稀溶液吸附的结果时，通常会忽略因溶剂被吸附引起的溶液浓度的变化，认为溶液浓度的变化只是因为溶质被吸附造成的。自稀溶液的吸附最常用的吸附等温式包括线性模型、Langmuir 模型、Freundlich 模型和 Polanyi 模型等。

线性模型(linear model)表示吸附量与浓度成正比，只含有一个常数，是表示吸附特性的最简单形式。

$$q_e = KC_e \tag{3-12}$$

式中，q_e(mg/g)指单位质量吸附剂在溶质平衡浓度为 C_e(mg/L)时的吸附量；K(L/g)为吸附系数。该模型适用于极稀溶液中的吸附或覆盖度低时的表面吸附，也适用于分配作用,此时 K 为分配系数。

Langmuir 模型是 1916 年 Langmuir 根据大量实验事实,从动力学观点出发提出的固体对气体的吸附理论。固体自稀溶液中的吸附等温线一般与气体吸附的等温线类似,为单分子层吸附,故也可以用 Langmuir 模型来描述。Langmuir 模型的基本假设为吸附是单分子层的,体相溶液和吸附层均可视为理想溶液,溶质与溶剂分子体积相等或有相同的吸附位,可以表示为:

$$q_e = \frac{QbC_e}{1+bC_e} \tag{3-13}$$

式中,Q(mg/g)为吸附质的最大吸附量,即吸附容量;b(L/mg)为常数。Q 和 b 是 Langmuir 模型中两个重要参数,将式(3-13)改写成线性形式,用作图法或最小二乘法可求得这两个参数。通常 Q 的大小与吸附剂的比表面积有关,比表面积越大,吸附位点越多,Q 值越大。但是发生化学吸附和某些物理吸附(如溶质分子与吸附剂表面形成氢键)时,Q 则不由比表面积决定。常数 b 由吸附剂表面和溶剂中吸附质的交换平衡常数决定,与吸附热有关,b 值越大,等温线起始段的斜率越大[18]。

如果吸附剂表面不均匀,吸附剂表面和溶剂中吸附质的交换平衡常数就会与表面覆盖度 θ 有关,此时吸附等温线常用 Freundlich 模型拟合。

$$q_e = K_f C_e^{1/n} \tag{3-14}$$

式中,K_f[(mg/g)/(mg/L)$^{1/n}$]和 $1/n$ 均为吸附常数,n 无量纲。对公式两边取对数即得到直线方程式,直线斜率即为 $1/n$,由 $C_e=1$ 时的吸附量求得 K_f。该公式是经验公式,不能从理论上导出。K_f可近似地看作与吸附容量有关的参数,n 是与吸附质分子与吸附剂表面作用强度有关的参数。$1/n$ 可反映吸附等温线的非线性程度,表征与吸附过程有关的能量大小和非均质性。当 $1/n=1$ 时,为线性分配等温线;$1/n<1$ 时,为非线性吸附等温线[18]。

分配-表面吸附模型(partition-adsorption model)是包括了表面吸附和分配作用两种吸附机制的吸附模型,是 Langmuir 模型和 Freundlich 模型分别与线性模型的结合式。

$$q_e = KC_e + \frac{QbC_e}{1+bC_e} \tag{3-15}$$

$$q_e = KC_e + K_f C_e^{1/n} \tag{3-16}$$

Polanyi 理论被认为是可用来描述具有高能量的非均质表面吸附气体和水溶液中吸附质的最强大的理论。Polanyi 把他在气相吸附中的吸附势理论运用于液相吸附,把溶液吸附看做是溶质和溶剂在固体表面的气相吸附,和气相吸附不同的是溶质分子吸附时,必须有相同体积的溶剂分子发生脱附[14]。Polanyi 理论假设位于固体表面有吸引力的力场中的分子存在分子与固体表面之间的吸附势。而且，分子越接近固体表面，吸附势越高。这种吸引力源自分子和表面原子之间的诱导偶极-诱导偶极作用，它本质上是一种短距离作用力。

因此，吸附过程中每摩尔吸附质的自由能变化即为溶液中的溶质吸附势 ε_{sw}，可以表示为：

$$\varepsilon_{sw} = RT\ln(C_s/C_e) \tag{3-17}$$

根据吸附势理论得出的 Polanyi-Manes 模型(PMM)如下：

$$\log q_e = \log Q + a(\varepsilon_{sw}/V_s)^b \tag{3-18}$$

式中，V_s(cm^3/mol)表示溶质的摩尔体积；$a[(cm^3)^{b+1}/(kg \cdot J^b)]$和 b 均为 PMM 模型的拟合参数。

Polanyi 吸附理论也是 Dubinin 微孔填充理论的基础。Dubinin-Ashtakhov (DA)模型表达式为：

$$\log q_e = \log Q + (\varepsilon_{sw}/E)^b \tag{3-19}$$

式中，E(kJ/mol)为相关除数。E 和 b 与纳米材料吸附有机物的相互作用力和纳米材料表面的能量分布状况有关。事实上，Freundlich 模型是 DA 模型在 $b=1$ 时的特殊形式，线性模型则是 DA 模型在 $b=1$ 和 $E=RT\ln10\approx5.71$ kJ/mol 时的特殊形式，$b>1$ 时的 DA 模型是典型的 Polanyi 模型[19]。

3.3　纳米吸附材料及特性

3.3.1　常用的纳米吸附材料

根据化学组成，纳米材料主要包括[20,21]：碳纳米材料，如单壁碳纳米管(single-walled carbon nanotubes，SWCNTs)、多壁碳纳米管(multi-walled carbon nanotubes，MWCNTs)、富勒烯(C_{60})、炭黑等；金属及氧化物纳米材料，包括氧化物纳米材料(如纳米 TiO_2、SiO_2等)、零价纳米金属材料(如纳米铁、银、金等)和纳米金属盐(如纳米硅酸盐、陶瓷等)；量子点(quantum dots，QDs)，如 CdSe、CdTe 等；纳米聚合物，如聚苯乙烯。纳米材料所具有的表面效应使纳米材料具有高的表面活性、表面能和比表面积，因而是一类性能优异的吸附剂。

近年来，越来越多的纳米材料被作为吸附剂进行研究，包括碳纳米管(carbon nanotubes，CNTs)[1,22,23]、纳米 Al_2O_3[24]、纳米 TiO_2[25]等。CNTs 是 Iijima 于 1991 年首先发现的[26]。CNTs 作为一种新型吸附剂，由于具有独特的多孔和空心结构、较大的比表面积以及与污染物间的多种相互作用，对水相中多种无机和有机污染物具有优异的吸附性能，引起学者们的广泛关注。本章将重点介绍 CNTs 作为吸附材料在水处理中的应用。

3.3.2 纳米材料的吸附特性

3.3.2.1 纳米材料的高比表面积

颗粒的比表面积与粒径成反比。纳米颗粒尺寸小，比表面积大，位于表面的原子占比高，表面能大。以 Cu 纳米颗粒为例，粒径由 100 nm 缩小到 1 nm 时，比表面积和表面能均增加了两个数量级(表 3-1)[27]。同时，随着纳米颗粒粒径减小，表面原子数相对增多及表面原子配位不饱和性会导致纳米颗粒表面失去电中性而带电，这会提高对带相反电荷吸附质的静电吸附性能。

表 3-1 Cu 纳米颗粒粒径与比表面积、表面原子数比例、表面能的关系[27]

纳米颗粒粒径/nm	比表面积/(m^2/g)	表面原子所占比例/%	一个粒子中的原子数量	表面能/(J/mol)
100	6.6	<10	8.46×10^7	5.9×10^2
10	66	20	8.46×10^4	5.9×10^3
5	—	40	1.06×10^4	—
2	—	80	—	—
1	660	99	—	5.9×10^4

3.3.2.2 纳米材料的孔性质

吸附材料的总比表面积是决定其吸附性能的一个重要因素，但并非所有表面都能发生吸附作用，只有吸附质能进入的表面即有效表面积可以发生吸附作用。孔性质能影响表面积的有效性。国际纯粹与应用化学联合会(IUPAC)把吸附材料的孔按孔径尺寸分为三类：孔径大于 50 nm 的孔称为大孔，孔径在 2～50 nm 之间的称为中孔，而小于 2 nm 的则称为微孔；微孔又有两种，即孔径在 0.7～2 nm 的超微孔和孔径小于 0.7 nm 的极微孔。吸附质的分子大小只有与孔结构相匹配才能被吸附，当吸附质分子尺寸大于孔径时，分子不能进入孔内，就不能被吸附；当分子大小与孔径接近时，吸附材料对吸附质分子有较强的捕捉能力；当分子尺寸小于孔径时，微孔内发生毛细管凝聚现象，则具有较大的吸附容量；分子尺度远远小于孔径时，分子容易发生脱附，脱附速度快，在低浓度下吸附量小[28]。

SWCNTs 和 MWCNTs 的简要结构及可利用区域见图 3-2[10,19]。单根 SWCNTs 的可利用区域为中空管腔和管外表面；MWCNTs 的可利用区域包括中空管腔、管外表面和壁间孔隙。由于 CNTs 的比表面积和表面能很高，容易通过静电力和范德华力等作用聚集在一起形成碳管束。理想状况下，碳纳米管的吸附位点包括外表面、碳管束中管间间隙、凹槽和内孔(图 3-3)[29]。碳管外表面和凹槽上的吸附位点通常是可用的，而管间间隙和内孔由于太小，一般的有机物分子无法进入，例如碳纳米管吸附萘时，因为尺寸限制萘分子无法进入内孔而无法利用内孔中的吸附位点[30]。此外，内孔会被非晶形碳、官能团和金属催化剂等堵塞[2]，影响其可利用性。但被堵塞的内孔可以采用一些物理化学方法打开，如被金属催化剂堵塞的孔可以用盐酸处理打开[31]，被非晶形碳堵塞的孔可以用硝酸[30]、H_2O_2[32]、碱[33]、加热[30]等处理打开。

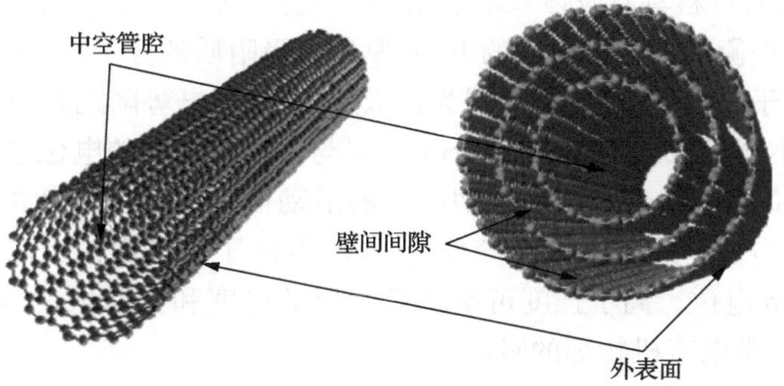

图 3-2　单壁碳纳米管（左）和多壁碳纳米管（右）的简要结构及其吸附可利用区域[10]

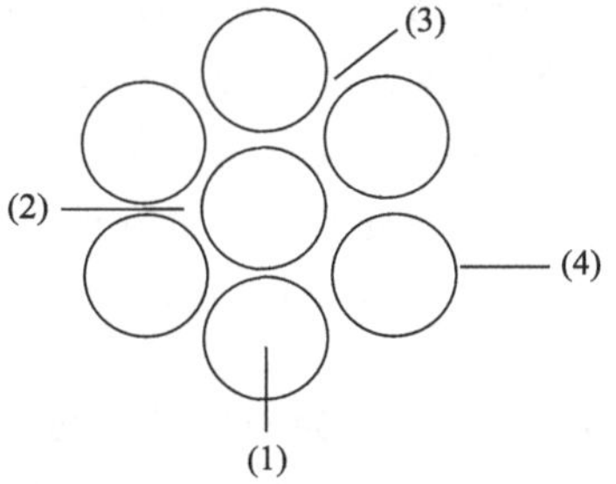

图 3-3　纳米颗粒团聚体的吸附位点[29]：(1)内孔；(2)间隙；(3)凹槽；(4)外表面

3.3.2.3　纳米材料的表面官能团

纳米材料的吸附性能不仅取决于其比表面积和孔结构，还取决于其表面化学性质[7,12]。表面化学性质一般与表面官能团、表面杂原子和化合物的种类和数量有关。对 CNTs 化学性质产生重要影响的主要是含氧官能团。在 CNTs 合成和纯化的过程中，其表面容易形成含氧官能团，如羟基、羰基、羧基等。

常通过化学改性来改变纳米材料表面官能团的种类和数量，以调控其吸附性能。例如，硝酸氧化能够在 CNTs 表面产生羟基、羧基、酚基等含氧官能团，增加 CNTs 表面的缺陷、极性/亲水性、电负性等，从而提高其对重金属离子的吸附性能，但往往会抑制其对疏水性有机物的吸附[4,34,35]。

3.3.2.4　纳米材料的电荷性质

纳米颗粒粒径小，表面晶格常不连续，导致电子富余；同时，在其巨大的比表面上常存在不饱和键，致使纳米颗粒表面失去电中性而带电。因此，溶液中带有相反电荷的盐离子和污染物能通过静电作用吸附到颗粒表面，以平衡其表面的过剩电荷[35]。水中纳米材料具有胶体双电层结构，一层为紧靠粒子表面的紧密层(Stern层)，其作用是平衡纳米微粒表面的电性，厚度由吸附质的分子大小决定，吸附质在该层的吸附属于强物理吸附；另一层为扩散层，这一层电势随距离的增加呈曲线下降，其厚度由本体溶液的浓度决定。Stern 层与扩散层之间的电位差称为 Stern 电位(ψ_s)。ζ电位是胶粒在电场中移动产生的滑动面与溶液内部的电位差，是表征胶粒电荷性质与强度的一个重要参数，其大小取决于滑动面内反离子浓度。ζ电位略低于 Stern 电位。离子强度可影响双电层的厚度和界面电位，从而影响纳米材料对重金属、带电有机物等的吸附[36]。

3.3.2.5　纳米材料的分散与团聚

纳米材料的分散与团聚直接关系到其有效的吸附表面积，同时也会影响纳米材料在水中的悬浮停留时间，从而影响其与污染物的接触作用时间及吸附后的分离回收，因而受到广泛关注。纳米材料具有很高的比表面能，容易团聚，并在重力作用下发生沉降，其沉降遵循 Stokes 定律[37]，沉降速度(v)表示为：

$$v = \frac{2r^2(\rho - \rho_0)g}{9\eta} \tag{3-20}$$

式中，ρ 为纳米材料的密度；r 为粒径；ρ_0 为介质的密度；η 为介质的黏度。因此，小粒径颗粒在水中往往能停留较长时间，有利于接触并吸附污染物，但不易从水中分离回收。

纳米材料的亲水性也是控制其在水体中悬浮性能的一个重要因素，亲水性越高，悬浮性能越好。强疏水性 CNTs 会团聚沉降，并降低有效的吸附面积。因此，常通过强酸氧化等方法对其进行表面修饰，在 CNTs 的疏水表面引入亲水性官能团，从而提高其分散与悬浮性能。

根据 DLVO 理论，纳米颗粒在一定条件下能否稳定分散悬浮取决于纳米颗粒间相互作用的位能。颗粒间相互作用总位能等于范德华引力位能(E_A)和由双电层引起的静电斥力位能(E_R)之和(图 3-4)[36]。这两种位能都是胶粒间距离的函数，引力位能与距离的六次方成反比，而静电斥力位能则随距离按指数函数下降。由图 3-4 可知，当两胶粒相距较远时，粒子间“远距离”的吸引力在起作用，此时引力占优势，曲线在横轴以下，总位能为负值；随着胶粒间距离变近，斥力开始起作用，总位能逐渐变为正值，至一定距离时总位能最大，出现一个排斥能垒。越过能垒，位能迅速下降，说明胶粒间距离很近时，E_A随胶粒间距离的变小而激增，引力占优势，总位能下降为负值，这意味着胶粒将发生团聚。当相对移动位能大于排斥能垒时，颗粒即可逾越能垒而进入引力起主要作用的距离内，发生团聚。

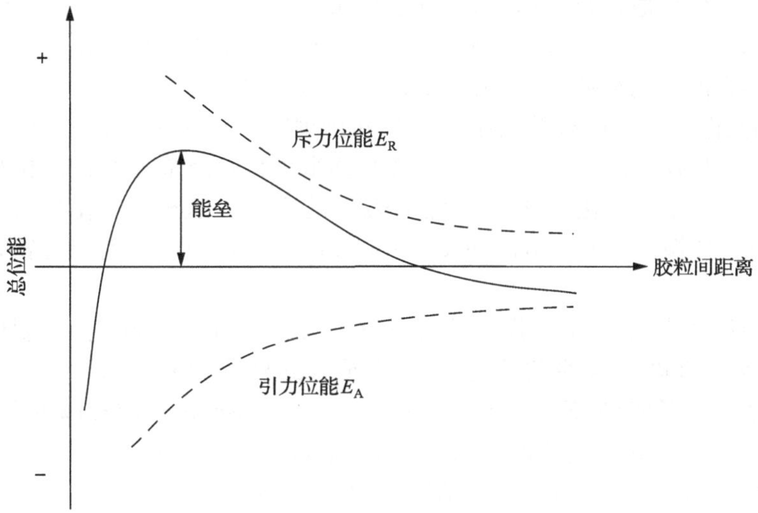

图 3-4　胶体颗粒间作用位能随胶粒间距离的变化曲线[36]

3.4　纳米材料吸附去除水中有机污染物

3.4.1　吸附机理

溶剂、溶质和吸附剂之间的净吸引力构成了吸附剂吸附溶质的作用力[38,39]。在这些吸引力中，通常认为范德华力是疏水性吸附剂吸附气体或蒸气时的主要作用力，也是水溶液吸附中的主要作用力[38]。但是，水溶液中的溶剂、溶质和吸附剂之间还存在偶极-偶极、偶极-诱导偶极、氢键供受体相互作用力等，特别是存在一些特定官能团时，这些作用力会更强[31,32]，对吸附作用的影响更大，此时仅仅考虑范德华力就不再合理。目前已提出的碳纳米材料吸附有机物的作用力有五种，包括疏水作用、π-π相互作用、氢键、共价键、静电作用，作用力大小与碳纳米材料和有机物的性质有关[40-42]。

疏水作用是碳纳米材料吸附有机物，特别是疏水性有机物的主要作用力[29,39,42]。碳纳米材料如MWCNTs等都有疏水性区域，疏水作用在其吸附有机物时起重要作用。例如，环己烷不能与碳纳米颗粒形成氢键和π-π相互作用，因此由范德华力产生的疏水作用力是碳纳米材料吸附环己烷的主要作用力[39]。疏水作用力的大小可以用吸附质的水溶解度大小衡量，溶解度越小，疏水作用力越大。

当有机污染物或纳米材料表面具有—COOH、—OH、—NH_2等官能团时，氢键便成为一种很重要的吸附作用力[39,43]。有机物分子中的—COOH、—OH、—NH_2可作为氢供体，碳纳米材料表面的苯环作为氢受体，两者相互作用可形成氢键[39]。同时，纳米材料表面的—COOH、—OH、—NH_2等基团也可以作为氢供体与其他氢受体形成氢键。但是，水分子也可以和纳米材料表面的官能团形成氢键，而且键能更大，这就导致了水分子与吸附质分子间的竞争吸附。所以，对于不具有氢供体官能团的溶质分子，氢键不是其在纳米材料上吸附的主要作用力。

π-π相互作用在带有苯环的纳米材料表面吸附含有C═C键的有机物分子中起重要作用。这些有机物分子中的π电子能与纳米材料表面苯环中的π电子形成π-π相互作用，例如芳香族化合物在石墨烯表面的吸附。这种π-π作用力已经通过Raman、核磁共振（nuclear magnetic resonance，NMR）、荧光等光谱技术得到证实[44,45]。

有机物和纳米材料表面若均带有—COOH、—OH、—NH_2等官能团，它们之间就能形成共价键。这些共价键作用已通过红外光谱（infrared spectroscopy，IR）、X射线光电子能谱（X-ray photoelectron spectroscopy，XPS）以及NMR等技术得到证实[41,46]。共价键的键能大，作用力强，因此以共价键方式吸附到纳米材料表面的有机物分子相对不容易脱附。纳米材料能够通过羧基化[47]、重氮化[48]、酰胺化[49]、自由基反应[50]、氟化[51]以及酯化[52]等反应，进行共价键修饰改性。这些共价修饰方法已被广泛用于制备具有特殊性能的纳米材料。

静电作用力与有机物和纳米材料的电荷性质有关。若有机物和纳米材料表面带相反的电荷，两者之间就会产生静电吸引力；反之，两者带同种电荷就会产生静电斥力。静电作用可以用来解释随着pH升高，天然有机质[53,54]和酚类化合物[55]在碳纳米材料表面的吸附量下降的现象。pH升高，天然有机物和酚类化合物电离为阴离子，而碳纳米材料本身带负电荷，两者之间的静电斥力使得吸附量减少；同时，有机物电离也会伴随疏水作用和氢键的减弱，进一步抑制吸附。

目前的研究一般都只能说明可能有哪些机理在起作用，但缺乏对各种机理具体贡献的定量评价方法。而且，吸附作用力与环境条件、吸附质、吸附剂的性质都有关系，任何因素的改变都可能引起作用力贡献大小的改变。

3.4.2 吸附动力学过程

研究纳米材料吸附有机物的动力学过程能为明确吸附过程和吸附机制提供重要信息。表3-2是用拟一级动力学模型对碳纳米管吸附有机物的拟合结果，总体上看，该模型拟合效果较好（R^2＝0.794～0.994），吸附速率常数K_1集中在0.42～2.49 h^{-1}范围内，其大小与体系温度、吸附质初始浓度以及CNTs的性质有关。Lu等[22]的研究表明，MWCNTs吸附三卤代烃（$CHCl_3$、$CHBrCl_2$、$CHBr_2Cl$和$CHBr_3$）的K_1随温度升高而增大，其原因可能是因为温度升高，溶液的黏度减小，三卤甲烷在边界层和孔内的扩散速率加快，吸附速率加快。CNTs表面的氧含量越高，其对阿特拉津的吸附速率常数 K_1 越小[56]。理论上，吸附质的初始浓度越高，K_1 应该越小，因为吸附质初始浓度越高，分子间的竞争吸附越强，吸附速率越慢。但是表 3-2 中 MWCNTs 吸附邻硝基苯酚的情况并不符合该规律，可能是因为拟一级动力学模型不能准确地反映该吸附过程。

表 3-2　拟一级动力学模型拟合 CNTs 吸附有机物的动力学参数

吸附剂	吸附质	K_1/h^{-1}	q_e/(mg/g)	R^2	吸附条件	参考文献
MWCNTs-KOH[a]	甲苯	0. 66	17. 62	0. 794	pH=6. 0，T=293 K，C_0=40 mg/L	[23]
MWCNTs	$CHCl_3$	1. 704	0. 87	>0. 96	T=278 K	[22]
		1. 968	0. 85	>0. 96	T=288 K	
		2. 142	0. 82	>0. 96	T=298 K	
		2. 49	0. 72	>0. 96	T=308 K	
MWCNTs	$CHBrCl_2$	1. 554	0. 47	>0. 96	T=298 K，C_0=1. 6 mg/L	[22]
	$CHBr_2Cl$	1. 746	0. 44	>0. 96		
	$CHBr_3$	1. 074	0. 39	>0. 96		
MWCNTs	Procion Red MX-5B[b]	1. 02	21. 98	0. 994	T=281 K	[1]
		0. 9	27. 20	0. 979	T=291 K	
		1. 8	23. 56	0. 976	T=301 K	
		1. 32	21. 29	0. 955	T=321 K	
MWCNTs	邻硝基苯酚	0. 66	—	0. 93	C_0=120 mg/L	[57]
		0. 84	—	0. 93	C_0=160 mg/L	
		0. 48	—	0. 97	C_0=310 mg/L	
MWCNTs	敌草隆	12. 72	27. 29	0. 898	C_0=4. 53 mg/L，T=298 K，pH=7	[58]
O-MWCNTs[c]	敌草隆	7. 38	28. 66	0. 927		
O-MWCNTs (0. 85%)[d]	阿特拉津	0. 9	9. 37	0. 993	pH=6，C_0=4. 2 mg/L	[56]
O-MWCNTs (2. 16%)[d]	阿特拉津	0. 48	3. 06	0. 993		
O-MWCNTs (7. 07%)[d]	阿特拉津	0. 42	3. 22	0. 930		
MWCNTs-COOH[e]	邻硝基苯酚	0. 72	—	0. 94	C_0=120 mg/L	[57]
		0. 66	—	0. 92	C_0=160 mg/L	
		1. 2	—	0. 95	C_0=310 mg/L	

a：用 KOH 在 1023 K 条件下活化 1 h 的 MWCNTs；

b：一种偶氮染料；

c：用 3 mol/L HNO_3 超声 24 h 后的氧化 MWCNTs；

d：括号内数字表示氧化 MWCNTs 中的氧含量；

e：用 HNO_3 和 H_2SO_4 混酸(体积比 1∶3)超声 3 h 的 MWCNTs。

表 3-3 是拟二级动力学模型拟合碳纳米管吸附有机物的结果。从 R^2 可以看出该模型拟合效果相当好($R^2=0.932\sim1.0$,绝大多数 $R^2>0.99$),吸附速率常数 K_2 在 0.03～4.758 g/(mg·h)范围内,其大小与有机物初始浓度、温度、CNTs 的性质等因素有关。温度升高,K_2 增大,说明吸附速率增大。以 MWCNTs 吸附染料 Procion Red MX-5B 为例,温度从 281 K 升高至 321 K,K_2 由 0.0726 g/(mg·h)增大到 0.195 g/(mg·h),可能是因为温度升高,有机物分子热运动加剧,反应加快[1]。此外,有机物初始浓度越高,K_2 越小,例如 MWCNTs 吸附邻硝基苯酚的初始浓度从 30 mg/L 增大到 310 mg/L,其 K_2 值从 3.276 g/(mg·h)减小至 0.03 g/(mg·h)[57]。这是因为初始浓度高,有机物分子间的竞争吸附加强,吸附速率越慢。CNTs 的性质对吸附速率的影响可以通过比较原始 MWCNTs 与氧化 MWCNTs 吸附硝基芳香化合物的初始吸附速率 v_0 和二级吸附常数 K_2 看出,氧化 CNTs 的 v_0 和 K_2 都比原始碳管小,说明硝基芳香化合物在原始碳管表面的吸附更快。这种动力学上的差异是由于 HNO_3 氧化 CNTs 之后,引入了亲水基团(如羧基、羟基、内酯基等),有利于水在 CNTs 表面的吸附,而不利于有机物的吸附[59]。

表 3-3 拟二级动力学模型拟合 CNTs 吸附有机物的动力学参数

吸附剂	吸附质	K_2/[g/(mg·h)]	q_e/(mg/g)	v_0/[mg/(g·min)]	R^2	吸附条件	参考文献
MWCNTs	1-萘胺	0.186	8.80	0.24	0.999	$T=298$ K,	[60]
	1-萘酚	0.03	30.31	0.46	0.997	$C_0=50$ mg/L,	
	苯酚	0.168	9.51	0.25	0.999	pH=6.5	
MWCNTs	Procion Red MX-5B	0.0726	25.51	0.79	0.932	$T=281$ K	[1]
		0.0942	25.84	1.05	0.956	$T=291$ K	
		0.1902	27.86	2.46	0.990	$T=301$ K	
		0.195	30.86	3.10	0.993	$T=321$ K	
MWCNTs	邻硝基苯酚	3.276	28.9	45.60	1.00	$C_0=30$ mg/L	[57]
		0.294	77.51	29.44	1.00	$C_0=85$ mg/L	
		0.12	109.89	24.15	1.00	$C_0=120$ mg/L	
		0.114	142.85	38.77	1.00	$C_0=160$ mg/L	
		0.03	277.77	38.58	1.00	$C_0=310$ mg/L	
MWCNTs	间硝基苯	2.946	30.22	44.84	0.999	$T=293$ K,	[59]
	间硝基甲苯	1.11	26.63	13.12	0.999	$C_0=12$ mg/L	
	对硝基苯酚	1.218	20.32	8.38	0.999		
	硝基苯	4.758	7.37	4.31	0.999		

续表

吸附剂	吸附质	K_2/[g/(mg·h)]	q_e/(mg/g)	v_0/[mg/(g·min)]	R^2	吸附条件	参考文献
O-MWCNTs	1-萘胺	0.0228	40.00	0.61	0.999	T=298 K，C_0=50 mg/L，pH=6.5	[60]
	1-萘酚	0.0372	32.05	0.020	0.996		
	苯酚	0.468	10.55	0.082	0.999		
O-MWCNTs	间硝基苯	0.228	27.63	2.90	0.999	T=293 K，C_0=12 mg/L	[60]
	间硝基甲苯	0.504	25.80	5.59	0.999		
	对硝基苯酚	0.618	19.66	3.98	0.999		
	硝基苯	3.876	6.96	3.13	0.999		
O-MWCNTs(0.85%)[a]	阿特拉津	0.9	17.283	4.48	1.00	T=293 K，C_0=4.2 mg/L，pH=6.0	[56]
O-MWCNTs(2.16%)[a]	阿特拉津	0.66	16.697	3.07	1.00		
O-MWCNTs(7.07%)[a]	阿特拉津	1.2	10.408	2.17	1.00		
O-MWCNTs	甲苯	0.114	23.42	1.04	0.986	C_0=46.2 mg/L	[34]
	乙苯	0.096	57.47	5.28	0.995	C_0=56.8 mg/L	
	间二甲苯	0.132	60.98	8.18	0.997	C_0=47.2 mg/L	
MWCNTs-KOH	甲苯	0.1116	43.48	3.52	0.992	C_0=40 mg/L	[23]
	乙苯	0.0966	99.50	15.94	0.998	C_0=54 mg/L	
	间二甲苯	0.1308	86.51	16.32	0.999	C_0=44 mg/L	
MWCNTs-KOH	甲基橙	0.12	161.3	52.04	0.999	C_0=150 mg/L	[61]
	亚甲基蓝	0.042	454.5	144.60	0.999	C_0=500 mg/L	
MWCNTs-COOH	邻硝基苯酚	0.108	42.01	3.18	1.00	C_0=30 mg/L	[57]
		0.222	80	23.68	1.00	C_0=85 mg/L	
		0.108	121.95	26.77	1.00	C_0=120 mg/L	
		0.108	142.85	36.73	1.00	C_0=160 mg/L	
		0.084	178.57	44.64	1.00	C_0=310 mg/L	

a：括号内数字表示氧化 MWCNTs 中的氧含量。

表 3-4 列出了文献报道的纳米材料对有机物吸附数据的孔扩散模型拟合结果，R^2的范围为 0.839～0.995，但截距 C_i都不为零，即 q_t对 $t^{1/2}$ 的回归直线不通过原点，说明孔内扩散会影响吸附速率，但不是唯一的决定因素。

表 3-4 孔扩散模型拟合 CNTs 吸附有机物的动力学参数

吸附剂	吸附质	K_{id}/[g/(mg·$h^{0.5}$)]	C_i/(mg/g)	R^2	吸附条件	参考文献
MWCNTs-KOH	甲苯	0.061	32.45	0.839	pH=6.0,	[23]
	乙苯	0.074	86.43	0.877	T=293 K,	
	间二甲苯	0.057	76.46	0.879	C_0=40 mg/L	
MWCNT-KOH	甲基橙	0.250	136.5	0.892	C_0=150 mg/L	[61]
	亚甲基蓝	0.733	376.6	0.902	C_0=500 mg/L	
MWCNTs	Procion Red MX-5B	0.075	0.29	0.995	T=281 K	[1]
		0.073	1.27	0.988	T=291 K	
		0.068	4.48	0.893	T=301 K	
		0.062	5.74	0.865	T=321 K	
O-MWCNTs(0.85%)[a]	阿特拉津	0.180	7.011	0.955	T=293 K,	[58]
O-MWCNTs(2.16%)[a]	阿特拉津	0.612	13.11	0.982	pH=6.0,	
O-MWCNTs(7.07%)[a]	阿特拉津	0.843	6.38	0.955	C_0=4.2 mg/L	

a:括号内数字为氧化 MWCNTs 中的氧含量。

3.4.3 吸附热力学过程

3.4.3.1 吸附热力学参数

表 3-5 为文献中纳米材料吸附水中有机污染物的热力学参数。标准焓变 ΔH 为负值,说明有机物在纳米材料表面的吸附过程为放热反应,反之则为吸热反应。对于放热的吸附反应,吸附量会随着温度的升高而减小,吸热反应的吸附量则随温度升高增大。标准熵变 ΔS 为负值说明在吸附过程中,固/液表面的混乱度减小,反之则说明混乱度增加。

表 3-5 纳米材料吸附有机污染物的热力学参数

吸附剂	吸附质	ΔG /(kJ/mol)	ΔH /(kJ/mol)	ΔS /[J/(K·mol)]	吸附条件	参考文献
MWCNTs	1,2-二氯苯	−21.79	0.133	16.40	T=288 K	[65]
		−23.00	0.132	16.40	T=298 K	
石墨化 MWCNTs	1,2-二氯苯	−19.73	0.089	5.95	T=288 K	
		−20.84	0.090	5.95	T=298 K	
MWCNTs	富里酸	−2.84	−1.458	4.98	T=278 K	[63]
		−2.96		5.04	T=298 K	
		−3.04		4.98	T=318 K	

续表

吸附剂	吸附质	ΔG /(kJ/mol)	ΔH /(kJ/mol)	ΔS /[J/(K·mol)]	吸附条件	参考文献
MWCNTs	1-萘胺	−5.55	0.009	101.85	T=298 K	[60]
		−5.90	0.009	101.85	T=318 K	
		−6.31	0.009	101.85	T=338 K	
	1-萘酚	−6.05～−5.15	0.0169	127.72	T=283～308 K	
	苯酚	−4.55～−4.34	−0.00131	116.43	T=283～308 K	
MWCNTs	间硝基苯	−10.57	−34.10	−84.64	T=283 K	[59]
		−9.59	−34.10	−84.64	T=293 K	
		−8.07	−34.10	−84.64	T=308 K	
	间硝基甲苯	−8.85～−6.01	−36.71	−100.02	T=283～308 K	
	对硝基苯酚	−7.68～−4.74	−37.69	−107.00	T=283～308 K	
	硝基苯	−3.60～−1.52	−25.05	−76.82	T=283～308 K	
O-MWCNTs	1-萘胺	−5.31	0.012	108.61	T=298 K	[60]
		−5.81	0.012	108.61	T=318 K	
		−6.28	0.012	108.61	T=338 K	
	1-萘酚	−4.56～−4.34	0.0017	8.02	T=298～338 K	
	苯酚	−4.30～−4.05	−0.0107	6.31	T=298～338 K	
O-MWCNTs	甲苯	−3.69	−23.64	−70.49	T=283 K	[34]
		−2.59	−23.64	−71.84	T=293 K	
		−1.13	−23.64	−70.78	T=318 K	
	乙苯	−4.76～−3.17	−17.10	−44.59 ～ −43.59	T=283～318 K	
	间二甲苯	−4.45～−3.16	−12.91	−27.25 ～−26.66	T=283～318 K	
MWCNTs-KOH	甲苯	−4.42	−30.79	−93.17	T=283 K	[23]
		−3.05	−30.79	−94.67	T=293 K	
		−2.57	−30.79	−93.14	T=318 K	
	乙苯	−6.24～−5.03	−23.54	−62.96 ～−61.08	T=283～318 K	
	间二甲苯	−7.69～−5.98	−32.27	−88.45 ～ −86.77	T=283～318 K	
O-MWCNTs	对硝基苯胺	−7.40	−34.6±0.7	−96.0±2.5	T=283 K	[64]
		−6.02			T=293 K	
		−4.51			T=313 K	
	苯胺	2.31	26.7±8.9	85.4±29.8	T=283 K	
		1.78			T=293 K	
		−0.30			T=313 K	

从表 3-5 中可以看出，纳米材料吸附水中有机物的 ΔG 均为负值，MWCNTs 和 O-MWCNTs 吸附含硝基化合物[59]、苯系物[23,34]的 ΔH 为负值且绝对值较大(>12 kJ/mol)，说明该吸附为放热吸附，吸附量随温度升高而降低；而且较大的放热量(>4 kJ/mol且<40 kJ/mol)，说明吸附作用力除了范德华力以外还存在氢键和 π-π 相互作用等弱化学作用力[34,62]。其他研究结果发现 ΔH 有正有负，如 CNTs 和石墨烯吸附 1,2-二氯苯以及 MWCNTs 和 O-MWCNTs 对 1-萘胺、1-萘酚的吸附 ΔH 为正值，MWCNTs 吸附富里酸[63]和苯酚[60]的 ΔH 为负值。这些吸附 ΔH 绝对值都很小(<1.5 kJ/mol)，如果考虑吸附实验误差，很难判定究竟是吸热还是放热，但是可以说明这些吸附过程热量变化不大，吸附量随温度的变化也不大，而且吸附热绝对值小于 4 kJ/mol，基本可以认为是由范德华力导致的物理吸附[34,62]。作者最近研究发现，氧化碳纳米管材料对胺类化合物的吸附存在很强的化学吸附，氧化碳纳米管表面含氧官能团如羧基和胺类化合物的氨基间能发生吸热的酰胺化反应，导致显著的 ΔH 正值[苯胺为(26.7±8.9)kJ/mol]和胺类化合物的不可逆脱附滞后[64]。

3.4.3.2 吸附等温线拟合

微孔是决定吸附曲线是否线性的关键因素。多孔性纳米材料如碳纳米管、活性炭、膨润土对有机物的吸附一般为非线性，而无孔纳米金属氧化物如纳米 Al_2O_3、ZnO、TiO_2、SiO_2对有机物的吸附则为线性[66,67]。Huang 和 Schlautman[68]对外表面无孔矿物(α-Al_2O_3、石英、高岭石及非晶体 SiO_2)和多孔矿物(膨润土)吸附菲的研究表明，四种外表面无孔矿物的吸附等温线均呈线性，而膨润土的等温线则明显不呈线性，其 Freundlich 指数 n=0.63；但是表面经 CPC (cetyl pyridinium chloride monohydrate)改性后的纳米 TiO_2对萘的吸附为显著的线性吸附(R^2=0.997)，这可能是因为有机物改性后的纳米 TiO_2吸附菲的机制主要是线性分配作用[67]。

表 3-6 列出的是 Langmuir 模型和 Freundlich 模型对 CNTs 吸附有机污染物的拟合参数，拟合效果均较好，Langmuir 模型的 R^2 为 0.763~0.995，Freundlich 模型的 R^2 为 0.900~0.996。Langmuir 模型中的饱和吸附量 Q 随吸附质、CNTs 表面性质及吸附体系温度的不同而变化。O-MWCNTs 表面的含氧量越高，对有机物(甲苯、乙苯、间二甲苯)的饱和吸附量越小[34]，说明含氧基团(如羧基、羟基、内酯基等)的引入不利于疏水性有机物的吸附，基团引入越多，Q 越小。Freundlich 模型中的 K_f 也随温度、碳纳米材料表面性质而变化。总体来看，相比原始 CNTs，表面氧化处理后的 CNTs 对疏水性有机物(如萘[35])的 K_f 相对较低，但对一些极性有机化合物(如间二硝基苯、间硝基甲苯和对硝基苯酚[59])的 K_f 相对较高。这是因为疏水性有机物在 CNTs 上的吸附以疏水作用为主，而氢键等极性作用力在极性有机化合物的吸附中起重要作用。表 3-6 中 $1/n$ 值范围为 0.06~0.741，说明 CNTs 对有机物的吸附呈非线性，也反映了 CNTs 表面吸附位点的非均一性。$1/n$ 值越小，CNTs 表面能量位点的不均一程度越小，表面越纯化单一[59]。

表 3-6 Langmuir 和 Freundlich 模型对纳米材料吸附有机污染物的拟合参数

吸附剂	吸附质	Langmuir 模型参数			Freundlich 模型参数			吸附条件	参考文献
		Q/(mg/g)	b/(L/mg)	R^2	K_f/[(mg/g)/(mg/L)$^{1/n}$]	$1/n$	R^2		
MWCNTs	苯酚	15.88	4.15	0.985	17.24	0.588	0.991	T=298 K	[3]
	邻苯三酚	33.61	6.41	0.983	38.71	0.493	0.998		
MWCNTs	硝基苯	28.3	0.11	0.992	5.5	0.41	0.936	T=283 K	[59]
		27.8	0.09	0.995	4.3	0.45	0.956	T=293 K	
		24.0	0.09	0.986	3.9	0.44	0.927	T=308 K	
	间二硝基苯	41.4	0.48	0.983	15.8	0.31	0.963	T=293 K	
	间硝基甲苯	41.4	0.23	0.982	10.9	0.41	0.988		
	对硝基苯酚	31.7	0.25	0.995	8.9	0.38	0.969		
MWCNTs	$CHCl_3$	4.73	0.002 3	0.979	2.721	0.583	0.953	T=298 K	[70]
	$CHBrCl_2$	2.93	0.000 9	0.971	1.087	0.699	0.968		
	$CHBr_2Cl$	2.76	0.000 5	0.996	1.022	0.741	0.980		
	$CHBr_3$	2.70	0.000 7	0.986	0.901	0.755	0.977		
MWCNTs	萘				36.1	0.41	0.98	T=298 K	[35]
O-MWCNTs	硝基苯	38.1	0.11	0.992	5.2	0.47	0.990	T=283 K	[59]
		37.5	0.09	0.988	4.1	0.50	0.989	T=293 K	
		35.1	0.07	0.989	3.8	0.54	0.992	T=308 K	
	间二硝基苯	48.7	0.37	0.954	16.0	0.34	0.993	T=293 K	
	间硝基甲苯	47.8	0.30	0.995	13.5	0.39	0.992		
	对硝基苯酚	41.1	0.25	0.994	9.7	0.45	0.978		

续表

吸附剂	吸附质	Langmuir 模型参数			Freundlich 模型参数			吸附条件	参考文献
		Q/(mg/g)	b/(L/mg)	R^2	K_f/[(mg/g)/(mg/L)$^{1/n}$]	$1/n$	R^2		
O-MWCNTs (3.2%)[a]	甲苯	99.47	0.010	0.99	1.87	0.726	0.98	T=293 K	[34]
	乙苯	115.63	0.031	0.98	9.92	0.493	0.95		
	间二甲苯	112.19	0.057	0.99	15.09	0.437	0.91		
O-MWCNTs (4.7%)[a]	甲苯	59.48	0.011	0.99	1.22	0.721	0.98		
	乙苯	79.15	0.008	0.99	1.23	0.739	0.98		
	间二甲苯	100.45	0.010	0.99	2.04	0.706	0.98		
O-MWCNTs (5.9%)[a]	甲苯	31.28	0.041	0.99	4.28	0.401	0.94		
	乙苯	40.18	0.040	0.99	6.04	0.372	0.96		
	间二甲苯	48.73	0.073	0.99	9.69	0.344	0.98		
O-MWCNT (HNO_3)[b]	萘				21.4	0.44	0.98	T=298 K	[35]
O-MWCNT ($KMnO_4$)[b]					9.4	0.36	0.98		
O-MWCNT (H_2O_2)[b]					14.6	0.36	0.99		
SWCNTs	阿特拉津	33.43	1.16	0.890	17.25	0.227	0.954	T=291 K	[71]
MWCNTs	阿特拉津	110.8	1.48	0.945	57.81	0.241	0.985	T=291 K	[71]
		100.43	1.47	0.897	52.53	0.238	0.985	T=298 K	
		97.05	1.54	0.979	53.2	0.216	0.931	T=303 K	

续表

吸附剂	吸附质	Langmuir 模型参数			Freundlich 模型参数			吸附条件	参考文献
		Q/(mg/g)	b/(L/mg)	R^2	K_f/[(mg/g)/(mg/L)$^{1/n}$]	$1/n$	R^2		
SWCNTs	邻二甲苯	68.49	4.424	0.919				T=298 K	[72]
	对二甲苯	77.52	1.593	0.926				T=298 K	
MWCNTs	1,2-二氯苯				9.27	0.65	0.981 9	T=278 K	[65]
					15.86	0.52	0.985 9	T=288 K	
					17.88	0.52	0.986 8	T=298 K	
MWCNTs	甲基橙	46	1.47	0.908	32.5	0.1	0.988	T=298 K	[61]
	亚甲基蓝	117.9	1.12	0.926	91.81	0.06	0.958		
SWCNTs	邻二甲苯	59.53	0.281	0.956				T=298 K	[72]
	对二甲苯	85.47	1.377	0.959					
MWCNTs	诺氟沙星	56.86	2.95	0.826	39.09	0.15	0.970	T=288 K	[73]
		57.55	5.47	0.763	42.30	0.14	0.980	T=298 K	
		56.66	3.49	0.686	39.08	0.16	0.991	T=310 K	
MWCNTs	1,2-二氯苯				6.69	0.55	0.9737	T=278 K	[65]
					6.27	0.66	0.9769	T=288 K	
					6.28	0.68	0.9572	T=298 K	
CNTs-KOH	甲基橙	149	2.45	0.837	106.4	0.12	0.996	T=298 K	[61]
	亚甲基蓝	399	3.05	0.911	310.8	0.09	0.900		

a:括号内数字为氧化 MWCNTs 中的氧含量;

b:括号内的酸用来氧化处理 MWCNTs。

表 3-7 是文献中 DA 模型对纳米材料吸附有机物的拟合参数，R^2（>0.99）显示 DA 模型对 MWCNTs 吸附有机物的拟合效果很理想。MWCNTs 吸附萘、菲、

表 3-7 DA 模型对纳米材料吸附有机物的拟合参数

吸附剂	吸附质	Q/(mg/g)	E/(kJ/mol)	b	R^2	吸附条件	参考文献
SWCNTs	萘	240	16.2	1.26	0.995	T=298 K	[11]
MWCNTs	萘	69.2	11.9	1.01	0.999		
MWCNTs	萘	74.1	11.4	0.968	0.999	T=298 K	[69]
	菲	41.7	17.3	2.10	0.997		
	芘	42.7	14.3	2.48	0.988		
MWCNTs	苯胺	114.8	11.8	1.33	0.995	T=298 K	[39]
	4-氯苯胺	100	13.4	1.25	0.994		
	2-硝基苯胺	61.7	19.1	1.79	0.998		
	3-硝基苯胺	51.3	16.5	1.84	0.999		
	苯酚	64.6	18.5	1.92	0.998		
	2-氯苯酚	104.7	20.0	1.73	0.996		
	4-氯苯酚	75.9	21.7	2.32	0.999		
	2,4-二氯苯酚	138.0	18.6	1.56	0.992		
	4-甲基苯酚	69.2	19.8	2.04	0.999		
G-MWCNTs[a]	萘	45.7	11.4	1.05	0.996	T=298 K	[12]
	硝基苯	67.6	14.3	1.41	0.989		
	1,2-二硝基苯	45.7	11.2	1.62	0.998		
	1,3-二硝基苯	47.9	19.4	2.02	0.989		
P-MWCNTs[b]	萘	47.9	11.4	1.01	0.994		
	硝基苯	77.6	13.8	1.33	0.997		
	1,2-二硝基苯	49.0	11.6	1.52	0.999		
	1,3-二硝基苯	52.5	19.0	1.94	0.997		
HO-MWCNTs[c]	萘	49.0	12.4	1.01	0.994		
	硝基苯	85.1	13.8	1.25	0.994		
	1,2-二硝基苯	46.8	12.2	1.55	0.999		
	1,3-二硝基苯	57.5	18.4	1.92	0.999		
COOH-MWCNTs[d]	萘	42.7	11.8	1.03	0.993		
	1,2-二硝基苯	40.7	10.7	1.50	1.000		
	1,3-二硝基苯	49.0	16.7	1.84	0.998		
	硝基苯	83.2	12.5	1.21	0.996		

a：石墨化 MWCNTs；

b：纯化 MWCNTs；

c：羟基化 MWCNTs；

d：羧基化 MWCNTs。

芘的 E 和 b 均不相同，说明不同的有机物在 MWCNTs 表面的吸附位点不同[69]。但是 G-MWCNTs、P-MWCNTs、OH-MWCNTs 和 COOH-MWCNTs 四种不同的 MWCNTs 吸附同种有机物时的 E 和 b 差别很小，说明 MWCNTs 表面的含氧官能团的引入并没有明显增强 n-π 和 π-π 相互作用[12]。而饱和吸附量 Q 则既与碳纳米管的性质有关，也与有机物的种类有关：通常碳纳米管表面积越大，对有机物的吸附量越大；随着碳纳米管表面氧化程度的增加，有机物的表面积标化吸附量都下降，而且非极性化合物表面积标化吸附量下降比极性化合物要明显大得多[12]。

3.4.4 影响因素

纳米材料吸附有机污染物的过程中，影响其吸附速率及吸附能力的因素主要包括纳米材料的性质、有机污染物的性质、环境因素(包括 pH、离子强度以及溶解性有机质等)。

纳米材料的比表面积是评价其吸附能力的一个重要指标。作者[2]用 PMM 模型拟合得到的三种不同碳纳米材料(SWCNTs、MWCNTs、fullerene)对菲的饱和吸附量 Q 与三者的比表面积 A_{surf} 呈线性关系，A_{surf} 越大，饱和吸附量越大。但是，Cho 等比较 CNTs 与活性炭对同种有机化合物(如双酚 A、萘)的吸附时发现，比表面积较小的 CNTs 对有机物的吸附量与活性炭相当，甚至更高[74,75]。因此，比表面积不是决定吸附容量的唯一因素。孔隙度以及孔径、孔容等也是吸附材料较为重要的物理性质。研究表明，随着 MWCNTs 孔径和体积的增大，其对溶解性有机质(dissolved organic matter，DOM)的吸附量也增加[76]。然而，在大多数研究中，碳纳米管的孔隙度并不能很好地解释其吸附容量特性。

纳米材料的吸附性能还取决于其表面化学性质。研究表明，表面氧化处理会减弱碳纳米管对萘[74]、氯酚[77]和间苯二酚[3]的吸附。Cho 等[74]用含氧量不同的氧化碳纳米管吸附萘，将吸附等温线用 DA 模型拟合后得到饱和吸附量，然后用饱和吸附量对含氧量作图，发现两者显著负相关。表面官能团也可以作为氢键的电子供体，与有机物分子形成氢键。但是，水溶液中，由于水分子与 CNTs 表面官能团之间的氢键作用力强，有机物分子很难与 CNTs 形成氢键。在有机溶剂中，羧基可以作为电子受体，通过增强 π 电子受体-供体系统(electron donator-accepter system，EDA)中 π-π 相互作用，提高对有机溶剂中菲的吸附[30]；但在水溶液中，由于水的竞争吸附，含氧官能团不能增强 π-π 相互作用。在碳纳米材料吸附水溶液中有机物的过程中，未被官能团占据的位点可以通过疏水作用、π-π 相互作用吸附有机物，而被官能团占据的位点更易吸附水[12]。氧化碳纳米管对萘的吸附亲和力 E 随碳管含氧量增加基本不变，Q 反而减小，就是因为碳管主要通过疏水作用和 π-π 相互作用吸附萘[12]。

有机污染物的分子大小、形状构型决定了有机物如何利用纳米材料的吸附位点。研究表明，CNTs 吸附硝基化合物时，有机物分子大小对吸附速率有较大影响，大分子有机物有较高的吸附能，所以分子大小差异越大，混合吸附中被吸附物质的分离越明显[59]。从表 3-3 可以发现，两种 CNTs（原始 MWCNTs 和氧化 MWCNTs）对硝基苯的吸附速率（K_2）均高于其他三种硝基化合物（间硝基苯、间硝基甲苯、对硝基苯酚），而且四种化合物的 K_2 的大小顺序与它们的分子摩尔体积大小顺序相反[59]。不同分子结构的有机物与非均质表面有不同的相互作用力，例如有机物在 CNTs 表面的吸附亲和力大小顺序为非极性脂肪烃＜非极性芳烃＜硝基芳烃[78]。对硝基芳烃吸附作用最强的原因可能是硝基芳烃作为 π 电子受体，高极性石墨片层作为 π 电子供体，两者组成了 π-π 电子供体受体体系；非极性芳香烃比非极性脂肪烃更易被 CNTs 吸附则是由于芳香烃中的 π 电子可与 CNTs 石墨片层中的 π 电子耦合[78]。

溶液 pH、离子强度、DOM 等环境因素能够显著影响纳米材料对有机化合物的吸附。pH 主要通过影响可离解有机物及纳米材料表面官能团的电离程度而影响吸附。pH 升高，电离程度增大，溶解度增大，亲水性增强。研究表明，CNTs 对天然有机物（nature organic matter，NOM）的吸附量随 pH 升高而降低，主要原因是 CNTs 表面和 NOM 随 pH 升高因电离增强而电负性增加，导致两者间静电斥力增强而使吸附量下降[79]。CNTs 对间苯二酚[3]、除草剂[80]等的吸附也随 pH 升高而降低。但是有些吸附质在 CNTs 上的吸附会随 pH 升高而增强。例如，当 pH 高于其酸离解常数（pK_a）时，2-萘酚在 CNTs 上的吸附随着体系 pH 升高而增加，这可能是因为 pH 升高，作为 π 电子供体的—OH 会电离为—O^- 而具有更强的供电子能力，进而增强电子供体-受体之间的相互作用，促进吸附。可以通过比较 pH、化合物 pK_a 以及纳米材料 pH_{pzc}（零电荷点）的大小来判断 pH 对纳米材料吸附有机物的影响。以 CNTs 吸附 NOM 为例，当溶液 pH 大于 pK_a 和 pH_{pzc} 时，吸附质和吸附剂均带负电，静电斥力占主导地位，吸附量减小；相反，若 $pH_{pzc} > pH > pK_a$，CNTs 与 NOM 之间会产生静电引力而促进吸附；另外，高 pH 溶液中的 OH^- 会竞争电离后带负电的 NOM 而抑制 NOM 的吸附[81]。

离子强度对纳米材料吸附有机化合物的影响研究相对较少。从理论上分析，离子强度能影响纳米材料表面的双电层厚度及可离子化有机化合物的电离程度，从而可在一定程度上影响吸附作用，特别是静电吸附作用，但对不可解离的非极性有机化合物的吸附作用影响应该不显著。研究表明，盐离子能压缩 CNTs 的双电层，中和 DOM 所带的负电荷，减弱 DOM 分子之间以及 DOM 分子与 CNTs 之间的斥力，同时一些金属盐离子（如 Ca^{2+}）能桥接 DOM 与 CNTs 表面的官能团，因此高离子强度有利于 DOM 在 CNTs 上的吸附[63,79]。例如，离子强度从 0.001 mol/L增大到0.01 mol/L时，CNTs 对 DOM 的吸附量由 0.49 mg/L 增加到 2.93 mg/g[79]；Ca^{2+} 的浓度由 0 增加到 20 mg/L 时，CNTs 对富里酸的吸附量由 17 mg/g增大到 22.8 mg/g[63]。

NOM 在水体中广泛存在，包括一系列复杂的分子量各异的有机化合物，从小分子的亲水性有机酸、氨基酸、蛋白质到大分子的腐殖酸、富里酸等。CNTs 对 NOM 有很强的吸附能力，所以 NOM 会与有机污染物产生竞争吸附。吸附在 CNTs 上的 NOM 带有极性基团，这些极性官能团会抑制 CNTs 对疏水性有机物的吸附；同时，吸附在 CNTs 上的 NOM 可能通过孔堵塞效应，抑制 CNTs 对有机物污染物的吸附[82]。但是，被 CNTs 吸附的 NOM 可能吸附有机污染物[83]。而且，NOM 能促进 CNTs 分散悬浮，增加 CNTs 的有效吸附位点[83]。Sun 等研究发现，DOM 能抑制 SWCNTs 对菲的吸附，而且 DOM 的分子量越大抑制作用越强[84]。Wang 等[66]研究了三种不同 DOM(蛋白胨、苯丙氨酸、腐殖酸)与 CNTs 复合后对有机物的吸附，发现极性含氧基团的引入会促进 CNTs 表面水分子团簇的形成，从而抑制 CNTs 对疏水性有机物(萘、菲、1-萘酚)的吸附。

3.5 纳米材料吸附去除水中重金属离子

3.5.1 吸附机理

重金属污染废水的处理方法主要有化学沉淀、氧化还原、溶剂萃取分离、膜分离、离子交换处理、生物处理以及吸附法等。其中，吸附法作为一种重要的物理化学方法，在重金属废水处理中已有应用。纳米材料对重金属的吸附机理主要包括静电作用、化学络合、阳离子-π 作用、离子交换等。

水体中悬浮的纳米材料类似于胶体，表面具有双电层结构。当溶液的 pH 低于纳米材料的 pH_{pzc}时，纳米材料表面带正电荷，反之则带负电荷。带正电荷的重金属离子在静电引力的作用下可以进入带负电荷纳米材料的双电层。通过静电引力吸附到纳米材料表面的吸附质会压缩双电层，从而减小纳米材料的绝对 ζ 电位。通过静电引力吸附的重金属也容易被惰性电解质交换。

纳米材料表面的含氧官能团与重金属离子的化学络合是纳米材料吸附重金属的重要作用力。水溶液中，金属离子以水合离子形式存在，当中心金属原子与吸附材料表面含氧官能团的键合作用较强，致使水和金属离子部分脱水，则形成内层表面配合物；当键合作用较弱时，则形成外层表面配合物。络合的重金属离子不易被其他碱金属交换。

疏水性 CNTs 表面接近电中性，其外表面双电层很薄甚至没有，对重金属离子的静电吸附可以忽略。但 CNTs 的石墨烯层上存在离域 π 电子，可充当 Lewis 碱与作为 Lewis 酸的水合重金属之间形成 π 电子供受体相互作用，即通过阳离子-π 作用吸附重金属[85]。

纳米材料表面的双电层内存在一定量的电解质离子，重金属离子可与这些电解质离子发生离子交换而被吸附。重金属离子也可以与纳米材料表面酸性官能团

中的 H^+ 发生离子交换形成络合物，H^+ 被交换进入水溶液，致使吸附平衡时的溶液 pH 往往低于初始 pH[86-88]。此外，重金属离子还能取代某些已与含氧官能团形成络合物的重金属离子，例如 Co^{2+} 可通过交换 Fe_3O_4 表面的 Fe^{2+} 而被吸附[89]。离子交换作用与重金属离子的价位和离子半径有关，一般价位越高、水合离子半径越小的重金属离子具有更强的交换能力。

3.5.2 吸附动力学过程

表 3-8 和表 3-9 分别列出了一些文献报道的用拟一级动力学模型和拟二级动力学模型拟合纳米材料吸附重金属离子的有关动力学参数。可以看出，二级动力学模型拟合的 R^2 更高，拟合效果更好；吸附速率 K_2 与纳米材料和重金属的性质及温度等有关。没有多原子层结构的 O-SWCNTs 与 O-MWCNTs 相比，金属离子扩散所需的能量更小，所以吸附速率更快。例如，O-SWCNTs 对 Zn^{2+} 的吸附速率 K_2 为 0.0095～0.0105 g/(mg · min)，高于相同情况下 O-MWCNTs 吸附 Zn^{2+} 的 K_2［0.0077～0.0087 g/(mg · min)］[86]。相同吸附条件下，纳米材料吸附不同重金属的 K_2 值差别可以很大，例如氧化碳纳米管对 Pb^{2+} 和 Zn^{2+} 的 K_2 分别为 0.0026 g/(mg · min)和 0.0056 g/(mg · min)[4]。温度升高，溶液黏度减小，重金属离子扩散速率增大，穿过外边界层的和内孔的速度变快，K_2 增大，例如，当温度从 278 K 上升到 318 K 时，O-SWCNTs 和 O-MWCNTs 吸附 Zn^{2+} 的 K_2 值分别从 0.0095 g/(mg · min)上升至 0.0105 g/(mg · min)和从 0.0077 g/(mg · min)上升至 0.0087 g/(mg · min)[86]。重金属离子的初始浓度也会影响 K_2，但对影响效果尚无一致的结论。Hao 等[90]研究发现，氨基化磁性纳米颗粒（MNP-NH_2）吸附 Cu^{2+} 的 K_2 值随着 Cu^{2+} 初始浓度的升高而增大，认为增加 Cu^{2+} 的初始浓度会增强离子扩散的驱动力，从而加快其穿过边界层和孔内扩散的速度。然而，也有研究发现 K_2 随重金属离子初始浓度增加而减小，如 Ni^{2+} 初始浓度从 6 mg/L 增加到 20 mg/L 时，氧化碳纳米管对 Ni^{2+} 的 K_2 从 0.0561 g/(mg · min)减小至 0.0464 g/(mg · min)，说明金属离子初始浓度越高，达到吸附平衡所需的时间越长[87]。

表 3-8 拟一级动力学模型拟合纳米材料吸附重金属的动力学参数

吸附剂	吸附质	K_1/min^{-1}	q_e/(mg/g)	R^2	吸附条件	参考文献
O-CNT[a]	Cd^{2+}	0.1082	29.23	0.9453	C_0=100 mg/L	[4]
		0.0502	88.72	0.9743	C_0=1200 mg/L	
O-CNT	Cu^{2+}	0.1338	12.09	0.9808	C_0=100 mg/L	
		0.0396	52.52	0.9960	C_0=1200 mg/L	
O-CNT	Pb^{2+}	0.1041	30.40	0.9613	C_0=100 mg/L	
		0.0403	108.33	0.9888	C_0=1200 mg/L	

续表

吸附剂	吸附质	K_1/min^{-1}	q_e/(mg/g)	R^2	吸附条件	参考文献
MNP-NH_2 [b]	Cu^{2+}	0.639	14.51	0.9984	C_0=2 mg/L	[90]
		0.730	18.85	0.9985	C_0=3 mg/L	
		0.810	20.65	0.9997	C_0=4 mg L	
		0.938	22.27	0.9991	C_0=5 mg L	
		1.053	25.73	0.9992	C_0=10 mg L	
nano-TiO_2	Cu^{2+}	0.0083	11.708	0.9942	T=303 K，C_0=200 mg/L，pH=6	[91]
	Hg^{2+}	0.0092	19.58	0.981	pH=6	[25]
		0.0069	13.45	0.865	pH=7	
		0.0055	5.96	0.884	pH=8	
	Pb^{2+}	0.0067	3.398	0.9716	pH=6，T=303 K，C_0=200 mg/L	[91]

a：原始 CNTs 用 60%的 HNO_3浸泡 20h；
b：1，6-己二胺共价修饰的纳米 Fe_3O_4颗粒。

表 3-9　拟二级动力学模型拟合纳米材料吸附重金属的动力学参数

吸附剂	吸附质	K_2/[g/(mg·min)]	q_e/(mg/g)	R^2	吸附条件	参考文献
MNP-NH_2	Cu^{2+}	0.174	14.60	0.9998	C_0=2 mg/L	[90]
		0.178	18.90	0.9998	C_0=3 mg/L	
		0.201	21.19	0.9999	C_0=4 mg/L	
		0.248	22.37	0.9999	C_0=5 mg/L	
		0.255	25.85	0.9999	C_0=10 mg/L	
O-CNT	Cu^{2+}	0.0122	10.70	0.9956	C_0=100 mg/L，pH=7，T=298 K	[4]
	Pb^{2+}	0.0026	26.96	0.9845		
	Zn^{2+}	0.0056	13.88	0.9849		
	Cd^{2+}	0.0003	25.02	0.9796		
O-SWCNT	Zn^{2+}	0.0095	31.54	>0.999	T=278 K	[86]
		0.0098	37.17	>0.999	T=298 K	
		0.0105	41.66	>0.999	T=318 K	
O-MWCNT	Ni^{2+}	0.0470	7.94	0.999	C_0=12 mg/L	[87]

续表

吸附剂	吸附质	K_2/[g/(mg·min)]	q_e/(mg/g)	R^2	吸附条件	参考文献
O-MWCNT	Pb^{2+}	0.0873	4.09	0.9998	C_0=10 mg/L, pH= 6.4, T=293 K	[92]
		0.0092	17.09	0.9989	C_0=10 mg/L	[93]
		0.0116	23.41	0.9999	C_0=20 mg/L	
		0.0053	30.32	0.9987	C_0=30 mg/L	
O-MWCNT	Ni^{2+}	0.0561	5.32	0.998	C_0=6 mg/L	[87]
		0.0464	8.75	0.997	C_0=20 mg/L	
O-MWCNT	Ni^{2+}	0.0520	2.90	0.9994	m/V=0.8 g/L	[94]
		0.0555	2.71	0.9999	m/V=1 g/L	
		0.0524	2.50	0.9999	m/V =1.2 g/L	
O-MWCNT	Zn^{2+}	0.0077	25.77	>0.999	T=278 K	[86]
		0.0083	28.16	>0.999	T=298 K	
		0.0087	29.94	>0.999	T=318 K	
nano-TiO_2	Pb^{2+}	0.0057	40	0.9999	C_0=200 mg/L,	[91]
	Cu^{2+}	0.0015	34.97	0.9996	pH=6, T=303 K	
HAP[a]	Cd^{2+}	0.2	9.96	>0.999	C_0=100 mg/L	[95]
		0.132	24.15	>0.999	C_0=250 mg/L	
		0.027	48.54	>0.999	C_0=500 mg/L	
		0.0027	68	>0.999	C_0=750 mg/L	
		0.0048	88.5	>0.999	C_0=1000 mg/L	

a:微波合成的粒径为 40～70 nm 的纳米羟基磷灰石。

表 3-10 列出了孔扩散模型对纳米材料吸附重金属离子的拟合参数,其中 $K_{p\text{-}1}$ 和 $K_{p\text{-}2}$是将动力学过程分为两个阶段分别用孔扩散模型进行拟合后得到的两条直线的斜率。$K_{p\text{-}1}$是吸附刚开始阶段的斜率,该阶段溶液中重金属离子浓度较高;$K_{p\text{-}2}$是第二阶段的斜率,此阶段吸附已经进行一段时间,溶液中重金属离子浓度较低。从氧化碳纳米管吸附 Pb^{2+}、Cu^{2+}、Cd^{2+}、Zn^{2+}、Co^{2+} 的数据可以看出,第一阶段的拟合效果比第二阶段好,说明第一阶段中孔扩散起更为重要的作用。这可能是因为在重金属离子浓度较低时,吸附过程由化学吸附、外层扩散以及一定程度的孔内扩散控制,但是在较高的金属离子浓度下由于传质驱动力大,孔扩散成为最主要的决速步骤[4]。

表 3-10　孔扩散模型拟合纳米材料吸附重金属离子的动力学参数

吸附剂	吸附质	$K_{p\text{-}1}$/[mg/(g · min$^{0.5}$)]	R^2	$K_{p\text{-}2}$/[mg/(g · min$^{0.5}$)]	R^2	吸附条件	参考文献
nano-TiO_2	Pb^{2+}	0.2533	0.9769	0.1091	0.9835	C_0=200 mg/L	[91]
	Cu^{2+}	0.8793	0.9946	0.2428	0.9497	C_0=200 mg/L	
O-CNTs	Pb^{2+}	0.8539	0.9865	0.1072	0.8338	C_0=100 mg/L	[4]
		1.9271	0.9938			C_0=1200 mg/L	
O-CNTs	Cu^{2+}	0.7689	0.9965	0.0566	0.8126	C_0=100 mg/L	
		0.9602	0.9907			C_0=1200 mg/L	
O-CNTs	Cd^{2+}	0.5127	0.9922	0.0453	0.9743	C_0=100 mg/L	
		1.4744	0.9846			C_0=1200 mg/L	
O-CNTs	Zn^{2+}	0.5103	0.9725	0.0350	0.7849	C_0=100 mg/L	
		1.0887	0.9967			C_0=1200 mg/L	
O-CNTs	Co^{2+}	0.4118	0.9761	0.0312	0.8056	C_0=100 mg/L	
		1.3909	0.9875			C_0=1200 mg/L	
MNP-NH_2[a]	Cu^{2+}	6.604	0.9898			C_0=2 mg/L	[90]
		8.614	0.9765			C_0=3 mg/L	
		9.689	0.9525			C_0=4 mg/L	
		10.228	0.9297			C_0=5 mg/L	
		11.744	0.9078			C_0=10 mg/L	
HAP[b]	Cd^{2+}	0.049	0.785	0.0079	0.957	C_0=100 mg/L	[95]
		0.0763	0.982	0.007	0.973	C_0=250 mg/L	
		0.5212	0.896	0.034	0.992	C_0=500 mg/L	
		1.1569	0.94	0.295	0.915	C_0=750 mg/L	
		0.9181	0.97	0.2565	0.785	C_0=1000 mg/L	

a：1,6-己二胺共价修饰的纳米 Fe_3O_4 颗粒；

b：微波合成的粒径为 40～70 nm 的纳米羟基磷灰石。

3.5.3　吸附热力学过程

3.5.3.1　吸附热力学参数

表 3-11 列出了一些文献中纳米材料吸附重金属的热力学参数。表中列出的纳米材料吸附 Cu^{2+}、Ni^{2+}、Pb^{2+}、Zn^{2+} 的 ΔG 分别为 −14.18～−93.74 kJ/mol、−19.52～−40.19 kJ/mol、−1.96～−45.06 kJ/mol、−20.33～−24.75 kJ/mol。可见，纳米材料对重金属既有物理吸附(−20～0 kJ/mol)也有化学吸附(−80～

表 3-11　纳米材料吸附重金属的热力学参数

吸附剂	吸附质	ΔG/(kJ/mol)	ΔH/(kJ/mol)	ΔS/[J/(K·mol)]	吸附条件	参考文献
O-MWCNT	Cu^{2+}	−21.09～−93.74	61.38	281.32	T=293～333 K,pH=5.95,C_0=2 mg/L	[99]
		−16.44～−39.35	18.18	118.08	C_0=6 mg/L	
		−15.05～−28.75	10.24	86.26	C_0=10 mg/L	
		−14.18～−23.42	6.42	70.26	C_0=14 mg/L	
O-MWCNTs (H_2SO_4)[a]	Cu^{2+}	−17.45～−22	14.37	115	T=280～320 K,pH=6,C_0=43 mg/L	[96]
O-MWCNTs (H_2SO_4/$KMnO_4$)[a]		−20.81～−28.07	29.92	182		
O-MWCNTs (HNO_3)[a]	Cu^{2+}	−17.17～−21.89	17.08	122.88	T=280～320 K,pH=6,C_0=43.1 mg/L	[100]
O-MWCNTs (NaClO)[a]		−21.16～−33.26	67.77	319.76		
O-MWCNTs	Ni^{2+}	−35.12～−40.19	0.015	120.75	T=292～333 K,pH=6.55,C_0=4 mg/L	[101]
		−30.54～−34.95	0.013	104.99	C_0=8 mg/L	
		−23.70～−27.12	0.006	81.47	C_0=12 mg/L	
		−20.97～−24.00	0.005	72.09	C_0=16 mg/L	
		−19.52～−22.34	0.004	67.09	C_0=20 mg/L	
O-SWCNT	Ni^{2+}	−21.22～−25.81	10.58	113～114	T=278～318 K,pH=7	[102]
O-MWCNTs	Ni^{2+}	−19.79～−24.50	12.88	116～118		
O-MWCNTs	Pb^{2+}	−5.56～−6.64	1.845	26.44	T=280～320 K,pH=5	[93]
O-MWCNT	Pb^{2+}	−40.89～−44.40	2.38	145.94	T=298～318 K,pH=6.2	[97]

续表

吸附剂	吸附质	ΔG/(kJ/mol)	ΔH/(kJ/mol)	ΔS/[J/(K·mol)]	吸附条件	参考文献
MWCNTs	Pb^{2+}	−1.96	29.64	107.85	T=293 K,pH=6	[103]
MWCNT	Zn^{2+}	−20.33～−24.28	5.78	93.89～94.88	T=278～318 K,pH=7	[98]
MWCNTs	Pb^{2+}	−32.72～−35.69	2.35	118.59	T=298～318 K,pH=6.2	[97]
MWCNTs	Cu^{2+}	−16.34～−20.29	10.84	96.89	T=280～320K,pH=6,C_0=43.1 mg/L	[100]
MWCNTs	Cu^{2+}	−16.5～−19.63	4.83	76	T=280～320K,pH=6,C_0=43 mg/L	[96]
EDA-O-MWCNT[b]	Pb^{2+}	−40.94～−44.91	8.30	166.14	T=298～318 K,pH=6.2	[97]
TETA-O-MWCNT[c]	Pb^{2+}	−41.29～−45.06	9.32	171.33		
TiO_2/MWCNTs	Pb^{2+}	−2.32	16.93	65.68	T=293 K,pH=6	[103]
SWCNT	Zn^{2+}	−20.93	4.74	92.319	T=278K	[98]
		−22.13	4.74	93.281	T=288K	
		−22.92	4.74	92.829	T=298K	
		−23.74	4.74	92.462	T=308K	
		−24.73	4.74	92.671	T=318K	

a:括号内酸用来制备氧化碳纳米管;

b:用乙二胺(EDA)改性的 CNTs;

c:用三乙烯四胺(TETA)改性的 CNTs。

−400 kJ/mol)。从表中可以看出，温度升高，ΔG 的绝对值变大[96-99]，吸附效率更高。例如，温度从 278 K 上升至 318 K 时，SWCNTs 吸附 Zn^{2+} 的 ΔG 的绝对值从 20.93 kJ/mol 上升到了 24.73 kJ/mol[98]。这可能是因为重金属离子高温下容易脱溶剂化而利于吸附。与原始碳纳米管相比，氧化碳纳米管吸附 Pb^{2+}[97]、Cu^{2+}[96] 的 ΔG 的绝对值明显更大，说明表面氧化后的 CNTs 对重金属有更强的吸附亲和力[100]。ΔG 的绝对值随着重金属离子初始浓度增大而减小[100]。ΔH 都为正值，表明吸附过程是吸热的。水中重金属离子以水合金属离子形式存在，与纳米材料表面的官能团络合之前需要脱水，脱水过程需消耗能量。如果脱水耗能大于金属离子吸附到纳米材料表面放出的热量，则吸附过程是吸热的[87]。ΔH 随重金属离子初始浓度增大而减小。以 O-MWCNTs 吸附 Cu^{2+} 为例，Cu^{2+} 的浓度从 2 mg/L 增大到 14 mg/L 时，ΔH 从 61.38 kJ/mol 降低到 6.42 kJ/mol。

3.5.3.2　吸附等温线拟合

Langmuir 方程能较好地拟合($R^2>0.9$，表 3-12)纳米材料对重金属离子的等温吸附曲线。总体来看，表面氧化处理后的 CNTs 由于表面含氧官能团增加，对重金属离子具有更大的吸附容量 Q，如原始 CNTs 对 Cu^{2+} 的 Q 为 7.5 mg/g，而经 $H_2SO_4/KMnO_4$ 氧化后的 CNTs 的 Q 则增加到 39.7 mg/g[96]。Freundlich 模型也能较好地拟合纳米材料吸附重金属的热力学过程($R^2=0.855\sim0.997$)。K_f 的变化规律与 Langmuir 模型拟合得到的饱和吸附量一致。从表 3-12 中的数据可以看出，温度、pH、纳米材料的性质以及重金属的种类对吸附作用都有影响。以氧化碳纳米管吸附 Ni^{2+} 为例，温度从 278 K 升高到 318 K 时，K_f 从 $9.97(mg/g)/(g/L)^{1/n}$ 上升到 $13.58(mg/g)/(g/L)^{1/n}$，说明吸附随着温度的升高而增大[98]。

3.5.4　影响因素

纳米材料的物理性质(大小、表面积、团聚性以及表面电荷等)和化学性质(表面官能团、杂质)是影响其吸附水溶液中重金属的重要因素。纳米材料具有高的表面积，能为重金属的吸附提供较多的位点。但是，纳米材料同时也具有很高的表面能，容易团聚而减少暴露的吸附位点。碳纳米管外部的位点直接与溶液中的重金属离子接触发生吸附，内部吸附位点的吸附发生在管内孔隙通道内，一般从管尾开始[105]。但碳管内部孔隙通道往往被无定形碳及残留催化剂等杂质堵塞而不可用，若能去除这些杂质，会提高碳管的吸附容量。

纳米材料表面电荷的性质及大小对其吸附重金属有重要影响。重金属离子更易吸附到带较多负电荷的纳米材料表面，净电荷差异越大，越有利于吸附。从表 3-12 可以看出，表面氧化处理能提高 CNTs 对重金属离子的吸附容量，因为氧化处理增加了 CNTs 表面的电负性，从而增强了对重金属离子的吸附[100,106]。同时，

表 3-12　Langmuir 和 Freundlich 模型对纳米材料吸附重金属的拟合参数

吸附剂	吸附质	Langmuir 模型		Freundlich 模型			吸附条件	参考文献
		Q/(mg/g)	R^2	K_f/[(mg/g)/(g/L)$^{1/n}$]	$1/n$	R^2		
O-MWCNTs	Pb^{2+}	2.055	0.977	0.2764	0.518	0.996	m/V=1.0 g/L，pH=5.9，T=293 K	[92]
O-MWCNTs	Pb^{2+}	1.66	0.995	0.3184	0.556	0.995	m/V=0.5 g/L，T=298 K，pH=3	[104]
		17.44	0.995	5.9918	0.524	0.988	pH=5	
		49.95	0.995	7.7179	0.917	0.997	pH=7	
O-CNT	Pb^{2+}	117.65	0.933	5.4938	0.407	0.989	m/V=2 g/L，pH=7，T=298 K	[4]
GNS[a]	Pb^{2+}	22.42	0.993	4.89	0.356	0.946	m/V=0.5 g/L，pH=4，T=303 K	[85]
GNS-500 K[b]	Pb^{2+}	35.21	0.995	12.08	0.274	0.895		
GNS-700 K[c]	Pb^{2+}	35.46	0.999	12.59	0.193	0.912		
O-MWCNTs	Cu^{2+}	3.31	0.864	2.270	0.192	0.974	T=293 K	[99]
		3.44	0.868	2.696	0.177	0.941	T=313 K	
		4.24	0.861	3.608	0.125	0.977	T=333 K	
O-CNT	Cu^{2+}	64.935	0.893	1.2356	0.517	0.989	m/V=2 g/L，pH=7，T=298 K	[4]
TiO_2/MWCNTs	Pb^{2+}	137	0.991	4.20	0.704	0.967	T=293 K，pH=6，m/V=2 g/L	[103]
MWCNTs	Pb^{2+}	33	0.998	3.73	0.474	0.926		
MWCNTs	Cu^{2+}	6.39	0.887	0.190	0.759	0.903	T=280 K，pH=6，m/V=0.5 g/L	[100]
O-MWCNTs(HNO_3)[d]	Cu^{2+}	12.46	0.901	0.455	0.689	0.858		
O-MWCNTs(NaClO)[d]	Cu^{2+}	44.64	0.998	9.897	0.346	0.870		

续表

吸附剂	吸附质	Langmuir 模型		Freundlich 模型			吸附条件	参考文献
		Q/(mg/g)	R^2	K_f/[(mg/g)/(g/L)$^{1/n}$]	$1/n$	R^2		
O-MWCNTs	Ni^{2+}	8.77	0.995	4.45	0.26	0.924	m/V=0.75 g/L,pH=6.55,T=291 K	[87]
		9.43	0.994	4.97	0.25	0.959	T=303 K	
		9.52	0.996	5.37	0.23	0.964	T=313 K	
		9.80	0.998	6.00	0.21	0.903	T=333 K	
O-SWCNTs	Zn^{2+}	37.03	0.997	9.97	0.303	0.979	m/V=0.5 g/L,pH=7,T=278 K	[98]
		41.84	0.996	12.37	0.289	0.984	T=298 K	
		46.94	0.997	13.58	0.302	0.971	T=318 K	
		30.30	0.983	8.23	0.283	0.979	T=278 K	
		33.33	0.982	10.62	0.248	0.984	T=298 K	
		34.36	0.985	12.87	0.215	0.984	T=318 K	
O-CNT	Zn^{2+}	74.627	0.887	1.2962	0.502	0.942	m/V=2 g/L,pH=7,T=298 K	[4]
	Cd^{2+}	92.593	0.907	4.1192	0.402	0.951		

a:纳米石墨片层;
b:经 500 K 热处理过的 GNS;
c:经 700 K 热处理过的 GNS;
d:括号内的酸用来制备氧化碳纳米管。

氧化处理增加了 CNTs 表面的含氧官能团,增强对重金属离子的络合反应。研究表明,纳米材料表面含氧官能团的数量与其对重金属的吸附容量正相关。首先,含氧官能团能增加纳米材料的亲水性,有利于金属离子的吸附[107]。更重要的是,酸性含氧官能团能与重金属离子形成稳定的络合物。络合能力与含氧官能团类型有关,羧基是与重金属离子的络合作用最强烈的含氧官能团[107,108]。

在合成 CNTs 的过程中,残留的金属催化剂如镍、钴会沉积在碳纳米管的前端或中心[109],它们也可以作为吸附剂吸附重金属,从而导致对 CNTs 吸附性能的错误估计。作者[110]研究发现,CNTs 中残留的催化剂 Mo 在吸附过程中会溶出,并与吸附质 Pb^{2+} 生成 $PbMoO_4$ 沉淀,显著增加对 Pb^{2+} 表观吸附容量的估算。但包覆在 CNTs 管束上的杂质会堵塞部分吸附位点,抑制对重金属的吸附[111]。因此,在研究纳米材料吸附重金属的机制时需考虑杂质对重金属的沉淀作用和对表面吸附位点的堵塞作用。

重金属的性质包括离子半径、化合价、电荷与离子半径比以及电负性等均能影响其在纳米材料表面的吸附。然而,重金属性质对吸附作用的影响并没有统一的结论。一般认为,离子半径小的重金属离子更容易穿过纳米材料表面的固/液边界层被吸附[112],而由于空间位阻效应,离子半径大的重金属离子能快速占满吸附位点。例如,Zn^{2+} 的离子半径(0.74 Å)小于 Cd^{2+} (0.97 Å),原始 MWCNTs 对两者的吸附量分别为 0.14 mmol/g 和 0.05 mmol/g[55]。金属离子的电负性越强,越容易吸附到带正电荷的表面[113,114]。

溶液 pH 值是控制纳米材料吸附重金属最重要的因素之一。溶液 pH 会影响纳米材料表面的电荷性质与电荷量,纳米材料表面带有电荷时有利于其分散与稳定悬浮,若呈电中性则会团聚。团聚会减小有效的表面吸附位点。溶液 pH 也能改变重金属离子的存在形态而影响其吸附。以二价金属为例,在低 pH 范围内,金属离子主要以 M^{2+} 形式存在,此时溶液中过剩的 H^+ 会与 M^{2+} 共同竞争纳米材料表面带负电荷的官能团,抑制对 M^{2+} 的吸附[5,110];若 pH 低于纳米材料的 pH_{pzc},纳米材料表面带正电荷,还会通过静电排斥作用进一步抑制 M^{2+} 的吸附。随溶液 pH 升高,H^+ 与 M^{2+} 的竞争作用减弱,吸附量会增加[85]。当 pH 处于某个范围,金属主要以 $M(OH)^+$ 和 $M(OH)_2$ 形式存在时,表观吸附量会迅速上升,因为出现了重金属的沉淀。随溶液 pH 进一步升高,金属的主要存在形态变为 $M(OH)_3^-$,OH^- 会与其产生竞争吸附,而且此时纳米材料表面一般会带负电荷,两者都不利于重金属离子的吸附。

背景电解质浓度不仅能影响水中纳米材料双电层的厚度,而且还能影响双电层的界面电位。纳米材料对重金属离子的吸附量随着离子强度的增大而减小,有三种机制可用以解释该现象[87,112,115]:①电解质压缩了双电层,抑制了对重金属的静电吸附;②电解质离子通过离子交换作用置换出了进入双电层外层的重金属离子;③溶液中电解质浓度的增加降低了重金属离子的活度,限制了重金属向纳米材料表面的迁移。

天然有机质(NOM)在水环境中普遍存在,NOM 带有许多官能团,包括羧基、酚羟基、羰基、胺基、酰胺基、巯基、酯基以及其他一些活性位点。这些官能团和活性位点能与重金属通过化学络合、静电作用和离子交换等机制结合[116,117]。环境水体中,纳米材料表面将难免被 NOM 包覆,而覆盖在纳米材料表面的 NOM 为纳米材料引入了酸性官能团和负电荷,然后通过化学络合和静电引力增加对重金属的吸附[110,118-120]。NOM 吸附后还会促进纳米材料的分散与悬浮,从而为重金属吸附提供更多暴露的位点[94,121]。因此,纳米材料表面包覆的 NOM 越多,对重金属的吸附量越大。此外,NOM 的性质也会对纳米材料吸附重金属产生较大影响。作者研究发现,CNTs 表面包覆的腐殖酸极性越大,CNTs 对 Pb^{2+} 的吸附量越大[120]。

3.6 纳米材料吸附去除水中无机阴离子

3.6.1 吸附机理

纳米材料对无机阴离子的吸附研究相对较少,其吸附机理主要包括静电作用、化学络合作用、离子交换作用。与金属阳离子相反,无机阴离子带负电荷,带负电荷的无机阴离子在静电引力作用下可以进入带正电荷纳米材料的双电层。通过静电引力吸附到纳米材料表面的阴离子会压缩双电层,从而减小纳米材料的 ζ 电位绝对值。研究表明,$Fe(OH)_3$纳米颗粒吸附 ClO_4^- 的主要作用力即为静电作用[122]。

一定 pH 条件下,阴离子还可与纳米材料表面的—M—OH_2^+ 和—M—OH 等官能团发生相应的配体反应[8]:

$$—M—OH + HX \longrightarrow —M—OH_2^+\cdots X^-$$

$$—M—OH_2^+\cdots X^- + Anion^- \longrightarrow —M—Anion + X^- + H_2O$$

当纳米材料表面呈电中性时,阴离子还可以通过离子交换作用被吸附:

$$—M—OH + Anion^- \longrightarrow —M—Anion + OH^-$$

研究发现,Al_2O_3/CNTs 复合材料能够强烈吸附水中的 F^-,主要是由于 Al_2O_3 在水中的脱质子化和羟基化作用,使其表面形成了—Al—OH_2^+、—Al—OH 等官能团,可以通过静电作用、化学络合以及离子交换作用吸附 F^-[8]。

3.6.2 吸附动力学过程

表 3-13 列出了文献中纳米材料吸附阴离子的动力学模型拟合结果,可以看出拟二级动力学模型(R^2 = 0.9791~1.000)比拟一级动力学模型(R^2 = 0.521~

0.978)的拟合效果好。K_1和K_2均随阴离子初始浓度的增大而减小，原因与纳米材料吸附有机物和重金属一样，也是因为阴离子吸附质之间的竞争吸附导致吸附速率下降。而通过孔扩散模型的拟合可以看出，拟合曲线分为两段且两段的拟合效果均很好，同时两段的截距C_i均不为 0，说明纳米材料吸附无机阴离子的速率并不是由孔扩散唯一控制的。此外，直线的斜率为孔内扩散速率常数K_p，很明显第二段的斜率K_{p-2}小于K_{p-1}，说明吸附过程分为快慢两阶段进行，先快后慢。随着初始浓度的增大，快速吸附阶段的速率会增大[121]。

表 3-13　纳米材料吸附无机阴离子的动力学模型拟合参数

拟一级动力学模型							
吸附剂	吸附质	K_1/h^{-1}	q_e/(mg/g)	$q_{e(exp)}$ /(mg/g)	R^2	吸附条件	参考文献
GFH[a]	ClO_4^-	6.36	1.18	1.45	0.978	C_0=5 mg/L	[122]
		5.34	1.85	2.45	0.942	C_0=10 mg/L	
Nano-ZrO_2	PO_4^{3-}	5.323	48.44		0.937	C_0=5 mg/L	[6]
		0.250	67.76		0.521	C_0=10 mg/L	
Nano-Al_2O_3	BrO_3^-	3.54	1.07	1.99	0.9225	C_0=5 mg/L	[124]
		4.68	2.55	3.95	0.9499	C_0=10 mg/L	
	F^-	2.622	2.64	5.30	0.8714	C_0=10 mg/L	[125]
		1.722	4.83	9.43	0.8672	C_0=20 mg/L	
		6	0.67×10^{-3}	1.10×10^{-3}	0.9295	T=308 K	
拟二级动力学模型							
吸附剂	吸附质	K_2 /[g/(mg·min)]	q_e /(mg/g)	$q_{e(exp)}$ /(mg/g)	R^2	吸附条件	参考文献
GFH	ClO_4^-	0.159	1.64	1.45	0.998	C_0=5 mg/L	[122]
		0.081	2.62	2.45	0.999	C_0=10 mg/L	
Nano-ZrO_2	PO_4^{3-}	0.021	48.45		1.000	C_0=5 mg/L	[6]
		0.017	67.29		0.999	C_0=10 mg/L	
Nano-Al_2O_3	BrO_3^-	0.578	1.41	1.99	0.9899	C_0=5 mg/L	[124]
		0.077	3.36	3.95	0.9791	C_0=10 mg/L	
	NO_3^-	0.93	1.04	1.03	0.9985	C_0=10 mg/L	[126]
		0.47	2.09	1.98	0.9981	C_0=20 mg/L	
	F^-	0.084	5.33	5.30	0.9995	C_0=10 mg/L	[125]
		0.061	9.63	9.43	0.9985	C_0=20 mg/L	

续表

孔扩散模型							
吸附剂	吸附质	$K_{p\text{-}1}$/[mg/(g·min$^{0.5}$)]	R^2	$K_{p\text{-}2}$/[mg/(g·min$^{0.5}$)]	R^2	吸附条件	参考文献
GFH	ClO_4^-	0.39	0.993	0.22	0.992	C_0=5 mg/L	[122]
		0.87	0.949	0.17	0.963	C_0=10 mg/L	
Nano-Al_2O_3	NO_3^-	0.57	0.999	0.02	0.992	C_0=10 mg/L	[126]
		1.13	0.988	0.03	0.999	C_0=20 mg/L	

a:氢氧化铁颗粒。

3.6.3 吸附热力学过程

表 3-14 列出了文献中用 Langmuir 模型和 Freundlich 模型拟合纳米材料吸附无机阴离子的结果。从 R^2 可看出两个模型的拟合效果都比较理想,但是不同的纳米材料适用的模型不同。对 CNTs 吸附 ClO_4^- 体系,两个模型拟合的效果差不多[7],但是纳米金属氧化物如 Nano-Al_2O_3、Nano-ZrO_2 对阴离子的吸附用 Langmuir 模型拟合效果更好[6,124-126]。Langmuir 模型中的饱和吸附量 Q 随纳米材料的性质、温度等条件的不同而不同。在一定温度范围内,温度越高 Q 越大。CNTs 吸附 F^- 的 Q 小于 Nano-Al_2O_3,负载无定形氧化铝的 CNTs(Al_2O_3/CNTs)比原始 CNTs 的 K_f 值大[8]。因此,高性能吸附剂的选择与制备在污染物的吸附去除实践中是非常重要的。

表 3-14 Langmuir 模型和 Freundlich 模型对纳米材料吸附无机阴离子的拟合参数

吸附剂	吸附质	Langmuir 模型			Freundlich 模型			吸附条件	参考文献
		Q/(mg/g)	b/(L/mg)	R^2	K_f/[mg/g/(g/L)$^{1/n}$]	$1/n$	R^2		
SWCNTs	ClO_4^-	1.127	0.760	0.973	4.209	0.671	0.988	T=298 K	[7]
MWCNTs	ClO_4^-	0.288	0.223	0.992	0.216	0.784	0.995		
DWCNTs[a]	ClO_4^-	1.499	0.734	0.980	4.752	0.693	0.993		
2h-DWCNT[b]	ClO_4^-	2.627	0.591	0.997	5.255	0.739	0.990		
8h-DWCNT[c]	ClO_4^-	3.554	0.365	0.996	3.131	0.817	0.993		
CNTs	F^-	2.12	0.61	0.97	0.62	0.61	0.94	pH=3.0	[127]
		2.85	1.99	0.95	1.46	0.45	0.97	pH=5.0	
		1.99	5.56	0.77	1.54	0.47	0.96	pH=7.0	
		2.51	1.75	0.86	1.31	0.53	0.95	pH=9.0	
		1.89	2.95	0.92	1.12	0.46	0.97	pH=11.0	

续表

吸附剂	吸附质	Langmuir 模型			Freundlich 模型			吸附条件	参考文献
		Q/(mg/g)	b/(L/mg)	R^2	K_f/[mg/g /(g/L)$^{1/n}$]	$1/n$	R^2		
Nano-ZrO_2	PO_4^{3-}	99.01	0.31	0.998	50.48	0.164	0.974	T=298 K	[6]
Nano-Al_2O_3	BrO_3^-	4.35	0.523	0.998				T=283 K	[124]
		6.66	0.853	0.996				T=298 K	
Nano-Al_2O_3	F^-	14.10	0.124	0.998				T=283 K	[125]
		15.43	0.171	0.991				T=298 K	
Nano-Al_2O_3	NO_3^-	4.57	0.070	0.999				T=283 K	[126]
		5.48	0.099	0.999				T=298 K	
Al_2O_3/CNTs^d	F^-				1.21	0.735	0.97	pH=3.0	[8]
					8.64	0.262	0.98	pH=5.0	
					9.68	0.253	0.98	pH=6.0	
					7.68	0.312	0.98	pH=7.0	
					6.38	0.310	0.96	pH=9.0	
					1.86	0.629	0.98	pH=10.0	

a：双壁纳米碳管；

b：HNO_3氧化处理 2h；

c：HNO_3氧化处理 8h；

d：CNTs 负载无定形氧化铝。

3.6.4 影响因素

同吸附有机物和重金属一样，纳米材料比表面、微孔性质、电荷性质、官能团种类及数量都会影响其吸附无机阴离子的效果。一般来说，纳米材料的表面积越大，可以提供的吸附点位越多，对吸附质的吸附容量越大。以 CNTs 吸附 ClO_4^- 为例[7]，SWCNTs、DWCNTs、MWCNTs 的比表面积分别为 418.3 m^2/g、618.8 m^2/g 和 176.4 m^2/g，通过 Langmuir 方程拟合得出的吸附容量分别为 1.127 mg/g、1.499 mg/g 和 0.288 mg/g。但是，比表面积并不是决定吸附容量的唯一条件。经酸氧化的 CNTs 表面会引进一些包括羟基、羧基、羰基等含氧官能团，这些官能团会通过静电作用、氢键作用等影响对阴离子的吸附[7]。

溶液 pH 会影响纳米材料的表面电荷性质及阴离子的离解程度，从而影响两者间的吸附作用。从表 3-14 可以看出 pH 对 Al_2O_3/CNTs 吸附 F^- 的影响[8]，相比 pH 为 5.0～9.0 时，pH≤3.0 及 pH≥10.0 时的 K_f 明显较小，而 $1/n$ 则较大，说明 pH≤3.0 及 pH≥10.0 吸附作用较弱。这是因为 pH<3.0 时，Al_2O_3 会溶解

为 Al^{3+}，与 F^- 络合形成 AlF^{2+}、$AlF_2{}^+$ 等带正电的络合物，与同样带正电荷的 CNTs 表面相互排斥；pH>10.0 时，溶液中大量的 OH^- 会与 F^- 产生竞争吸附。

吸附体系中与被吸附阴离子共存的阴离子浓度较高时会减弱纳米材料对吸附质阴离子的吸附，而且不同的共存阴离子的影响也不同[6,122,126]，这主要是因为共存阴离子会与吸附质阴离子竞争有限的吸附位点。以 DWCNTs 吸附 ClO_4^- 为例（初始浓度为 15 mg/g），无共存阴离子时 ClO_4^- 的吸附量为 0.31 mg/g，加入 Cl^-、NO_3^-、SO_4^{2-} 后的吸附量分别减少到 0.23 mg/g、0.19 mg/g、0.11 mg/g[7]。

3.7 纳米材料在吸附处理工程中应用的设计原则和要求

3.7.1 吸附处理单元的设计原则

吸附法处理大量污水的处理单元需要根据一定的原则进行设计，在保证处理效果的同时，也要考虑可行性，尽量降低经济成本。吸附处理单元的设计遵循以下八项原则[128]：

（1）先通过静态吸附试验绘制吸附等温线，由此选择吸附剂类型，并估算出处理每立方米水需要吸附剂的量。

（2）进行动态吸附柱试验，确定设计参数：①达到要求水质的吸附剂厚度与滤速，或者必要的接触时间；②滤速与被吸附物质去除率的关系；③某吸附剂厚度在过滤速度变化情况下的压力损失；④冲洗时吸附剂的膨胀率；⑤吸附剂需要量及再生量。

（3）吸附装置的构造应使水与吸附剂能充分接触，失效的吸附剂及时排出，新的吸附剂能得到及时补充。

（4）废水在吸附前需经过滤去除大颗粒物质，减小负荷。过滤方式要根据处理原水的情况而定。

（5）吸附剂滤速的确定，要与吸附塔的吸附剂填充量、吸附效率、再生频率等进行综合考虑。

（6）固定床与移动床需考虑池子备用要求。

（7）吸附装置中与吸附剂接触的钢、铝、铜材质，应注意电化学腐蚀。输送管道应考虑对吸附剂的磨损。

（8）每座吸附塔或吸附床应有流量条件设施或计量装置，以便于控制。

3.7.2 纳米吸附材料的固液分离要求

虽然纳米材料被成功用于水中多种污染物的吸附脱除，取得了很好的效果，但在处理水中污染物的过程中纳米材料（如碳纳米管）较难与水相分离，极难回收，且成本相对高昂。因此纳米材料作为吸附剂的实际推广应用受到了极大限制。

通过磁性修饰的方法使纳米材料具有一定的磁性，通过外加磁场便可成功进行固液分离。国内外学者已制备了一系列磁性碳纳米材料，有可能被用于水中污染物的吸附工程应用[129,130]。

3.7.3 纳米吸附材料的再生技术要求

纳米吸附材料的再生技术可参考一般吸附剂的再生方法，包括热脱附再生法、蒸气再生法、溶剂再生法等[128]。对于高浓度、低沸点的有机物吸附质，应首先考虑溶剂再生法。溶剂再生法是指利用化学药剂与吸附质之间的化学反应使吸附质解析至溶剂相中的再生方法，溶剂分为无机溶剂和有机溶剂。无机溶剂是指以 H_2SO_4、HCl 或 NaOH 等酸碱为再生剂，使吸附在吸附剂上的污染物转换成易溶于水的物质而得到解析，释放吸附剂吸附位点达到再生的效果。有机溶剂再生法是指用苯、丙酮、甲醇、二氯甲烷及乙酸乙酯等有机溶剂萃取吸附在吸附剂上的有机物。溶剂再生法的缺点在于此方法不能够使吸附剂的吸附容量完全释放，并且只是污染物的转移，并没有完全去除。热脱附再生法是目前应用最广泛，技术最成熟的再生方法。它是指通过外部加热、升高温度来提高吸附质分子的振动能，改变吸附平衡关系，实现将吸附质从吸附剂中脱附或是热分解的方法。热再生的缺点在于需要消耗高热量及高温条件，并且吸附剂自身容易损失。蒸气再生法就是当吸附剂吸附达到饱和后，通入水蒸气加热吸附床，对吸附剂进行脱附再生，有机物被吹脱放出，并与水蒸气形成蒸气混合物一起离开吸附床。用冷凝器冷却蒸气混合物，使其冷凝为液体。若有机溶剂为水溶性的，则使用精馏法将液体混合物分离提纯；若为水溶性，则用分离器直接分离回收有机物。该法具有操作简单、效率高的特点，但投资较大、水蒸气消耗大、溶剂回收有时成本高。

杨晶晶　林道辉　杨　坤　朱利中　浙江大学环境与资源学院

参考文献

[1] Wu C H. J Hazard Mater, 2007, 144: 93-100.
[2] Yang K, Zhu L Z, Xing B S. Environ Sci Technol, 2006, 40: 1855-1861.
[3] Liao Q, Sun J, Gao L. Colloid Surf A, 2008, 312: 160.
[4] Tofighy M A, Mohammadi T. J Hazard Mater, 2011, 185: 140-147.
[5] Ge F, Li M M, Hui Y, et al. J Hazard Mater, 2012, 211: 366-372.
[6] Su Y, Cui H, Li Q, et al. Water Res, 2013, 47: 5018-5026.
[7] Fang Q L, Chen B L. Carbon, 2012, 50: 2209-2219.
[8] Li Y H, Wang S, Cao A, et al. Chem Phys Lett, 2001, 350: 412-416.

[9] Chiou C T, Peters L J, Freed V H. Science, 1979, 206: 831-832.
[10] Yang K, Xing B S. Environ Pollut, 2007, 145: 529-537.
[11] Yang K, Jing Q F, Wu W H, et al. Environ Sci Technol, 2010, 44: 681-687.
[12] Wu W H, Chen W, Lin D H, et al. Environ Sci Technol, 2012, 46: 5446-5454.
[13] Yang K, Zhu L Z, Xing B S. Environ sci pollut, 2010, 17: 410-419.
[14] 近藤精一,石川达熊,安部郁夫. 吸附科学. 李国希,译. 北京:化学工业出版社,2005.
[15] Weber W J, Morris J C. Soc Civ Eng, 1963, 89: 31-60.
[16] Niwas R, Gupta U, Khan A A, et al. Colloids Surf A, 2000, 164: 115-119.
[17] Giles C H, Smith D A. Colloid Interface Sci, 1974, 47: 755-765.
[18] 赵振国. 吸附作用应用原理. 北京:化学工业出版社,2005.
[19] Yang K, Xing B S. Chem Rev, 2010, 110: 5989-6008.
[20] Klaine S J, Alvarez P J, Batley G E, et al. Environ Toxicol Chem, 2008, 27: 1825-1851.
[21] 林道辉,冀静,田小利. 科学通报,2009,54:3590-3604.
[22] Lu C Y, Chung Y L, Chang K F. J Hazard Mater B, 2006, 138: 304-310.
[23] Yu F, Wu Y Q, Li X M, et al. J Agric Food Chem, 2012, 60: 12245-12253.
[24] Sharma Y C, Srivastava V, Mukherjee A K. J Chem Eng Data, 2010, 55: 2390-2398.
[25] Ghasemi Z, Seif A, Ahmadi T S, et al. Adv Powder Technol, 2012, 23: 148-156.
[26] Iijima S. Nature, 1991, 6348: 56-58.
[27] 张立德,牟季美. 纳米材料和纳米结构. 北京:科学出版社,2011.
[28] Rodriguez-Reinoso F. Carbon, 1998, 36: 159-175.
[29] Agnihotri S, Mota J P B. J Phys Chem B, 2006, 110: 7640-7647.
[30] Gotovac S, Song L, Kanoh H, et al. Colloid Surf A, 2007, 300: 117-121.
[31] Onyestyak G, Otvos Z, Valyon J, et al. Helv Chim Acta, 2004, 87: 1508-1514.
[32] Gotovac S, Hattori Y, Noguchi D, et al. J Phys Chem B, 2006, 110: 16219-16224.
[33] Datsyuka V, Kalyva M, Papagelis K, et al. Carbon, 2008, 46: 833-840.
[34] Yu F, Ma J, Wu Y. J Hazard Mater, 2011, 192: 1370-1379.
[35] 林志东. 纳米材料基础与应用. 北京:北京大学出版社,2010.
[36] 沈钟,王果庭. 胶体与表面化学. 北京:化学工业出版社,1997.
[37] Elimelech M, Gregory J, Jia X, et al. Butterworth-Heinemann. MA: Woburn, 1995.
[38] Crittenden J C, Sanongraj S, Bulloch J L, et al. Environ Sci Technol, 1999, 33: 2926-2933.
[39] Yang K, Wu W H, Jing Q F, et al. Environ Sci Technol, 2008, 42: 7931-7936.
[40] Crittenden J C, Sanongraj S, Bulloch J L, et al. Environ Sci Technol, 1999, 33: 2926-2933.
[41] Pan B, Xing B S. Environ Sci Technol, 2008, 42: 9005.
[42] Gotovac S, Yang C M, Hattori Y, et al. J Colloid Interface Sci, 2007, 314: 18-24.
[43] Vermisoglou E C, Georgakilas V, Kouvelos E, et al. Microporous Mesoporous Mater, 2007, 99: 98-105.
[44] Chen J, Liu H Y, Weimer W A, et al. J Am Chem Soc, 2002, 124: 9034-9035.
[45] Gotovac S, Honda H, Hattori Y, et al. Nano Lett, 2007, 7: 583.
[46] Piao L Y, Liu Q R, Li Y D, et al. J Phys Chem C, 2008, 112, 2857-2863.
[47] Wang Y B, Iqbal Z, Malhotra S V, et al. Chem Phys Lett, 2005, 402: 96-101.
[48] Bahr J L, Tour J M. Chem Mater, 2001, 13: 3823.
[49] Chen Y H, Mitra S. J Nanosci Nanotechnol, 2008, 8: 5770-5775.

[50] Ying Y M, Saini R K, Liang F, et al. Org Lett, 2003, 5: 1471-1473.
[51] Mickelson E T, Huffman C B, Rinzler A G, et al. Chem Phys Lett, 1998, 296: 188-194.
[52] Kim W J, Kang S O, Ah C S, et al. Korean Chem Soc, 2004, 25: 1301-1302.
[53] Hyung H, Kim J H, et al. Environ Sci Technol, 2008, 42: 4416-4421.
[54] Yang K, Xing B S. Environ Pollut, 2009, 157: 1095-1100.
[55] Lin D H, Xing B S. Environ Sci Technol, 2008, 42: 7254-7259.
[56] Chen G C, Shan X Q, Zhou Y Q, et al. J Hazard Mater, 2009, 169: 912-918.
[57] Arasteh R, Masoumi M, Rashidi A M, et al. Appl Surf Sci, 2010, 256: 4447-4455.
[58] 胡栩豪,高乃云,归谈纯. 水处理技术, 2012, 38: 25-29.
[59] Shen X E, Shan X Q, Dong D M, et al. J Colloid Interface Sci, 2009: 3301-3308.
[60] Sheng G D, Shao D D, Wang X D, et al. J Hazard Mater, 2010, 178: 505-516.
[61] Ma J, Yu F, Zhou L, et al. ACS Appl Mater Interf, 2012, 4: 5749-5760.
[62] M J Jaycock, G D Parfitt. Chemistry of Interfaces, Onichester: Ellis Horwood Ltd, 1981.
[63] Wang S G, Liu X W, Gong W X, et al. J Chem Technol Biotechnol, 2007, 82: 698-704.
[64] Wu W H, Jiang W, Zhang W D, et al. Environ Sci Technol, 2013, 47: 8373-8382.
[65] Peng X J, Li Y H, Luan Z K, et al. Chem Phys Lett, 2003, 376: 154.
[66] Wang X L, Lu J L, Xu M G, et al. Environ Sci Technol, 2008, 42: 7267-7272.
[67] Jing Q F, Yi Z L, Lin D H, et al. Water Res, 2013, 47: 4006-4012.
[68] Huang W L, Schlautman M, Walterj, et al. Environ Sci Technol, 1996, 30: 2993-3000.
[69] Yang K, Wang X L, Zhu L Z, et al. Environ Sci Technol, 2006, 40: 5804-5810.
[70] Lu C S, Chung Y L, Chang K F. Water Res, 2005, 39: 1183.
[71] Yan X M, Shi J J, Lu C H, et al. J Colloid Interface Sci, 2008, 321: 30-38.
[72] Ching J M C, Li C S, et al. Carbon, 2007, 45: 1254-1260.
[73] Wang Z Y, Yu X D, Pan B, et al. Environ Sci Technol, 2010, 44: 978-984.
[74] Cho H H, Smith B A, Wnuk J D, et al. Environ Sci Technol, 2008, 42: 2899-2905.
[75] Pan B, Lin D H, Mashayekhi H, et al. Environ Sci Technol, 2008, 42: 5480-5485.
[76] Su F S, Lu C S. J Environ Sci Health Part A, 2007, 42: 1543-1552.
[77] Ma J, Yu F, Zhou L, et al. ACS Appl Mater Interf, 2012, 4: 5749-5760.
[78] Chen W, Duan L, Zhu D Q. Environ Sci Technol, 2007, 41: 8295-8300.
[79] Lu C Y, Su F S. Sep Purif Technol, 2007, 58: 113-121.
[80] Pyrzynska K, Stafie M, et al. Microchim Acta, 2007, 159: 293-298.
[81] Lu C, Su F S. Sep Purif Technol, 2007, 58: 113-121.
[82] Chen B L, Zhou D D, Zhu L Z, et al. Environ Sci Technol, 2008, 42: 5137-5143.
[83] 吴丰昌,邢宝山. 天然有机质及其在环境中的作用机理. 北京:地质出版社, 2010.
[84] Sun H W, Song Q, Luo P, et al. Environ Sci: Processes Impacts, 2013, 15: 307.
[85] Huang Z H, Zheng X Y, Lv W, et al. Langmuir, 2011, 27: 7558-7562.
[86] Lu C S, Chiu H, Liu C T. Ind Eng Chem Res, 2006, 45: 2850-2855.
[87] Chen C L, Wang X K. Ind Eng Chem Res, 2006, 45: 9144-9149.
[88] Chen A H, Liu S C, Chen C Y, et al. J Hazard Mater, 2008, 154: 184-191.
[89] Uheida A, Salazar-Alvarez G, Bjorkman, E, et al. J Colloid Interf Sci, 2006, 298: 501-507.
[90] Hao Y M, Chen M, Hu Z B. J Hazard Mater, 2010, 184: 392-399.

[91] Rashidi F, Sarabi R S, Ghasemi Z, et al. Superlattice Microst, 2010, 48: 577-591.
[92] Xu D, Tan X L, Chen C L, et al. J Hazard Mater, 2008, 154: 407-416.
[93] Li Y H, Di Z C, Ding J, et al. Water Res, 2005, 39: 605-609.
[94] Yang S B, Hu J, Chen C L, et al. Environ Sci Technol, 2011, 45: 3621-3627.
[95] Elkady M F, Mahmoud M M, Abd-El-Rahman H M. J Non-cryst Solids, 2011, 357: 1118-1129.
[96] Kuo C Y, Desalination, 2009, 249: 781-785.
[97] Vukovic G D, Marinkovic A D, Skapin S D, et al. Chem Eng J, 2011, 173: 855-865.
[98] Lu C Y, Chiu H S. Ind Eng Chem Res, 2006, 45: 2850-2855.
[99] Sheng G D, Li J X, Shao D D, et al. J Hazard Mater, 2010, 178: 333-340.
[100] Wu C H. J Colloid Interf Sci, 2007, 311: 338-346.
[101] Chen C L, Wang X K, Nagatsu M. Environ Sci Technol, 2009, 43: 2362-2367.
[102] Lu C Y, Liu C, Rao G P. J Hazard Mater, 2008, 151: 239-246.
[103] Zhao X W, Jia Q, Song N Z, et al. J Chem Eng Data, 2010, 55: 4428-4433.
[104] Li Y H, Wang S G, Wei J Q, et al. Chem Phys Lett, 2002, 357: 263-266.
[105] Rao G P, Lu C, Su F S. Sep Purif Technol, 2007, 58: 224-231.
[106] Kuo C Y. Desalination, 2009, 249: 781-785.
[107] Cho H H, Wepasnick K, Smith B A, et al. Langmuir, 2009, 26: 967-981.
[108] Jia Y F, Thomas K M. Langmuir, 2000, 16: 1114-1122.
[109] Yoshida H, Shimizu T, Uchiyama T, et al. Nano Lett, 2009, 9: 3810-3815.
[110] Tian X L, Zhou S, Zhang Z Y, et al. Environ Sci Technol, 2010, 44: 8144-8149.
[111] Agnihotri S, Mota J P B, Rostam-Abadi M, et al. Carbon, 2006, 44: 2376-2383.
[112] Salam M A, Al-Zhrani G, Kosa S A, et al. C R Chim, 2012, 15: 398-408.
[113] Xiao B, Thomas K M. Langmuir, 2004, 20: 4566-4578.
[114] Sengil I A, Ozacar M. J Hazard Mater, 2009, 166: 2-3.
[115] Li Y H, Ding J, Luan Z K, et al. Carbon, 2003, 41: 2787-2792.
[116] Bigalke M, Weyer S, Wilcke W. Environ Sci Technol, 2010, 44: 5496-5502.
[117] Iskrenova T E, Kalinichev A G, Kirkpatrick R J. Langmuir, 2010, 26: 15909-15919.
[118] Liu J F, Zhao Z S, Jiang G B. Environ Sci Technol, 2008, 42: 6949-6954.
[119] Liang L, Lv J T , Luo L, et al. Colloid surface A, 2011, 389: 27-32.
[120] Lin D H, Tian X L, Li T T, et al. Environ Pollut, 2012, 167: 138-147.
[121] Kim K T, Edgington A J, Klaine S J, et al. Environ Sci Technol, 2009, 43: 8979-8984.
[122] Kumar E, Bhatnagar A, Choi J-A et al. Chem Eng J, 2010, 159: 84-90.
[123] Behnamfard A, Salarirad M M. J Hazard Mater, 2009, 170: 127-133.
[124] Amit B, Mika S. Sep Sci Technol, 2012, 47: 89-95.
[125] Eva K, Amit B, Umesh K. J Hazard Mater, 2010, 186: 1042-1049.
[126] Amit B, Eva K, Mika S. Chem Eng J, 2010, 163: 317-323.
[127] Li Y H, Wang S, Zhang X, et al. Mater Res Bull, 2003, 38: 469-476.
[128] 魏先勋,陈信常,马菊元. 环境工程设计手册(修订版). 湖南:湖南科学技术出版,2002.
[129] Gui X C, Zeng Z P, Lin Z Q, et al. ACS Appl Mater Interf, 2013, 5: 5845-5850.
[130] Yu F, Chen J H, Chen L, et al. J Hazard Mater, 2012, 378: 175-183.

第 4 章　纳米材料在水环境污染物催化降解中的应用

4.1　引　　言

随着世界经济发展，环境生态安全受到的威胁与日俱增：新的难降解污染物不断出现，排放量不断增加，即使废水经过处理后达标排放，仍然可能存在生物毒性。传统的污染控制技术已经难以解决这些问题，亟待开发具有更强分解能力、更快处理速度、可有效去除毒性的新技术。

针对这一问题，纳米技术在以催化材料为核心的电催化、光催化、催化臭氧氧化等污染控制领域受到高度关注，这是因为体相材料尺寸缩减到纳米尺度（$<$100 nm）时会带来四大效应（小尺寸效应、表面效应、量子尺寸效应和宏观量子隧道效应），其中如下三种效应能够大幅改善上述污染控制技术的处理能力：

（1）小尺寸效应　当物质减小至纳米尺寸时，颗粒是由有限的分子与原子组成，这就使得材料的周期性被破坏，能量分布发生了改变。例如纳米金属催化剂在小尺寸效应的作用下，电子分布不均匀，边、角等处电子云密度大，能量集中，可显著提高催化能力。

（2）表面效应　即纳米尺寸颗粒的表面原子数占总原子数的比例无法再忽略不计。由于表面原子周围缺少相邻原子，会出现剩余的悬挂键，因而具有不饱和性质。悬挂键的存在，使含有容易与悬挂键成键的基团的污染物容易吸附在催化剂上，提高了催化的选择性。

（3）量子尺寸效应　块体材料的能带可以看成是连续的，而随着颗粒减小到纳米尺寸，能级间距随之增大成为非连续态，这时纳米颗粒的光、电性能变得与块体材料不同，因此，通过改变纳米材料的尺寸，可以针对特定污染物设计催化剂。例如窄带半导体光催化材料，具有量子限域效应后带隙加宽，氧化还原降解污染物的能力增强。

另外，材料尺寸进入纳米量级之后还带来一些不利之处：

（1）污染问题　纳米尺度材料具有潜在的生物毒性，一旦在污染控制过程中流失，存在生态风险。这方面的问题促成了纳米毒理学这门新科学的出现。

（2）回收问题　基于避免流失危害环境、再次使用、研究使用前后性质变化等目的，在溶液中使用过的纳米材料需要回收。目前可以通过使用纳滤膜固液分离、制备磁性催化剂磁场分离、把纳米催化剂负载在载体上等方法解决。

(3) 价格问题　制造纳米催化剂的技术包括化学气相沉积、水热合成、溶胶-凝胶、电纺丝、高压电弧、原子层沉积等，大部分需要特殊设备提供苛刻反应条件，此外，产量受设备腔体限制，通常只有克量级，制备成本非常高。

目前，纳米催化材料已成为电催化、光催化、催化臭氧氧化等污染控制技术研究的热点，了解其分类、作用原理和潜在应用对于推动纳米技术在污染控制领域发挥实际作用具有重要意义。

4.2　纳米电催化材料

电催化反应，通常指在电场作用下，电极表面发生的一系列由电子转移导致的化学反应，其中电极材料起到催化剂的作用，可以降低反应活化能或提供新的反应路径，从而起到加速反应，或使本不能发生的反应得以进行的作用。催化电极既是一个电子导体，还应具有催化能力和良好的稳定性，其性能决定着反应效率，因此研发高活性电极材料是提高电催化性能的关键。

与块体电催化电极材料不同，纳米材料颗粒尺寸与双电层厚度及电子隧道传输距离等电化学参数接近，对双电层结构、电荷迁移动力学和传质动力学产生有益影响，进而表现出更高的电催化活性和可控的选择性。概括地说，纳米电催化材料在如下三方面表现优异：

(1) 催化效率　固液界面处电活性物质、原料和产物的传递是影响电催化效率的重要因素。污染物向电活性物质迁移所需时间(或距离)越长，对电催化反应越不利。对于块体电催化材料，需要通过搅拌反应溶液加速传质或者采用薄层溶液的方式减少传质距离。当电催化材料的尺寸减小到纳米尺度后，颗粒间距也在纳米尺度，溶液能够渗入这些纳米尺寸的空间，污染物与电催化活性物质的距离缩短，无需采用耗能的搅拌或者限制处理速度的薄层溶液等方式即可实现良好的物质传递。但是，如果纳米颗粒之间的距离过小，导致原料扩散困难，反而会降低催化效率。此外，掺杂也能调控纳米材料的电催化活性。掺杂能引起纳米材料表面的电荷不均匀分布、电极表面极化，从而增强对某些目标物的吸附，进而加速催化反应速率；掺杂还能引起材料表面的电子云密度发生改变，促进电催化过程的电子传递。因此，掺杂能在一定程度上降低反应的势垒，提高纳米材料的催化活性。在掺杂方面，纳米材料相对于块体材料的优势是掺杂元素分布更均匀，所以效果更好。

(2) 选择性　对于表面清洁的纳米催化材料，不同晶面的表面能具有明显差异，催化同一原料可得到不同的产物。如果某个晶面成为优势暴露晶面，则对应产物的选择性增加。表面经过修饰的纳米材料的表面电荷或修饰基团影响催化反应产物的脱附，脱附快的产物的选择性高。纳米孔道结构对选择性的影响是反应产物在孔道内的催化中心上的停留时间不同以及扩散出孔道的速度不同导致的，扩散速度快的产物的选择性高。

(3) 水分解过电势　电化学反应中，离子扩散延迟产生浓差极化，电化学反应延迟导致活化极化，这两种极化导致实际反应需要的电势高于理论值，这个差值叫过电势。水分解是电催化降解污染物过程的主要副反应，不仅消耗能量，而且产生的氢气和氧气还可能破坏电极结构，因此电极材料应该具有较高的水分解过电势，使电能主要作用于目标物而不是分解水。由 Tafel 公式可知，电极的表面结构和真实面积对过电势影响较大。块体材料的表面结构平整，真实面积就是电极的几何面积，很难改变过电势；而纳米材料的表面结构和真实面积可以在很宽的范围内调控，容易获得更高的水分解过电势。

如果把拥有上述特性的纳米材料负载在电极表面则有望成为高效电催化材料，在污染控制领域有着广阔的应用前景。在近几年相关领域的研究报道中，贵金属、碳材料、金属氧化物和聚合物是纳米电催化研究的热点材料，下面分别介绍这些纳米电催化材料的特点及其在污染控制领域的潜在应用。

4.2.1　纳米贵金属

贵金属催化剂尺寸减小到纳米尺度后，对催化过程存在正反两方面的影响。有利之处是：催化剂尺寸减小后，各晶面暴露在表面的比例发生变化，某些晶面数量占绝对优势，如果暴露晶面的催化活性高，则催化剂性能提高。不利之处是：催化剂尺寸减小后，出现大量台阶、扭曲、边缘，这些位置对氧原子的电子亲和势高，容易吸附氧，造成催化剂失活。

Pt 是目前公认效率最高的电催化材料，但是价格昂贵。采用纳米尺寸并高度分散能够在保持催化效率的前提下大幅减少 Pt 用量，因此关于纳米 Pt 的研究一直是热点。主要研究内容包括颗粒尺寸、形状、暴露晶面等因素对电催化性能的影响以及稳定性的改善。另外由于 Pt 的地球丰度很低，资源稀缺，即使利用纳米技术减少用量仍然不能满足电催化领域长远需求，因此需要开发不完全用 Pt 或者完全不用 Pt 的电催化剂，相关研究包括通过合金和使用载体等方法进一步减少 Pt 的用量，以及开发不含 Pt 的纳米催化剂。

Pt 颗粒的尺寸对其催化性能影响很大。按照一般的理解，表面暴露的原子层台阶是 Pt 的催化中心，随着纳米 Pt 尺寸从几十纳米逐渐减小到 1 nm，表面台阶急剧增加，催化活性应该大幅提高。但是一些报道的实验结果与此推断并不一致：对比 5 nm Pt 颗粒和 1 nm Pt 颗粒，发现后者的催化活性仅提高 5 倍，与块体材料提高表面积带来的效果相当。上述分析说明，颗粒尺寸对催化性能的影响是存在的，但是其影响规律尚不明确。计算机模拟的方法为研究这些影响因素提供了新的途径。根据计算结果，Pt 颗粒尺寸对其催化分解目标物(例如氧分子)的性能影响不明显，而优势暴露晶面的变化则显著影响其催化性能。例如，对于氧分解反应，Pt(111)面的催化活性高于(100)面，当颗粒尺寸减小到 2 nm 时，(111)面暴露最多，催化活性最高，继续减小尺寸，(111)面的完整性被破坏，催化活性开始降低。

晶面指数也是影响 Pt 催化性能的重要因素。目前报道的 Pt 的高指数晶面包括(830)、(740)、(730)、(720)、(520)、(510)、(411)、(211)和(210)，这些高指数晶面都表现出高于(111)面的电催化性能。主要原因是高指数晶面原子台阶多，容易吸附氧等反应物分子而促进反应。当然，晶面的催化活性还要考虑具体的反应。例如，Pt 的六边形(111)面电催化正庚烷的脱氢活性是四边形(100)面的 5 倍，而对于异丁烯异构化反应，(111)面的活性则低于(100)面[1]。

对于块体材料，不同形状的电催化效率没有明显不同，但是，形状对纳米催化剂的影响却很大。纳米材料形状对其催化活性的影响的本质也是高能晶面的暴露情况，高能晶面暴露比例越高的催化剂活性越高[2]。近似球形的纳米颗粒是最常见的形貌，除此之外还有纳米线、纳米立方体、八面体、二十四面体、纳米花、纳米框架等结构。这些多维结构与零维的颗粒性质差异很大，包括各向异性及某种特定晶面沿轴向压倒性的优势分布。例如 Ruan 等制备出一种弯曲的 Pt 纳米线，观察到其弯曲附近存在晶格失配引起的孪生缺陷以及沿轴向分布的高指数晶面。这种 Pt 纳米线的电催化活性是商业 Pt 的 1.8 倍，稳定性也显著改善[3]。

多孔 Pt 不同于上述纳米尺度的 Pt 材料，利用的是纳米尺度的孔隙，属于纳米结构材料。多孔材料作为电催化剂，主要有两个特点：第一，纳米尺度的空隙能够为电极和氧化还原物质的接触反应提供更多的机会；第二，调控孔的形状、尺寸、长度，能够选择性地为目标反应提供便利。目前报道的比较小的 Pt 纳米孔的平均孔径只有 3.4 nm[4]，这种 Pt 可以作为氧还原电极使用，在其孔隙可用率为 25%时，即可获得与商业 Pt 相当的效率，在理想条件下，如果内孔都能被利用，电催化效率最高能达到商业 Pt 的 4 倍。

除 Pt 以外，其他贵金属纳米电催化材料还有 Pd、Au、Ru、Ag 等。虽然它们的催化活性不如同样尺寸的纳米 Pt，但是具有价格优势，因此也是研究的热点。例如在电化学加氢还原脱卤领域对纳米 Pd 的关注较多。Pd 的(111)、(100)等低指数晶面的催化活性低于高指数晶面，例如 Pd(730)面的催化活性可达 Pd 低指数晶面的 6 倍[5]。

如何减少 Pt 用量一直是电催化领域的关键问题。把催化剂减小到纳米尺寸是有效办法之一，而对于纳米尺寸催化剂，继续减少 Pt 用量的方法是构建纳米双金属合金。一般认为，Pt 基纳米双金属具有如下三个效应：第一，整体效应。改变两种金属相互分散程度、颗粒尺寸等因素可以调控双金属吸附物种，选择性吸附特定分子。这不但有利于避免催化材料中毒，还可阻止催化剂吸附需要较多吸附位的物种。第二，双功能机制。两种金属都能暴露表面，在催化过程中起协同作用，例如，分别优势吸附两种反应物分子，促成反应。第三，电子效应。双金属中的 Pt 通常进攻吸附的 H—C 键，另一种金属能够吸附氧化性基团（例如 O—H），有助于氧化脱附那些吸附在催化剂表面的中间产物。这三个效应都是块体材料不具备的，对于纳米材料，具备这些效应的必要条件是合金颗粒中两种金属相互分散均匀。目前双金属合金催化剂面临的主要问题是颗粒尺寸不够均一，形成合金的比例偏低。

通过甲酸在 PtAu 纳米合金电极上的催化分解可以进一步理解整体效应。甲酸在 Pt 上电催化分解有两个途径：一个是脱氢途径，产物是 CO_2；另一个是脱水途径，产物是 CO。CO 容易吸附在 Pt 上导致后续反应无法进行，即催化剂中毒。如果 Au 在 Pt 中高度分散，连续的 Pt 活性位比例下降，有利于仅需要一个活性位的脱氢产 CO_2 的反应途径，而需要两个 Pt 活性位的脱水反应很难发生，因此避免了产生 CO 而使催化剂中毒。这样不但能提高催化效率还能改善催化剂的稳定性[6]。

PtIr 双金属合金体现了电子效应。相对于单一金属，PtIr 合金的反应电流增加，意味着催化活性提高。根据近边 X 射线吸收谱，PtIr 合金未满的 d 轨道低于 Pt 的 d 轨道，意味着 d 带电子将从 Ir 迁移到 Pt。这种迁移一方面证明 Pt 与 Ir 形成了合金，另一方面解释了纳米合金反应电流增加的原因。同时，Pt 的 d 带电子增加，去质子化容易进行，含氧产物与合金催化剂的结合能降低，有利于产物脱附，释放的活性位可再次吸附目标物从而提高反应效率[7]。

核壳结构是另一种双金属形式，与合金中两种金属相互分散的方式不同，核壳结构中一种金属把另一种金属包裹在核心。这种结构的主要形状是球形，也可以制备成多种比表面积更大的形状，利用丰富的边、角和原子尺度台阶上的活性位提高催化效率。例如，花状 Au@Pd 核壳结构的催化活性比八面体结构的核壳结构提高至少 2 倍[8]。核壳结构得到了广泛关注，其主要优点是帮助化学性质不稳定但是催化活性高的金属参与反应。例如，Pd@Rh 结构中，Pd 纳米颗粒位于 Rh 空心立方体框架中，立方体框架由很多小立方体颗粒组成[9]。纳米 Pd 在酸性条件下容易溶解导致失去催化活性，但在 Rh 壳层（Rh—Rh 键的键能高于 Pd—Pd 键）的保护下，能够稳定地参与反应。除改善稳定性之外，核壳结构的催化活性相对于单一金属也有所提高。Pd@Rh 结构的氧还原起始电势由 Pd 的 0.45 V 提高到 0.55 V。

核壳结构中两种金属的晶格通常不完全匹配，失配的晶格界面附近存在应变，晶格扩张引起 d 带中心上移，吸附增强，而晶格压缩则带来 d 带中心下移，吸附减弱。为了使纳米核壳结构能够利用这些晶格应变，需对壳层的厚度进行设计，如果壳层太厚，核金属的性能完全不能显示；而壳层太薄，很难完全覆盖核金属，导致双金属的协同作用不能充分发挥。

4.2.2 贵金属复合纳米碳材料

减少贵金属用量的另一个有效方法是把贵金属纳米颗粒与其他纳米材料复合，这样除了可以使贵金属的分散程度更高、粒径分布更均匀，还可以借助其他纳米材料和贵金属之间的相互作用提高催化剂的活性和稳定性。一般认为，选择与纳米贵金属复合的纳米材料的标准是比表面积大（改善催化剂分散性），电化学和热稳定性高（承受反应中的电压和热量），导电性好（避免电能损失）。另外，这些纳米材料中不能含有容易引起贵金属催化剂中毒的成分，例如 CO 和 S。

在这一领域，碳纳米管（CNTs）广受关注，主要原因是 CNTs 离域 π 电子和 Pt 的 d 电子存在相互作用，能够提高 Pt 的催化活性。但是由于 CNTs 化学性质非常稳定，表面基团或悬挂键很少，贵金属纳米颗粒难以锚定在 CNTs 上，电子之间相互作用无法发挥。这个不利之处可以通过如下方法改善：用表面活性剂或聚合物处理 CNTs，在其表面连接大分子，可作为贵金属的沉积点位，大分子与 CNTs 的连接主要靠静电力，CNTs 表面一般带负电，所以选择带正电的大分子修饰 CNTs；酸化过程能够在 CNTs 表面修饰含氧基团，进而作为连接贵金属的锚点。酸处理操作简单，但是破坏性较强，处理后的 CNTs 表面不可避免地会有缺陷出现，这会影响其导电性，对后续的电催化反应不利。

CNTs 是管状结构，其内壁也可以作为支撑表面，由于腔体的限制作用，负载纳米颗粒的尺寸较小且与 CNTs 的相互作用更强，因此在 CNTs 管腔内负载 Pt 纳米颗粒的催化活性更高。以 α-酮酸酯的不对称加氢反应为例，CNTs 内壁负载纳米 Pt 的催化活性远高于 CNTs 外壁负载纳米 Pt[10]。活性提高的原因有三点：一是 CNTs 良好的导电性有助于电荷迁移；二是 CNTs 孔道方便电解质离子进出并对目标物具有选择性；三是 CNTs 腔体的限制作用使 Pt 与 CNTs 内壁接触良好。

另一个重要的碳材料是石墨烯，其表面积大、化学和热稳定性好、具有离域 π 电子，几乎拥有 CNTs 载体的全部优点，而且是已知电荷迁移率最高的材料，因此与贵金属复合后的电催化性能优于 CNTs 与贵金属的复合物。

纳米碳材料与纳米贵金属的复合物作为阳极使用时，碳材料容易被氧化腐蚀，导致贵金属催化剂脱落，电催化活性降低甚至丧失，因此需要寻找更稳定的载体材料。选择的主要标准包括比表面积大、有助于贵金属纳米催化剂的分散、在湿润高温条件下抗腐蚀、在酸碱溶液中不析出、电化学稳定性和导电性高，还应该与贵金属纳米催化剂之间具有电子的和物理化学的相互作用。基于这些标准，除纳米碳材料外，可以与纳米贵金属复合的纳米材料还包括金属氧化物、碳化物、氮化物、硅化物等，最近发表的综述文章[11]对这些非纳米碳材料做了详细介绍。

4.2.3　纳米碳材料

如 4.1.2 节所述,纳米碳材料与纳米贵金属复合作为电极使用,既能提高电催化效率又能减少贵金属用量。事实上,无需贵金属,纳米碳材料本身也可作为电催化材料使用。Cheng 等把多壁 CNTs 的几层外壁沿轴向剖开并向两侧对称撕开,但不完全脱离未被剖开的 CNTs 壁。由于连接在 CNTs 上的石墨烯呈翼状,所以这种材料被称为石墨烯翼 CNTs[12]。其中石墨烯翼上的活性位起催化作用,而中间的 CNTs 作为电子的迁移通道。但是目前对纳米碳材料的电催化性能存在争议。一些报道认为,CNTs、石墨烯等纳米碳材料的催化性能来源于残留的金属催化剂。为了探明这一点,Tammeveski 等通过反复酸洗的办法去除了 CNTs 中的金属成分,然后测试发现其电催化性能的确明显下降,但是并没有完全消失[13]。这个结果能够证明残余金属确实起到催化的作用,但是不能否定 CNTs 具有催化能力。

虽然对于碳材料的电催化性能存在争议,但是实验已经证明掺杂其他元素后的碳材料具有电催化能力。掺杂不但影响碳材料的电催化活性,还能有效调控水分解过电位,避免副反应。例如,硼掺杂金刚石的析氧电位大于 2.1 V,有利于抑制氧化降解水中污染物时的副反应(水氧化);而阵列氮掺杂金刚石电极,析氢电位大约在−1.5 V,远负于金刚石及硼掺杂金刚石电极,有利于抑制还原降解水中污染物时的主要副反应(水还原)。以活性艳红 X-3B 为目标物,氮掺杂金刚石电极展示了明显高于硼掺杂金刚石电极、石墨电极和铂电极的反应速率常数。其作用机理是还原—N═N—键,同时断开苯环和萘环。而以持久性毒性污染物 2,2′,4,4′-四溴联苯醚为目标物的实验结果显示,氮掺杂量对氮掺杂金刚石电极降解能力影响显著,电催化还原 2,2′,4,4′-四溴联苯醚的速率先随着氮掺杂量的增加而提高,当氮含量高于一定量时降解速率开始下降,可能的原因是氮含量过高导致氮掺杂金刚石电极的析氢电位正移。

硼氮共掺杂金刚石电极析氢电位为−1.4 V,略低于氮掺杂金刚石电极。但是在氧还原反应中,硼氮共掺杂金刚石的电流密度、还原起始电压和峰电压都远高于氮掺杂金刚石电极。在电还原 2,2′,4,4′-四溴联苯醚过程中,硼氮共掺杂金刚石的动力学常数是氮掺杂金刚石电极的 3.67 倍。这些良好表现是因为硼氮共掺杂金刚石中掺杂的硼或氮原子能够增加活性位点,而且硼与氮相邻能够促进电荷迁移。更重要的是硼掺杂带来的水氧化过电位和氮掺杂引起的水还原过电位使电极同时具有良好的氧化和还原性能。此外,硼氮共掺杂金刚石电极对含碳产物的累积具有较好的承受力,可以长时间使用。与商业化的 Pt/C 相比,硼氮共掺杂金刚石的电流密度提高了 1~2 倍,稳定性也明显改善。

与上述报道结果相反,氮掺杂六方碳电极的析氢过电势(65 mV)没有提高反而降低，仅次于传统的 Pt/C 电极，低于已报道的非贵金属材料，因此表现出优越的产氢性能，有望替代贵金属材料产氢。氮掺杂六方碳的高活性，一方面来自六方碳优越的产氢活性；另一方面是氮的掺杂降低了电荷转移电阻，增加了催化位点。

4.2.4 纳米金属氧化物

金属氧化物电极的构成方式一般是在 Ti、Zr、Ta 等金属基体上沉积微米或几百纳米尺度的金属氧化物（TiO_2、PbO_2、SnO_2）颗粒形成薄膜电极。这类电极最早是作为石墨电极的替代材料出现的，比石墨导电性好而且更稳定；同时，此类材料不含贵金属，相对价格较低；此外，其催化性能可以通过改变氧化物结构和成分来控制，因此在化工生产过程应用广泛，在电催化污染控制领域也有一定实际应用。

随着纳米技术的发展，以 PbO_2、SnO_2 为代表的金属氧化物电极的颗粒尺寸逐渐减小到几十纳米甚至更小，并且由薄膜结构向比表面积更大、物质传递和电荷迁移更有优势的三维纳米结构发展。此外，关于纳米 Co_3O_4 等电催化材料在水污染控制领域的潜在应用的报道开始出现。

PbO_2 电极的导电性能好、析氧过电势高，而且耐腐蚀，对苯酚等污染物的电催化降解效果较好。PbO_2 有两种主要晶型：α-PbO_2 和 β-PbO_2，一般 β-PbO_2 的比例越高，对酚类化合物降解速度越快。β-PbO_2 是多孔结构，表面积大可能是降解污染物速率高于 α-PbO_2 的原因之一。这个结果提示研究者可以通过制造纳米 PbO_2 电极来提高其电催化性能。

目前报道的 PbO_2 纳米形貌有纳米颗粒、纳米线、纳米棒、纳米立方体、纳米花等，报道的实验结果证明纳米 PbO_2 电极能够有效地电催化降解水中的染料、农药、酚类、全氟化合物等污染物。上述纳米尺寸的 PbO_2 既可以负载在 Ti、Zr、Ta 等平基底上制成电极，也可以负载在三维结构基底（如 TiO_2 纳米管阵列）获得更高的表面积。例如，平均粒径 15 nm 的 PbO_2（主要是 β-PbO_2）颗粒沉积在平均管径 220 nm 的 TiO_2 纳米管阵列基底上，与块体 PbO_2/Ti 电极相比，PbO_2/TiO_2 纳米管电极的电流密度、电催化降解异丙醇水溶液的 TOC 去除率分别提高了 2 倍和 1.4 倍，对四氯酚的电催化降解也得到显著改善[14]。此外，无需 TiO_2 纳米管支撑，纳米 PbO_2 也可以制成三维结构。与块体 PbO_2 薄膜电极相比，具有三维有序纳米孔结构的 PbO_2 电极的析氧过电势从 1.80 V 提高到 1.92 V，对污染物的吸附能力提高 6.8 倍，电催化分解甲霜灵农药的速度提高 1.4 倍，而且 TOC 去除率也从 71%提高到 95%[15]。

纳米 PbO_2 电极的另一个优点是容易均匀掺杂其他元素改善电极催化性能。主要原理是掺杂剂促进表面缺陷的产生，加速 ·OH 的生成速率，从而提高 PbO_2 电极的催化氧化性能。研究较多的掺杂剂是 Ce，除了产生表面缺陷，还兼具改善电极稳定性和提高析氧过电势的作用。

在 Ti 基底上 PbO_2 电极的制备及使用过程中，氧原子容易渗入 PbO_2 界面并与 Ti 基底反应生成 TiO_2，由于 PbO_2 与 TiO_2 晶格失配，产生较大内应力，同时 TiO_2 导电性不好，电极电势降主要发生在 TiO_2 层，界面作用力增加，两种破坏力叠加导致 PbO_2 容易从 Ti 基底上剥落。这一问题可通过加入中间层解决，使用较多的中间层材料是 Sn-Sb。

PbO_2 电极在使用过程中容易溶出毒性较大的 Pb，需要开发无毒的电极材料避免造成污染。Sn 无毒，其氧化物催化活性较高，因此成为替代 PbO_2 电极的较好材料。SnO_2 禁带 3.5 eV，电阻率高，实际使用中需要掺杂 Sb 元素提高导带电子浓度，进而改善电导率。Sb 掺杂的 SnO_2 电极氧化电势比 PbO_2 还高 0.2 V，对氧化分解污染物有利。

已经报道的纳米 Sb-SnO_2 的形貌种类很多，包括纳米片、纳米颗粒、纳米线、纳米孔结构等。与块体 Sb-SnO_2/Ti 电极相比，平均孔径为 3.7 nm 的介孔 Sb-SnO_2/Ti 电极电催化分解酮洛芬的动力学常数提高 1.3 倍[16]。与 PbO_2 电极类似，Sb-SnO_2 也可以使用 TiO_2 纳米管阵列做载体提高表面积，并且由于 TiO_2 纳米管的限制作用，SnO_2 纳米颗粒不易脱落，电极的使用寿命相对于块体 Sb-SnO_2/Ti 电极提高 12 倍，矿化分解苯甲酸的电流效率和动力学常数分别提高 1 倍和 3.5 倍[17]。

由于在氧还原反应中展现出较高电流效率和良好抗腐蚀性，纳米 Co 氧化物尤其是 Co_3O_4，在最近的电催化研究中开始受到关注。Dai 等在还原石墨氧化物上沉积了纳米 Co_3O_4，其电催化活性与 Pt 相当，而且稳定性要好得多[18]。目前，文献报到的 Co_3O_4 电催化材料有纳米立方体、纳米线、纳米颗粒、纳米花等，受关注的应用领域是氧还原和水分解。最近的报道显示纳米 Co_3O_4 作为电催化材料能够分解对硝基酚，这提示其在水污染控制领域也具有应用前景。

4.2.5　纳米聚合物

有机聚合物是近几年开始受到关注的电催化材料，通常是 p 型半导体，其导电性适中、光学跃迁能量和电离电势低、电子亲和能高，其电催化作用机制与无机材料不同。例如聚二烯丙基二甲基氯化铵具有很强的吸电子能力，修饰在 CNTs 表面后，使 CNTs 的碳原子带正电荷。表面荷正电一方面有利于 CNTs 从溶液中吸附氧分子，另一方面有利于从阳极吸引电子，这两个方面作用使聚二烯丙基二甲基氯化铵修饰 CNTs 的催化性能与 Pt 接近[19]。基于同样的原理，聚二烯丙基二甲基氯化铵修饰的石墨烯也展示了高于商业 Pt 的电催化性能。其他修饰纳米碳材料的聚合物还包括聚苯烯酰胺、环糊精、壳聚糖等。再如 Ameen 等制备出一种聚吡咯纳米带电极，电催化分解醇类有机物的原理如下：首先聚吡咯纳米带吸附溶液中的醇类分子，生成表面羟基，然后从纳米带得电子形成氧化性基团，导致纳米带导电性下降；由于离子-偶极相互作用，醇类分子再释放电子形成 CO_2 和水[20]。

4.2.6 纳米电催化在水污染控制中的潜在应用

电催化技术操作简便，能量效率高，可有效处理难生物降解物质，还具有占地面积小的优点，在各类废水处理中的应用前景广阔。纳米技术能够显著提高电催化性能，其潜在应用领域按技术特点可分为四方面：①电催化氧化分解甚至矿化污染物、杀菌；②电催化还原降解和转化污染物，如脱卤、转化 CO_2 为小分子有机物等；③电芬顿；④电吸附。大部分纳米电催化技术还处于基础研究阶段，在环境污染控制领域的应用研究也处于实验阶段。下面分别举例说明。

4.2.6.1 电催化氧化

电催化氧化即在外加电场的作用下，目标污染物被阳极产生高活性的氧化性基团（如 · OH、OCl^-、O_3 等）或者电极材料高价氧化物氧化。在电催化氧化过程中，首先水分子发生电化学氧化分解产生吸附态 · OH（氧化电势高达 2.8 V，几乎可以氧化所有有机物），吸附态 · OH 与非活性电极表面作用比较弱，它能直接与目标物反应将其矿化成 CO_2、H_2O 和其他无机物，这种完全氧化过程叫做电催化矿化；对于活性电极材料，产生的吸附态 · OH 与电极表面相互作用将其中的氧转移至电极，生成电极材料高价氧化物，然后再与目标物反应将其氧化，产物中可能包含有机分子，这个过程称为电催化转化。此外，电催化氧化过程中产生的中间态吸附 · OH 和电极高价氧化物有可能氧化水生成氧气（析氧副反应），降低目标物的氧化效率。

在污染控制领域电催化应用研究中，纳米材料相对于块体材料的主要优势体现在提高催化效率、减少催化材料用量和改善电极稳定性。

矿化有机污染物是纳米电催化氧化的最重要应用方式。目前研究较多的纳米电催化氧化材料是硼掺杂金刚石、SnO_2、PbO_2、TiO_2 等，以及一些纳米金属或金属氧化物与聚合物的复合电极，如 IrO_2-聚合物、Pt-聚合物和 RuO_2-聚合物等。硼掺杂金刚石电极能无选择性地氧化苯酚、对硝基苯酚、水杨酸、半胱胺、草酸、谷氨酸、邻苯二甲酸氢钾等化合物。Martínez 等用硼掺杂金刚石电极处理染料废水，证明硼掺杂金刚石电极能有效地去除色度和 COD（化学需氧量）[21]。Ce-PbO_2 和 SnO_2-Sb-Bi 电极通过直接电化学氧化和产生的 · OH 催化氧化实现对全氟化合物的快速降解并完全矿化[22,23]。使用粒径 20～40 nm 的 TiO_2 颗粒构建的薄膜电极，用于处理甲基橙染料废水，染料能够被快速去除，矿化率超过 50%。反应过程的速率控制步骤是传质，说明表面反应速度非常快[24]。纳米 PbO_2-ZrO_2 电极用于催化氧化亚甲基蓝也取得了高于块体电极的去除效率。

除 · OH 和电极高价氧化物外，电氧化过程也能产生其他氧化性基团，进而氧化分解污染物，例如，待处理水样含盐时，先产生氯气、溴等氧化性物种，然后氧化污染物或灭菌。氯是重要的工业原料，在污水处理和饮用水净化过程的消毒工艺中广泛使用。使用电化学方法可以在含盐水中直接产氯，避免了氯的运输，是一种安全方法。常用的产氯电极是氧化钛电极，电氧化含盐水产氯的关键是控制产氯电势低于产氧电势，否则电流作用在析氧副反应上，浪费能源且产氯浓度不能满足需求。纳米材料能够有效提高产氧过电势，因此在该领域具有应用潜力，主要使用方式是在氧化钛纳米管阵列上负载各种纳米催化剂。

电催化氧化还可用于处理一些无机污染物，例如，三价砷离子毒性高于五价砷，而且三价砷通常以亚砷酸根形式在水中存在，溶解性优于砷酸盐，不容易去除。使用纳米电催化电极把三价砷氧化成五价砷，不但降低了毒性，而且可以提高后续沉淀过滤等工艺对砷的去除效果。

由于纳米电催化氧化对上述多种污染物皆具有去除能力，因此适合用来处理含有多种污染物的污水。

4.2.6.2　电催化还原

电化学还原过程通常可分为三类：①直接电还原，即阴极表面电子直接还原溶液中的污染物，例如，电极与氯代污染物发生电子转移而脱氯。该过程不经过中间吸附态，过电位通常较大。②电催化还原，即污染物在电极材料表面形成吸附中间态，从而降低活化能势垒，使得反应更易进行。③电催化加氢，即在电极表面形成活性氢原子，活性氢原子攻击氯代污染物完成脱氯反应。这些过程特别适合难以氧化的污染物以及氧化中间产物特别稳定的污染物。例如，卤代污染物具有较强的抗氧化性能，但是被还原却相对容易，而且还原产物的毒性降低（多溴联苯醚还原成联苯醚），甚至转为无毒产物（三氯乙烯还原成乙烯），可生化性得到提高。

目前，纳米技术在电催化还原中的研究大多旨在提高电极活性，改善电极的选择性与稳定性，调控目标反应和副反应的过电势。研究的材料集中于贵金属纳米颗粒电极、纳米金属氧化物和纳米碳材料。

以纳米 Au 电极电催化还原温室气体 CO_2 为例，用直径 8 nm 的 Au 颗粒构建电极，相对于块体电极，这种纳米电极表现出对 CO_2 和中间产物的吸附增强，而对产物的吸附减弱，促进了 CO_2 向产物转化的反应[25]。目前，环境领域的科学家们倡导污染物的资源化，不同于以前直接分解水、土、气中的污染物，而是把污染物富集回收、分类使用或者直接转化成有用的化学品。纳米电催化还原较好地体现了这一思想，利用 CO_2 合成甲酸、乙酸、甲烷、乙烷、乙烯、甲醇、乙醇、一氧化碳等小分子化合物，一方面可减缓 CO_2 带来的温室效应等负面环境影响，另一面生产出燃料或化工原材料，实现变废为宝。

加氢脱卤的实例很多，针对贵金属电极和碳材料电极各举一例。用直径 20～

30 nm 的 Ag 颗粒制成直径 3 mm 的圆形电极，电催化还原氯甲苯，循环伏安还原峰位置比块体 Ag 电极正移 0.04 V，峰电流增加 10 μA[26]，显著提高了电催化效率。在 CNTs 阵列表面电沉积 13 nm 尺寸的 Pd 颗粒，用于电催化处理五氯酚。其去除效率远高于 Pd 膜电极及石墨镀 Pd 电极，产物中完全脱氯的环己酮占 60%，而且该电极具有良好的稳定性[27]。

电催化还原也广泛地用于有害无机离子（如亚硝酸根离子、重金属离子、氰离子等）的还原。Stevenson 等研究发现氮掺杂碳纳米管电极可将 O_2 还原成 HO_2^-，HO_2^- 能将有毒的 CN^- 氧化为无毒的 OCN^-，该结果表明电催化还原是一种处理 CN^- 废水的可行方法[28]。

4.2.6.3　电芬顿

芬顿反应利用 Fe^{2+} 催化过氧化氢（氧化电位 1.7 V），产生具有强氧化性的羟基自由基（氧化电位 2.8 V），可氧化大多数有机物。在此过程中 Fe^{2+} 和过氧化氢都是外加的，由此带来以下几个问题：过氧化氢的储存与运输成本很高；一次性投加导致反应初期过氧化氢过量，快速分解，而反应后期过氧化氢不足，不能彻底氧化污染物尤其是中间产物；初期投加的 Fe^{2+} 转化成 Fe^{3+} 后失去催化能力；铁泥较多。为了解决这些问题，通过电催化还原氧气原位制备过氧化氢以及阳极氧化 Fe 持续缓慢生成 Fe^{2+} 的技术逐渐受到人们的重视。电还原氧气产生过氧化氢，过氧化氢与亚铁离子发生芬顿反应，产生 ·OH 分解有机污染物，该工艺逐渐成为电催化在污染控制领域应用的一个方式。这种方式与芬顿过程类似，因此被称作电芬顿。

电催化氧还原反应过程中，2 电子还原 O_2 生成过氧化氢，而 4 电子还原 O_2 则生成水。前者是制备过氧化氢的途径，而后者是燃料电池的核心反应之一。为了实现氧还原制备过氧化氢，应选择合适的催化剂避免发生 4 电子反应。目前，作为电芬顿反应的关键步骤，电催化还原氧气生成过氧化氢受到广泛关注，研究较多的纳米电极材料包括蒽醌/蒽醇体系、过渡金属材料以及碳纳米材料。已证实蒽醌/蒽醇反应可有效地将氧气还原成过氧化氢，但是作为一种导电性较差的有机物，传统方法制备的蒽醌电极在运行中不稳定，容易脱落。这个问题可以通过采用导电性良好的纳米碳材料，例如石墨烯，与蒽醌复合来解决[29]。添加石墨烯可增强电极的导电性，而石墨烯与蒽醌之间的共价键可提高蒽醌的稳定性，并且石墨烯自身也是有效的氧还原催化剂。电催化产过氧化氢典型的金属基纳米材料是 CeO_2。由平均粒径 5.4 nm 的 CeO_2 颗粒构建的电极，在 −1.1 V 电压下表现出优于块体材料的产过氧化氢性能，可有效矿化污染物联吡咯[30]。

蒽醌和过渡金属纳米电催化材料在水处理过程中有可能溶出，一般可通过与碳纳米材料结合得以改善，但是仍然难以彻底解决溶出问题。直接使用不含金属的碳纳米材料电催化电极，则可以有效避免这一缺点。例如，利用 CNT 电极电催化制备过氧化氢[31]，其过氧化氢产率以及污染物降解效率明显高于传统的石墨电极，且催化性能稳定，无金属溶出。通过纳米碳材料掺杂，可以提高过氧化氢的产率。此领域的研究热点是氮掺杂纳米碳材料。例如，氮掺杂的 CNT 电极用于电芬顿处理含甲基橙废水，在中性条件下，氮掺杂 CNT 电极能有效地产出过氧化氢，实现了 72%的脱色率，高于未掺杂的 CNT 电极[32]。碳氮复合介孔材料也具有良好的催化活性[33]，制备过程中的高温能够改变氮元素在碳材料中的掺杂形态，优化制备温度可使碳氮复合介孔材料选择性催化 2 电子还原产生过氧化氢的反应。

4.2.6.4　电吸附

电吸附是一种利用带电电极表面吸附水离子及带电粒子的技术。在污染控制领域，对去除尺寸很小的带电荷污染物非常有效。电吸附电极材料需具备电学材料要求的良好导电性及吸附材料所需的大比表面积。CNTs 能够满足上述要求，是污染控制领域电吸附技术研究的热点材料。

CNTs 吸附有机污染物可能受到氢键、π-π 共轭及静电等多种作用。CNTs 表面通常包含边缘、原子台阶、扭曲等缺陷并连接一些表面官能团，这些位置属于可极化的多电子位点，而 CNTs 碳六元环结构表面的中心区域是典型的缺电子位点。以具有—OH 的典型环境污染物壬基酚为例，—OH 是强的供电子基团，因此，壬基酚表面呈多电子形态，其多电子苯环结构和 CNTs 缺电子区域之间的 π-π 电子相互作用在吸附过程中发挥重要作用。另外，经过酸化处理的 CNTs 表面的—OH 和—COOH 与壬基酚结构中的—OH 可形成氢键，有利于吸附的进行。

以多壁 CNTs 为吸附剂，对全氟辛酸、全氟辛烷磺酸盐、全氟辛烷磺酰胺、壬基酚和 2,4-二氯苯氧乙酸等典型环境污染物的吸附实验结果表明，随着含氧量的增加，CNTs 的吸附容量逐渐降低。而不同污染物在 CNTs 上的吸附容量按下列顺序依次降低：壬基酚＞全氟辛烷磺酰胺＞全氟辛烷磺酸盐＞2,4-二氯苯氧乙酸＞全氟辛酸，这与吸附剂和吸附质之间的疏水作用、π 电子极化率、静电作用和氢键作用相关。五种污染物的吸附效果受溶液 pH 值和化合物解离度的影响，含氧量低的 CNTs 的吸附效果更容易受溶液化学环境的影响。含氧量 3.84%的 CNTs 对全氟辛烷磺酸盐的吸附容量是颗粒活性炭的 4.8 倍，是粉末活性炭的 1.6 倍；对全氟辛酸和 2,4-二氯苯氧乙酸的吸附效果也优于颗粒活性炭和树脂等传统吸附材料[34]。

上述不加偏压时 CNTs 的吸附特性是研究 CNTs 电吸附的基础。当对 CNTs 阴极施加电压时，负电荷积累使 CNTs 供电子能力增强、π 电子极化作用提高，使 CNTs 与壬基酚之间的 π-π 共轭作用增强，因此，负电压辅助 CNTs 吸附去除壬基酚的初始吸附速率和最大吸附容量显著提高，分别是粉体 CNTs 吸附的 7.9 倍和 1.7 倍。而与相同质量的粉体 CNTs 相比，正电压电辅助 CNTs 对全氟辛酸和全氟辛烷磺酸盐的最大吸附容量分别提高了 150 倍和 116 倍。考虑到粉体 CNTs 在实验溶液（弱酸性）中的 ζ 电位为负值，而此时全氟辛酸、全氟辛烷磺酸盐由于解离度低表面呈负电性，因此粉体吸附剂与吸附质之间由于静电排斥导致吸附容量降低；而 CNTs 电极在外加正偏压的条件下，全氟辛酸、全氟辛烷磺酸盐与 CNTs 之间为静电吸引力，并随着电压的升高静电吸引力逐渐增加，因此其最大吸附容量明显高于粉体 CNTs[35]。

4.3 纳米光催化材料

1976 年，Carey 等用 TiO_2 粉末成功地实现了光催化分解水溶液中的多氯联苯。次年，Bard 等报道了 TiO_2、ZnO、WO_3、Fe_2O_3、CdS 等半导体粉末在光照条件下能够分解氰化物。1986 年，Matthewns 等报道了 20 多种水中常见污染物在 TiO_2 光催化剂作用下的降解情况，几乎囊括了当时全部难降解污染物。此后，光催化在污染控制领域的研究开始迅猛发展，一些科研人员开始考虑光催化技术的实际应用，反应器设计成为研究热点。但是，时至今日，光催化技术在污染控制领域的发展并不顺利，尽管国际上 Matrix 和 Zentox 两家公司生产出光催化水处理设备，其处理速度和吨水成本均不具市场竞争力。究其原因，光催化剂对光能的利用效率低，降解污染物的速度慢和能耗高限制这种技术在污染控制领域应用。

纳米技术为提高光催化剂对光能的利用效率并促进光催化技术向实用化发展提供了机遇。但是纳米技术的发展从时间上滞后于光催化技术的发展，因此在 2000 年前，光催化领域的研究并不关注催化剂的尺寸，仅在一些国际会议上偶尔出现关于纳米光催化材料的报告。随着纳米技术逐渐受到重视，2000 年后，对纳米光催化材料的报道越来越多，目前，几乎所有的光催化材料都涉及纳米技术。

半导体光催化的基本原理如下：首先入射光子能量被半导体价带电子吸收，产生跃迁，如果能量足够跃迁到半导体的导带底，则在导带出现一个光生电子，同时在价带遗留一个光生空穴。对于入射光子能量较高，价带电子跃迁到导带底以上的情况，光生电子多余的能量以热能形式释放，然后稳定地出现在导带底；光子能量不足以使价带电子跃迁到导带底时，光生电子的能量释放后又回到价带，跃迁无效。跃迁产生的有效光生电子和空穴向半导体表面迁移，分别用于还原或氧化目标物。光生空穴向表面迁移过程中，如果遇到光生电子，将与之复合，入射光子能量被消耗。迁移到表面的光生空穴不能离开半导体表面，只有半导体价带能级比污染物氧化能级更正才能实现氧化分解吸附在表面的污染物。空穴能量足够高时可以与 H_2O 或 OH^- 结合生成 · OH，进而离开催化剂表面参与氧化分解污染物的反应；聚集在催化剂表面的空穴如果不能及时被反应物（污染物、H_2O 或 OH^-）捕捉，仍然可能与光生电子复合。有效光生电子能够还原污染物，但是如果被溶解氧捕捉，则经过链式反应生成一系列氧化性自由基实现氧化分解有机物。光生电子和空穴必须都有数量相当的消耗渠道，否则其中一种在催化剂内发生积累，两者大量复合，催化反应将被迫停止。

光催化剂尺寸进入纳米量级后，基本催化原理没有发生变化，但是与块体催化剂有两处明显的不同。第一是量子限域效应导致导带底升高或价带顶降低（光生电子的还原能力或空穴的氧化能力提高）、吸收带边蓝移。这一变化的优点是氧化还原能力提高，不利之处是可利用的光范围缩小。第二是尺寸减小后光生电荷迁移到催化剂表面的路径变短，有效分离的机会增加，缺点是比表面积增加后表面缺陷随之增加，可能成为光生电荷的复合中心。

目前光催化技术走向实际应用的关键科学问题是如何提高能量利用效率，根据上面的描述，可以归纳出光能主要在光吸收、光生电荷分离和表面反应三个过程中损失。既然如此，纳米材料提高光能利用效率的机制也分别从这三个过程体现。吸收方面：纳米阵列结构及纳米绒面结构可以起到减反射作用；纳米掺杂、敏化、新型窄带半导体、等离子共振金属等能够拓展吸收范围；光子晶体促进光子与半导体的相互作用。电荷分离方面：异质结光催化材料的内建电场能够驱动耗尽层中的光生电子和空穴反向迁移，提高分离效率；核壳结构、隧道结和 Z 体系是比较特殊的异质结。表面反应方面：高能晶面优势暴露和分子印迹能够从改善反应能及促进吸附和传质等角度实现高效反应。

此外，纳米光催化材料还可以按维度分为零维的量子点、一维的纳米线、纳米棒，二维的纳米片、纳米带，三维的纳米花、纳米多孔结构等；而按成分分类则包括 TiO_2、Cu_2O、ZnO 等金属氧化物，磷酸盐、铁酸盐、钙钛矿、Bi 复合盐等化合物，硅、磷、硼、C_3N_4 等非金属，酞菁铜等有机半导体。纳米光催化材料虽然种类繁多，但是本质上都是围绕着光吸收、电荷分离和表面反应三个方面提高能量效率的。本节着重介绍近几年出现的异质结光子晶体、等离子共振纳米晶、高能晶面优势暴露材料、金属有机框架纳米硅及 C_3N_4 等光催化材料。

4.3.1　纳米异质结材料

光催化过程中促进电荷分离的方法有三种：第一是减小光催化材料的尺寸，使光生电荷向催化剂表面迁移的距离缩短，复合机会自然减少；第二是施加偏压，靠外电场驱动光生电子和空穴反方向迁移，避免复合；第三是构建异质结，利用内建电场驱动光生电荷定向迁移，避免复合。本节仅介绍纳米异质结光催化材料。

两种半导体相互接触，界面处形成内建电场，施加与内建电场方向相同的正向偏压，异质结导通，而施加反向偏压，异质结不能导通，这是判断异质结是否形成的重要特征——整流性。在有光照的情况下，光生电子和空穴在内建电场的作用下向相反的方向迁移，电荷分离效率提高，这是光催化领域利用异质结的原因。Chen 等较早报道了纳米异质结光催化材料的污染控制性能[36]，他们使用 Al_2O_3 模板制备出 TiO_2 纳米管并在其表面沉积 Pt 层，然后除去 Al_2O_3 模板获得 TiO_2-Pt 纳米管阵列异质结，其光催化降解空气中甲苯的动力学常数是 TiO_2 纳米管的 7 倍，表明异质结对光生电荷分离效率的提高十分显著。从此异质结光催化材料在污染控制领域受到广泛关注，研究成果逐渐形成体系。各种异质结之间最本质的差异是能带结构不同，按能带类型可以将异质结分为 p-n、n-n 和 Schottky（肖特基）型。

无光照条件下，p 型半导体和 n 型半导体相互接触，由于 n 型半导体自由电子远多于空穴（多余的电子由第三种载流子固定正电荷平衡，整个半导体呈电中性），而 p 型半导体空穴远多于自由电子（半导体也呈电中性，多余的空穴由固定负电荷平衡）。在浓度差驱动下，界面处 p 型半导体的空穴和 n 型半导体的电子分别向对方迁移并在界面处复合，造成界面处可动电荷耗尽，剩余的固定电荷形成了由 n 型指向 p 型半导体的内建电场。采用光子能量高于半导体带隙能的光照射异质结内建电场作用区域，可动电荷耗尽区域内产生的光生电荷受内建电场驱动定向移动，直到内建电场作用区外才恢复随机热运动。内建电场宽度可以通过改变半导体载流子浓度调整，载流子浓度越高，内建电场宽度越小。如果合理调控构成异质结的半导体厚度，使其刚好等于耗尽层厚度，则光生电荷被高效分离，有望达到能量效率的理论上限。

光生电荷不同于无光照时半导体自身的可动电荷，只能存在于半导体导带底或价带顶，其自发迁移只能自较高能级向较低能带迁移，这个自发迁移方向可能与内建电场方向相反，因此设计 p-n 必须注意选择合适能带结构的半导体，基本原则是 p 型半导体的导带和价带位置分别高于 n 型半导体的导带和价带，而费米能级低于 n 型半导体。这样的两种半导体接触后，在浓度差作用下，费米能级趋向同一位置，具体表现是 n 型半导体自由电子减少、费米能级下降，带动导带和价带向上弯曲；而 p 型半导体空穴减少，费米能级上升，带动导带和价带向下弯曲。此时 p-n 结势垒较小，在内建电场作用下，光生电荷容易突破势垒，实现定向迁移。从这些描述可见，在内建电场作用下，光生电子从 p 型半导体导带底迁移到 n 型半导体导带底，空穴从 n 型半导体价带顶迁移到 p 型半导体价带顶，迁移方向和聚集位置不同，有效光生电荷数量增加，对污染物的降解动力学提高；但是，这一过程中光生电子和空穴都是从高能级迁移到低能级，氧化还原能力降低，降解污染物的热力学性能下降。可见 p-n 光生电荷高效分离的本质是热力学性能降低换取的动力学改善。

肖特基结由金属和半导体构成。与半导体不同,金属只有电子这一种自由载流子,因此没有带隙只有费米能级。依据光生电荷所受的势垒和内建电场两个作用力方向一致有利于电荷分离的原则,半导体的导带底必须高于金属费米能级,而半导体费米能级最好低于金属费米能级,这样无光照时两种材料接触,费米能级持平需要半导体费米能级上移带动导带向下弯曲,光生电荷在内建电场作用下很容易从半导体导带迁移到金属,实现与空穴的有效分离。肖特基结与 p-n 结的不同之处是内建电场完全在半导体一侧,而且电荷分离后,空穴的氧化能力没有降低。因此对于利用空穴的氧化反应而言,肖特基结热力学性能保持、动力学性能提高,比 p-n 结更有优势。

对于 n-n 结,由于两种半导体的费米能级均靠近导带底,费米能级趋平过程带动高位导带向上弯曲低位导带向下弯曲,必然会产生较大势垒,内建电场无法克服这一势垒,因此光生电荷分离效率不会提高。目前文献报道的 n-n 结较少,仅有的几篇与污染控制相关的 n-n 文献表明,n-n 的主要优势是能够叠加两种半导体的开路电位,也就是可以利用两种半导体相对高能的光生电荷,展现出较高的氧化还原能力。当然也有一些文献虽然使用两种 n 型半导体构建异质结,但却使用 p-n 结的原理解释其电荷迁移机制。

关于纳米异质结材料在污染控制领域应用的研究进展可以参考 2009 年发表的综述文章[37]。作者介绍了异质结内建电场的形成过程及作用范围、异质结构型(混合型、叠层型、核壳型,同轴型、表面分散型)及光照方式;不同材料形成异质结的电荷迁移机理、氧化还原能力、适合降解何种污染物等。

隧道结、Z 体系、有机半导体异质结等新型异质结是近几年才出现的。构建隧道结对两种半导体的要求非常高,p 型半导体的价带顶要高于 n 型半导体的导带底,而且 p 型半导体的费米能级要进入价带,n 型半导体的费米能级则必须进入导带,这样两种半导体相互接触,费米能级达到一致后,p 型半导体的价带和 n 型半导体的导带间没有任何势垒,p 型半导体的空穴与 n 型半导体的光生电子隧穿界面并复合,剩余的 p 型半导体导带光生电子和 n 型半导体的光生空穴位于不同的半导体所以分离效率高,而且光生电荷都处于高能级,氧化还原降解污染物的能力得到充分发挥。实际上几乎所有半导体的费米能级都在导带底和价带顶之间,必须通过重掺杂才能移动到导带底之上或价带顶之下,而掺杂过度会导致复合中心增加,光生电荷容易复合。此外,隧穿只能在几个纳米范围内有效,所以隧道结制作要求也非常高。目前报道的隧道结集中于太阳能电池领域,虽然其电荷分离机制对污染控制更为有利,但受制作成本限制,在污染控制领域的研究比较少见。

2006 年报道的 Z 体系光催化材料很好地弥补了隧道结的缺点,这一思路来源于植物光合作用。Z 体系光催化材料由三种材料组成:两种半导体之间存在一种导电材料作为光生电荷的迁移通路。例如 CdS-Au-TiO_2,TiO_2 的光生电子经过

Au 与 CdS 的光生空穴复合，而 CdS 的光生电子和 TiO_2 的空穴分别参与还原和氧化污染物的反应。由于 CdS 的导带底和价带顶分别高于 TiO_2 的导带底和价带顶，如果没有介于两种半导体之间的纳米金，CdS 与 TiO_2 间的电荷迁移的结果是光生电荷在 TiO_2 的导带底而空穴在 CdS 的价带顶，显然，氧化还原能力会降低。除金外，Ag 和石墨烯也可以作为电荷迁移通路。Z 体系对两种半导体的要求比隧道结要低得多，非常简单地实现了在保持氧化还原能力的同时提高光生电荷分离效率的目标，但是由于实验证据不足，上述 Z 体系光生电荷迁移机制尚待证实，开发实验技术探索电荷迁移途径，是 Z 体系光催化材料亟待解决的科学问题。

污染控制领域研究有机异质结是为了利用有机物的光吸收范围可以通过改变有机物的化学结构方便调控的性质。与无机半导体的固体能带理论不同，有机半导体采用分子轨道理论描述其电子结构。有机分子由原子结合而成，原子间的相互作用形成成键分子轨道和反键分子轨道，多个轨道简并、交叠形成能带。其中，成键轨道中的最高已占轨道称 HOMO，反键轨道中的最低未占轨道称 LUMO。HOMO 高的有机半导体容易给出电子，可以看作 p 型半导体，LUMO 低的可以看作 n 型半导体。用合适波长的光激发有机半导体，电子从 HOMO 跃迁到 LUMO。由于有机半导体电子空穴结合能很大，被激发后电子空穴以激子对的形式成对迁移，直至扩散到合适条件才能分离[38]。

与污染控制相关的有机异质结是在无机半导体上负载几个分子层甚至一层有机物分子，其本质是利用具有长波吸收能力有机聚合物敏化无机半导体。例如在 Bi_2WO_6 表面修饰一层酞菁铜，相对于未修饰的单独 Bi_2WO_6，对罗丹明 B 和苯酚的光催化降解效率显著提升[39]。设计此类异质结需注意，由于有机半导体长程有序性不好，载流子迁移速率很低，应尽量减少有机半导体层厚度，避免光生电荷在长距离迁移过程中复合。

有机物的能带位置可以通过改变化学结构调控，因此很容易实现无机结难以达到的隧道迁移条件，例如 p 型的酞菁铜的 HOMO 高于 n 型的氟代酞菁铜的 LUMO，光激发后酞菁铜空穴与氟代酞菁铜的光生电子通过隧道效应复合，高还原能力的酞菁铜光生电子和高氧化能力的氟代酞菁铜空穴可以参与降解污染物的反应。虽然目前这类两种有机物形成的有机异质结在污染控制领域很少报道，但是具有重要的研究价值。

纳米异质结理论在光催化污染控制领域逐渐确立，但对其光生电荷分离过程理论仍使用宏观块体异质结构的理论来解释，通常只要两种材料复合显示了改善的光催化效果，就认为是异质结内建电场的电荷分离能力在起作用。其实对于两种半导体尺寸小于内建电场理论宽度的纳米“异质结”，用宏观异质结理论已经不能准确描述其性质。探索纳米异质结电荷迁移的真正机制是深入理解异质结光催化材料降解污染物机理的关键。

4.3.2　光子晶体

光子晶体是介电常数不同的两种介质按一定周期排列而成的结构，具有光学禁带。波长在禁带内的光不能通过光子晶体传播，而波长在禁带外的光完全不受干扰，此时，有一小部分波长在光学禁带边缘处的光处于完全透过和完全反射的过渡状态，其传播速度变慢。能够完全反射特定波长的光和使某些波长的光速度变慢分别被称为光子晶体的全反射效应和慢光效应，这两个特点是光子晶体能够提高光吸收效率的原因。

必须对光子晶体进行结构设计才能利用这两个特点。设计原则之一是每个单元结构的尺寸必须在入射光波长尺度附近。对于光催化，光子晶体的单元尺寸应在 300～800 nm 之间，对应紫外光和可见光波长。原则之二是形成光子晶体的材料必须能够被激发产生光生电子和空穴。因为光子晶体结构只能决定入射光是否能够通过，而能否吸收是靠形成结构的材料来完成的。原则之三是以利用慢光效应为目标的光子晶体光学禁带边缘必须与形成光子晶体的半导体吸收峰重合。只有变慢的光子恰好能够激发半导体，才能起到促进光学吸收的作用。而且，落入光学禁带的光被完全反射，慢光效应带来的吸收改善必须高于全反射带来的损失才有意义。原则之四是以利用全反射效应为目标的光子晶体必须置于另一种光吸收材料的下方，而且反射波长不在光子晶体材料的吸收范围内却是上层材料的吸收峰。这样全反射的光子对下层的光子晶体不算损失，激发上层材料的机会却增加了一倍。

光子晶体在污染控制领域的应用研究始于利用光子晶体的慢光效应。Quan 等在 TiO_2 反蛋白光子晶体内负载纳米 Pt 层，调整光学禁带红边缘至 365 nm 与 TiO_2 吸收峰重合[图 4-1(d)]，其对苯酚的光催化分解速率常数相对无序反蛋白结构 TiO_2-Pt 提高 3.3 倍[40]；Fujisima 等则在硅光子晶体表面负载 TiO_2 层，调整光学禁带紫边缘至 365 nm 与 TiO_2 吸收峰重合，红边缘小于 450 nm，不影响硅的光学吸收，以罗丹明 B 为目标物，证实 TiO_2-Si 光子晶体的光催化效率比颗粒型 TiO_2 高 15 倍以上[41]。随后，光子晶体的全反射功能开始被关注。Quan 等在 TiO_2 反蛋白光子晶体层上沉积 TiO_2 层[图 4-1(a)(b)]，然后将双层结构浸入聚噻吩溶液获得表面负载薄层聚噻吩的双层 TiO_2 结构。调整光子晶体尺寸，使其光学禁带在 365～510 nm 之间，紫边缘和红边缘分别对应 TiO_2 和聚噻吩的吸收峰。除了慢光效应外，下层光子晶体将 365～510 nm 的光全反射到上层的 TiO_2-聚噻吩[图 4-1(c)]。显然，这样不但能避免光学禁带导致的光损失，还能巧妙地用于激发表面材料。同时，这样产生的光生电荷向表面迁移的路程短，电荷分离效率也会提高。这种含有光子晶体的双层光催化材料比不含光子晶体但是同样厚度的 TiO_2-聚噻吩光催化材料降解亚甲基蓝的速率高 2 倍[42]。

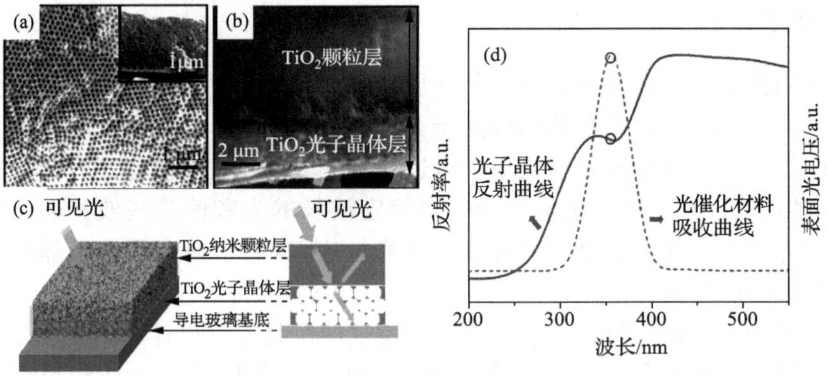

图 4-1　光子晶体材料正面(a)和侧面(b)SEM 图[42]，结构示意图和利用全反射效应示意图(c)，(d)利用慢光效应示意图[40]（经许可引自文献[40,42]，Copyright 2010 American Chemical Society）

4.3.3　等离子共振材料

与光子晶体不同，等离子共振光催化材料是从拓展吸收波长范围的角度增加光吸收。

等离子共振效应是贵金属纳米材料的特有性能。当入射光照射纳米贵金属时，光子与金属中的电子相互作用，使其分布不再均匀。电子密度变小的区域存在过剩的正电荷（密度大的地方存在负电荷），借助库仑引力作用吸引邻近的负电荷持续迁移到此区域，直至负电荷过多，排斥作用开始主导电子远离该区域，周而复始，形成电子相对于正电荷的密度起伏振荡。这个过程就是等离子体振荡，可存在于两种介质的界面处，并沿界面传播，形成等离子体表面波。当光波的电磁场矢量沿着平行于交界面的分量和离子体表面波的波矢量相等时，便发生了表面等离子共振现象。

与光催化有关的等离子共振效应的应用机理有三种：第一是表面等离子共振产生的热电子传递到与其复合的半导体导带参与反应（如图 4-2 所示）；第二是表面等离子共振形成的强局域电磁场可以加速光生电子空穴的形成。第三是共振光子被等离子散射，导致半导体中的光子能够迁移更远的距离（寿命延长），被半导体吸收概率增加，从而提高光生载流子的生成数量。

表面等离子共振现象在 1902 年首次发现，到 1990 年，第一台商品化表面等离子共振仪器问世，初期的应用研究主要在传感领域。利用表面等离子共振分解小分子有机物的第一个研究出现在 2005 年[43]，而在光催化污染控制领域的应用研究开始于 2008 年[44]，污染控制领域报道的等离子共振材料主要是纳米 Au 和纳米 Ag，一般与 TiO_2 等宽带半导体结合使用，其光生电荷迁移原理如图 4-2 所示。

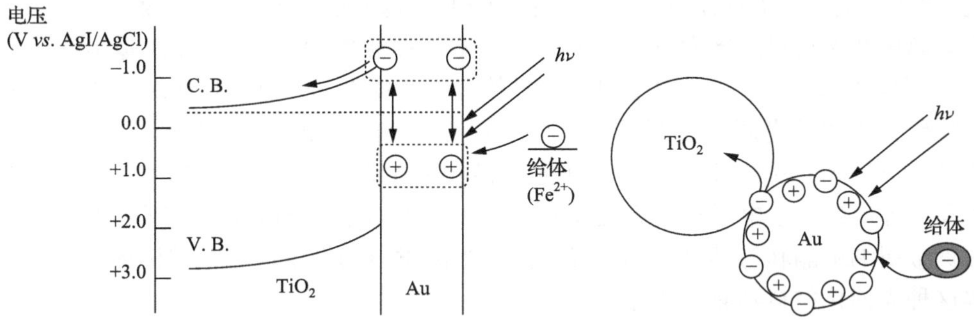

图 4-2　Au-TiO_2 体系的能带结构和光生电荷迁移示意图[43]

纳米 Au 的等离子共振吸收波长范围在 520～600 nm，通过控制金属纳米颗粒的尺寸、形貌和结构，可调节其表面等离子体共振峰位，粒径小于 20 nm 时主要表现为共振吸收，吸收波长随着颗粒尺寸增加向长波移动，尺寸从 20 nm 增加到 80 nm时对光的散射增加。

如不及时转移等离子共振产生的共振电子和正电荷，吸收的光主要转换成热能，不利于光催化。这种情况可以通过将贵金属纳米颗粒与半导体复合来避免，例如纳米 Au 与 TiO_2 复合，纳米 Au 等离子共振产生的光生电子能够迁移到 TiO_2，避免了光生电荷的复合。此外，贵金属纳米颗粒分散在半导体中，当散射机制起主导作用时，其表面对入射光的散射增加了光子在半导体中的传播路径，延长了与半导体的作用时间，有利于提高光能转换效率。对于光催化反应，一方面金纳米颗粒共振能级高(1.7 eV *vs.* SHE)可以提供光生电子参与反应，另一方面又可以提供局域电场，促进光生电子空穴对分离，进而提高光催化剂的催化活性。

纳米 Ag 的表面等离子共振吸收波长从 400 nm 开始，与纳米 Au 类似，共振波长随着颗粒尺寸增加向长波移动，并从共振吸收向共振散射转变。除了共振激发电子，纳米 Ag 的共振效应还能产生局域电场，能够作用于 20 nm 内的电荷(例如与等离子共振金属复合的半导体的光生电子和空穴)，使之有效分离，因而提高光催化剂的催化活性。纳米 Ag 等离子共振材料的利用方式是与其卤化物复合形成 Ag/AgX(X=Cl，Br，I)光催化剂。AgX 是光敏材料，被光激发后，部分晶格间隙中的 Ag^+ 被电子还原成 Ag^0，形成 Ag/AgX 体系，电子由 AgX 传递给 Ag 与水中溶解氧结合形成 O_2^- 等活性氧物种可降解各种染料（罗丹明 B，亚甲基蓝，靛蓝胭脂红等)，空穴把 X^- 氧化成 X^0 参加污染物降解反应。其中 Ag^0 不仅是电子受体而且因其具有等离子共振效应可吸收可见光。Ag/AgX 等离子共振催化剂的不足之处在于：Ag^+ 还原成 Ag^0 的量过多会影响 AgX 对光的吸收，降低反应效率，析出的 Ag 对水体造成污染。

依据上述等离子共振机理，共振波长范围内的可见光激发 Au/TiO_2 复合光催化材料时，光生电子只在 Au 中产生，向 TiO_2 迁移；而只有紫外光入射时，由于不在等离子共振材料的激发波长范围内，Au 不能被激发，此时被激发的是半导体材料，依据异质结原理，光生电子将从半导体导带底向纳米 Au 费米能级迁移。目前实验研究常用的光源是氙灯及 AM1.5，未来实用化的光源是太阳光，同时含有紫外光和可见光。Au/TiO_2 等离子共振材料在上述光源照射下，纳米 Au 的共振电子和半导体的光生电子迁移方向相对，可能会影响电荷分离效率。阐明等离子共振贵金属纳米晶和与其复合的半导体同时被激发时的光生电荷迁移机理对深入理解这种光催化材料具有重要意义。

4.3.4 高活性晶面优势暴露材料

表面能是创造物质表面时对分子间化学键破坏的度量，也可以理解成由于表面层原子朝向外面的键能没有得到补偿，使得表面质点比体内质点具有额外的势能。由于光催化反应是在纳米催化剂的表面发生，因此表面结构对光催化过程的影响很大。具体到纳米尺度单晶结构的光催化材料，由于不同晶面的原子排列以及电子结构不同，各晶面具有不同的表面能，通常表面能越高，反应活性越大。通过对光催化剂的成核与生长过程进行调控，最终可以得到优势暴露高活性晶面的纳米光催化材料。目前采用的方法多是在催化剂的制备过程中，加入特定的晶面保护剂(如无机酸根离子和表面活性剂)来保护高活性晶面，从而达到使其暴露的目的。报道的高活性晶面优势暴露光催化材料的尺寸一般在 20 nm～2 μm，其中小于 100 nm 的材料表现出更高的光催化性能。这些纳米尺寸的高活性晶面优势暴露光催化材料已经表现出对染料、四氯酚、甲苯、氮氧化物等环境污染物的光催化分解性能。

晶面对催化反应过程的影响有三方面：首先，晶面的原子排布使得表面终止原子不同，电负性出现差异，导致不同晶面对反应物质的吸附以及对生成物质的脱附能力不同，最终影响催化活性。原子排布差异还能引起能带结构变化，其中禁带宽度的变化可以引起响应波长范围变化，而导带及价带的位置则关系到氧化还原能力。沿着不同的晶面方向，光生电子和空穴的传递速率也有差别。两者的传递速率差越大，分离的概率越大。这也有可能影响不同晶面的光催化效果。电负性差异的另一个作用是在层状光催化材料不同原子层之间产生一个固定方向的内部静电场。在这种静电场的作用下，光生电子-空穴对可以得到有效分离。其次，晶面的不饱和配位原子密度不同，不饱和配位键的存在可以使反应物以解离形式而非分子形式吸附于活性位点，从而提高催化剂的反应活性。对于锐钛矿 TiO_2 而言，{101}面拥有 50%的饱和配位原子 $Ti_{(6C)}$ 以及 50%的不饱和配位钛原子 $Ti_{(5C)}$，而{001}面则拥有 100%的不饱和配位钛原子 $Ti_{(5C)}$，因此，锐钛矿 TiO_2 的{001}面表现出比{101}面更好的光催化活性[45]。最后，部分晶面的原子排布可能还会导致晶格通道的形成，这些通道可以使得一些小分子物质进入或者通过，因而增加了表面活性位点，从而提高光催化活性。

目前这一领域研究的目标是尽可能地提高高活性晶面的暴露百分比。但是必须注意到，光催化活性提高是否仅仅来源于这些特定晶面仍然存在争议。一些实验结果展现出另一种可能性，即高活性晶面需要和其他晶面同时存在，才具有更佳的催化活性。对这种现象的解释是晶面的电子结构不同引起价带导带位置不同，形成的内电场促使光激发产生的电子和空穴分别向不同的晶面移动，分离效率提高，光催化活性增强。

4.3.5　金属有机框架光催化材料

1995 年首次报道的金属有机框架（MOF），其本质是多孔结构的配位聚合物晶体，由链状有机分子通过共价键连接中心金属原子组成。MOF 结构与沸石和分子筛非常相似，区别是沸石和分子筛的金属原子是 Al，由 Si 和 O 连接，而新型 MOF 的金属原子是 Zn、Fe、Cu 等，由有机配体连接。MOF 的孔径稍大于沸石和分子筛。由于小于 1 nm 的孔径阻碍了很多大分子污染物向孔道内的传质，不利于光催化反应，因此人们一直关注如何拓展 MOF 的孔径。2012 年，MOF 孔径扩大到 3. 2 nm[46]，到 2013 年，最大孔径已达 9. 8 nm[47]。在过去十年中，报道的 MOF 已经超过 1 万种，如此集中的研究是因为 MOF 具有诸多优点：孔隙率超过体积的 50%，表面积高达 10 000 m^2/g，制备完成以后也可以调整成分和结构。这些优点也使 MOF 在许多污染控制领域（如吸附、分离、催化、检测等）具有应用潜力。

MOF 材料在光催化污染控制领域的应用研究可以追溯到 2006 年，以 Co、Zn、Ni 为中心原子，以苯二羧酸为配体的三种 MOF 被用于光催化降解染料[48]。苯二羧酸的两个羧基分布于苯环两侧，夹角 180°，反应位阻很小，有利于催化反应；这种结构还有利于形成长孔道。从多孔结构促进传质和表面酸位有利于催化的特点可以推断，MOF 能够改善光催化过程的界面反应速率。

MOF 材料具有光催化功能是因为具有类似半导体的能带结构。例如，MOF-5（中心为 Zn 基金属簇，周边连接 6 个对苯二甲酸二甲酯）的带隙为 3. 4 eV，导带底在 0. 2 eV，光生空穴氧化能力比 TiO_2 更强，但是光生电子不能用于产氢。以苯酚为目标物的光催化降解实验证实了 MOF 确实能够光催化氧化分解污染物[49]。MOF 材料的中心金属簇和配体都很容易被替换，借助这一特点，如果用有光转换能力的材料做中心结构，用有敏化作用或催化能力的材料做配体，则可以在 MOF 中实现在不同位置进行光转换和催化。这样的 MOF 结合了两部分的优点，光催化能力会显著提高。另外，因为 MOF 的孔道只有几纳米，而且通过调整配体可以获得特殊孔道形状，因此对反应物和产物具有一定选择性。例如，用 MOF-8 光催化降解尺寸较小的 H_2O_2 和较大的抗坏血酸[50]，较小的目标物分子容易进入孔道内部，能够利用 MOF 的大表面积及孔内的催化活性点，吸附及催化效率高，而大于孔道尺寸的目标物则无法利用 MOF 的这些优点。对此观点，也有文献持不同看法，例如用 MOF-5 光催化降苯酚和尺寸大得多的 2,6-二叔丁基苯酚，结果表明大分子的降解速率要明显高于小分子[51]。这两种说法都基于实验数据，因此说明单从 MOF 的孔道选择性解释目标物降解速率的差异是不完善的。还需研究 MOF 的表面电性、光生电荷位于内部的中心金属簇还是在外部的配体才能揭示真正的机理。

继 MOF-5 之后，又陆续出现了中心含 Ti 的 MIL-125 和中心含 Zr 的 UiO-66，这些 MOF 作为光催化材料只能对紫外光响应。前面提到拓展光催化材料的吸收光谱范围是提高光能转换效率的途径之一，MOF 也不例外。2013 年文献报道了中心为 Fe 基金属簇的 MOF 具有可见光响应，且通过分解染料证实了这种铁 MOF 具有用于污染控制的可能性[52]。但是，由于作为目标物的染料具有敏化作用，在证实光催化材料具有可见光响应的实验中选择染料缺乏说服力。另一个使 MOF 具有可见光响应的办法是用氨基修饰，修饰后的钛 MOF 能够在可见光照射下光催化还原 CO_2。

MOF 除了直接作为光催化材料，还可以作为光催化材料的前驱体。把 MOF 煅烧，除去有机配体，可以获得多孔金属氧化物光催化材料，光催化分解污染物的性能高于同样化学成分的纳米粉末光催化材料。

MOF 与金属或半导体复合也可作为光催化材料。一种方式是在 MOF 的孔道中负载纳米尺寸的贵金属如 Au、Pt、Pd 等或半导体如 ZnO、GaN，利用孔道限制催化剂颗粒的长大，因此使孔道内活性位增多，从而光催化性能提高。另一种方式是把 MOF 作为功能层包覆在半导体表面形成核壳结构，有助于光生电荷分离，报道的核材料包括 Si、Fe_3O_4、ZnO 等。

目前 MOF 材料面临最重要的问题是如何提高其热稳定性和化学稳定性，此外，如何扩大孔径也是 MOF 作为光催化材料在污染控制领域应用的研究重点。

4.3.6　无金属可见光响应纳米光催化材料

4.3.6.1　*石墨相 C_3N_4 纳米片*

石墨相 C_3N_4 由尿素、三聚氰胺、单氰胺等有机单体热缩聚而成，C 和 N 原子均为 sp^2 杂化，相间排列，以共价键连接成六元环结构。在层内部由 C_3N_3 环或 C_6N_7 环构成，环之间通过末端的 N 原子相连而形成一层无限扩展的平面。因此 C_3N_4 化学性质非常稳定，具有较强的抗光腐蚀能力及耐酸碱能力（可以稳定存在于 pH 1～14 的范围内）。

尽管这种材料在一百多年前就已经出现了，但是对其光催化性能的研究是近几年才开始的。2009 年 1 月，*Nature Materials* 期刊报道了 C_3N_4 的光催化产氢性能[53]，指出提高热缩聚有机单体制备 C_3N_4 过程的反应温度能够减少 C_3N_4 体系中残余 H 含量，从而调整 C_3N_4 的光学和电子性质，并通过光吸收法测定其禁带宽度为 2.7 eV，利用计算机模拟计算出其价带顶能级 1.53 eV，导带底能级 −1.17 eV。由于 C_3N_4 不含金属、原材料便宜、对环境几乎没有危害，因此很快受到重视。但是块体的 C_3N_4 具有很多缺点，例如吸收范围拓展有限(不能吸收波长大于 460 nm 的光)、光生载流子复合快、比表面积小等。借鉴其他光催化材料的研究思路，短短 4 年时间，已经有大量文献从改变 C_3N_4 形状(介孔、球形、纳米线、立方体)、掺杂(O、S、P、B、F、Fe、Zn、Mg)、复合(与金属氧化物、贵金属催化剂、卤化银、石墨烯、石墨烯氧化物、S_8)等方面入手改善其光催化性能并取得很多成果。其中很有开创意义的工作是借鉴石墨烯的单层结构，制备纳米尺寸层状结构的 C_3N_4 光催化材料。这样的 C_3N_4 不但比表面积大、光生载流子迁移到表面的路程短，还可以在与其他可见光响应的光催化材料复合时减少对入射光的阻挡。由于 C_3N_4 层间以范德华力和氢键结合，可以通过加热裂解或肼还原等方式膨胀层间距，进而逐层剥落获得薄层 C_3N_4。根据这一原理，强调纳米尺度的少层 C_3N_4 在 2012 年制备成功[54]。而厚度只有 0.4 nm 的单层 C_3N_4 随后被连续报道，相对于块体 C_3N_4，其光催化氧化能力提高 4～10 倍；相对于厚度 3 nm 的少层 C_3N_4，动力学常数也提高了 2 倍[55,56]。

C_3N_4 光催化去除的污染物包括染料、苯酚、卤代污染物、细菌和重金属。Liu 等用尺寸 50 nm 的 ZnO 与 C_3N_4 复合，在可见光激发下光催化还原 Cr^{6+}，动力学常数是单独 C_3N_4 的 5 倍。作者基于异质结理论推测可见光只能激发 C_3N_4，产生的光生电子迁移到 ZnO 导带，用于还原 Cr^{6+}，电荷分离效率提高被认为是还原速度快的主要原因[57]。Liao 等制备了石墨烯氧化物-C_3N_4 复合物，在可见光照射下降解 2,4-二氯酚，动力学常数相对于单独 C_3N_4 提高 1 倍[58]。Yu 等制备了从内向外依次是 S_8、C_3N_4 和石墨烯氧化物的核壳结构，利用光生电子杀死一种大肠杆菌。调换 C_3N_4 和石墨烯氧化物的顺序，则此功能消失[59]。

4.3.6.2　纳米硅光催化材料

硅是另一种有潜力的窄带半导体光催化材料，近几年对其污染控制性能的研究越来越广泛。硅在地壳中的丰度为 26.4%，仅次于氧，远高于 Ti、Zn、W、Bi 等常用的光催化材料元素。硅无毒，具有生物可兼容性，不存在危害生物的问题，还是半导体器件的核心材料，已经在很多领域得到应用，加工技术非常成熟。硅的禁带宽度只有 1.12 eV，能够利用波长小于 1100 nm 的光。硅材料的载流子迁移率较高，电子迁移率可达 1350 $cm^2/(V·s)$，空穴迁移率为 480 $cm^2/(V·s)$。硅单晶的非平衡少数载流电子寿命较长，在几十微秒至一毫秒之间。以上优势预示着硅可能是一种优异的光催化材料。但是，硅材料在污染控制领域应用存在两个不利之处：首先，硅的化学性质比较活泼，稳定性较差，在潮湿的空气中和水溶液中容易被氧化生成绝缘的 SiO_2，阻止了光生电子和空穴与电解质溶液接触，无法实现对污染物的降解。此外，硅的价带能级仅为 0.62 eV，空穴氧化能力很弱，不能降解绝大多数有机污染物。

由于硅的稳定性差，在水溶液中容易钝化，所以硅材料在光催化领域中的研究一直受到制约，而解决这一问题的关键就是防止硅表面的钝化。

第一种防止钝化的方法是在硅表面涂覆稳定的保护材料，保护层不仅能够阻止硅与水或氧气接触，避免氧化层生成，还能够与硅形成异质结构，促进光生电荷的分离。常见的保护层材料可以分为以下几类：金属氧化物、导电聚合物、碳材料和贵金属。

采用原子层沉积、化学气相沉积、真空蒸镀等技术可以把纳米厚度的金属氧化物层沉积在硅材料表面。这层氧化物能够将硅与水溶液有效隔离，防止硅被氧化。金属氧化物本身也能够被光激发，而且通过调整能带，可以改变吸收波长范围。如果设计合理，保护层材料吸收入射光中的短波部分，而底层的硅吸收透过金属氧化物层的长波部分，实现对入射光的高效利用，这个性能通常被称为窗口效应。作为硅的保护层材料，报道比较多的金属氧化物是 TiO_2，其他氧化物如 WO_3 和 ZnO 也有报道。氧化物作为保护层的主要缺点是含有氧元素，如果制备过程需要高温处理，氧元素与硅在界面处有可能生成氧化物。如果氧硅比例等于 2，氧化层完全绝缘，保护层失效；即使形成硅氧比例小于 2 的不完全绝缘氧化层，对光生电荷迁移仍然会造成阻碍。

纳米碳材料是优良的保护层材料，电荷迁移能力优于金属氧化物，通常作为电子受体。透过碳层的光激发硅产生光生电子和空穴，在碳材料与硅界面处内建电场的作用下，空穴向硅内部迁移，电子迁移到碳层。由于碳材料电子迁移率高，光生电子在碳层快速迁移，与污染物发生反应而不会聚集，因此光能利用效率高。在碳材料中，层状的石墨烯化学性质稳定、电子迁移速率最高、光学透明性好，每层对白光的阻挡仅 2%，是理想的硅保护层材料。石墨烯作为硅的保护层最早报道于 2010 年，这种复合材料作为光电极在水溶液中具有很好的稳定性。由于石墨烯层的存在，硅的初始光电流提高了 2 倍以上，光电转换效率也超过 2%[60]。

作为硅保护层的聚合物有聚丙烯酸、聚 3,4-乙撑二氧噻吩、聚 3,4-亚乙二氧基噻吩和聚苯乙烯磺酸等，一些研究还把两种聚合物结合在一起作为保护层。这些聚合物都能够有效提高光电流，如将聚 3,4-乙撑二氧噻吩涂覆在硅表面能够使光电流提高 6 倍之多，而且还能够稳定输出[61]。在聚合物膜内掺入贵金属，如 Pt 颗粒，可进一步增强聚合物衍生表面的反应动力学过程。将聚合物涂覆在硅电极表面的方法已广泛应用于锂离子电池领域，这种材料具有良好的稳定性和较高的存储电容，是一种高效的化学电池储能材料。聚合物作为保护层面临的主要问题是如何实现薄层均匀沉积，这也是聚合物保护层的研究热点。

将贵金属如 Pt、Au、Pd、Ag 和过渡金属 Cu、Ni 等沉积在硅材料表面可以加强氧化还原反应的动力学过程。除了隔绝氧气或水对硅的腐蚀之外，具有良好的电子传输特性和抗氧化性能的贵金属还能有效捕集光生电子，使得硅材料表面电子传输效率明显提高。贵金属自身是良好的催化剂，能够促进很多特定反应的发生，光生电子迁移到贵金属，显然有利于催化反应。例如颗粒状混合价态 NiO 和 Ru 复合材料涂覆在硅纳米线上[62]，能够作为催化反应的活性位，而且 Ru 的析氧过电势是所有材料中最低的，因此光电催化分解水产生氧气的能耗最低，对利用电子还原的污染控制过程有利。但是，金属层光学透明性不好，与前面所述的保护层用法有区别。金属颗粒不能完全覆盖硅表面，没有覆盖的部分是透明的 SiO_2。入射光从 SiO_2 窗口进入，激发硅，产生的光生电子经过贵金属颗粒与污染物接触反应。因此使用贵金属保护硅材料，要综合考虑光入射窗口和光生电子反应窗口两个因素设计贵金属颗粒尺寸、分布和表面覆盖比例。

除此之外，一些特殊材料也可以作为保护层。例如，将生物分子团簇镶嵌在硅纳米柱上可以实现稳定的光解水产氢。由于硅具有良好的生物可兼容性，使用生物材料做保护层可能会具有很好的发展前景。

利用保护层避免硅的氧化需要使用一定厚度的材料，如果其晶格或热膨胀参数与硅不匹配，在制备或使用过程中不能形成良好的界面，则无法达到理想的效果。而通过化学修饰在硅表面引入一些官能团则可以避免晶格及热膨胀方面的问题。

硅表面最外层的每个原子有一个未配对的电子，即有一个未饱和的键，这个键被称为悬挂键。悬挂键的存在使硅极易被氧化。如果在硅表面修饰官能团，将悬挂键饱和，就能阻止氧与之反应形成氧化层，从而起到稳定硅的作用。最先报道的修饰基团是氢[63]，之后陆续出现了烷基、苯基、氟等。表面基团修饰方法简单，但是保护作用持续时间有限，修饰后的硅在水溶液中使用一段时间后修饰物失效。此外，修饰过程使用的溶液中的碳杂质可能造成碳污染，会加快氧化膜的生成。只要硅表面没有氧化物覆盖，硅表面的氢终止可发生在从酸性到碱性的整个 pH 值范围内。在水溶液中，裸露的硅表面很快就被氧化，而被氢终止的硅表面在水中超过 100 min 后才能被单层的氧化层所覆盖。氢终止主要有以下几个特征：氢终止在浸入到溶液内 1 min 后就基本上完成；通过化学吸附形式形成具有接近 Si—Si 键强度的共价键；每个表面硅原子可以被一个、两个或者三个氢原子所终止，这与表面晶格的几何位置有关。终止表面悬挂键的氢稳定了硅表面，键能在 3～4 eV 的范围内，接近于 Si—Si 键的能量，因此 Si—H 和 Si—Si 键之间的电负性差异很小，对能带结构影响不明显。前面已经提到氢终止的硅稳定性持续时间有限，对氢终止硅在水溶液中的稳定性的影响因素的研究表明,溶液的 pH 值越低,硅的稳定性保持的时间就越久;表面缺陷越少,硅就越稳定。

近几年,电子器件和传感器领域开展了通过烷基修饰提高硅的稳定性的研究。烷基有一对孤对电子,这对电子能够将硅表面的悬挂键饱和,形成 Si—C 键,从而使硅表面钝化。烷基修饰的方法是先用 PCl_5 处理硅,在其表面实现氯终止,然后用携带不同烷基的格林试剂实现烷基与 Cl 的交换,最终得到 C_1~C_{10}烷基修饰的硅表面[64]。烷基修饰硅表面的稳定性取决于烷基的链长和分子量。烷基链越短,稳定性越好,完成修饰过程所需时间越短。因此,甲基是所有烷基中最佳的修饰基团。甲基修饰的硅纳米线,已经实现在空气中的长期稳定使用。

除了以上介绍的两种修饰基团外,还可以用氟对硅进行修饰。氟-硅键具有较高的键能,约 6~7 eV,从热力学上来看,氟-硅键比氢-硅键要稳定得多。但实际上氟终止的表面没有氢终止的表面稳定,容易在水的漂洗中被去除,其作用机理还不清楚。另外,三氨丙基三乙氧基硅烷也可作为硅的表面修饰物。

上述两种抑制硅尺寸(或表面结构单元)小到一定程度,硅材料具有量子限域效应,同时也显示出抗氧化钝化的性质。量子限域效应的本质是当粒子的尺寸达到纳米量级时,费米能级附近的电子能级由连续态分裂成分立能级。当能级间距大于热能、磁能、静电能、静磁能、光子能或超导态的凝聚能时,会出现纳米材料的量子效应,从而使其磁、光、声、热、电、超导电性能发生变化。对于硅材料来说,硅量子点、直径在几纳米范围内的纳米线、厚度不到 1 nm 的硅烯(silicene)都具有量子限域效应。这个效应对污染控制领域光催化材料的最大好处是拓宽了硅材料的禁带宽度,而且多数情况表现为价带更正,显然,氧化能力的提高弥补了硅材料作为光催化剂在污染控制领域应用的不足。

相对于硅原子而言,尺寸较大的硅表面是一个平面,相邻两个硅原子的悬挂键是平行的,此时一个氧原子可以终止相邻的两个悬挂键,形成绝缘的氧化层。而当尺寸缩减至足够小后,硅材料表面尺度相对于硅原子不是无限大的平面,而是有弧度的曲面(例如硅量子点表面近似于球面),悬挂键垂直于表面,相邻悬挂键不再平行,远离硅原子的一端间距增加,一个氧原子只能终止一个悬挂键,形成 SiO 氧化层而不是绝缘的 SiO_2 层。因此是尺寸导致了具有量子限域效应的硅材料不容易被氧化成 SiO_2 而钝化。需要说明的是,上述机理只是推测,尚无实验证据。

直径低于 5 nm 的硅量子点作为光催化材料在污染控制领域屡有报道[65]。作者发现直径变化对硅量子点的光催化性能影响较大。直径在 1~2 nm 的量子点不但能够光催化还原 CO_2,而且能够氧化甲基红染料;而当直径在 3~4 nm 范围时,量子点对 CO_2 和染料的光催化能力消失,仅能把苯氧化成苯酚。通过测试,发现造成光催化能力变化的原因是量子点的能带结构改变,在量子限域效应下,直径 3~4 nm的硅量子点的晶带宽度为 1.5~2.2 eV(块体硅禁带宽度 1.12 eV),因此能够实现苯的选择性氧化，而 1～2 nm 的硅量子点的禁带宽度为 2.3～3.5 eV，氧化还原能力更强。

硅原子二维蜂窝状排列的 silicene 是具有量子限域效应的硅材料中的新星。1994 年，Takeda 通过理论计算预测可能存在二维硅原子层；2007 年 Guzman 再次理论计算并将其命名为 silicene[66]。但是直到 2012 年，严格意义上的 silicene 才被制备出来[67]。目前，silicene 的制备方法主要有两种：一种是以 SiO 为原材料，在单晶 Ag 基底上化学气相沉积制备 silicene；另一种是首先制备出层状结构 $CaSi_2$，然后获得 Si_6H_6结构，最后逐层剥落成纳米片层。此外，也有文章报道了高真空外延方法和石墨氧化物模板法。由于制备条件比较苛刻，理论计算是研究 silicene的主要途径。已有报道证明 silicene 在氧气丰富的条件下能够长期稳定存在，其机理可以用纳米尺寸限制 SiO_2 层的形成来解释。此外，silicene 的电子迁移速率较高，也是有利于其未来应用于污染控制的一个重要优点。

综上所述，虽然纳米硅光催化材料的研究刚刚起步，但是由于其具备诸多优点，将是未来光催化污染控制领域的重要材料。

4.3.7　纳米光催化在水污染控制中的潜在应用

纳米光催化技术可以矿化有机物、去除重金属、还原 CO_2、消毒、固氮、还原亚硝酸盐等，因此在空气净化、饮用水消毒、污水深度处理等污染控制领域具有非常广阔的潜在应用前景。但是此领域目前的研究重点在探索新机理和新材料，而面向实际应用的研究成果不多。如前所述，主要原因是光催化材料催化效率不够高、对光能的利用效率低，这就导致了水力停留时间长、工程占地面积大、运行成本高等缺点。光催化领域的研究者已经意识到这个关键问题，开始着手解决。他们探索出一些耦合技术，例如光催化-等离子体、光催化-超声、光催化-膜分离等，借助其他技术与光催化的协同作用提高光催化分解污染物的效率。这些耦合技术中，有前景的方法是将光催化技术与膜分离技术耦合。已经出现的光催化与膜分离的结合形式有三种：

(1) 悬浮型光催化反应器利用水中悬浮的光催化剂在紫外光照射下降解水中的有机污染物，之后用分离膜回收粉体纳米光催化剂。该工艺避免了纳米光催化剂的流失，同时光催化剂高度分散在污水中，可以实现对污水的高效处理。研究表明，这种方法具有分解甚至矿化有机污染物、去除水中的重金属离子、杀菌等功能。其不足之处在于：光催化剂容易堵塞膜孔，造成膜污染；入射光随照射深度迅速衰减、催化剂粉末对光的散射严重；光催化与膜分离简单加和，没有协同效应。

(2) 负载型光催化膜是指在分离膜的表面负载一层由光催化剂构成的光催化功能层(如图 4-3 所示)，与悬浮型光催化膜反应器相比具有明显优势，具体表现在：在这种耦合技术中，光催化材料负载在分离膜表面，不但可以使高效利用光能的新型纳米光催化材料发挥作用，而且催化剂处于最佳采光条件；污染物被截留在膜表面，与光催化材料充分接触，改善了传质过程，提高了处理效率。此外，使用耦合技术的处理过程是高通量连续进行的，相对于悬浮催化剂方式及序批处理方式，具有水力停留时间短，催化剂流失少，不需后续分离工艺等优点。相对于单独的膜分离，耦合技术的光催化功能层能够分解截留的污染物，减缓膜污染。可以预见负载型光催化膜是实现光催化技术实际应用的有效手段。

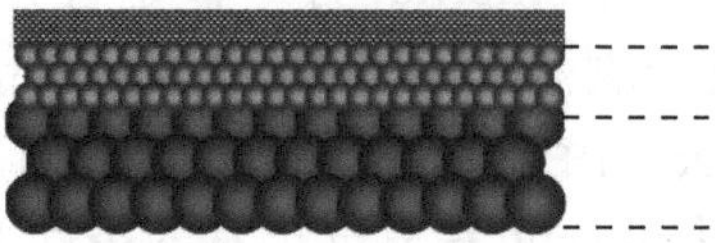

图 4-3 负载型光催化分离膜示意图

(3) 利用纳米光催化材料制作分离膜。有研究尝试将一维的纳米线、纳米纤维等材料通过抽滤形成交织在一起的滤饼，该滤饼经过煅烧转晶后具有较强的光催化活性。依靠纳米线、纳米纤维之间的交叉分布形成膜孔，膜孔径大小可以通过选择纳米线、纳米纤维的直径分布来控制。此外，通过阳极氧化技术制备高长径比的 TiO_2 纳米管阵列，然后将有通孔的阵列层剥离作为分离膜使用。这两类具有过滤功能的光催化材料均具有较强的紫外光光响应和较高的光催化活性。然而完全由光催化剂构成的过滤材料机械强度差，需要添加其他材料增加强度。

上述三种结合形式在微滤、超滤、纳滤、反渗透等膜分离领域均有报道，光催化材料以各种形貌的纳米 TiO_2 为主[68-70]，分离膜包括 Al_2O_3 陶瓷分离膜、海藻盐聚合中空纤维膜、处理的目标污染物包括药物[71]、染料[72]、消毒副产物[73]等。相对于单独的膜分离过程，光催化与膜分离结合的方式可以使稳定运行时的通量提高50%以上；相对于单独的光催化过程，污染物被截留在分离膜表面后与光催化材料接触反应的方式延长了光催化分解反应时间，污染物分解更彻底，较好地抑制了二次污染。

4.4 纳米臭氧催化材料

臭氧能够氧化分解多种有机污染物并具杀菌能力，分解后产生氧气对人体无害，因此在污水深度处理、饮用水净化和空气净化等领域被广泛使用。臭氧的氧化电势为 2.07 V，虽然能够氧化多种有机物，但是只能把不饱和键氧化成饱和键，没有继续氧化饱和键的能力，因此中间产物聚集而不能矿化。此外，臭氧在水中自身分解速度较快而氧化分解污染物的速度很慢，因此大部分臭氧没有用于分解污染物，利用率很低。非均相臭氧催化氧化是解决上述问题的有效途径。在催化剂的作用下臭氧被催化分解，产生氧化电势 2.80 V 的 ·OH，随后彻底氧化分解污染物，提高矿化程度。另一方面，固体催化剂能吸附污染物并提供反应活性位，反应速率也能得到提高。

常见的固体催化剂包括活性炭、金属氧化物（MnO_2、TiO_2、Fe_2O_3、Al_2O_3）、负载型金属氧化物（主要载体是硅胶、黏土、活性炭、Al_2O_3、TiO_2）和负载型金属（上述载体上负载 Cu 和贵金属）。近几年出现了钙钛矿催化剂（$LaTi_{0.15}Cu_{0.85}O_3$、$LaFe_{0.9}Cu_{0.1}O_3$）和钴系催化剂（Co、Co_3O_4、CoO、CoO_x、Co/SiO_2、CoO_x/CeO_2、CoO_x/Al_2O_3）。上述块体臭氧催化剂面临的主要问题是作为催化中心的表面氧缺陷数量少、活性有待提高。此外，金属溶出、活性位中毒等影响催化剂稳定性和耐久性的问题也需要改善。由于纳米尺度的催化剂具有分散性好、比表面积大、活性位多、表面羟基密度大等诸多优点，有望提高催化活性，解决块体催化剂面临的主要问题，但是金属溶出仍然是限制催化剂稳定性和耐久性的重要因素。下面分别介绍近几年出现的金属氧化物、碳材料和介孔材料等类型的纳米臭氧催化材料。

4.4.1　纳米金属氧化物

金属氧化物臭氧催化剂的催化作用中心是 Brönsted 酸位或 Lewis 酸位，它们分别由表面羟基和金属阳离子构成，水中的金属氧化物表面可能形成羟基和金属阳离子，其浓度取决于溶液的 pH 值。

CeO_2 是研究得较深入的纳米臭氧催化剂，能通过 Ce 阳离子价态变化进行催化反应（图 4-4）。臭氧能把 CeO_2 中的 Ce^{3+} 氧化成 Ce^{4+} 并生成氧化性自由基，吸附在催化剂上的污染物向 Ce^{4+} 传递一个电子把 Ce^{4+} 还原成 Ce^{3+} 并产生氧缺陷，以氧缺陷为反应中心，吸附在催化剂上且失去一个电子的污染物与自由基反应并被分解，然后脱附，完成一个催化循环[74]。在这一过程中，氧缺陷是分解污染物的关键。氧缺陷形成所需能量及其稳定性在 CeO_2 颗粒内部和表面有显著不同[75]，

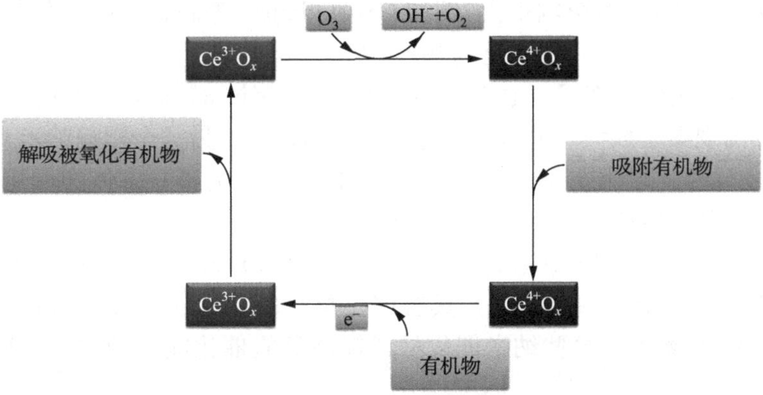

图 4-4　CeO_2 催化臭氧氧化机理示意图[74]

只有表面氧缺陷才能引发催化反应。表面氧缺陷受材料尺寸、暴露晶面影响。随着尺寸缩小到纳米范围，材料表面占总体积的比例增加，更容易形成表面氧缺陷，因此纳米尺寸 CeO_2 的催化性能优于块体材料。

较早报道的纳米 CeO_2 臭氧催化剂是边长 20 nm 的立方体和直径 10 nm 的球形颗粒，处理的目标物通常是乙酸(臭氧氧化分解有机物的产物主要是乙酸，因此臭氧催化氧化通常以乙酸为目标物)。使用上述两种尺寸的纳米 CeO_2 臭氧催化剂时，污染物的 TOC 去除率是块体 CeO_2 的 4 倍以上。通过 Raman 光谱检测发现，纳米催化剂表面的确存在氧缺陷，而块体材料则没有[76]。优势暴露高能晶面也能提高表面氧缺陷，有利于提高催化反应效率。2005 年，Trovarelli 等通过改变煅烧温度，制备出尺寸 7 nm 的优势暴露不同晶面的 CeO_2 颗粒，发现能量较高的(100)面优势暴露的样品催化活性最高，远高于暴露最稳定的(111)面的块体 CeO_2。

近来钴系列臭氧催化剂开始受到广泛关注。尺寸 20 nm 的 Co_3O_4 表现出明显优于块体材料的催化性能。等电点由块体材料的 3.75 变化到纳米材料的 6.30。众所周知，臭氧分子呈 V 形、有极性，中心氧原子带正电、其他两个氧原子中一个带负电、另一个不带电。以中心带正电的氧原子为点位的吸附过程空间位阻大，所以以带负电的氧原子为点位的吸附是臭氧分子与催化材料接触的主要方式。溶液 pH 值高于催化材料等电点时，材料表面带负电，主要表面基团是 O^-，不利于吸附臭氧分子；而 pH 值低于等电点时，表面 OH_2^+ 占主导地位。在静电力的作用下，带负电的氧原子促使臭氧分子很容易吸附在表面带正电的催化剂上。在 pH 3.75～6.3 范围内，块体 Co_3O_4 难以吸附臭氧分子，而纳米催化剂却能吸附臭氧分子，因此催化性能更好。在更低的 pH 条件下(pH 2.7)，·OH 不能形成，但是纳米钴氧化物仍能保持催化活性，说明在催化剂表面臭氧能够直接分解吸附的污染物或可产生其他氧化性基团如 $O_2^{\cdot -}$ 参与降解污染物。Co 的负载量对其自身在载体中的分布均匀性影响很大，例如 Gruttadauria 等制备了高度分散在各种载体中尺寸在 15～89 nm 的钴氧化物颗粒，发现 Co 负载量在 1%～3%时，Co 分布均匀性最好，催化性能随 Co 负载量增加而提高。超过 3%后，催化性能开始下降，原因是 Co 出现聚集成大尺寸颗粒现象，溶出加剧[77]。另一个影响纳米 Co 催化活性的因素是尺寸。对比 3.5～70 nm 范围内的 Co_3O_4 纳米立方体的催化臭氧氧化苯酚的性能，发现颗粒尺寸越小，催化活性越高[78]。

除了纳米 CeO_2 和 CoO_x 外，文献还报道了 ZnO、MgO、NiO、TiO_2、Bi_2O_3、MnO_2 等多种纳米金属氧化物颗粒具有催化臭氧氧化性能，处理的目标物包括氯代有机物、染料、苯酚。这些纳米催化材料提高臭氧催化能力的原理大同小异，不再详述。

纳米颗粒催化剂虽然活性较高，但是由于尺寸太小，使用后很难回收。而把催化剂做成一维纳米线、二维纳米片或三维纳米结构，不但能够保持纳米材料的优点，而且容易通过过滤、自然沉淀等方式分离，因此比零维的纳米颗粒更具有应用前景。例如 MnO_2 纳米线(直径 10 nm 左右、长度 2～5 μm)、$Co(OH)_2$ 纳米片(厚度 50 nm，长度和宽度 1 μm 左右)以及由厚度 20～30 nm 薄片组成的 ZnO 纳米雪花结构在臭氧催化分解水中污染物的实验中表现出较高的催化性能，并且短时间静置即可从溶液中沉降分离[79,80]。

纳米材料形状对催化性能的影响目前存在争议。一些研究发现，不同形状的纳米材料催化臭氧氧化降解污染物的性能存在明显差别。但是 Song 等通过实验排除了形状的影响。他们用 P25 为原材料，先通过改变水热反应时间制备出 TiO_2 纳米管、纳米线、纳米棒等不同形状的催化材料，之后通过改变煅烧温度和时间，调控纳米材料的晶型一致[81]，得到仅形状不同的纳米材料。测定这些材料的表面羟基密度发现，表面羟基数量变化不大。而调控 TiO_2 中金红石的含量，表面羟基数量与之成线性关系。这个结果证明不是形状而是晶形决定了催化性能。

4.4.2　纳米碳材料

碳材料不但具有很好的吸附性能，而且具有催化分解臭氧的能力，在臭氧催化氧化去除污染物的过程中，这两种功能具有协同作用。常用的碳材料是活性炭，其表面的基本平面电子(π 电子)是臭氧分解的活性中心。π 电子先与 2 个水分子结合，脱除一个 OH^-，在碳材料上留下带正电的 H_3O^+；臭氧分子中带负电的氧原子被碳材料表面 H_3O^+ 吸附，与水反应并失去两个电子转化成 OH^-；未与水反应的臭氧则与生成的 OH^- 开始链式反应，生成 HO_2^-、$HO_2^{\cdot}$、H_2O_2、HO· 等一系列基团，氧化分解被吸附在活性炭表面的或水中的污染物[82]。酸性条件下，HO· 很难生成，此时臭氧直接氧化或者其他氧化性物种氧化起主导作用。

CNTs 是纳米碳材料中获得广泛关注的臭氧催化剂，其化学成分与活性炭相同，但是结构有很大区别。活性炭由随机交叉排布的碳片和碳带堆积而成，而 CNTs 由若干层石墨烯卷曲成同轴圆筒状，除了两端和缺陷，大部分表面是完整的苯环结构。结构差异导致表面基团不同，具体体现是 CNTs 表面基团较少、接近中性，而活性炭表面有很多含氧基团而偏碱性。活性炭带负电的碱性基团不利于吸附臭氧，表面离域 π 电子数量远低于 CNTs，孔道结构的传质内阻高于 CNTs[83]，因此，CNTs 的催化性能优于活性炭。

表面含氧基团量是影响 CNTs 催化活性的重要因素。以含氧量和表面基团不同的 CNTs 为催化剂，发现催化臭氧氧化过程中，目标物草酸(草酸是很多有机污染物的臭氧氧化过程的最终产物)的矿化程度随 CNTs 含氧基团增加而降低[84]。这是因为表面电子都聚集到这些含氧基团上，导致 CNTs 对臭氧的吸附减弱，催化活性降低。减少含氧基团的办法是在惰性气体保护下高温煅烧催化剂，也有文献认为在 H_2 保护下煅烧的效果优于惰性气体。

获得较高的催化性能还要综合考虑CNTs等电点、目标物解离度和溶液pH的相互关系。仍以CNTs催化臭氧氧化分解草酸为例，使用的CNTs催化剂等电点在6.0左右，草酸在pH 1.0开始出现电离态。在pH 1.0～6.0之间，CNTs表面带正电，而电离的草酸根带负电，有利于污染物在催化剂表面的吸附，因此草酸分解速率应该逐渐增加。但是这一上升趋势仅维持到pH 3.0左右就开始下降，这是因为随着pH向CNTs等电点接近，CNTs表面正电荷越来越少，吸附过程逐渐减弱。pH超过6.0后，CNTs表面带负电，开始排斥草酸根。但是文献报道的实验结果证明，其分解速度反而重新开始增加。这是因为当pH超过6.0后，CNTs催化剂的表面反应不再是分解污染物的主体，臭氧自身分解产生的羟基自由基数量增加，实现对污染物的分解。由此可见，污染物被分解导致的溶液pH值变化对臭氧催化氧化速率影响较大，开发在宽pH范围发挥作用的催化剂很有意义。目前已经有研究者开始关注这个方面，通过把CNTs与零价铁复合，结合二者的优势，实现了臭氧催化氧化过程在pH 3～9范围内高效矿化污染物[85]。

碳纳米纤维也被用做臭氧催化材料，与CNTs类似，也能产生羟基自由基矿化难降解有机污染物。除此之外，碳纳米纤维长径比远高于CNTs，更容易相互缠绕或者固定在其他材料上，避免了CNTs容易流失的问题。有报道把碳纳米纤维固定在多孔道陶瓷膜上，利用孔道内的泰勒湍流水力条件，改善臭氧、污染物、催化剂三者的接触条件，有效提高了臭氧催化氧化过程中农药类污染物的矿化效率[86]。

纳米碳材料除了作为臭氧催化剂，还可作为载体使用。例如，CNTs负载的纳米Pt臭氧催化剂在分解草酸的实验中表现出高于Pt的催化活性和良好的稳定性。使用CNTs负载应注意三个问题：制备过程包括高温煅烧可使催化剂和CNTs的接触牢固，但在煅烧过程中的氧化以及煅烧过程在CNTs表面产生的一些酸性基团都对臭氧催化氧化活性不利；Pt纳米颗粒在CNTs表面的负载量应该控制在1%左右(质量比)，否则Pt颗粒分散性不好，容易团聚；Pt表面的吸附氧也能抑制催化活性[87]。

使用不同载体可使臭氧催化剂获得不同的催化性能。分别采用CNTs和活性炭作为载体，负载纳米CeO_2进行臭氧催化氧化性能，发现以活性炭作为载体的催化剂具有更高的TOC去除效率。不同于CNTs和活性炭单独做催化剂的情况，负载CeO_2后，CeO_2与载体具有相互作用：CNTs或活性炭有助于Ce^{4+}向Ce^{3+}转变，进一步促进了·OH的产生[88]。

在碳微米球上负载纳米CeO_2作为催化剂，通过臭氧催化氧化过程处理水杨酸(药物和化妆品中的成分)，发现在没有CeO_2催化剂时，微米尺寸碳球能够吸附并分解大量臭氧，产生OH^-和其他基团但不能产生·OH。负载纳米CeO_2后，碳微球表面的自由电子有助于Ce^{4+}转化成Ce^{3+}，能够把臭氧分解成·OH，因此矿化能力大幅提高[89]。纳米金刚石也是一种良好的臭氧催化剂载体，由于纳米金刚石的特殊结构，仅占 2%质量的金属杂质能够高度分散，因此催化效率高。虽然纳米金刚石仅起载体的作用，但如果增加纳米金刚石的尺寸，例如超过 200 nm，则总的催化效率下降超过一个数量级[90]。上述两例说明碳材料尺寸较大时只起载体作用，减小到一定程度时才具有催化能力。

4.4.3　介孔载体及介孔催化剂

介孔材料是指孔径在 2～50 nm 范围的多孔材料，由于具有比表面积大、孔道有序、孔径分布范围窄等特点，特别适合利用其孔道作为反应“容器”，把臭氧、催化剂和污染物限制在狭小空间内，形成有利的传质条件。例如，污染物分解产生的副产物需要通过孔道向外迁移，在此过程中，接触催化剂和臭氧的机会仍较多，继续降解甚至矿化的机会也比非介孔催化材料高。介孔材料在臭氧催化氧化领域主要作为载体使用，几乎所有的金属氧化物催化材料和大部分金属催化剂都能通过负载在介孔材料上来提高催化效率。作为催化剂载体，这些介孔材料的主要优点是限制催化剂生长获得比介孔还小的纳米颗粒并均匀分布在介孔材料框架内，借助前面提到的纳米催化剂的优势和介孔对反应的促进作用提高臭氧催化氧化的效率。代表性介孔材料包括分子筛、介孔 Al_2O_3 等。

分子筛结构比较完整，缺陷少，几乎没有表面基团，因此本身几乎没有催化性能，主要作为载体使用。使用最多的是 MCM-41，其孔径通常在 2～10 nm 范围内，不同制备方法孔径略有不同[91]。把纳米金属催化材料负载在 MCM-41 上时，控制负载方法一般能够较好地保留分子筛的孔道结构，但是会在一定程度上破坏孔道有序性并损失部分表面积。MCM-41 上负载的纳米催化剂包括 Co、Cu、Fe、Ce 和 MnO_2 等，处理的目标污染物有乙酸、对氯苯甲酸、硝基苯等。MCM-41 负载催化剂后，臭氧催化氧化过程对水样 TOC 的去除率高于单独的臭氧氧化，只有催化剂没有介孔载体的臭氧催化氧化，以及非介孔材料负载催化剂的臭氧催化氧化，这充分说明了介孔载体的作用。当然 MCM-41 也有不足之处，如热稳定性差以及表面张力限制臭氧进入介孔，不利于催化反应(可通过添加叔丁醇降低表面张力)。另一种常见分子筛 SBA-15 热稳定性比 MCM-41 好，能够长时间在较高温度下使用，而且 SBA-15 的孔径较大，有利于传质。作为臭氧催化剂载体，SBA-15 上负载的纳米臭氧催化剂包括 Cu、Fe 和 CeO_2，处理的污染物包括乙酸、邻苯二甲酸二甲酯等。

介孔 Al_2O_3 也是一种重要的臭氧催化剂载体。与分子筛材料最明显的区别是 Al_2O_3 本身具有催化分解臭氧产生氧化性基团的能力。但是由于在 Al_2O_3 上负载金属臭氧催化剂后催化臭氧氧化能力会更高，所以 Al_2O_3 仍主要作为载体使用。Al_2O_3 负载的金属种类包括：Ag、Fe、Mn、Co、Cu、Ni，其中 Mn/Al_2O_3 的臭氧催化活性最高。

用于臭氧催化氧化的介孔材料还包括铝土矿、草酸镍和 Ti-Mn 复合物。Fe、Mn 负载的铝土矿用于臭氧催化分解三氯苯甲醚，在 pH 小于 5.0 时，表面酸性较大的 Mn 修饰铝土矿（等电点 1.62）活性大于表面酸性小的 Fe（等电点 2.53），当 pH 超过 5.0 时，情况相反。这一结果说明，应根据水样的 pH 涉及臭氧催化剂，以获得最佳催化活性。介孔草酸镍是一种新型臭氧催化剂[92]，制备方法简单，孔径在 4.5 nm 左右，比较均一。其催化分解臭氧产生羟基自由基的能力明显高于 NiO 或 ZnO。Ti-Mn 复合介孔催化剂是 2013 年报道的新型催化剂[93]，其孔道 10 nm，均匀分布，在处理地表水中污染物时展示出优异的催化分解臭氧产生自由基的性能。

于洪涛　全　燮　大连理工大学

参 考 文 献

[1] Somorjai G A, Zaera F. J Phys Chem, 1982, 86: 3070-3078.
[2] Wei G, Liu Z. Phys. Chem. Chem. Phys. 2013, 15: 18555-18561.
[3] Ruan L, Zhu E, Chen Y, et al. Angew Chem Int Edit, 2013, 52: 12577-12581.
[4] Zhang J, Li C. Chem Soc Rev, 2012, 41: 7016-7031.
[5] Tian N, Zhou Z, Yu N, et al. J Am Chem Soc, 2010, 132: 7580-7581.
[6] Balkis A, O'Mullane A P. Mater Chem Phys, 2014, 143: 747-753.
[7] Chang S, Yeh M, Rick J, et al. Sensor Actuat B-Chem, 2014, 190: 55-60.
[8] Kim D Y, Kang S W, Choi K W, et al. CrystEngComm, 2013, 15: 7113-7120.
[9] Sneed B T, Brodsky C N, Hong K C, et al. J Am Chem Soc, 2013, 135: 14691-14700.
[10] Chen Z, Guan Z, Li M. Angew Chem Int Edit, 2011, 50: 4913-4917.
[11] Wang Y, Wilkinson D P, Zhang J. Chem Rev, 2011, 111: 7625-7651.
[12] Cheng Y, Zhang H, Varanasi C V, et al. Sci Rep, 2013, 3: 3195.
[13] Kruusenberg I, Alexeyeva N, Tammeveski K, et al. Carbon, 2011, 49: 4031-4039.
[14] Tan C, Xiang B, Li Y, et al. Chemical Eng J, 2011, 166: 15-21.
[15] Chai S, Zhao G, Wang Y. Appl Catal B-Environ, 2014, 147: 275-286.
[16] Fan J, Zhao G, Zhao H, et al. Electrochim Acta, 2013, 94: 21-29.
[17] Zhao G, Cui X, Liu M, et al. Environ Sci Technol, 2009, 43: 1480-1486.
[18] Liang Y, Li Y, Wang H, et al. Nat Mater, 2011, 10: 780-786.
[19] Wang S, Yu D, Dai L. J Am Chem Soc, 2011, 133: 5182-5185.
[20] Ameen S, Akhtar M S, Seo H-K, et al. Appl Catal B-Environ, 2014, 144: 665-673.
[21] Sales Solano A M, Costa de Araujo C K, Vieira de Melo J, et al. Appl Catal B-Environ, 2013, 130-131: 112-120.
[22] Niu J, Lin H, Xu J, et al. Environ Sci Technol, 2012, 46: 10191-10198.
[23] Zhuo Q, Deng S, Yang B, et al. Environ Sci Technol, 2011, 45: 2973-2979.

[24] Chang J, Ellis A V, Hsieh Y, et al. Sci Total Environ, 2009, 407: 5914-5920.
[25] Zhu W, Michalsky R, Metin, O, et al. J Am Chem Soc, 2013, 135: 16833-16836.
[26] Edison T N J I, Sethuraman M G. ACS Sustainable Chem Eng, 2013, 1, 1326-1332.
[27] Cui C, Quan X, Yu H, et al. Appl Catal B-Environ, 2008, 80: 122-128.
[28] Wiggins-Camacho J D, Stevenson K J. Environ Sci Technol, 2011, 45: 3650-3656.
[29] Zhou Y, Zhang G, Chen J, et al. Electrochem Commun, 2012, 22: 69-72.
[30] Assumpcaoa M H M T, Moraesa A, De Souzaa R F B, et al. Appl Catal A-Gen, 2013, 462-463: 256-261.
[31] Khataee A R, Safarpour M, Zarei M, et al. J Electroanal Chem, 2011, 659: 63-68.
[32] Zhang X, Fu J, Zhang Y, et al. Sep Purif Technol, 2008, 64: 116-123.
[33] Fellinger T-P, Hasche F, Strasser P, et al. J Am Chem Soc, 2012, 134: 4072-4075.
[34] Li X, Zhao H, Quan X, et al. J Hazard Mater, 2011, 186: 407-415.
[35] Li X, Chen S, Quan X, et al. Environ Sci Technol, 2011, 45: 8498-8505.
[36] Chen Y, Crittenden J C, Hackney S. Environ Sci Technol, 2005, 39: 1201-1208.
[37]于洪涛,全燮. 化学进展, 2009, 21: 406-419.
[38]闫东航,王海波,杜宝勋. 有机半导体异质结导论. 北京: 科学出版社, 2008.
[39] Zhang Z, Wang W, Zhang L. Dalton T, 2013, 42: 4579-4585.
[40] Chen H, Chen S, Quan X, et al. Environ Sci Technol, 2010, 44: 451-455.
[41] Liu J, Li M, Wang J, et al. Environ Sci Technol, 2009, 43: 9425-9431.
[42] Liao G, Chen S, Quan X, et al. Environ Sci Technol, 2010, 44: 3481-3485.
[43] Tian Y, Tatsuma T. J Am Chem Soc, 2005, 127: 7632-7637.
[44] Awazu K, Fujimaki M, Rockstuhl C, et al. J Am Chem Soc, 2008, 130: 1676-1680.
[45] Selloni A. Nat Mater, 2008, 7: 613-615.
[46] Deng H, Grunder S, Cordova K E, et al. Science, 2013, 336, 1018-1023.
[47] Furukawa H, Cordova K E, O'Keeffe M, et al. Science, 2013, 341: 1230444.
[48] Mahata P, Madras G, Natarajan S. J Phys Chem B, 2006, 110: 13759-13768.
[49] Alvaro M, Carbonell E, Ferrer B. Chem-Eur J, 2007, 13: 5106-5112.
[50] Zhan W, Kuang Q, Zhou J, et al. J Am Chem Soc, 2013, 135: 1926-1933.
[51] Francesc X, Llabres X, Corma A, et al. J Phys Chem C, 2007, 111: 80-85.
[52] Laurier K G M, Vermoortele F, Ameloot R, et al. J Am Chem Soc, 2013, 135: 14488-14491.
[53] Wang X, Maeda K, Thomas A, et al. Nat Mater, 2009, 8: 76-80.
[54] Niu P, Zhang L, Liu G. Adv Funct Mater, 2012, 22: 4763-4770.
[55] Xu J, Zhang L, Shi R, et al. J Mater Chem, A, 2013, 1: 14766-14772.
[56] Zhao H, Yu H, Quan X, et al. RSC Adv, 2014, 4: 624-628.
[57] Liu W, Wang M, Xu C, et al. Chem Eng J, 2012, 209: 386-393.
[58] Liao G, Chen S, Quan X, et al. J Mater Chem, 2012, 22: 2721-2726.
[59] Wang W, Yu J C, Xia D, et al. Environ Sci Technol, 2013, 47: 8724-8732.
[60] Yu H, Chen S, Fan X, et al. Angew Chem Int Edit, 2010, 49: 5106-5109.
[61] Yang T, Wang H, Ou X M. Adv Mater, 2012, 24: 6199-6203.
[62] Sun K, Pang X, Shen S. Nano lett, 2013, 13: 2064-2072.
[63] Peng C, Gao J, Wang S. J Phys Chem C, 2011, 115: 3866-3871.
[64] Bashouti M Y, Stelzner Thomas, Berger A, et al. J Phys Chem C, 2008, 112: 19168-19172.

[65] Kang Z,Tsang C H A,Wong N-B,et al. J Am Chem Soc,2007,129: 12090-12091.
[66] Guzman-Verri G G,Lew Yan Voon L C. Phys Rev B,2007,76: 075131.
[67] Vogt P,Padova P D,Quaresima C. Physl Rev Lett,2012,108: 155501.
[68] Bai H,Liu L,Liu Z,et al. Water Res,2013,47: 4126-4138.
[69] Romanos G E,Athanasekou C P,Katsaros F K,et al. J Hazard Mater,2012,211- 212: 304-316.
[70] Zhang H,Quan X,Chen S,et al. Environ Sci Technol,2006,40: 6104-6109.
[71] Martinez F,Lopez-Munoz M J,Aguado J,et al. Water Res,2013,47: 5647-5658.
[72] Gao P,Liu Z,Tai M,et al. Appl Catal B-Environ,2013,138-139: 17-25.
[73] Choi W-Y,Lee Y-W,Kim J-O. Res Chem Intermediat,2013,39: 1517-1522.
[74] Soeira L S,Martins T S,Isolani P C. J Therm Anal Calorim,2010,102: 907-913.
[75] Aneggi E,Llorca J,Boaro M,et al. J Catal,2005,234: 88-95.
[76] Orge C A,Orfao,J J M,Pereir M F R,et al. Appl Catal B-Environ,2011,103: 190-199.
[77] Gruttadauria M,Liotta L F,Carlo G D,et al. Appl Catal B-Environ,2007,75: 281-289.
[78] Dong Y,He K,Yin L,et al. Nanotechnology,2007,18: 435602.
[79] Dong Y,Yang H,He K,et al. Appl Catal B-Environ,2009,85: 155-161.
[80] Xu Z,Chen Z,Ben Y,et al. Mater Lett,2009,63: 1210-1212.
[81] Song S,Liu Z,He Z. Environ Sci Technol,2010,44: 3913-3918.
[82] Kasprzyk-Hordern B,Ziółek M,Nawrocki J. Appl Catal B-Environ,2003,46: 639-669.
[83] Goncalves A G,Orfao J J M,Pereira M F R. J Hazard Mater,2012,239-240: 167-174.
[84] Liu Z,Ma J,Cui Y,et al. Appl Catal B-Environ,2009,92: 301-306.
[85] Zhang S,Wang D,Quan X,et al. Sep Purif Technol,2013,116: 351-359.
[86] Restivo J,Orfao J J J M,Pereira M F R. Chem Eng J,2013,230: 115-123.
[87] Liu Z,Ma J,Cui Y. Carbon,2008,46: 890-897.
[88] Goncalves A G,Orfao J J M,Pereira M F R. J Environ Chem Eng,2013,1: 260-269.
[89] Hewer T L R,Soeir L S,Brito G E S,et al. J Mater Chem A,2013,1: 6169-6174.
[90] Rozhkova N N,Gorlenko L E,Yemelyanova G I,et al. Fuller,Nanotub Carbon N,2012,20: 622-627.
[91] Li M,Hui K N,Hui K S. Appl Catal B-Environ,2011,107: 245-252.
[92] Amutha R,Sillanpää M,Lee G,et al. Catal Commun,2014,43: 88-92.
[93] Zhu Y,Chen S,Quan X,et al. J Membrane S,2013,431: 197-204.

第 5 章　纳米技术在环境分析中的应用

5.1　引　　言

随着工农业生产的迅速发展，人类活动导致的环境污染急剧增加，环境问题越来越突出。而认识和解决环境问题，必须先弄清楚环境中化学污染物的性质、来源、含量及其形态等。为此我们需要引进分析化学中各种新理论、新方法和新技术，并结合物理学、生物学、材料学、计算机等科学的最新成就和进展，对环境问题进行定性定量的研究，从而产生了环境分析化学，简称环境分析。环境分析不同于环境监测，它是立足于环境科学前沿，重点研究复杂环境污染问题的方法学，其研究成果可以在环境检测中得到应用，并逐步发展成为环境监测中的标准方法[1]。

目前，环境分析所研究的对象包括大气、水体、土壤、固体废弃物等，其基体异常复杂，并且各个基体中的环境污染物常常相互作用，在各个介质中不断发生迁移转化，使得环境分析面临的是一个不稳定的动态系统。进入环境中的化学物质种类繁多，形态各异，且有些组分含量往往在痕量或超痕量水平，如对环境及人体健康危害很大的持久性有机污染物、环境雌激素等含量极微，可达 pg 甚至 fg 级，传统的环境分析方法已不能应对日益复杂的环境问题。

纳米材料和技术是 20 世纪 80 年代末期诞生的新科技，它是研究至少有一维尺寸在 1～100 nm 之间的物质组成体系电子、原子和分子的运动规律和相互作用以及实际应用中的技术问题。由于纳米颗粒的大小不超过 100 nm，其尺寸已经接近原子的大小，其本身就会展现出量子效应、小尺寸效应、表面效应和宏观量子隧道效应，这些效应就开始影响物质的结构和其不同于本体性质的物理、化学性能，这些性质也为解决环境分析化学问题提供了新的手段和机遇，目前已成为环境分析化学研究和应用的热点领域。本章重点介绍纳米技术在环境分析化学上的应用，主要从环境样品的前处理、分离分析和传感检测三个方面来介绍。

5.2　纳米技术在环境样品前处理中的应用

人类在生产和生活过程中会向环境中排放大量的生产废水和生活污水，其中所含的多种环境污染物虽然浓度很低，但其本身性质非常稳定，可以在环境中长期存留，而且容易在生物体内富集和积累，最后通过食物链生物放大，从而严重威胁人类的健康和生态系统的安全，因此必须建立一套简单、可靠、灵敏、高效的环境污染物分析测定方法，对其在环境中的分布、累积、迁移和转化进行监测，为其安全生产、运输和使用提供科学依据。与此同时，环境样品一般基体较为复杂，含有多种可能影响目标物测定的干扰物质，如以腐殖酸为代表的各种生物质和各种阴、阳离子等，这就进一步增大了复杂基体环境样品中痕量污染物测定的难度。为了更加准确、有效地分析测定复杂环境样品中的低含量污染物，可以采用适当的样品前处理技术，一方面使样品中的目标物得以浓缩，提高检测灵敏度，另一方面可以使目标物与杂质分离，减轻杂质对测定的干扰。固相萃取技术（solid-phase extraction，SPE）和固相微萃取技术（solid-phase microextraction，SPME）是目前应用最为广泛的环境水样品前处理方法。

固相萃取是一种基于液-固分离萃取的样品预处理技术，其分离富集的过程如图 5-1 所示：将待处理的样品溶液通过装填有固相萃取吸附剂的萃取小柱，使溶液中的被测物质选择性地吸附在吸附剂上；用少量溶剂清洗小柱，除去被同时吸附的杂质；用另一种体积较小的选择性溶剂或用热解析的方法使被测物质从吸附剂上解析下来，使被测物质得以净化富集；然后再用适当的检测方法进行测定。与传统的液-液萃取等分离富集方法相比，固相萃取具有如下优点：①较高的回收率和富集倍数。②使用较少的高纯有毒有机溶剂，减少了对环境的污染，而且有利于减轻有机溶剂中的杂质对被测物分析的影响。③无相分离操作，易于收集分析物组分，能处理小体积试样。④操作简单、自动化程度高。固相萃取的另外一种操作形式是固相萃取盘。1989 年，美国 3M 公司首先推出了商品化的 Empore 系列固相萃取圆盘产品。固相萃取圆盘与过滤膜十分相似，一般是由固相萃取吸附剂加少量支撑基质（如聚四氟乙烯或玻璃纤维丝）压制而成，图 5-2 为一般的固相萃取圆盘装置示意图。与固相萃取柱相比，固相萃取盘横截面积更大，而厚度更小，这使得固相萃取圆盘比常规的柱萃取具有更高的萃取效率，萃取速度显著提高。不仅如此，固相萃取盘大而薄的结构特点决定了萃取圆盘不易被堵塞，而且还消除了柱萃取的沟流现象。

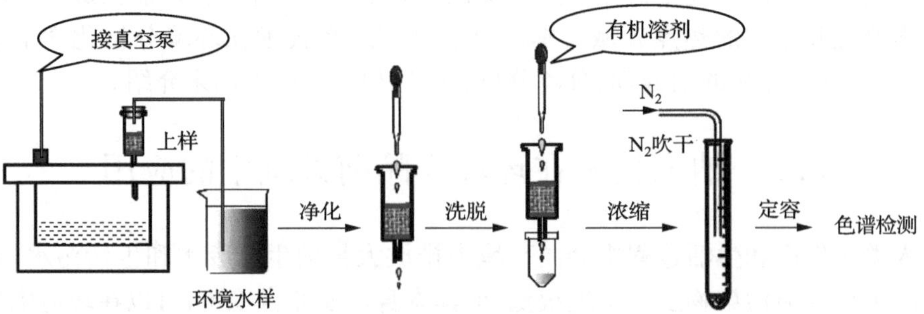

图 5-1　固相萃取的基本步骤

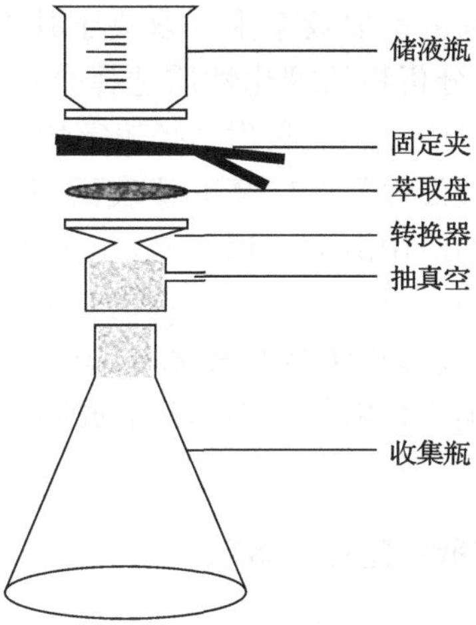

图 5-2　固相萃取圆盘装置示意图

固相微萃取是 1989 年由 Pawliszyn 和 Arthur 发明的一项样品前处理技术，其装置由在微量进样器中插入一段涂有萃取介质的石英纤维(萃取头)或纤维头构成(如图 5-3 所示)。它的萃取机理与固相萃取不同，基本原理是被分析物通过在萃取介质和样品之间的分配平衡被定量吸附到萃取介质上，然后与高效液相色谱(high performance liquid chromatography，HPLC)、气相色谱(gas chromatography，GC)或毛细管电泳(capillary electrophoresis，CE)联用，通过洗脱进样或热解析直接进样测定。其最大的优点是设备容易实现小型化和自动化，可以将采样、萃取、浓缩和进样合并为一步完成，整个过程更为简单、省时，而且不需要有机溶剂洗脱，适用于气体、液体和固体样品的分析。

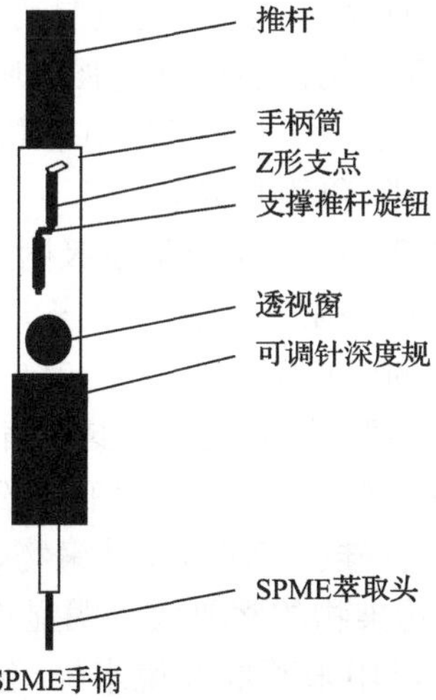

图 5-3　固相微萃取装置示意图[2]

固相萃取和固相微萃取的萃取效率主要取决于其中的吸附介质，为了获得较高的萃取性能，必须根据被分析物的理化性质选择合适的吸附剂。良好的吸附介质应该具有比表面积大、活性基团多、吸附路径短等特点，在这方面，纳米材料由于其超细的粒径和易修饰的表面而具有较高的比表面积和卓越的吸附性能，因此在样品分离富集方面有很好的应用潜力。近年来，越来越多的科研工作者投入到纳米材料在复杂基质环境样品中痕量目标分析物的萃取测定研究中，所涉及的纳米材料主要包括碳纳米材料、金属氧化物纳米材料、聚合物纳米材料和金属纳米材料等。下面分别介绍这几类纳米材料作为固相萃取或固相微萃取的吸附介质在环境样品前处理中的应用研究。

5.2.1 碳纳米材料固相萃取和固相微萃取

碳纳米材料是指分散相尺度至少有一维小于 100 nm 的碳材料。其分散相既可以完全由碳原子组成，也可含有微量异种原子，甚至可以是纳米孔，主要包括碳纳米管(CNTs)、碳纳米线、石墨烯、富勒烯、无定形多孔碳、有序介孔碳等多种类型，这些材料在环境样品前处理中的应用十分广泛。

5.2.1.1 碳纳米管材料

碳纳米管是由石墨原子单层或多层绕同轴卷曲而成的管状物，管两端各有一个由半个富勒烯球体形成的“帽子”结构，其直径一般为几到几十纳米。由于其独特的分子结构，CNTs 具有许多异常的力学、电学和化学性能，在材料科学领域中具有重大的理论意义和潜在的应用价值。在环境科学领域，近年来的研究表明，CNTs 可以通过包括 π-π 电子堆积、疏水作用、范德华力、氢键以及静电作用等分子间作用力对有机物产生强的吸附作用[3]，尤其是可与吸附在其表面的含苯环分子形成 π 电子的杂化而对芳香族化合物具有超强的吸附能力，且化合物结构中苯环数量越多，吸附作用越强。正是由于 CNTs 对有机物的强吸附作用，因此可以将其用于环境污染物的吸附去除和萃取富集。

蔡亚岐等首先报道了 CNTs 作为固相萃取吸附剂用于萃取环境水样中的双酚 A、辛基酚和壬基酚等环境内分泌干扰物[4]。当大体积环境水样通过装填有少量多壁碳纳米管(MWCNTs)的固相萃取小柱时，其中的微量酚类污染物可被定量萃取于 MWCNTs 上，用少量甲醇洗脱并进一步浓缩后，结合高效液相色谱-荧光检测方法(HPLC-FLD)，可使双酚 A、辛基酚和壬基酚的检测限分别达到 83 ng/L、24 ng/L 和 18 ng/L，与 C_{18} 键合硅胶、XAD-2 共聚物、PS-DVB 等商品化固相萃取填料相比，MWCNTs 对上述污染物的萃取效果明显更加优越。此后，这种类似的装有 CNTs 的 SPE 小柱被广泛用来萃取环境水样(包括井水、自来水、河水、海水和污水等)中各种不同类型的有机污染物[5-9]。研究结果发现，CNTs 对各种有机污染物均具有良好的萃取能力。由于具有较高的比表面积,因此,CNTs萃取柱中所需吸附剂较少(20～200 mg),且许多污染物在CNTs萃取柱上具有很高的穿透体积(500～2000 mL),萃取柱上所吸附的目标污染物仅用少量有机溶剂即可完全洗脱下来,经旋转蒸发或氮吹进一步浓缩后,利用HPLC等检测方法直接进样分析,可以使河水、污水等环境水样中有机污染物的检测限降低至几十 ng/L 的水平,方法的富集倍数可达几百到上千倍,极大地提高了分析灵敏度。同时,CNTs装填的萃取柱还能耐受较高的流速,因此可以用来快速萃取大体积环境水样中的目标污染物。

CNTs萃取柱的萃取性能会受到有机污染物类型、萃取条件和CNTs类型的影响。一般情况下,CNTs对弱极性有机物具有更强的萃取和富集能力,尤其是对于含有较多芳香环的有机物具有突出的吸附性能,这一点已被许多相关研究证明。当选择酞酸酯、氯酚、多氯联苯、多溴联苯醚等弱极性有机物作为目标物时,萃取回收率均可达到或接近100%,且随着目标物极性的增强而逐渐降低[4-6];而对于阿特拉津、西玛津、磺隆类农药、有机磷农药、磺胺抗生素、头孢类抗生素和多元酚类化合物等极性较强的有机物,则只能通过降低萃取体积来获得较高的萃取回收率[7,8,10]。研究表明,除了吸附剂的用量和萃取体积之外,萃取之后洗脱剂的选择也会对回收率产生较大的影响,应该根据目标物的极性选择与之相配的洗脱剂,使目标物能够尽可能完全从吸附剂上解吸附,从而获得较高的萃取回收率。溶液pH值也会影响目标物的萃取,相对来说,CNTs对弱极性有机物的吸附萃取受溶液pH值的影响较小,可在较宽的pH值范围内(pH 3～11)进行萃取;而对于含氨基、羧基、羟基等官能团的较高极性的水溶性有机物,萃取回收率会随溶液pH值的变化而有所不同,如当溶液pH>8.0时,双酚A、苯甲酸、氯酚的回收率明显降低。CNTs根据卷曲成管的片层数可分为单壁碳纳米管(SWCNTs)和多壁碳纳米管(MWCNTs)。两者相比,MWCNTs由于具有多层同心石墨烯片层,因此对有机物的吸附能力比SWCNTs更为优越,这种差别对于极性较强的有机分子表现得更为明显。有研究比较了MWCNTs和SWCNTs装填成的SPE小柱对于几种头孢类抗生素和磺胺类药物的萃取效果,在优化萃取条件下,MWCNTs对头孢类抗生素和磺胺药物的萃取加标回收率分别为～100%和82%～95%,而SWCNTs对两类药物的萃取加标回收率分别只有82.2%～94.4%和78%～82%[9]。

为了进一步提高CNTs的萃取性能,扩展其应用范围,可以在CNTs的表面修饰不同的功能基团,其中最常见的是利用强酸(如浓硝酸、浓硫酸、高氯酸)或强氧化剂(如高锰酸钾、过氧化氢)等处理以在其表面引入羟基、羧基或羰基等含氧基团。这些官能团可以通过与目标物分子之间的静电作用或氢键作用显著改善CNTs对某些强极性有机污染物的萃取能力[7]。不仅如此,其表面修饰的—OH、—COOH等基团还能通过螯合作用对重金属离子产生较强吸附,可用于水体、土

壤或生物样品中 Cd^{2+}、Cu^{2+}、Ni^{2+}、Pb^{2+}、Zn^{2+}、Cr^{3+}、Co^{2+}、Au^{3+} 等金属离子的萃取富集[11,12]。在此基础上，还可以在氧化处理过的 CNTs 表面进一步引入氨基、巯基等基团，或者形成离子型表面活性剂的混合胶束，从而实现对特定目标物的选择性萃取[13]。

虽然 CNTs 填充的固相萃取柱已广泛用于各类环境污染物的固相萃取，但由于其粒径较小，因此在进行柱萃取操作时存在柱压过大，流速较低，萃取耗时较长的缺点，以萃取盘的方式进行萃取可以很好地解决这些问题。与 MWCNTs 相比，SWCNTs 具有更容易成膜的特点，因此可将 SWCNTs 分散在表面活性剂溶液中，再以定量滤纸为支撑体，在负压下过滤，使 SWCNTs 均匀分布在滤纸上，即可制成 SWCNTs 及羧基化 SWCNTs 固相萃取盘。该固相萃取盘萃取效率高，萃取容量大，特别适合于大体积环境水样的快速萃取富集，与 HPLC 联用，可以实现多种环境水样中的酞酸酯、氯酚、烷基酚、双酚 A、磺酰脲农药等不同极性污染物的高灵敏、快速检测[14,15]。

除了作为吸附剂用于固相萃取之外，CNTs 或修饰后的 CNTs 还可通过溶胶-凝胶、电泳沉积等方法沉积在金属或树脂等纤维表面，制成固相微萃取（SPME）纤维的涂层，这些带有 CNTs 涂层的萃取纤维可直接插入到各种环境水样中，用于萃取富集样品中痕量的酚类、多溴联苯醚和有机氯农药等污染物[16,17]。萃取纤维上所吸附的污染物可用少量有机溶剂（100 μL）解析下来，然后用 HPLC 系统测定解析液中污染物的含量；也可将吸附污染物的 CNTs 纤维插入到 GC 的进样口，通过热解析直接进样，实现环境样品中污染物的分析。与商品化的 PDMS/Carboxen 固相微萃取纤维相比，CNTs 固相微萃取纤维对污染物具有更高的萃取效率，更好的热稳定性（300～350℃）和更长的使用寿命（可达 200 次）[17]。

5.2.1.2　*石墨烯材料*

石墨烯（graphene）是一种由碳原子以 sp^2 杂化轨道组成六角形蜂巢晶格的二维平面材料。自从 2004 年英国曼彻斯特大学物理学家安德烈·海姆和康斯坦丁·诺沃肖洛夫成功地在实验室中由石墨分离出石墨烯，并证实它可以单独存在以来，其独特的结构、性质及应用潜力才逐渐引起人们的关注。石墨烯是只有一个碳原子厚度的单层结构，常温下其电阻率只有大约 $10^{-6}\ \Omega\cdot cm$，为目前已知的世上最薄、电阻率最小的材料，此外，石墨烯还具有稳定的晶格结构和优秀的导热性，这些优良特性使得石墨烯有望成为一种新型的集成电路互连材料。近年来，石墨烯独特的碳六元环二维平面点阵结构引起了环境化学家的强烈兴趣，其平面上的每个碳原子均为 sp^2 杂化，并贡献剩余一个 p 轨道上的电子形成大 π 键，π 电子可以自由移动，可认为是由碳原子和其共价形成的原子网格，结构上与平面型多环芳烃非常近似，因此理论上可以通过 π-π 电子堆积、疏水作用、范德华力等对疏水性有机污染物(尤其是含有多个芳香环的有机物)有较强的吸附能力，目前，石墨烯用于环境污染物的吸附去除和萃取富集的报道不断涌现。

与 CNTs 相比，石墨烯具有以下几方面的优势：①石墨烯是完全伸展的平面型结构，其理论比表面积可达 2630 m^2/g，比 CNTs 大得多，因此具有比 CNTs 更多的吸附位点；②石墨烯的制备方法比 CNTs 简单得多，可以用廉价的石墨作为原料通过化学方法大量合成，而且无需特殊的设备，极大地节约了制备和使用成本；③制备 CNTs 时会因为金属催化剂的使用引入较多的金属杂质，且很难去除，对于后续的应用可能带来负面的效应，而石墨烯的制备不存在这一问题；④石墨烯可以通过形成氧化石墨烯方便地进行各种功能化修饰，赋予其选择性吸附能力，而氧化石墨烯恰好是石墨烯化学合成的前体物质；⑤石墨烯具有较好的柔韧性，可以更方便地负载到支撑物上，这对于制备复合吸附剂和构建 SPME 器件非常重要。基于以上几点，石墨烯在环境样品中痕量有机污染物的萃取富集方面有着极大的应用潜力。

2011 年，Liu 首次将石墨烯装填成固相萃取柱，并应用于环境水样中有机污染物的萃取测定[18]。研究表明，与传统的 C_{18} 填料、CNTs 和石墨化碳装填成的固相萃取柱相比，石墨烯填料的用量更少(20 mg)，加标回收率更高，洗脱时所需有机溶剂更少，方法的重现性也非常令人满意。更令人感兴趣的是，在进行氧化石墨烯的还原时，可以通过改变还原剂的种类和用量来控制生成的还原氧化石墨烯上含氧的亲水性活性基团的多少，这样不仅可以改善石墨烯在水溶液中的分散性和对极性化合物的吸附性能，而且还避免了由于污染物在萃取剂上吸附过于牢固而难以洗脱，造成萃取回收率下降的问题。随后，由石墨烯装填成的固相萃取柱又被用于人体血浆中的谷胱甘肽和环境水样及植物样品中重金属离子的萃取测定[19,20]。

直接用石墨烯装填成的固相萃取柱在使用过程中也存在一些问题，一方面石墨烯容易从萃取柱中泄露出来，另一方面在样品通过时还容易造成石墨烯的团聚，影响其萃取效率和萃取柱的重复使用性。为了解决上述问题，可以将氧化石墨烯分别以 *N*-(3-二甲氨基丙基)-*N'*-乙基碳二亚胺/*N*-羟基琥珀酰亚胺(EDC/NHS，水相中)或 *N*,*N*-二环己基碳二亚胺(DCC，二甲亚砜中)为偶联试剂，通过化学接枝连接到氨基修饰化的硅胶颗粒上(得到 GO@Silica **1** 和 GO@Silica **2**)，有效避免了石墨烯在固相萃取柱上的泄漏和团聚，并利用正相模式萃取了环境水样中的极性有机污染物；如果将负载于硅胶颗粒上的氧化石墨烯进一步还原成石墨烯(分别得到 G@Silica **1** 和 G@Silica **2**)，即可利用反相模式萃取非极性有机污染物(图 5-4)[18]。此外，还可以利用物理吸附或化学交联将石墨烯连接到磁性纳米颗粒上，并以此为固相萃取剂用于萃取环境水样中的多环芳烃(PAHs)、酞酸酯、三唑类和氨基甲酸酯类农药等有机污染物[21-24]；这种磁性固相萃取技术可以通过外加磁场很方便地实现萃取剂与母液的快速分离和后续目标物的洗脱，不仅避免了常规柱萃取繁琐而耗时的操作过程，而且萃取回收率也能够满足分析的需要(其详细过程和机理将在 5.2.2 中阐述)。研究还发现，化学交联获得的石墨烯复合材料要比物理吸附的更为稳定。

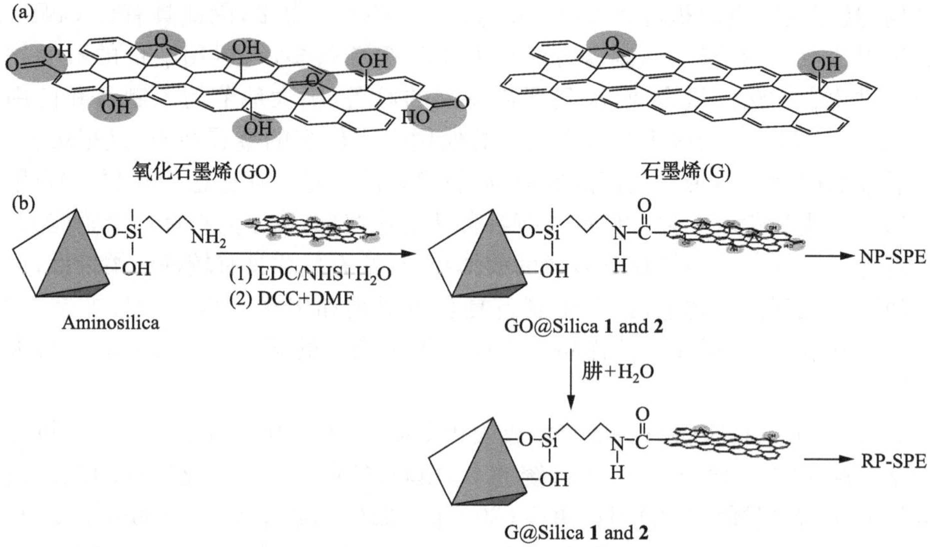

图 5-4　将石墨烯或氧化石墨烯连接到硅胶颗粒上的示意图[18]

除了作为固相萃取吸附介质之外，石墨烯还可以作为基质辅助激光解析电离飞行时间质谱(MALDI-TOF/MS)的基质用于小分子被分析物的离子化和解吸附。利用这个特性，可以将石墨烯悬浊液加入到样品溶液中进行分散固相萃取，然后利用超高速离心分离后，无需将目标物分子洗脱而直接在 MALDI-TOF 点样板上点样，即可检测小分子目标有机物。与常规基质相比，石墨烯可同时作为萃取剂使被分析物得以富集，背景基质离子的干扰较小，而且由于其独特的单层结构和电子性质，对被分析物具有较高的解吸/离子化效率。不仅如此，因为被分析物分子可以在石墨烯单层上均匀分布，从而有效避免了常规基质在共结晶过程中形成的“热点”现象，提高了分析的重现性。目前，这种技术已经被广泛应用于多环芳烃(PAHs)、雌激素、长链脂肪酸、八氯代二苯并二噁英等分子量较小的有机污染物的 MALDI-TOF/MS 检测[25-27]。在此基础上，引入磁性纳米颗粒，可以实现大体积环境水样中痕量有机污染物的磁性固相萃取-MALDI-TOF/MS 检测，进一步提高检测的灵敏度和便捷性[28]。

石墨烯出色的吸附能力在 SPME 中也能够发挥重要的作用。通过物理吸附、溶胶-凝胶、化学交联或者电化学聚合等方法，可以将石墨烯固定在不锈钢丝或石英纤维上形成涂层，直接用于环境水样中拟除虫菊酯、三嗪、多溴联苯醚(PBDEs)、酚类等目标分析物的萃取[29-32]。萃取后的纤维用少量有机溶剂即可将吸附的目标物洗脱，经浓缩后用 HPLC 进行定量测定。此外，由于该涂层热稳定性好，也可以在 GC 上进行热解析直接进样分析。该 SPME 纤维具有多孔状表面，附着在其上的石墨烯对被分析物有极强的吸附能力，因此萃取效率比商品化的 PDMS、CAR-DVB-PDMS 及 PDMS/DVB 型 SPME 纤维高得多，而且该 SPME 装置具有优良的机械稳定性，可反复使用几百次。相比物理吸附的方式，后几种方法制备的石墨烯涂层具有更大的比表面积及更好的热稳定性和机械强度，因此萃取效率和重复利用性得到了很大的提高。通过化学交联方式得到的 SPME 涂层表现得更为突出，有人曾在石英纤维表面修饰氨丙基，并通过与氧化石墨烯表面的活性羧基发生化学反应而将氧化石墨烯固定在纤维表面，该过程可重复进行以便获得不同厚度的涂层，然后再将氧化石墨烯进行不同程度的还原，得到不同极性的萃取涂层[33]。该涂层经四次反复包覆后厚度可达 20 μm，具粗糙表面，而且热稳定性极佳，即使在 700℃下加热重量仅减少 10%左右，非常适合在 GC 上进行热解析直接进样分析，而且可以重复使用 150 次以上。

5.2.1.3　其他碳纳米材料

除了碳纳米管（CNTs）和石墨烯之外，近年来富勒烯、亲水碳、多孔碳、有序介孔碳等碳纳米材料也被用于环境样品的前处理。富勒烯是由碳元素组成，以球状、椭圆状或管状结构存在的笼形物质，其中的每个碳原子均与其相邻的 3 个碳原子相连，构成五边形或六边形结构，C_{60}是其中最广为人知的一种。富勒烯的球面是一个具有离域大 π 键的共振结构，具有芳香性，因此对苯系化合物能够产生较强的吸附作用。研究发现，如果将 C_{60}填充的 SPE 小柱用于萃取水样中苯的同系物时，C_{60}的萃取能力随着化合物的极性增强而有所减弱，但是与常规的 C_{18}和 Tenax TA 萃取柱相比仍具有明显的优势。尤其是基于 C_{60}的 SPE 小柱具有较强的耐酸性，可以在较低的 pH 下进行萃取，进一步提高了萃取的选择性。此外，由于 C_{60}具有较强的耐热性，还可以通过电化学聚合或溶胶凝胶等方法将其附着在石英纤维上制成 SPME 涂层，在与 GC-MS 联用测定水样中痕量的酞酸酯、苯同系物等芳香化合物时比商品化的 SPME 纤维具有更高的萃取效率，而且热稳定性、有机溶剂耐受性和纤维的耐用性均显著提高[34]。

亲水碳一般是由葡萄糖在高温高压下进行脱水反应得到的含有较多亲水性基团的碳纳米材料。由于表面亲水性基团较多，所以该材料在水溶液中的分散性较好，而且还能够在一定程度上避免非极性被分析物在常规碳基萃取剂上的不可逆吸附，从而获得较高的萃取回收率。Zhang 曾将一薄层亲水碳包覆于 Fe_3O_4 纳米颗粒表面，制得磁性固相萃取剂，并用于环境水样中 PAHs 的萃取测定。当使用 HPLC-FLD 检测时，可使分析方法的检测限达到 0.2～0.6 ng/L，回收率在 76%～110%[35]。如果在此基础上将该材料在通 N_2的条件下进行高温处理，即可根据碳化温度的不同获得表面含不同比例亲水基团的多孔碳包覆的磁性固相萃取剂，然后根据目标物极性不同选择合适极性的材料作为固相萃取吸附剂[36]。有序介孔碳是另一种近年来引人关注的碳纳米材料。其制备方法一般是以介孔硅胶为硬模板，将葡萄糖或酚醛树脂作为碳源充满其介孔通道，然后通 N_2 高温碳化，最后除去作为硬模板的硅胶即可得到有序介孔碳材料。该材料具有特殊的平行介孔通道，除了可获得更大的比表面积外，在吸附-解吸附动力学上也拥有更大的优势，而且其规则排列的介孔通道还能在一定程度上发挥体积排阻的功能，进一步提高了萃取的选择性[37]。

总之，碳纳米材料作为最常用的固相萃取或固相微萃取的介质之一，具有吸附能力强、稳定性好、适用范围广的特点，但是其制备过程相对复杂，大多成本较高，且选择性较差，今后的研究应更多集中在如何提高其萃取选择性、简化制备步骤，控制合成成本这几个方面上。

5.2.2 金属氧化物纳米材料固相萃取和固相微萃取

纳米金属氧化物是一类重要的纳米材料，其中应用于环境样品前处理的主要有铁氧化物、二氧化钛、氧化铝、氧化锆和二氧化铈等。金属氧化物纳米材料具有比表面积大、表面易修饰等特点，其吸附性能主要与晶型结构、比表面积、表面活性基团及其与特定目标物的特异性亲和能力有关。由于纳米氧化物颗粒很细，作为SPE小柱的填料进行柱萃取操作时会遇到过柱阻力较大、流速较低的问题，使萃取速度受到一定的限制，因此，一般将其附着在某些介质上或制成涂层，以方便后续的固液分离。而且纳米金属氧化物表面有许多活性羟基，具有较强的亲水性，对绝大多数有机物和重金属离子的吸附能力较弱，所以，一般需要将其表面进行功能化修饰后，才可用于环境样品中污染物的萃取富集。

5.2.2.1 磁性氧化物纳米材料

磁性纳米氧化物材料是20世纪80年代随着纳米材料的兴起逐渐发展起来的一种新型磁性材料，主要包括 Fe_3O_4、γ-Fe_2O_3、$MeFe_2O_4$（Me＝Co、Mn、Ni）几种。它们除了具有普通纳米材料比表面积大，吸附能力强的优势外，还具有独特的超顺磁性，在无外加磁场时几乎不显磁性，呈均匀分散状态；而在外加磁场作用下会产生与之方向相同的感应磁场而与外加磁场相吸引并吸附于其上，利用这个特性可以借助磁铁将其快速从溶液中分离回收。磁性纳米氧化物中最常用的是 Fe_3O_4，与其他几种磁性纳米材料相比，Fe_3O_4 的制备方法更简单、饱和磁化强度较高、性质较稳定、超顺磁性、生物相容性更好。近年来，以磁性纳米氧化铁为基础合成了多种固相萃取吸附剂，并结合磁性分离，开发了一种新型的磁性固相萃取技术（magnetic solid phase extraction，MSPE）。与传统的SPE过程相比，该MSPE技术更为简便、快速，尤其是在萃取大体积复杂基体环境水样中的痕量目标物时具有明显的优势。有人曾利用未经修饰的 Fe_3O_4 颗粒从水溶液中萃取了几种儿茶酚胺，经磷酸洗脱后用毛细管电泳进行了测定，检出限可达 10 nmol/L 左右[38]。利用类似的萃取体系，还可以分别与 GC-MS 或原子吸收分光光度法联用，萃取测定河水、湖水、废水等样品中的噁草酮类除草剂或铑、钯和铅等重金属离子[39,40]。

利用磁性纳米氧化物表面容易被修饰的特点，可以通过不同方式使其表面功能化，用于不同类型目标物的萃取富集。在众多方式中，最简单的就是基于离子型表面活性剂在适当 pH 下能够在带相反电荷的纳米氧化物表面进行自组装而建立起来的磁性纳米粒子/混合胶束体系，该体系兼具纳米粒子和混合胶束的特点，可用于环境水样中痕量有机污染物的萃取富集，萃取的流程如图 5-5 所示[41]。将少量磁性纳米颗粒和选定的离子型表面活性剂加入到待测环境水样中，调整至适当的溶液 pH，搅拌吸附一定时间后，利用磁分离技术快速将吸附了分析物的磁性纳米颗粒分离出来，然后用有机溶剂将目标物洗脱，洗脱液经氮吹浓缩后利用色谱法进行定量测定。这种磁性纳米氧化物/离子型表面活性剂混合胶束萃取体系对各种不同极性的有机污染物均有良好的萃取能力，仅用少量萃取剂即可实现从大体积环境水样中快速萃取痕量小分子目标有机污染物，浓缩系数可达几百甚至几千。以此为基础建立的 MPSE-HPLC 测定方法，可极大地提高分析方法的灵敏度，且整个萃取过程更加方便、快捷，目前已经被用于酚类、全氟化合物、磺胺、氟西汀药物和重金属离子等多种环境污染物的分析测定中[42-46]。为了使表面活性剂在磁性纳米氧化物颗粒表面更容易形成混合胶束，进一步简化操作步骤，可以在 Fe_3O_4 颗粒表面包覆硅胶或其他氧化物，如在 Fe_3O_4 磁性颗粒表面包覆 SiO_2，然后用阳离子表面活性剂十六烷基三甲基溴化铵(CTAB)修饰后，用于萃取双酚 A、辛基酚、

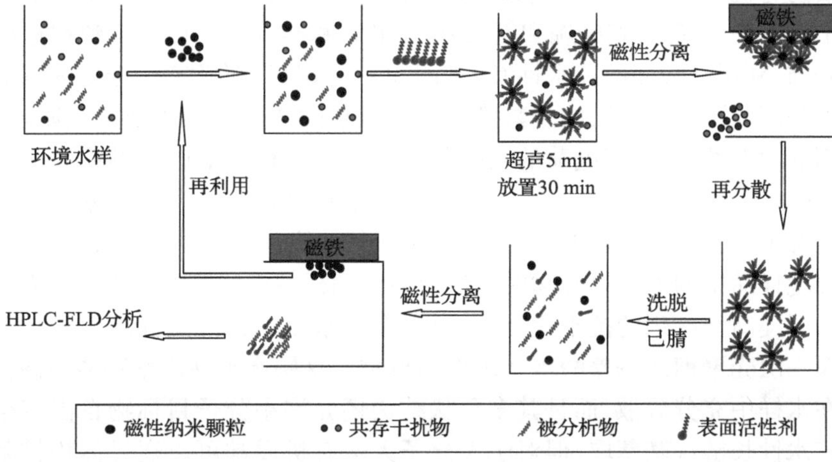

图 5-5　表面活性剂修饰的 Fe_3O_4 从环境水样中萃取目标分析物的流程图[41]

壬基酚等内分泌干扰物[47]；或者用 Al_2O_3 进行包覆后，利用阴离子表面活性剂十二烷基磺酸钠(SDS)在其表面形成混合胶束，然后萃取富集环境水样中的甲氧苄氨嘧啶[44]等，该包覆层还能起到保护磁性内核的作用，提高其稳定性和重复利用性。

利用离子型表面活性剂在磁性颗粒表面形成混合胶束进行磁性固相萃取时，最大的问题是在洗脱时会有大量的表面活性剂随同目标物一起被洗脱，洗脱液中的表面活性剂可能会污染色谱柱或检测系统，还有可能对目标物的测定带来干扰。为了避免上述问题，可以考虑利用磁性纳米氧化铁表面丰富的活性羟基进行各种化学修饰，使功能基团以共价形式负载到磁性颗粒上，硅烷化反应、酯化反应、路易斯酸碱反应和表面接枝是比较常用的修饰手段。例如，长链烷基羧酸可通过酯化反应连接到氧化铁磁性纳米颗粒表面，修饰后的磁性纳米颗粒表面具有大量的疏水性烷基基团，能够通过疏水作用高效富集环境水样中的非极性有机物[48,49]和Cd、Co、Cr、Ni、Pb、Zn 等重金属离子与 1-(2-吡啶偶氮)-2-萘酚形成的复合物[50]。当然，如果该体系中含有过量的长链烷基羧酸，则也能够生成混合胶束相，如过量癸酸修饰的 Fe_3O_4 磁性纳米颗粒的表面同时含有大量的疏水性烷基侧链和带负电荷的羧酸基团，因此对三嗪类农药具有很强的吸附能力，在最佳条件下 10 min 即可定量萃取几种三嗪类农药[51]。冯钰琦研究组利用十八烷基膦酸与氨基修饰的 Fe_3O_4 磁性纳米颗粒之间的路易斯酸碱反应，也成功地对磁性纳米颗粒进行了疏水化修饰，并将其应用于几种环境水样中 PAHs 的萃取测定[52]。

硅烷化反应是另一种常见的纳米磁性氧化铁的修饰方法，氨丙基、C_8、C_{18} 等有机基团可以方便地共价修饰到其表面上，用于环境水样中不同极性有机污染物的萃取[53]。但是长链烷基修饰的磁性纳米颗粒由于其强疏水性外表面和超小的粒径，因此在水溶液中的分散性较差，影响了其对目标物的萃取效果，而且对于含有离子基团的有机污染物，这类萃取剂的萃取能力也不够理想。针对以上问题，有人曾采用十八烷基-三乙氧基硅烷和氨丙基-三甲氧基硅烷对磁性纳米颗粒进行混合功能化修饰，利用其表面的疏水性 C_{18} 基团和一定 pH 下的阳离子型氨丙基对同时含有疏水基团和阴离子基团的全氟磺酸或全氟羧酸化合物产生双重吸附作用，提高萃取剂的萃取性能，带正电荷的氨丙基还能在一定程度上改善颗粒表面的亲水性，使其在水溶液中更好地分散[54]。上述几类表面功能化的磁性纳米颗粒虽然在大多数情况下能够满足萃取的需要，但是由于其功能基团暴露在外，因此在萃取复杂基质环境样品中的痕量目标物时比较容易受到样品中的腐殖酸等天然有机质的干扰。为了提高萃取剂的抗干扰能力，可以在疏水化修饰的磁性纳米氧化铁颗粒表面包覆一层壳聚糖或海藻酸等亲水性高聚物。这层亲水性高聚物能使磁性纳米萃取剂在水样中充分分散，而且其多孔状结构还允许小分子目标物自由穿梭而被内层的疏水性长链烷基萃取，但对于大分子天然有机质却可以通过体积排阻效应排除在外，从而避免了其对内部的疏水性基团的污染，提高了萃取剂的抗干扰能力

(见图 5-6),即使在含有较高浓度腐殖酸或蛋白质的复杂水样中,该萃取剂对于酞酸酯、多环芳烃等非极性有机污染物仍然具有较高的萃取能力[55]。此外,该亲水性高聚物在合适的 pH 下还可带上相应的电荷,在萃取带有相反电荷的目标有机物(如全氟羧酸类化合物)时,可通过静电引力对其产生额外的吸附作用,从而进一步提高了萃取剂的吸附性能[55]。

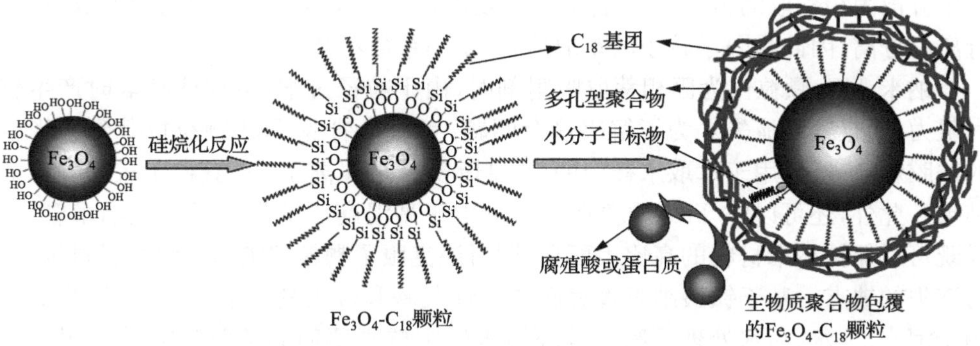

图 5-6　生物质高聚物包覆的磁性纳米 Fe_3O_4 萃取剂及其抗大分子干扰原理图[56]

磁性氧化铁纳米颗粒的表面还可以通过化学接枝的方式修饰上不同的功能基团,用于各种特定类型污染物的萃取富集。有人曾通过氨丙基-三甲氧基硅烷将嘧啶接枝到 Fe_3O_4 的表面,并将该磁性颗粒用于树叶中 Pd、Gd 等重金属离子的萃取富集[57],方法的检出限分别可达 0.8 μg/L 和 0.061 μg/L。2,3-二巯基丁二酸修饰的 Fe_3O_4 纳米颗粒也被用于河水、地下水、海水、人体血清中的 Hg、Ag、Pb、Cd、As、Tl 等重金属的吸附萃取,一分钟内即可从 1 mg/L 的水溶液中吸附 99%的 Pb 离子[58]。

为了提高磁性纳米材料的稳定性,同时使其表面更容易修饰更加丰富的功能基团,可将无机硅胶、有机聚合物、金属氧化物、纳米金属等与氧化铁磁性纳米材料相结合,形成以磁性氧化铁为载体、负载其他材料的复合磁性纳米材料,这些复合材料将在后续相关的内容中做详细的介绍。总之,与传统的微米级固相萃取吸附剂相比,磁性纳米吸附剂具有更大的比表面积和萃取容量,同时还能够方便地进行磁性固-液分离,因此,在大体积环境水样中痕量目标物的萃取富集方面有很好的应用前景。

5.2.2.2　二氧化钛纳米材料

二氧化钛(TiO_2)一直是近年来金属氧化物纳米材料的研究热点,由于其具有粒径小、无毒、自身强度高、比表面积大、光催化性能好、吸收紫外线能力强、表面活性大、分散性好等优点,因此在环境工程领域中备受关注,被广泛地应用于环境污染物的吸附去除和催化降解。在环境分析中,目前研究较多的是将 TiO_2 纳米颗粒用于环境样品中重金属污染物的萃取富集。由于 TiO_2 纳米颗粒表面的原子具有不饱和性，易与其他原子相结合而稳定下来，而且具有较大的比表面能和扩散率，所以对许多金属离子具有很强的吸附能力。利用此特点，有人将纳米 TiO_2 颗粒与石英等辅料混合均匀后填装成 SPE 小柱，用于河水、雪水、工业废水和饮用水中的 Pd、Cd、Tl、Hg、Mn、Cu 等重金属元素的萃取，结合电感耦合等离子体质谱(ICP-MS)或原子吸收分光光度(AAS)测定，检出限可达 10 ng/L 左右[59,60]。此外，也可以采用分散固相萃取的方式进行痕量目标物的浓缩[61]，但由于需要将 TiO_2 颗粒进行离心分离，因此受限于较小的萃取体积，富集系数不会太高。

纳米 TiO_2 颗粒作为固相萃取吸附剂时，由于粒径过细，会在柱萃取时产生较大阻力，而且容易流失。为了解决这个问题，有人将纳米 TiO_2 颗粒负载到微米级的硅胶颗粒表面，用于萃取水样中的 Pb、Hg 等重金属离子[62]，获得了较为理想的结果。此外，还可以将 TiO_2 颗粒在浓碱液中于高温高压下卷曲成钛酸纳米管，这样既可以保持纳米材料的高比表面积，同时还克服了颗粒状纳米材料粒径过细、容易流失的缺点。基于钛酸纳米管表面的活性羟基和较大的比表面积，可以将其应用于河水、湖水、污水处理厂废水等环境水样中抗真菌剂的萃取测定[63]。另一方面，钛酸纳米管的表面可以通过混合胶束或硅烷化反应很容易地进行功能化修饰，然后用于环境样品中的酞酸酯、烷基酚类和全氟化合物等有机污染物的萃取[64,65]。

针对纳米 TiO_2 颗粒过细的问题，还有一种解决方案是将其与磁性纳米氧化铁相结合，制得磁性纳米 TiO_2 材料，利用前面提到的磁性固相萃取技术(MSPE)，简便、快速地从大体积环境水样中萃取富集目标化合物。陈立刚等利用 $TiCl_4$ 的水解反应将 TiO_2 沉积到 Fe_3O_4 磁性纳米颗粒表面，然后成功地将其用于环境水样中除虫菊酯类农药的吸附萃取，用 4.5 mL 50%甲醇水溶液洗脱后进 HPLC 测定，方法的检出限和定量限可分别达到 2.8～6.1 ng/L 和 9.3～20.3 ng/L[66]。另一种更为常用的负载方法是先制备磁性硅胶颗粒，然后再利用钛酸四丁酯的水解反应将 TiO_2 沉积于磁性硅胶表面，制得 Fe_3O_4@SiO_2@TiO_2 磁性颗粒，目前，该磁性 TiO_2 颗粒已成功地用于环境水样中 Cd(Ⅱ)、Cr(Ⅲ)、Mn(Ⅱ)、Cu(Ⅱ)等重金属离子以及血浆中磷酸肽的富集萃取[67]。如果在此基础上将该磁性 TiO_2 颗粒置于浓氨水溶液中，在高压反应釜内 160℃下加热 20 h，即可制得包覆介孔 TiO_2 的 Fe_3O_4 磁性纳米颗粒(Fe_3O_4@mTiO_2)，进一步提高了其比表面积和吸附能力[68]。前面提到的钛酸纳米管也可以通过混合铁盐在碱性条件下的共沉淀反应将生成的 Fe_3O_4 磁性纳米颗粒沉积到纳米管上，得到磁性钛酸纳米管复合物，表面经硅烷化修饰 C_{18} 基团后，再利用离子凝胶反应包覆亲水性多孔型海藻酸聚合物，即可用于复杂环境水样中酞酸酯类有机污染物的萃取测定[69]。由于该复合物具有较大的比表面积、较强的吸附能力和超顺磁性，而且其表面的海藻酸聚合物可以提高该萃取剂在水溶液中的分散性和对大分子天然有机质的抗干扰能力，因此有望在各种有机污染物的萃取富集中发挥重要的作用。

5.2.2.3　其他金属氧化物纳米材料

其他金属氧化物纳米材料如 Al_2O_3、ZrO_2、CeO_2 等在样品前处理方面的应用也有少量报道。例如可以将纳米 Al_2O_3 装填到 SPE 小柱中，用于环境水样中不同价态硒的萃取[70]；如果用表面活性剂 SDS、TritonX-114 或二硝基苯肼修饰纳米 Al_2O_3 材料，则可分别用于酞酸酯和 Cu、Ni、Co、Pd、Cr 等重金属离子的固相萃取[71-73]。但是由于纳米材料颗粒太小，当以萃取小柱的形式进行萃取时，仍然存在柱压过大，上样速度慢的缺点，所以实际使用中通常将这些纳米颗粒负载到微米级颗粒上，以便克服上述不足，例如可以将 Al_2O_3-Nb_2O_5 混合金属氧化物负载到硅胶基质上，用于 Cd(Ⅱ)的在线固相萃取-火焰原子吸收检测[74]。将纳米金属氧化物材料制成固相微萃取的涂层是另一种理想的解决方案，Al_2O_3 和 ZrO_2 可分别通过阳极电镀或溶胶凝胶法在石英或不锈钢纤维上形成涂层，并被分别用于各类样品中挥发性酯类、醇类和甲基磷酸片呐酯的萃取[75,76]。还有人曾将 ZrO_2 分别沉积于搅拌棒和金电极表面，利用 ZrO_2 与有机磷的特异性相互作用，分别用于环境水样中化学战剂的降解产物甲基磷酸酯和有机磷农药的选择性萃取[77,78]。当然，将这些金属氧化物纳米材料负载到磁性颗粒表面制成磁性纳米复合物用于磁性固相萃取也是一个不错的解决思路。

5.2.3　聚合物纳米材料固相萃取和固相微萃取

环境样品前处理中常用的聚合物材料主要包括无机硅胶和有机聚合物两大类，由于材料表面本身即含有大量活性基团，或者非常容易通过表面修饰负载各种功能基团，因此均为固相萃取柱中常用的吸附材料。但是纳米尺度的聚合物材料粒径过小，并不适合用作萃取柱的填料，要想充分发挥纳米材料的优势，一般是将其制成 SPME 的涂层或是包覆在磁性颗粒表面，经进一步修饰后用于目标物的固相萃取；此外，分子印迹聚合物纳米材料在固相萃取和固相微萃取中也得到了广泛地应用。下面主要就无机硅胶和有机聚合物纳米材料，以及一类新型的无机-有机杂合材料——金属有机框架(MOF)分别作一介绍。

5.2.3.1　无机硅胶聚合物纳米材料

硅胶聚合物是一类重要的无机材料，由于其价格便宜、化学惰性、对热稳定，而且表面丰富的硅羟基非常容易通过硅烷化反应进行功能化修饰，因此是环境分析中最为常用的固相萃取吸附材料。将无机硅胶纳米材料和磁性颗粒相结合制得的磁性硅胶复合物，不仅可以充分利用硅胶纳米材料的优势，进一步提高其萃取性能，同时还赋予其磁分离能力，很好地解决了纳米材料固液分离困难的问题。两者的结合通常是在磁性颗粒表面包覆硅胶纳米壳层，然后再根据萃取的对象对表面的硅胶壳层进行进一步的功能化修饰。该硅胶纳米壳层可以提供更多的修饰位点，而且对内部的磁性核心还能够起到一定的保护作用，提高材料的稳定性。目前 C_{18}、二苯基、三苯胺、甲基咪唑等修饰的磁性硅胶纳米材料已经被广泛用于河水、湖水、污水处理厂废水中 PAHs、二嗪农、有机磷、及酚类等有机污染物的萃取测定[79-83]。此外，表面修饰铋硫醇Ⅱ、γ-巯丙基、十六烷基溴化吡啶、二氨基吡啶、三氮烯、双硫腙或水杨酸的 Fe_3O_4@SiO_2 磁性纳米吸附剂还可选择性地高效分离富集河水、湖水、海水、底泥和奶粉等样品中的 Cr、Cd、Cu、Al、Hg 和 Pb 等金属离子[21,84-89]。

近年来，介孔硅胶材料由于具有巨大的比表面积、均匀有序的孔径分布和高度的结构稳定性而在非均相催化、生物制药和材料科学等领域引起人们的广泛关注。通过改变模板的成分和比例可以方便地控制介孔孔径，而且其介孔通道还可以修饰不同的功能基团。如果将修饰功能基团的介孔硅胶与磁性纳米颗粒相结合，合成磁性介孔硅胶材料，就可以兼具介孔材料的超大表面积和特殊结构优势与磁性材料的磁响应能力。该材料的介孔硅胶壳层可以负载更多的修饰基团，因此具有更高的萃取性能和吸附容量，此外，其介孔硅胶壳层独特的垂直导向型介孔通道可以阻止大分子的进入，却不影响小分子目标物的萃取，从而对复杂样品中的大分子天然有机质具有较强的抗干扰能力，而其磁性核心则有助于萃取剂使用之后的固液分离，这类萃取剂在大体积复杂基质环境水样中痕量有机污染物的萃取中有特殊的用途[90,91]。该萃取剂的制备过程如图 5-7 所示。

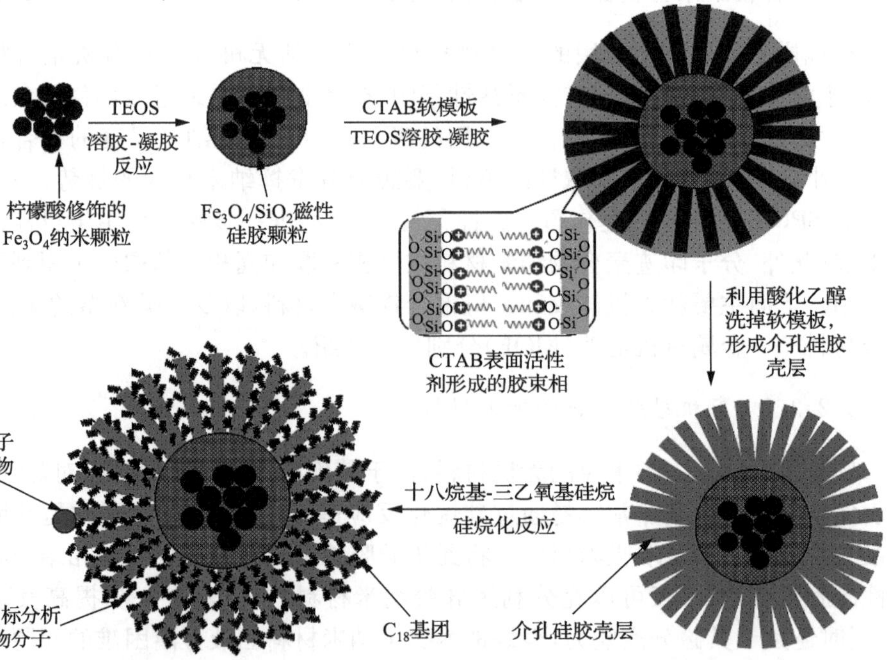

图 5-7　介孔硅胶包覆的磁性 Fe_3O_4/SiO_2 萃取剂及其抗大分子干扰原理图[92]

无机硅胶还是理想的分子印迹聚合物(MIPs)材料。分子印迹聚合物是一种具有选择性分子识别位点的聚合物,它首先在模板分子存在的条件下通过单体的交联得到聚合物,然后将模板分子从聚合物上洗脱下来,留下的特定空腔结构能够选择性识别与模板分子结构相近的物质,这类材料目前主要用于结构类似物的分离。而在环境样品前处理中,分子印迹聚合物大多是被装填成 SPE 小柱,通过在线或离线的方式进行目标物的萃取。为了克服柱萃取操作耗时较长、萃取效率较低、过程复杂等缺点,近年来有研究将含有模板分子的无机纳米硅胶聚合物包覆于磁性纳米颗粒表面,除去模板分子后制得磁性硅胶 MIPs 微球。这种新型的磁性固相萃取剂由于其 MIPs 壳层而对目标物分子具有特殊的选择萃取能力,同时还具有纳米材料和磁性材料的优势,目前已经成为选择性萃取环境样品中痕量有机污染物的有力工具[92]。尤其是将具有有序介孔孔道的介孔硅胶 MIPs 壳层包覆在 Fe_3O_4 磁性纳米颗粒表面,可以利用介孔硅胶的特殊结构显著增加识别位点的数量,有效提高其吸附容量,而且具有优良的吸附动力学特性[93]。

SPME 涂层是无机纳米硅胶聚合物的另一个重要用途,通过硅烷化反应可以很容易地在石英纤维表面沉积硅胶聚合物,然后利用其表面丰富的硅羟基对其进行方便的功能化修饰,用于选择性萃取环境水样中的目标化合物。在此基础上,将无机硅胶 MIPs 制成 SPME 涂层可以进一步提高萃取选择性,由此衍生出的 MI-SPME 技术最早是由 Koster 和 Mullett 在 2001 年提出的,但是直到最近几年这方面的研究才大量涌现。该技术既可以充分发挥 MIPs 的高度选择性,又兼有 SPME 的小型化、自动化和便捷性等优点,而且该 MIPs 涂层厚度很小,属于表面印迹聚合物,因此具有良好的吸附-解吸附特性。目前,这种具有无机硅胶 MIPs 涂层的 SPME 装置已经被用于选择性萃取河水、市政废水中的多溴联苯醚等有机污染物和水果、蔬菜中的有机磷农药等目标物分子,搭配后续的 GC 测定,检出限可达几 ng/L[94,95]。

5.2.3.2 有机聚合物纳米材料

有机聚合物种类繁多,在目标物吸附萃取中应用较多的主要包括聚苯乙烯类、聚甲基丙烯酸酯类、酚醛树脂类和聚苯胺类等,从最初的离子交换吸附、体积排阻及亲和吸附到后来的有机聚合物整体柱和商品化的 SPE 柱或 SPE 盘,这些材料一直都占据着重要的地位。与无机硅胶纳米材料类似,纳米尺度的有机聚合物一般也是通过制成 SPME 涂层或是与磁性材料相结合,以便更好地用于环境样品中目标物的吸附萃取,但是有机聚合物种类众多,所含的活性基团种类更为丰富,所以应用范围也更为广泛。据研究报道,聚苯乙烯、聚硫代呋喃、聚吡咯、聚甲基丙烯酸酯和聚苯胺均可包覆在磁性颗粒表面,并分别被成功地用于河水、海水、雨水、自来水等环境样品中的 PAHs、酞酸酯、酚类内分泌干扰物等有机污染物和 Mn^{2+}、

Co^{2+}、Cu^{2+}、Zn^{2+}、Pb^{2+}及Hg^{2+}等重金属离子的萃取富集[96-100]。另外，近年来有人曾利用多巴胺在碱性条件下的自聚合作用将生成的聚多巴胺包覆于磁性纳米颗粒表面，并将其用于水样中 PAHs 的萃取富集。该聚合反应在水相中进行、反应条件温和，生成的聚合物黏着力强、活性基团丰富，而且比常见的人工合成高聚物具有更为优良的亲水性和生物相容性，因此聚多巴胺高聚物与磁性纳米材料的结合及其在环境污染物的萃取测定方面的应用越来越引起人们的重视[101]。进一步的研究还发现，该多巴胺聚合物由于其特殊的结构特征，还可作为 MALDI-TOF-MS 分析小分子化合物时的基质，因此，当以聚多巴胺高聚物包覆的磁性纳米颗粒作为固相萃取吸附剂萃取目标物分子后，无需像在常规磁性固相萃取中那样将目标物洗脱并浓缩后再用后续的色谱法进行测定，而是可以直接将磁分离后的萃取剂分散于少量的乙腈中，然后在 MALDI-TOF 点样板上点样，干燥后即可测定目标化合物的含量，这种 MSPE-MALDI-TOF-MS 分析技术操作更简单，所需有机溶剂更少，是一种非常有前途的痕量物质的测定方法[102]。基于有机聚合物的 SPME 材料在环境分析中的应用也十分广泛，其中最常用的是甲基丙烯酸-二甲基丙烯酸乙二醇酯聚合物和丙烯酰胺-乙烯基吡啶-*N*,*N*-亚甲基双丙烯酰胺聚合物构成的在线管内固相微萃取毛细管整体柱[103,104]，这种技术在生物样品中的微量药物及双酚类内分泌干扰物的测定中均可发挥重要的作用。

此外，还可以利用原子转移自由基反应、溶胶-凝胶或电化学聚合等方法制备分子印迹聚合物，作为 SPME 的涂层或者磁性纳米颗粒的表面包覆层，利用 SPME 或 MSPE 技术选择性地吸附萃取样品中的目标化合物。有人曾制备了乙烯基三甲氧基硅烷-甲基丙烯酸聚合物、甲基丙烯酸-乙烯基吡啶-三羟甲基丙烷三甲基丙烯酸酯聚合物和 AA-TRIM 等 MIP-SPME 涂层，用于各类样品中雌二醇、咖啡因、四环素等的萃取测定[105-107]。类似的 MIP 薄层也可包覆于超顺磁性的纳米 Fe_3O_4 表面，得到的磁性表面分子印迹微球，可分别用于双酚 A、2-氨基-硝基酚、多巴胺、磺酰脲类除草剂，甚至溶菌酶等生物大分子的特异性吸附萃取[108-112]。

5.2.3.3　金属有机框架

金属有机框架是一种新型的无机-有机杂化微孔材料，是由金属离子或簇和有机配体通过配位作用自组装形成的网状骨架结构，它具有超大的比表面积（可达几千 m^2/g）、可控且均一的孔结构和良好的热稳定性，可与聚合物、纤维、纳米颗粒、碳纳米管、量子点等组成具有多重优良性能的复合材料。国际上较早开展金属-有机框架材料在分析方面研究的是南开大学严秀平研究组，这些材料一般是制成色谱固定相，用于有机物的分离分析[113]，也可以装填到吸附柱中或制成 SPME 涂层，用于 PAHs、甲氧萘丙酸或烷基酚等有机物的吸附萃取[114-116]。此外，严秀平等还首次报道了磁性 MOFs 材料（MIL-101）的制备及其在环境样品中 PAHs 类污染物萃取中的应用，利用该材料建立的 MSPE-HPLC 分析方法，可使被分析物的检出限达到 2.8～27.2 ng/L[117]。

5.2.4　金属纳米材料固相萃取

金属纳米颗粒在环境样品前处理中的应用主要是基于两种机理：一种是金属纳米颗粒自身对于某些特定类型目标化合物的特异性吸附能力；另一种则是通过对金属纳米颗粒表面进行功能化修饰后，赋予其对目标物的选择性吸附，目前研究较多的主要是贵金属金、银纳米粒子以及零价铁(ZVI)纳米粒子。但是纳米金属颗粒在使用中均存在粒径过小、分离困难的问题，因此一般需要将其附着在某些载体上，以便分离回收。

5.2.4.1　金纳米粒子

金纳米粒子对于 PAHs 类污染物具有超强的亲和能力，因此可以将其分散于环境水样中，待吸附完全后离心分离，然后用微量正辛烷(含戊硫醇)洗脱后用色谱定量测定[118]。此外，金纳米粒子对 Hg、Co 和 Ni 等重金属也有特异性吸附能力，因此可将金纳米粒子负载到 Al_2O_3 或 SiO_2 等上，用于环境水样中 Hg 的萃取，经高温热解析后用原子荧光光谱法进行测定，检出限可达 100 pg/L[119,120]；还可将 Au/TiO_2 纳米颗粒涂布于聚乙烯管内，经六通阀与液相色谱连接，通过微透析技术在线富集测定水样中的 Co 和 Ni[121]。另一方面，金纳米粒子的表面还非常容易进行化学修饰，柠檬酸、四烷基铵、巯基化合物等修饰的纳米金可以选择性萃取样品中的吲哚胺和脑啡肽等目标化合物[122,123]。

为了提高操作的便捷性，还可以将纳米金与磁性材料相结合，制得 Fe_3O_4@Au 磁性纳米材料，然后通过巯基化合物在纳米金表面的自组装行为，将含不同取代基的长链烷基修饰到 Fe_3O_4@Au 磁性纳米复合物表面，实现对多环芳烃、烷基酚、双酚 A、十二烷基磺酸钠等不同类型目标物的选择性萃取[124]；或者在 Fe_3O_4@Au 磁性纳米复合物表面形成含有甲基对硫磷模板分子的 3-巯基丙酸自组装单层，除去模板分子后获得磁性表面印记颗粒，用于甲基对硫磷的特异性吸附萃取[33]。

5.2.4.2　银纳米粒子

银纳米粒子是另一种重要的贵金属纳米材料，与金纳米粒子相似，银纳米粒子表面也非常容易被修饰上各种功能基团，由于粒径太小，所以在用作萃取介质时也经常与其他材料结合形成复合材料。有人曾将银纳米粒子镶嵌于乙烯基乙二醇-甲基丙烯酸磷酸酯聚合物上，并将其用于海水和废水中铀的提取[125]。负载纳米银的硅胶颗粒经桑色素或吡咯烷二硫代甲酸铵修饰后也分别被用于环境水样中 Fe^{3+} 和 Pb^{2+} 的萃取，洗脱后可利用火焰原子吸收分光光度法(FAAS)定量测定，检出限分别达到了 67 ng/L 和 360 ng/L，回收率均高于 95%[126]。此外，还可以活性炭为载体负载银纳米粒子，修饰 2-(4-异丙基苄基氨基)苯硫酚后用于果蔬中痕量 Zn^{2+}、Cd^{2+}、Co^{2+}、Cu^{2+} 和 Pb^{2+} 等金属离子的富集萃取[127]。

磁性纳米颗粒也是纳米银的良好载体，有人曾利用硼氢化钠还原 $AgNO_3$ 在 Fe_3O_4 纳米颗粒表面包覆纳米银壳层，然后利用二-(2,4,4-三甲基戊基)-二硫代膦酸(*b*-TMP-DTPA)表面修饰后，得到 Fe_3O_4@Ag@TMP-DTPA 磁性纳米颗粒，该磁性颗粒可用于自来水、土壤样品中 PAHs 的萃取富集，富集因子可达 1000 左右，而且由于磁性颗粒的引入，可以结合磁性分离，实现固相萃取剂的简便、快速分离[128]。最近，有一篇关于纳米银在环境样品前处理中应用的文章引起环境分析工作者的强烈兴趣。作者首先通过多巴胺的自聚合反应和超强的黏着能力在 100 mL 的聚丙烯塑料小瓶的内壁上生成聚多巴胺层，然后利用聚多巴胺(PDA)上丰富的还原性基团还原 $AgNO_3$，形成纳米银层，多次重复上述过程后得到内壁被层层组装 PDA-Ag 层的聚丙烯塑料小瓶，最后利用巯基化试剂修饰上不同类型的功能基团后，即可利用该小瓶实现对河水、污水处理厂进、出口水中痕量烷基酚、酞酸酯和 PAHs 的选择性萃取，目标物的回收率在 70%～120%[129]。该小瓶最大的优势是可以将采样和样品前处理一步完成，省去了样品运输的环节，节省了大量人力和采样成本，而且该萃取瓶稳定性良好，可反复使用多次，进一步降低了使用成本。

5.2.4.3 零价铁纳米粒子

零价铁纳米粒子是一类特殊的单质金属纳米颗粒，因其本身即具有超顺磁性，而且对于某些污染物具有独特的吸附能力，因此与 γ-Fe_2O_3 及石墨烯结合后合成的磁性复合物可以分别用于泉水中 Cd(Ⅱ)、Pb(Ⅱ)、Ni(Ⅱ)、Cr(Ⅵ)和 As(Ⅴ)等无机离子以及自来水、湖水样品中的多氯联苯、PAHs 和酞酸酯的萃取富集，结合后续的 FAAS 或 GC-MS 测定，目标物的检出限可分别达到 20～125 ng/L 和0.5～2.0 ng/mL，萃取回收率均高于 90%[130,131]。但是总体来说，目前关于零价铁纳米粒子作为固相萃取吸附剂用于环境样品前处理方面的研究还比较少，尚有比较大的研究空间。

5.3 纳米技术在分离分析中的应用

环境污染物大多来源于自然界，组分种类多，含量差别大，常常含有从无机到有机、从离子性、强极性到非极性、从小分子到大分子、从常量到痕量的上百种成分，要弄清楚组成这一样品体系的各种组成及其比例关系，了解其基本组分分布，就需要对这些复杂样品进行分离分析。

分离分析是从分析的角度将一个待分析样品中所需知道的组成分离出来，随后或在分离的同时对单个组分进行定性和定量分析。环境复杂样品分离分析中，最常用的是液相色谱、气相色谱、毛细管电泳以及近年来发展的微流控芯片等。其实质是当流动相中样品混合物经过固定相时，就会与固定相发生作用(吸附、分配、离子交换、尺寸排阻、亲和)，由于各组分在性质和结构上的差异，与固定相相互作用的类型、强弱也有差异，因此在同一推动力的作用下，不同组分在固定相滞留时间长短不同，从而按先后不同的次序从固定相流出，因此固定相的选择对于分离分析至关重要。

以纳米材料作为固定相在环境污染物分离中的应用是从20世纪90年代开始。随着各种纳米材料的合成和表面功能化如氨基、巯基和羧基化技术迅速发展并日趋成熟，几种纳米粒子和纳米结构包括富勒烯，碳纳米管，硅粒子，多聚物，沸石，类脂，胶乳，金属氧化物和金、银纳米粒子作为新型的固定相和动态涂覆层开始应用于分离科学研究中，显著提高了分辨率、选择性和分离效率等分离特性[132]。这些纳米材料在分离分析应用中具有以下共性[133]：①孔径小或具有多孔结构，可以提供大的比表面积；②可以在各种不同电解质中形成稳定的悬浮液；③可以提高柱效，改善分离的选择性；④必须带电以免被电渗流洗脱；⑤呈现出相同的电泳淌度来减小带宽；⑥最小的传质效应；⑦不干扰检测。基于这些纳米材料而发展起来的纳米技术在毛细管电泳(CE)、填充毛细管电色谱(CEC)和开管柱毛细管电色谱、气/液相色谱以及微流控芯片等分离分析研究非常活跃，应用形式灵活多样，选择性和分离效率改善明显。例如，金/有机硫醇盐自组装核壳纳米结构在毛细管分离分析应用中，由于表面有机硫醇盐的存在，易溶于有机溶剂，状态稳定，不易聚集，且表面易于功能化，以适应电泳分离中电渗流的产生，进而实现待测物的毛细管电泳分离分析，很好地提高了选择性和分离效率。而在开管柱毛细管电色谱体系中，纳米粒子通常直接涂覆在毛细管柱的内壁制成毛细管涂层或者通过添加到电泳缓冲溶液中用作假固定相来发挥作用。在微流控芯片毛细管电泳体系中，纳米粒子可以发挥更大的作用。纳米颗粒的小尺寸更适合于10～30 μm直径的分离通道，并且其大的比表面积，可以很好地实现在这样一个微小的分离平台和芯片实验室上高效分离检测。

本节主要阐述纳米技术在液相色谱、气相色谱、毛细管电泳和毛细管电色谱以及微流控芯片电泳中的应用。

5.3.1　纳米技术在色谱分离分析中的应用

5.3.1.1　液相色谱

起初，纳米粒子并没有太多地作为色谱固定相去开发，而最多的是通过液相色谱技术研究纳米粒子作为填料柱的行为特征。这可能是由于纳米粒子作为固定相，会产生很高的反压，进而伴随着摩擦生热的效果。此时，如果用纳米尺寸的填料作为固定相，液相色谱仪器不能承受那么高的柱压。

如公式(5-1)所描述，压力差(Δp)与粒径平方成反比：

$$\Delta p = \mu_{\mathrm{opt}} L\eta\varphi / d_{\mathrm{p}}^2 \tag{5-1}$$

式中，μ_{opt}为线速度；L为柱长；η为流动相黏度；φ为阻力参数；d_{p}为纳米粒子直径。而最优的线速度是依赖于粒径的，因此可以说柱压是与粒径的三次方成反比。

随着液相色谱技术的发展，当色谱柱可以承受15 000 psi① 的柱压时，固定相的颗粒可以减小到2.0 μm，这时色谱图就可达到更高的分离率。2002年，Cintron和Colon[134]合成了十八烷基硅基纳米材料，并将其通过砂浆填充技术填充到石英毛细管内(内径为50 μm)，使用超高效液相色谱进行分离检测，入口压可达50 000 psi，这种有机硅纳米材料填充柱在强酸强碱溶液中仍然具有很好的稳定性和保留特性。但硅胶基质作为色谱柱材料具有稳定性差、不利于分离等缺限。为了克服这些缺点，在其表面涂覆一层或几层氧化锆纳米颗粒，制备以硅胶为核，以其他纳米材料为壳的核壳型色谱填料。这样既可以起到保护基质的作用，提高它的稳定性，又不影响表面修饰过程，还可以改善孔的结构和渗透性，同时又保留硅胶的其他特性。Dun等[135]采用层层纳米自组装的方法在多孔微球表面组装多层纳米氧化锆颗粒，该复合纳米材料结合了氧化锆的良好化学稳定性和二氧化硅大的作用表面积、孔体积以及渗透性好等优点，具备作为色谱基质填料要求的较为理想的物理化学特性[136]。葛晋等[137,138]在色谱用硅胶表面组装了多层纳米二氧化钛，得到了二氧化钛/二氧化硅纳米复合颗粒，在正反相条件下研究了TiO_2/SiO_2壳核型色谱填料的色谱性能，并与ZrO_2/SiO_2壳核型色谱填料的正反相色谱性能进行了比较。两种纳米复合填料对中性化合物(稠环类化合物)和碱性化合物(苯胺及其衍生物)都具有良好的色谱性能。Wu等[139]使用液相沉积的方法，将纳米二氧化钛粒子包覆于硅球表面，得到一种壳核纳米结构作为填料柱，通过钛与磷酸盐之间的Lewis酸碱相互作用，可以对腺苷磷酸盐化合物实现很好的分离。

另外，在硅胶表面沉积金属离子或生长碳纳米管的工作在文献中均有报道，为研发新型基于纳米材料的高效液相色谱固定相奠定了基础。将C_{60}键合到硅胶表面作为固定相分离多环芳烃的研究结果表明，C_{60}具有独特的分子识别能力，平面与非平面分子具有不同的保留行为[140]。另外，采用这种固定相分离C_{60}和C_{70}，可以达到商品化C_{18}键合固定相的分离效果。

5.3.1.2　气相色谱

使用纳米粒子作为色谱柱填料固定相在气相色谱分析中的研究起初也并不是

① 1 psi＝1 lbf/in^2＝6.894 76×10^3 Pa

很活跃，这可能是由于气相色谱固定相必须具有很好的惰性和可以承受高温的性能，纳米粒子难以满足这些要求。然而，Gross 等发表了一系列文章，阐明以单层保护的金纳米粒子作为气相色谱固定相，可以达到很好的分离效果。例如 2003 年 Gross 等[141]在金纳米粒子表面涂覆一层十二烷基硫醇，并将十二烷基硫醇保护的金纳米粒子沉积在 2 m×0.53 mm 的毛细管壁上，固定相厚度为 60.7 nm，柱效为 5700 理论塔板/米，对烃类、醇类、芳烃类和酮类 8 种混合物进行了很好的分离。2004 年，他们进一步把这种色谱柱用于全二维气相色谱进行快速气相色谱分析[142]。2008 年瞿其曙等[143]把十八烷基胺涂覆在金纳米粒子上作为气相色谱固定相，具有很好的快速分离效果。

随着碳纳米材料研究的发展，其应用也扩展到气相色谱固定相领域。其实，碳作为气相色谱固定相由来已久，如碳分子筛、石墨化炭黑等。Kartsova 等[144]首次讨论了碳纳米管的吸附性能，为其作为色谱分离中的固定相奠定了基础，同时指出碳纳米管的水不溶性限制了其在色谱方面的应用。2003 年，袁东星等[145]将多壁碳纳米管作为气相色谱固定相，用于分离芳香族化合物、烷烃类、卤代烃等物质，并与活性炭、石墨化炭黑进行了比较。结果表明，多壁碳纳米管是一种性能优异的色谱固定相，其表面均匀，极性基团较少，对疏水性物质的保留能力较强，容易得到更好的对称峰形。后人用催化化学气相沉积法直接在不锈钢管内原位合成 CNTs 膜用于色谱固定相，并成功分离了烷烃和烯烃。这种固定相可以避免 CNTs 的易聚集性，并具有很好的热稳定性，避免了实际分离中产生的柱损失，使得分离可在更高的温度下进行[146]。

与多壁碳纳米管相比，单壁碳纳米管有更小的直径和特殊的电性质，增强了其与分子之间的相互作用，管壁上的 C—C 键由原来的 sp^2 杂化转变成了类 sp^3 杂化，更有利于气相色谱分离。Karwa 等[147]用化学气相沉积法将 SWCNTs 涂覆在熔融毛细管柱上，并组装成 300 nm 膜厚的开管气相色谱柱，用于分析各种极性化合物，其柱效大约为 1000 理论塔板/米，以 McRynold 常数衡量其为非极性固定相。与石墨化炭黑相比，这种新型的非极性固定相与有机蒸气间的相互作用力更强，其比表面积大，分离效果更好。有研究者将单壁碳纳米管制备可用于快速程序升温的微型气相色谱柱，并对烷烃、甲醇、2-戊酮、苯甲醚和葵烷混合物进行快速分离，效果也很理想[148]。

袁黎明等[149]将酰氯化单壁碳纳米管自组装在熔融的石英毛细管柱内壁，再将离子液体涂覆在单壁碳纳米管表面，制备了新型气相色谱固定相，并与单壁碳纳米管、离子液体单独作为气相色谱固定相的保留性能进行了比较。结果表明，单壁碳纳米管的存在增强了离子液体的色谱性能。这可能是由于单壁碳纳米管在毛细管内壁上形成了一层网状骨架结构，增大了固定相的表面积，增强了被分析物与固定相之间的相互作用，大大促进了分析物的分离分析。

此外，富勒烯 C_{60} 在气相色谱也得到了应用。C_{60} 及 C_{60} 键合聚硅氧烷作为开管柱固定相，热稳定性好，使用温度范围宽，可用来分析高沸点化合物，对烷、醇、酮及芳香族化合物如多氯联苯、多环芳烃等具有较好的选择性。

5.3.2 纳米技术在毛细管电泳和开管柱电色谱中的应用

1989 年，Wallingford 等[150]使用直径约 20 nm 的磺化聚合物纳米粒子作为毛细管电泳的缓冲溶液添加剂成功分离了 5 种苯磷二酚胺类化合物，这是纳米粒子首次应用在毛细管电泳技术中。纳米材料一般是通过化学键合静态涂敷以及通过静电等作用动态涂渍的方法制成毛细管涂层应用在毛细管电泳中，或者被直接添加到电泳缓冲溶液中发挥作用。在所有的纳米材料应用中，金纳米粒子因其独特的物理化学性质以及表面化学性质，引起了最广泛的关注。当金纳米粒子表面存在官能团时，金纳米粒子是稳定性最好的纳米材料类型。通常纳米金在毛细管内壁的固定是通过与—SH、—NH_2 和—CN 基团共价组装在基质表面，如纳米金通过正十二烷基硫醇与衍生在毛细管内壁的 3-氨基丙基三甲氧基硅烷（APTMS）或者 3-巯丙基三甲氧基硅烷（MPTMS）反应而固定，以反相色谱模式分离硫脲、苯甲酮、联苯以及拟除虫菊酯杀虫剂[151]。在固载纳米金之前，一般使用氟化氢铵刻蚀毛细管[152]，或者溶胶-凝胶技术[153]进行毛细管预处理，以提高内壁表面积，增大样品与涂敷固定相之间的相互作用。近年来通过静电和层层自组装等各种动态固载制作金纳米涂层的方法也得到关注。Qu 等[154]通过简单的静电和疏水作用将十八胺修饰的纳米金直接稳定固载在管壁内表面，对芳香环化合物循环检测 60 次后，其保留时间没有发生很大的变化；在进行睾酮分析中，其柱效可达到 18 900 塔板/米。Neiman 等[155]先用聚二烯丙基二甲基氯化铵（PDDA）涂敷毛细管内壁构成阳离子层，之后带负电的纳米金凭借静电作用被固定。Liu 等[156]使用层层自组装技术构建多层金纳米结构分离杀虫剂和类固醇等物质，其中毛细管内壁预先经过硅烷化处理，而纳米金表面也自组装了在逐层沉积过程中充当多层膜连接臂的硫醇。Huang 等[157]将带正电荷的聚电解质多聚赖氨酸（PLL）和负电荷的 SiO_2 进行层层自组装交替沉积，不仅电泳电渗流的大小和方向得到控制，还解决了单纯 Si 纳米涂层在 pH = 7 时电渗流小的问题，并且在高比表面积纳米材料的参与下提高了生物活性胺和活性酸的分离效率。

纳米材料涂敷在毛细管内壁作为色谱固定相是一种开管电色谱柱技术，通过静态涂敷的方法虽然能够制备稳定的涂层，但通常需要繁琐的制备过程。将纳米材料直接作为缓冲溶液添加剂使用，由于纳米材料具有比表面积大的突出特点，经有机改性后，有更多位点可以与样品相互作用，从而担当了有机官能团与样品分子相互作用的平台，使得样品的迁移速度发生变化，电渗流发生了改变，分离选择性得到提高。Zhu 等[158]将磁性纳米粒子直接添加到缓冲溶液中，用于开管柱毛细管电色谱体系在 Rhizoma Gastrodiae 水溶液萃取物的分离分析，在 30 min 内就分析出了 23 个峰。较传统的开管柱体系相比，这种方法提高了分离效率和速度，缩短了分析时间。另外，通过在毛细管柱处外加磁场的作用下使得磁性纳米粒子很容易分离提取，并进行重复利用。Neiman 等[155]制备了使用柠檬酸和巯基丙酸离子稳定的两种金纳米材料，并添加到电解质溶液中，分别调整了芳香酸和芳香碱同分异构体的分离选择性，提高了柱效。Yu 等[159]使用双十二烷基二甲基溴化铵(DDAB)进行毛细管内壁表面动态涂层处理，又将 DDAB 保护的金纳米材料用聚环氧乙烷(PEO)改性后添加到缓冲溶液中，由于增强了与被分离样品的相互作用，在 pH＝3 条件下，酸性和碱性蛋白的分离柱效达到 71 000～1 007 000 塔板/米，迁移时间的相对标准偏差小于 0.6％。

使用纳米材料作为假固定相的主要缺点是纳米材料会对紫外检测造成干扰，尽管部分填充方法在一定程度上可以克服干扰，但优化过程耗时，体系分离分辨率不如纳米材料持续全柱装填。使用荧光或者电化学检测可以在一定程度上克服检测干扰问题。进一步地，若以正交接口设计的电喷雾离子化质谱作为检测手段，虽然含有纳米材料的缓冲溶液持续全部注入毛细管柱中，但纳米材料不会进入质谱，实现了与质谱的直接偶联[160,161]。纳米材料作为假固定相应满足以下要求[133]：①纳米材料的表面理化性质以及孔洞大小合适，其作为假固定相不仅能提高分离的选择性，同时表面吸附特性不会造成峰展宽；②通过涂渍或者化学键合的方法使纳米粒子表面带上适当电荷，纳米粒子在改善分离的同时，又与样品有足够大的迁移时间差，不会对样品的检测造成干扰。

纳米技术应用于毛细管电泳和电色谱技术中，具有快速、分辨率高、峰容量高、样品体积小等优点，并且还能与质谱技术很好地偶合。在环境污染物分离分析中，常用的纳米粒子主要有硅胶纳米粒子、聚合物纳米粒子、碳纳米管、金纳米粒子等。

硅胶纳米粒子因具有丰富的可供衍生的硅羟基、良好的机械强度及生物兼容性等优点在近几年得到了重视。1994 年，Bechmann[162]将 1.5 μm 的反相硅胶粒子加入电泳的缓冲溶液中，在 CEC 模式下分离了 9 种苯酚类衍生物。但使用过程中，硅胶粒子容易聚沉，为了解决这个问题，将其表面进行羧基化修饰，使用更小粒径 500 nm 的硅胶粒子，在表面活性剂存在下成功分离了多环芳烃化合物[163]。以含有不同有机基团的硅烷化试剂为前体，采用溶胶-凝胶的方法制备的纳米硅溶胶粒子加入缓冲溶液中，其分离效果和色谱峰形可明显得到改善[164]。其中，被分离待测物与硅纳米材料上的有机基团相互作用以及纳米粒子大的比表面积是提高分离效率和分离度的关键因素[165]。使用 3-氨基丙基三乙氧基硅烷(APTES)和正辛基三乙氧基硅烷(SEM)功能化得两性硅纳米粒子作为毛细管假固定相，可以有效地分离碱性和芳香类化合物，实现基线分离，并得到对称性非常好的峰形[166]。

高聚物尤其是树枝状聚合物由于具有结构上的对称性，表面高的官能团密度以及分子大小和形状合成的可控性在毛细管电动色谱分离中的应用引起了关注。聚合物表面产生的大量功能性端基，可以提供内部空间的保护，也可对外部物质有很好的识别作用。1992 年 Tanaka[167]首次将这种聚合物作为缓冲溶液的载体，用于毛细管电动色谱中分离芳香类化合物。后来 Gray 等[168]用磺酸基改性的树枝状聚合物作为电动色谱的准固定相，分离了苯酚类化合物，结果发现，其柱效很高。近来，Palmer 等[169]使用一种新型的乳胶纳米粒子用于毛细管电动色谱分离紫外和质谱检测体系。他们使用可逆合成-断裂链转移过程聚合，合成了一种疏水性核和离子型壳结构的纳米微粒子(63 nm)，使用这种纳米粒子通过疏水性相互作用大大地提高了柱效和分离选择性。这种新型乳胶纳米粒子具有很好的保留性能，即使使用几周，对电喷雾光谱信号仍无任何影响。作者对新型乳胶纳米粒子在应用于电动色谱中的假固定相相互作用特征和保留行为进行了详细的研究[170]。

Wang 等[171]首次将单壁碳纳米管引入到 CEC 技术中。表面功能化单壁碳纳米管(直径 1.2～1.4 nm，长 500～600 nm)与样品分子通过氢键作用结合，单壁碳纳米管的网络结构可以起到固定相的作用，不同大小的孔可以有不同的筛分特征，样品在分离过程中可以穿插进入到碳纳米管的孔中。通过这种技术，改善了邻苯二酚和对苯二酚的分离峰形。另外，单壁碳纳米管表面的电荷还会抑制电扩散和分析物在毛细管壁的吸附。后来，人们发现多壁碳纳米管的使用更有利于提高分离度，改善峰形。Pyell[172]对纳米粒子在毛细管电迁移分离技术中的应用进行了全面的综述。

金纳米粒子并不是最早应用于毛细管电泳分离中，但是由于其稳定性和容易获得，目前应用比较广泛。由于上面纳米材料在毛细电泳和电色谱的应用方式中，主要以纳米金为例做介绍，这里就不再赘述。

5.3.3 纳米技术在微流控芯片毛细管电泳中的应用

微全分析系统是 20 世纪 80 年代末提出的，将各个分析单元微型化和集成化的一种新的分析技术。其目的是将传统的多步手工、间歇操作，如前处理、分离和检测等集成在一块几平方厘米的微流控芯片上。在过去 30 年间，这一领域取得了巨大进展，已应用于生物、临床、环境监测中多物种分析。当前，设计和制造用于芯片毛细管和芯片色谱的微米或纳米通道是一个具有挑战性的课题。由于较大的粒径和填充时需要极高压力，传统的色谱填料显然不适合填充于芯片的微通道内作为分离介质。因此，在微通道内使用纳米粒子作为准固定相无疑是一个很好的选择。Pumera 等[173]将金纳米粒子引入到微芯片分离中，首先在微流控装置的微通道壁上涂覆一层聚二甲基二烯丙基氯化铵(PDADMAC)，然后在其上沉积柠檬酸稳定的金纳米粒子(10 nm)，对氨基苯酚的异构体在 2 min 内实现分离。当含有金纳米粒子时，分离的选择性和柱效大大提高，分离度和塔板数分别是未加纳米粒子时的 2 倍。Lin 等[174]在聚甲基丙烯酸甲酯(PMMA)材质芯片的微通道上一次涂覆聚乙烯吡咯烷酮、聚环氧乙烷和金纳米粒子后,对改善分离度和重现性的效果都得到提高。Liang 等[175]和 Wang 等[176]采用自组装的方法,在聚二甲基硅氧烷(PDMS)微流控芯片通道内依次涂覆上聚乙烯亚胺涂层或多巴胺涂层和柠檬酸根稳定的金纳米粒子,由于有聚乙烯亚胺或多巴胺作为载体,固定相中合成的金纳米粒子尺寸均一、分散性好,可以获得高效、快速的分离效果。Weng 等[177]将键合在牛血清白蛋白的碳纳米管固载在聚甲基丙烯酸甲酯(PMMA)芯片通道内,其电渗流稳定、重现性好。另外,Wang 等[178]将二氧化硅纳米材料也通过层层自组装方式,与聚二烯丙基二甲基氯化铵(PDDA)的逐层交替沉积作为微流控芯片固定相得到应用,并对其电渗流和电泳分离效果进行了详细的实验和考察。Chen 等[179]使用该组装技术分别制备了阳离子聚合物/金纳米材料/猪白蛋白,以及溶菌酶/猪白蛋白两种不同通道内壁自组装涂层的 PDMA 芯片,以提高电渗流的稳定性,减少吸附,最终在 3.7 cm 长的分离通道用 140 s 完成了神经递质和环境污染物的分离。

纳米材料也可作为缓冲溶液添加剂应用在芯片电泳中。Tabuchi 等[180]将芯片电泳的缓冲液中添加不带电荷的核-壳结构纳米材料,并采用双压力注射技术快速高分辨率地完成了宽范围分子量的 DNA 片段分离。纳米材料是由交联的疏水性聚乳酸纤维内核和亲水聚乙二醇外壳构成,不仅起到筛分作用,并且纳米材料会使待分析物在电场作用下发生堆积聚焦,减小样品谱带扩张。表面包覆聚乙二醇的乳胶纳米材料也被加入到羟丙基甲基纤维素聚合物芯片电泳缓冲液中,借助聚合物网络的大孔径空穴以及小体积纳米粒子的结构障碍作用,进一步改善待测物的分离度。通过对比,发现含有小颗粒纳米材料的体系分离效率高。Fujimoto 等[181]将纳米二氧化硅材料也作为缓冲溶液添加剂在芯片电泳分离中发挥作用,其分离效率和分辨率会受到纳米颗粒的排斥作用而得到提高。

5.4　纳米传感技术在环境分析中的应用

迄今为止,高效液相色谱、气相色谱-质谱、电感偶合等离子体质谱等在环境污染物的检测中发挥着主要作用,是环境有毒污染物检测的“金标准”。然而,这些方法耗时、费力,需要复杂的样品前处理过程。近年来,各种各样的传感方法和装置由于具有易制作、低成本、高灵敏度和选择性等优点,其在环境分析中的应用日益受到大家的青睐和关注。

传感器通常包括分子识别器件和信号传导器件两部分。分子识别器件是具有很好特异性的敏感元件,信号传导器件通常是基于电化学、光学、热学、压电及其他检测原理的独立化学或物理传感器件。目前,各种不同的传感器检测方法已经在化学和生物检测中得到广泛应用。近年来，随着纳米科技的迅速发展，功能化纳米材料作为分子识别和信号传导元件因其优异的物理、化学和电催化等性能，为灵敏传感器的发展带来新的生机和优秀的平台。

纳米粒子具有比表面积大、反应活性和催化效率高、吸附能力强等特点，这些特性使之成为最有前途的传感材料。纳米材料对温度、光、湿气等环境因素是非常敏感的，外界环境的改变会迅速引起表面或界面离子价态及电子输运的变化，响应速度快、灵敏度高、选择性优良，由此而建立的纳米传感器在环境痕量污染物检测中展现出巨大的应用潜力。与传统的传感器相比，纳米传感器尺寸减小，精度、灵敏度、响应时间等性能大大改善，更重要的是利用纳米技术制作传感器，可在原子水平丰富传感器理论，推动传感器的制作水平，拓宽传感器的应用领域。

本节主要论述基于碳纳米材料、金属纳米材料、硅基纳米材料、半导体量子点以及其他纳米材料构建的纳米传感器，在重金属离子、农药等环境痕量污染物检测中的应用。

5.4.1 碳纳米材料传感技术

1991 年和 2004 年，Iijima[182] 和 Geim[183] 利用真空电弧蒸发石墨电极，通过高分辨电镜对其产物进行研究，发现了碳纳米管和单层石墨烯。该发现立即得到了物理界、化学界、材料科学界及高新技术产业部门的广泛关注，在科学界掀起了研究高潮。碳纳米管和石墨烯由于其独特的金属或半导体导电性、极高的机械强度和吸附能力、良好的导电性能而成为纳米传感技术中服务于环境污染检测的理想材料。

5.4.1.1 碳纳米管传感技术

碳纳米管从结构上来分主要包括单壁碳纳米管和多壁碳纳米管，目前主要通过电弧放电、激光蒸发及化学气相沉积的方法制备获得，生长过程复杂，粗产品中往往包含有无定形碳、金属催化剂等杂质，所以在使用前需要进行纯化。最常见的方法是利用混酸（浓硫酸与浓硝酸体积比 3∶1）回流处理，所得碳纳米管纯度高，并且碳纳米管表面产生了大量的羟基和羧基，这些亲水基的存在有利于提高碳纳米管的水溶性和表面功能化。而碳纳米管具有良好的导电性，其修饰电极可以大大促进电极和电活性物质之间的电子转移，因此基于构建的电化学生物传感器应用于环境分析中具有灵敏度高、稳定性好等优点。

基于碳纳米管修饰电极的电化学生物传感器已广泛应用于环境分析中。它一般有两种酶修饰的方式：一是采用乙酰胆碱酯酶与胆碱氧化酶的双酶体系，以氯化乙酰胆碱为底物，乙酰胆碱酯（AchE）能够选择性地催化底物水解；二是采用乙酰胆碱酯单酶体系，以氯化硫代胆碱为底物，酶的催化活性能被有机磷或氨基甲酸酯类农药所抑制，利用这一特性可制成用于测定农药残留量的生物传感器[184]。目前，碳纳米管表面固定乙酰胆碱酯制备电化学生物传感器的方式很多[185-190]。例如，Kandimalla 等[188]将碳纳米管均匀分布在壳聚糖膜上，由共价键结交叉固定乙酰胆碱酯酶检测有机磷，壳聚糖的生物相容性和多壁碳纳米管的导电性能提高了对有机磷农药的检测效果；Du 等[189]将乙酰胆碱酯酶通过戊二醛交联以及溶胶-凝胶法固定在碳纳米管修饰电极上，制备用于检测三唑磷农药的传感器；将有机磷水解酶固定在碳纳米管/离子液体凝胶电极上制备的有机磷生物传感器，其反应时间、稳定性、灵敏度等电化学性能都有很大程度提高。同时，使用不同的离子液体会导致电极的电化学和生物催化性能有很大不同，这是由于有机磷水解酶与离子液体所形成的微环境构象变化引起的[191]。将制备的磁性 Fe_3O_4 纳米粒子和碳纳米管等功能性材料相结合构建的酪氨酸酶生物传感器，可用于农药的检测。由于四氧化三铁纳米粒子具有良好的生物兼容性，碳纳米管能够有效地促进电子传递，修饰了四氧化三铁纳米粒子等功能性材料的酶传感器具有响应速度快、检测灵敏度高和稳定性好等优点[192]。Shirsat 等[193]构建了铁卟啉环(FeTPP)功能化单壁碳纳米管用于苯的检测。Viswanathan 等[194]将乙酰胆碱酯酶固定在聚苯胺矩阵上，再与用单链 DNA 包裹的碳纳米管交联制成生物传感器，用于检测甲基对硫磷和毒死蜱。实验结果证明，与传统的酶生物传感器相比，制备的纳米生物传感器有非常好的重复性和稳定性。

基于碳纳米管的电阻式传感器[图 5-8(a)]和场效应晶体管(FET)传感器[图 5-8(b)][195]可广泛应用于环境气体分子的检测[196]。纳米管场效应晶体管(NTFET)中的碳纳米管导电通道几乎完全由表面原子组成，即使周围环境气体化学成分的微观变化都会引起纳米管场效应晶体管器件电导等其他性能的可观变化。举例来说，半导体型碳纳米管在通常的空气环境中是 p 型[197-199]，即其多子是空穴。当还原性气体与其接触的时候，如果发生电荷转移，电子会进入碳纳米管与

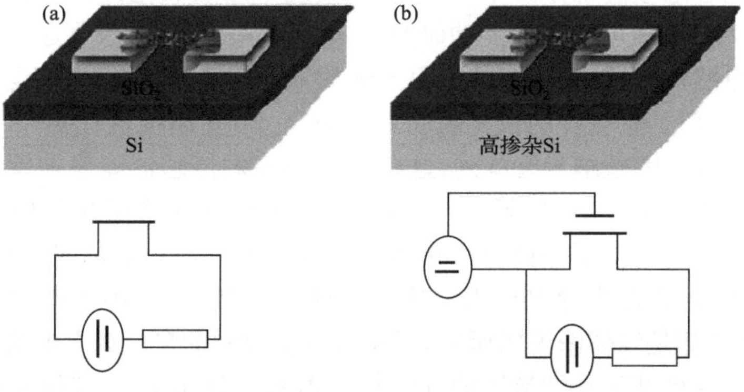

图 5-8　碳纳米管(CNTs)电阻式传感器(a)和场效应晶体管(FET)传感器(b)结构示意图[195]

其中的空穴复合，从而导致半导体型碳纳米管电导下降，碳纳米管场效应晶体管的特征曲线 $I\text{-}V_G$ 向负电压移动。同理，如果氧化性气体与半导体型碳纳米管接触，碳纳米管中电子被气体夺走，其空穴数量增加，电导上升，碳纳米管场效应晶体管的特征曲线 $I\text{-}V_G$ 向正电压移动。

2000 年 Dai 研究小组[200]首次报道碳纳米管场效应晶体管对环境气体 NO_2 和 NH_3 具有敏感性的研究结果。他们采用化学气相沉积法在分散有催化剂颗粒的 Si/SiO_2 基底上生长了一些单壁碳纳米管，电极是在 Ni 上覆盖一层金，两电极给单壁碳纳米管构成了金属/单壁碳纳米管/金属的结构，其显示出 p 型晶体管的特性。当该纳米场效应晶体管结构暴露于 NO_2 或 NH_3 环境中，NO_2 是氧化性气体，而该纳米场效应管结构是 p 型结构，空穴是多子，NO_2 夺走电子后，传感器中的空穴增加，纳米管场效应管的电导也就增加了。参照 Dai 小组的研究结果，许多研究小组致力于无化学修饰和功能化的碳纳米管气体传感器，如 Li 等[201]将单壁碳纳米管直接滴涂到玻碳电极上检测到了 40×10^{-9} 的 NO_2，Santucci 等[202]采用 Pt 做基底生长碳纳米管薄膜，在 165℃时能检测到 10×10^{-9} 的 NO_2。其中，单壁碳纳米管的生长形貌(如密度、直径分布和取向等)对传感器性能有影响。碳纳米管的密度对其性能影响最大，而直径分布和取向是通过密度对其性能间接产生应用。另一方面，采用金属修饰的碳纳米管也可以提高碳纳米管气体传感器的灵敏度，如用 Au 和 Pt 修饰 CNTs 对 NH_3 和 NO_2 的电阻响应比原始 CNTs 的响应值要大 6～8 倍，研究者认为这是由于金属颗粒的溢出效应增加了灵敏度。如果用多种金属(包括 Pd、Pt、Rh 和 Au)修饰的单壁碳纳米管场效应晶体管器件用于传感阵列中，能够在多种气体气氛中进行 NH_3 和 NO_2 的检测[203]。

纳米传感器性能优劣不仅仅表现为敏感材料的性能，一个优良的传感器结构设计能够充分发挥传感器材料的潜在性能，大大提升传感器的灵敏度。Ong 等[204]研究了一种针对 NH_3 的无线被动式传感器，该传感器是利用多壁碳纳米管制作成平板电容感应器工作。邓梅根等[205]报道了用氢氧化钾活化和浓硝酸氧化改性，提高 CNT 超级电容器性能的研究结果。Chopra 等[206]发展了一种基于碳纳米管的谐振电路传感器，与传统的电阻式碳纳米管传感器比较，谐振电路传感器响应时间比较长，但是有更好的恢复效果。Jung 等[207]在阳极氧化铝(AAO)模板孔道内生长排列整齐的碳纳米管阵列，这些阵列制成的传感器能使被检测气体吸附到碳纳米管的内壁上。Modi 等[208]以碳纳米管阵列作为离子化气体传感器的阳极，铝板作为阴极，发明了一种新颖的小型碳纳米管离子化气体传感器。当保持两电极间的间距时，根据击穿电压大致区分气体的种类，但是不能据此计算气体浓度；而击穿电流却是气体浓度的函数，根据气体击穿时的自持放电电流可以确定被测气体浓度。这种基于碳纳米管的气体传感器对 NH_3 检测具有很好的灵敏度和选择性，并且在检测过程中，不受外界因素如温度、湿度及气流等的影响。

基于单壁碳纳米管场效应纳米传感器也可用于环境水样品中重金属离子如汞离子(Hg^{2+})[209]的检测。其原理是基于 Hg^{2+}($E^0_{Hg^{2+}}$ = 0.8535 V *vs.* NHE)可以与 p 型半导体单壁碳纳米管(E^0_{SWCNTs} = 0.5～0.8 V *vs.* NHE)发生还原氧化反应，进而使得单壁碳纳米管的电导率发生变化，并且随着 Hg^{2+} 浓度的增大，单壁碳纳米管的电导率变化越大，据此可用于水体中检测 Hg^{2+} 的浓度，其检测限达 10 nmol/L。而通过对水体中其他金属离子如 Cu^{2+}、Mg^{2+}、Pb^{2+}、Co^{2+} 的考察发现，由于其电极电位低于单壁碳纳米管，不能发生氧化还原反应，不会对汞的检测产生干扰(图 5-9)。

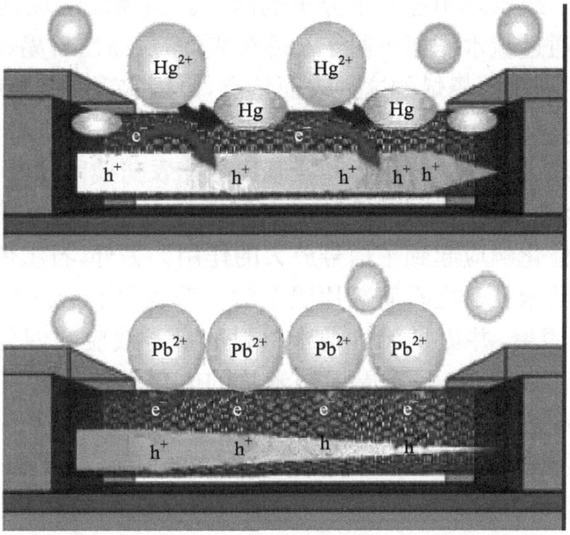

图 5-9　单壁碳纳米管场效应(FET)传感器对 Hg^{2+} 和 Pb^{2+} 的可能响应机理[209]

为了进一步提高方法的选择性，抗体或 DNA 酶被引入到纳米场效应传感设计中，进行环境污染物如 TNT[210]、2,4-D[211]等的快速检测。例如，将 2,4,6-三硝基酚-白蛋白(TNP-OVA)共聚物通过物理吸附的方法固定修饰在 SWCNTs，然后加入 anti-TNT 抗体和 TNT 标准品，通过免疫竞争反应后，SWCNTs 表面的抗体量随着 TNT 加入的量而减少，表面抗体量的变化会影响电导率的变化，该方法可特异性检测 TNT，其检测限为 0.5～5000 μg/L[209]。

5.4.1.2　*石墨烯传感技术*

石墨烯是碳纳米材料家族的新成员，其碳原子成 sp^2 杂化，贡献出剩余一个 p 轨道上的电子形成大 π 键，π 电子可以自由移动，使得石墨烯具有优良的导电性能和生物电催化性能，因此是制备电化学生物传感器的一种理想电极材料。但由于石墨烯化学稳定性高，其表面呈现惰性状态，致使其与其他介质的相互作用较弱；另外，石墨烯片层间还存在较强的范德华力和 π-π 相互作用，易发生不可逆的团聚进而妨碍其应用。因此需要对石墨烯进行功能化修饰，提高其溶解性和分散性。其功能化方法主要利用特定结构的功能性分子，如具有大 π 共轭结构的芳香性小分子、共轭聚合物、生物大分子等与石墨烯间的 π-π 相互作用、静电相互作用、疏水作用或氢键作用等实现石墨烯的表面修饰，进而用于石墨烯生物传感器的构筑。例如，Yue 等[212]利用芳香性小分子芘酸盐通过 π-π 相互作用吸附于石墨烯表面，制备了具有单片结构的水溶性石墨烯，并利用其与肌红蛋白构筑了传感器。该传感器对亚硝酸盐表现出良好的检测性能。表面活性剂分子也可用于修饰石墨烯，表面活性剂的亲水、疏水基团各处于分子的两端。当表面活性剂分子与石墨烯结合时，憎水基团会通过疏水作用吸附于石墨烯表面，从而使石墨烯表现出水溶性和一定的电荷特性。利用石墨烯的这种表面特点，可以实现其与酶的相互作用，构筑功能性化学修饰电极。Liu 等[213]将乙酰胆碱酯酶固定于石墨烯/金纳米粒子修饰的电极，制备了能够用于检测有机磷和氨基甲酸酯农药残留的电化学传感器，石墨烯片不仅提高了金纳米粒子的分散性，还有效地提高了乙酰胆碱酯酶的固载量和酶活性，并且其对催化响应起到了信号放大的作用。另外，石墨烯由于其独特的二维平面结构，无机纳米粒子在石墨烯片层上的负载也可有效地促成石墨烯片层的隔离，防止石墨烯团聚，并提供无机纳米材料的量子效应和催化性能。Li 和 Lin 等[214]设计了基于金纳米粒子-石墨烯纳米片的电化学传感器用于检测有机磷农药，此传感器用于超高灵敏检测对氧磷农药，其检测限为 0.1 pmol/L，远远低于其他纳米材料构建的传感器。

基于氧化石墨烯独特的光学特性和生物大分子之间的相互作用，可以构建石墨烯纳米荧光传感方法，用于环境污染物的检测。例如 Li 使用氧化石墨烯的纳米探针和环境污染物如铅离子特异性 DNA 酶之间相互作用构建了一种简单的荧光传感检测方法，用于特异性检测 Pb^{2+}[215]。作者设计了一条铅离子 DNA 酶链和一条标有荧光物质 CY3 的底物单链 DNA，当两条 DNA 混合时，可以形成双链 DNA；当 DNA 酶与铅离子简单混合后，由于 DNA 酶中含有 G-T 不稳定碱基，酶在 G-T 处发生裂解，G-T 对被 G-C 对代替，铅离子特异性 DNA 酶活性消失，带有荧光物质的底物单链 DNA 释放出来，由于单链 DNA 的柔性结构，使得 Cy3 与石墨烯的距离拉近，进而发生荧光能量转移，使得荧光信号变弱。随着铅离子浓度的提高，荧光信号逐步降低。该方法操作简单、方便，灵敏度高，其检测限可达到 0.5 mol/L，远远低于美国 EPA 规定的饮用水中浓度标准（72 nmol/L）。Liu 等[213]将乙酰胆碱酯酶固定于羧酸衍生物、石墨烯、金纳米粒子修饰的电极，制备了能够用于检测有机磷和氨基甲酸酯农药残留的电化学传感器，石墨烯对催化响应起到了信号放大的作用。Li 和 Lin 课题组[214]设计了基于金纳米粒子-石墨烯纳米片的电化学传感器用于检测有机磷农药，此传感器用于超高灵敏检测对氧磷农药，其检测限为 0.1 pmol/L，远远低于基于其他纳米材料构建的传感器。

5.4.2　金属纳米材料传感技术

金属纳米粒子，尤其是金纳米粒子和银纳米粒子，由于其在化学生物传感器、医药诊断和生物镜像中的广泛应用而备受关注。纳米金或银具有很高的消光系数和依赖于大小、形状的光电性质，比表面积大，体积比大，且表面可以修饰多种功能基团。因此，可以作为纳米传感非常有用的工具应用于环境污染物分析。

5.4.2.1　纳米金传感技术

纳米金溶液的颜色与纳米金颗粒的间距及纳米金聚集体的大小有关，纳米金颗粒的间距若明显超过其平均直径，纳米金呈分散状态，这时小的纳米金粒子在宏观上显现出深红色，这是由于其吸收绿光(可见光谱 520 nm 处)引起的。当该间距小于平均直径，则纳米金粒子容易团聚呈聚集态，尺寸增加，会导致红移现象并加宽表面共振带，宏观上呈现为紫色到蓝色。因此，纳米金聚集过程中引起的肉眼可见颜色变化为纳米金比色传感分析提供了一个很好的平台[216]。某个靶标分析物或一个生物过程直接或间接引起纳米金的聚集都可以通过纳米金溶液颜色的改变而被检测到。1996 年，Mirkin 等[217,218]实现了巯基修饰的 DNA 在纳米金颗粒表面的组装，制备成纳米金-DNA 复合纳米结构，并通过 DNA 与靶物质的结合，改变纳米金的分散-聚集，建立了一系列高灵敏纳米金比色传感检测平台。在此基础上，基于金纳米粒子比色传感分析方法也广泛用于环境检测中(图 5-10)。Huang 等[219]在纳米金表面修饰巯基丙酸(3-MPA)，其作为配体可以与金属粒子如 Hg^{2+} 发生相互作用，使得金纳米粒子发生聚集，颜色发生改变，基于此构建了金纳米传感器，在 2-吡啶二甲酸的存在下，通过调节缓冲溶液的组成，实现了 Hg^{2+} 的灵敏、特异性检测。同理，Bermejo-Barrera 等[220]使用谷胱甘肽-二硫苏糖醇-半胱氨酸-吡啶二甲酸(GSH-DTT-CYs-PDCA)功能化的金纳米粒子实现了环境水样中砷离子的检测，其线性范围为 2～20 μg/L。有研究者使用金属离子特异性 DNA 酶作为识别元件，DNA 功能化的金纳米粒子作为信号单元，构建纳米金比色传感器用于金属离子的特异性传感检测[221]。其基本原理是，在金属离子的存在下，底物链被酶裂解，抑制了纳米粒子聚集的再形成，导致颜色呈现红色。因此，通过观察传感器的颜色变化，可以检测和定量金属离子。基于待测物与 DNA 中胸腺嘧啶(T)或鸟嘌呤(G)发生特异性反应而导致纳米金聚集而引起溶液颜色变化的原理也可以构建纳米金比色传感器用于环境污染物选择性检测。例如。Hg^{2+} 可插入 DNA 的 T-T 碱基对之间，由特异性结合形成稳定的 T-Hg^{2+}-T 结构。先将一段富含 T 碱基的 DNA 序列有序组装在纳米金颗粒表面，由于颗粒表面 DNA 所带负电荷的相互排斥作用，此时纳米金保持分散状态，呈红色。加入 Hg^{2+} 后，T-Hg^{2+}-T 稳定配合物结构的形成，使得位于不同纳米金颗粒表面的单链 DNA 之间形成双链结构，拉近了颗粒间距离，导致纳米金溶液发生聚集，宏观上表现为蓝紫色[222]；四氯苯醌可以与 ssDNA 的 G 碱基发生特异性化学反应，破坏 ssDNA 的结构，从而破坏 ssDNA 对金纳米粒子的保护作用，导致金纳米粒子在盐诱导下聚沉发生颜色改变。通过测定 ssDNA 保护的金纳米粒子溶液颜色的改变，实现四氯苯醌的定量检测[223]。基于纳米金的比色传感器可以克服传统方法的一些限制，如不需要有机助溶剂、光敏染料分子以及精密的仪器[224]，具有较好的应用前景。

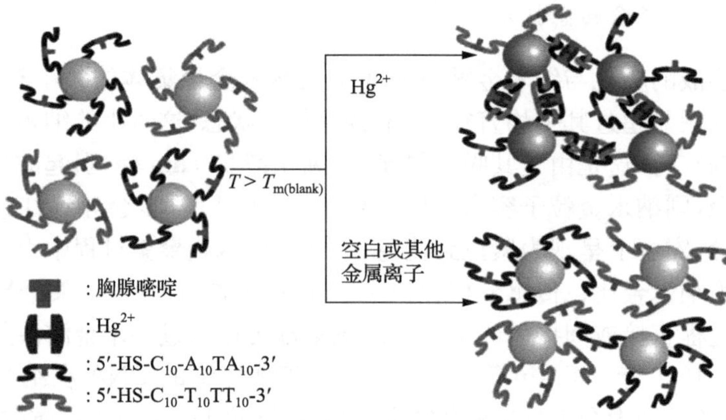

图 5-10　基于纳米金标记 DNA 探针的比色法 Hg^{2+} 检测传感示意图[218]

基于金纳米粒子发展起来的荧光传感器和电化学传感器也已用于环境分析中。荧光传感器主要包含分析物诱导的“荧光增强”和分析物诱导的“荧光猝灭”两大类。对于荧光增强体系来说，罗丹明 B 的荧光可以被表面修饰有巯基乙酸(TGA)或巯基丙酸(MPA)的单分散金纳米粒子猝灭，当加入金属离子如汞离子时，汞离子可以代替罗丹明 B 结合在纳米金表面，进而使得罗丹明 B 游离在溶液中，使得其荧光信号增强，据此可以对金属离子如汞离子进行检测(如图 5-11 所示)[225,226]。另外，如果将铅离子特异性 DNA 酶的荧光底物固定在金纳米粒子上，底物的荧光会被猝灭；但当加入金属离子如铅离子及其特异性 DNA 酶时，酶将底物进行切断，带有荧光物质的底物被释放到溶液中，进而引起荧光信号的增强[227]，其增强程度与铅离子浓度成正相关。分析物诱导的荧光猝灭是将配体(如谷胱甘肽、巯基十一酸)修饰在金纳米粒子表面，当加入金属离子(如铜离子、汞离子)后，金属离子会诱导配体修饰的金纳米粒子聚集，其荧光信号猝灭[228,229]。对于纳米金电化学传感器，由于金纳米粒子可以引起电化学信号放大，因此在污染物检测方面其灵敏度可以得到很大提高。如使用富含 T 碱基的汞离子特异性寡核苷酸探针(MSO)和金纳米粒子发展的汞特异性检测的纳米金电化学传感技术，将硫醇化 MSO 探针固定在金电极表面，当游离汞离子存在时，通过 T-Hg^{2+}-T 碱基对的形成，MSO 探针与 Hg^{2+} 结合形成发夹结构，MSO 结合的 Hg^{2+} 可以被电化学还原为 Hg^{+}，并产生电信号进而定量 Hg^{2+}，其检测限为 1 μmol/L。而当金纳米粒子修饰的 MSO 探针和一个互补探针固定在金电极上并用于汞离子检测时，其电化学信号放大 3 倍，检测限降低为 0.5 nmol/L[230]。

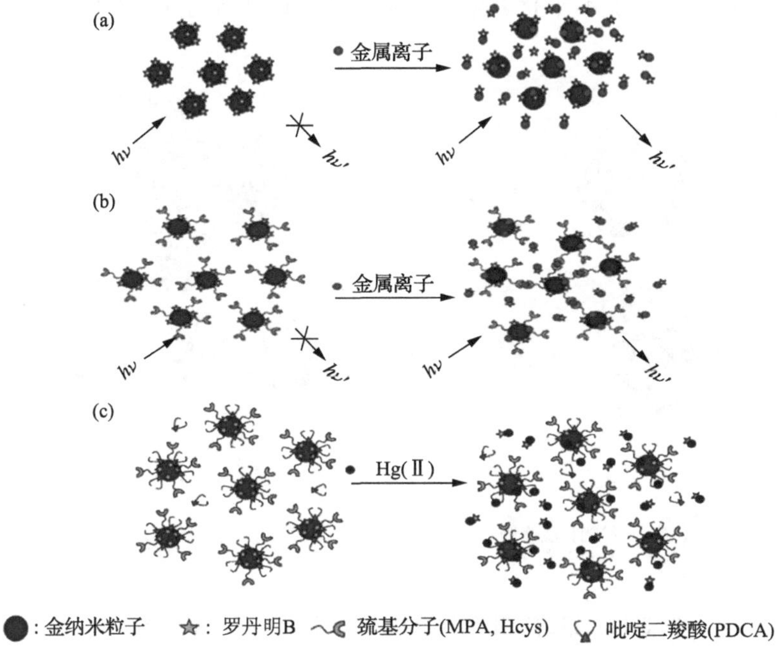

图 5-11 基于金纳米粒子的荧光增强传感器示意图[225]

(a) 基于 RhB-金纳米粒子传感器；(b) 基于罗丹明 B-巯基化的 AuNP 传感器；
(c) PDCA/罗丹明 B-巯基化的 AuNP 传感器

5.4.2.2 纳米银传感技术

银纳米粒子也可以用来构建比色传感器并用于环境分析中。基本原理是选择合适的配体保护银纳米粒子，使其保持单分散状态，然后利用其表面修饰物与目标分子发生特异性识别或结合，引起纳米粒子的聚集，进而实现对分析物的检测。例如，Li 等[231]设计合成了谷胱甘肽修饰的银纳米粒子，溶液呈现黄色，当加入 Ni^{2+} 时，由于谷胱甘肽与金属 Ni^{2+} 的相互作用，引起银纳米粒子的聚集，颜色变为红色；随后加入乙二胺，可以将 Ni^{2+} 取代下来，使得聚集的银纳米粒子又重新分散（如图 5-12 所示），据此可以检测环境水体中 Ni^{2+}，检测限为 7.5×10^{-5} mol/L。Chen 等[232]设计合成了 β-环糊精功能化的银纳米粒子作为探针，利用主体-客体的相互作用导致的银聚集程度不同，其呈现的颜色不同，实现了芳香烃化合物同分异构体的区分、定量和灵敏检测。Rastogi 等[233]合成了生物聚合物(gum kondagogu, GK)-银纳米粒子,当向溶液中加入 Hg^{2+} 时,Hg^{2+} 可以将 Ag^0 氧化为 Ag^+ 而使得黄色褪去。随着汞离子浓度的增加,GK-银纳米粒子呈现的黄色逐步变浅直到无色。据此可以简单实现样品中 Hg^{2+} 的检测,其检测灵敏度可达 50 nmol/L,水体中常见的金属离子不干扰其测定,该方法可以用于水环境样品中 Hg^{2+} 现场定量测定。

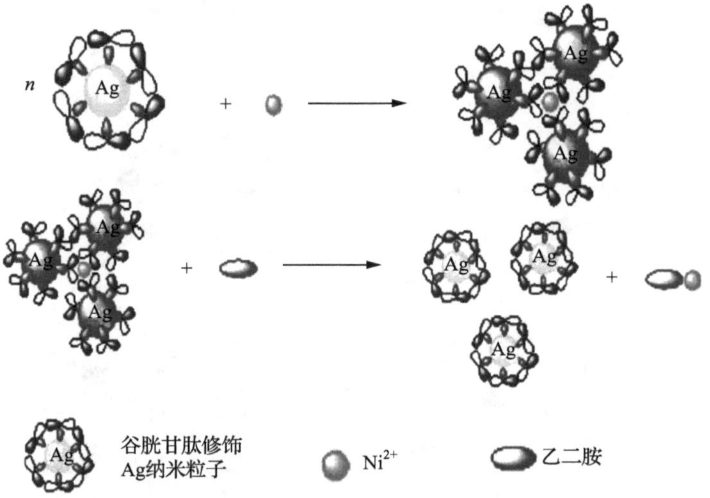

图 5-12 银纳米比色传感技术检测 Ni^{2+} 原理示意图[231]

5.4.2.3 金银纳米二聚体的表面增强拉曼传感技术

金银纳米粒子由于所产生的独特光学和电子学性质,通常作为可调谐表面增强拉曼散射效应的基底材料。其增强效应与纳米粒子的尺度、组成和形状相关。当激光照射在基底表面时,会在金、银等金属上激发出表面等离子体,使得入射光场强和散射光场强均有较大增强。由于拉曼散射增强强度与分子所处光电场强度的平方成正比,因而极大地增强吸附在表面分子产生的拉曼散射强度,从而提高了灵敏度。灵敏度的提高一般与基底材料有关,基底的表面等离子体越强,激发的电磁场就越强,相应的拉曼增强效应就越大。而金银合金二聚体具有等离子体偶合效应,若将金银合金作为增强拉曼散射的基底,其表面等离子体会大大增强,在表面激发的电磁场也会大大增强,进而极大地增强吸附在表面的分子产生的拉曼散射强度,提高检测的灵敏度。目前,金或银及其合金已作为表面增强拉曼检测技术的基底用于高灵敏检测环境污染物如酚类、农药、TNT 以及重金属离子等。例如 Zhang 等[234]使用 Au@Ag 核壳双金属纳米粒子的表面增强拉曼信号识别并检测了各种水果如苹果、葡萄、芒果、梨和桃子皮中农药残留物。通过铸造 Au@Ag 核壳双金属纳米粒子传感器到水果皮上，以快速识别和检测农药残留物如硫代氨基甲酸酯和有机磷化合物(图 5-13)。

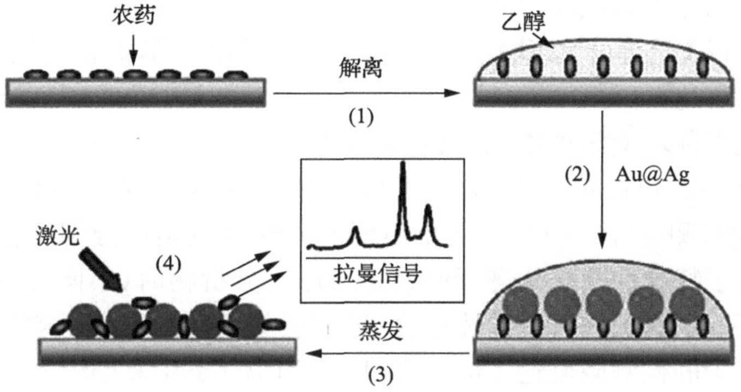

图 5-13　基于 Au@Ag NPs 表面增强拉曼光谱传感器检测农药残留物示意图[234]

5.4.3　硅基纳米材料传感技术

硅基纳米材料是一类重要的纳米材料，具有优异的电子、机械及光学性质以及生物相容性，且表面易于修饰，目前受到了很大的关注。在硅基纳米材料中，硅纳米线由于自身特有的荧光、紫外等光学特性，场发射、电子运输等电学特性，热传导、高表面活性和量子限制效应等而得到科技界的广泛关注，在电子、太阳池、催化剂、传感器、生物镜像等方面具有重要的潜在应用价值。

硅纳米线是一种新型的一维纳米半导体光电材料，其线体直径一般在 10 nm 左右，内晶核是单晶硅，外层有一 SiO_2 包覆层。硅纳米线的表面积大、表面活性高，对外界环境因素的敏感度高，外界环境的改变会迅速引起表面或界面离子价态电子输运的变化，具有响应速度快、灵敏度高、选择性好等特点，基于此可以构建硅纳米线场效应晶体管传感器，用于环境污染物高灵敏特异传感分析。例如，Engel 等[235]制备了基于硅纳米线阵列的场效应晶体管传感器，用于爆炸物三硝基甲苯的高灵敏度、快速、免标记在线检测。该方法首先制备了硅纳米线阵列，然后使用 3-氨基丙基三乙氧基硅烷(APTES)对其进行表面化学修饰，得到氨基功能化的硅衍生物；三硝基甲苯因具有电子缺陷，可以强烈地与硅纳米线阵列传感器表面修饰的富电子基团氨基结合，氨基的电子可以转移到芳香基团上，通过 Meisenheimer 重排，形成络合物；这种络合物的形成作为有效的场效应晶体管栅极来强烈调节纳米传感单元的电导率。因此，该方法对 TNT 的检测具有超高灵敏度，其检测限可达 10^{-15} mol/L 以下，可以用于空气和水样品中 TNT 的直接在线测定，无须样品前处理和浓缩。

硅纳米线表面分布着高密度的悬挂键，可以大量的吸附生物分子如酶，提高了酶的负载量，并保存酶的活性，促进酶和电极之间的电子转移进展。基于此可以发展硅纳米电化学生物传感器用于环境污染物传感检测。例如 Fan 等基于金包被硅基纳米材料的乙酰胆碱酯酶电化学传感器实现了农药的快速、高灵敏度检测，由于硅纳米线可以提高基于乙酰胆碱酯酶（AChE）的电化学传感器性能，对敌敌畏的检测灵敏度可达 8 ng/L[236]。

为了实现多种环境污染物同时检测，Bi 等[237]使用“自上而下”的方法制备了多通道寡肽修饰的单晶硅纳米线阵列芯片，对不同金属离子待测物如 Pb^{2+} 和 Cu^{2+} 进行了同时测定（图 5-14）。两个不同的硅纳米线集群分别用铅离子特异性低聚肽和铜离子特异性低聚肽进行修饰。当加入分析物时，不同通道中的低聚钛可以与铅离子或铜离子进行特异性结合，进而引起不同的电导率响应。该方法对铅离子和铜离子的检测限可达 1 nmol/L Pb^{2+} 和 10 nmol/L Cu^{2+}。使用 3-巯丙基三乙氧基硅烷（MPTES）对硅纳米线进行修饰，制备的硅纳米线场效应化学传感器，也可以实现重金属离子 Hg^{2+} 和 Cd^{2+} 的高灵敏检测[238,239]。Haick 等[240]使用不同的化学物质（例如，带有吸电子和给电子基团的化学物质或者带有相同功能团的不同骨架化学分子）对硅纳米线阵列表面进行修饰，然后结合场效应晶体管传感器中各种参数如阈电压变化、电流变化和载流子迁移率变化，可对挥发性有机污染物进行有效识别。他们同时还研究了修饰分子的链长对硅纳米线场效应传感器识别挥发性有机污染物的影响，发现在一定浓度挥发性有机污染物存在下，随着修饰分子链长增长，场效应传感器的阈电压变化越大[241]。

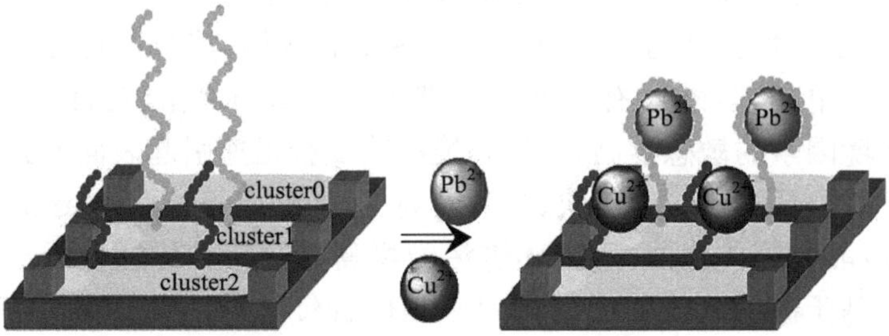

图 5-14　多通道寡肽修饰的单晶硅纳米线阵列芯片用于检测 Pb^{2+} 和 Cu^{2+}[237]

cluster0：乙醛修饰的硅纳米线通道；cluster1：Pb^{2+} 特异性寡肽修饰的通道；

cluster2：Cu^{2+} 特异性寡肽修饰的通道

5.4.4　半导体量子点传感技术

量子点（quantum dots，QDs）即半径小于或接近于激子玻尔半径的半导体纳米晶粒，是一种零维的纳米材料。量子点的结构导致了其具有许多块体材料和分子级别材料所不具备的性质，如量子尺寸效应、表面效应、宏观量子隧道效应和介电限域效应等，并由此派生出量子点独特的发光特性。与传统的有机染料相比，量子点具有宽而连续的激发光谱、窄而对称的发射光谱、可精确调谐的发射波长（通过控制量子点的粒径来调整发光颜色即发射波长）、可忽略的光漂白等优良特性，使得其作为一种理想的荧光探针，在生物标记、成像及检测中得到了广泛应用[242]。

近年来，量子点在环境污染物定性定量分析方面的应用取得了很大进展，为环境监测提供了一种新技术，丰富了检测手段。研究表明，量子点的表面状态对其荧光性能的影响非常显著。被分析物与量子点表面之间发生的各种物理、化学作用（如吸附、静电和键合等），很容易改变量子点电子与空穴的直接复合效率，从而引起量子点发光信号的猝灭或增强。因此，基于量子点荧光猝灭法、荧光增敏法、量子点标记免疫分析方法、量子点表面印迹法、荧光共振能量转移法等对环境污染物的检测报道很多。

5.4.4.1　量子点荧光传感技术

基于量子点荧光猝灭或增强现象而构建的传感器大多用于环境中重金属离子或有机污染物测定。金属离子或有机污染物可以通过不同作用机制对量子点的光学性质产生显著影响，其强度的改变量会随着被测物浓度变化，它们的关系可用荧光猝灭方程或荧光加强效应方程来描述。量子点的光学发光性质和其表面修饰有很大关系，不同保护剂修饰的量子点对于离子的响应有不同的识别作用。因此，利用金属离子或有机污染物与量子点作用引起荧光猝灭或荧光增强的变化，可以建立待测物浓度与荧光强度的关系，进而实现量子点对待测物含量的测定。表 5-1 总结了近年来基于量子点荧光（增强或猝灭）传感器在环境检测中的应用。

表 5-1　量子点荧光探针在环境检测中的应用

待测物	修饰剂	量子点	检测限	参考文献
三硝基甲苯	肌酐酸	CdSe/ZnS		[243]
Ag^+	半胱氨酸	CdS	68 nmol/L	[244]
Cd^{2+}		InP		[245]
As(Ⅴ)	L-半胱氨酸	CdS	10^{-8}mol/L	[246]
Cu^{2+}	4-巯基丙基乙酸	Mn^{2+}掺杂 ZnS		[247]
Hg^{2+}	L-半胱氨酸	CdS:Eu	2×10^{-6}mol/L	[248]
Hg^{2+}	谷胱甘肽(GSH)	CdTe	5 nmol/L	[249]
Pb^{2+}	巯基丙酸(MPA)	CdTe	9.3×10^{-10}mol/L	[250]
Pb^{2+}	双硫腙	CdSe/CdS	0.006 nmol/L	[251]
Cd^{2+}	吡咯烷二硫代氨基甲酸(APDC)	CdTe/CdS	6 nmol/L	[252]

续表

待测物	修饰剂	量子点	检测限	参考文献
Ag^+	L-半胱氨酸	CdS	5.0 nmol/L	[253]
	铋试剂Ⅱ	CdS	1.6 nmol/L	[254]
	巯基丙酸	CdTe	0.002 μmol/L	[255]
	3-巯基丙酸	CdTe	0.01 μmol/L	[256]
Cu^{2+}	2-巯基乙酸	CdSe	0.2 μg/L	[257]
	L-半胱氨酸	CdSe/CdS	3.0 nmol/L	[258]
	16-巯基苯甲酸	CdSe	5 nmol/L	[259]
Hg^{2+}	牛血清白蛋白	双色量子点多层膜	4.5 nmol/L	[260]
	L-半胱氨酸	CdSe		[261]
As^{3+}	谷胱甘肽	CdTe	0.2 nmol/L	[262]
	巯基乙酸	CdS	0.07 mg/L	[263]
Pb^{2+}	谷胱甘肽	CdTe	0.01 μmol/L	[264]
	谷胱甘肽	CdZnSe	20 nmol/L	[10]

5.4.4.2　量子点分子印迹传感技术

量子点作为荧光探针应用于实际复杂样品中检测时，如何提高其选择性是亟待解决的关键问题。而分子印迹聚合物(MIP)最大的特点就是选择性好。因此，将量子点的光学性质与分子印迹技术的高选择性相结合而制备出的复合材料，在复杂样品的分离检测中具有明显优势。目前，量子点与分子印迹相结合的研究尚处于雏形，进一步深入开展量子点分子印迹技术的研究工作具有十分重要的价值。例如 Liu 等[265]以对硝基酚为模板分子，氨丙基三乙氧基硅烷为功能单体，正硅烷乙酯定义为交联剂，在锰掺杂的硫化锌量子点表面合成了对硝基酚分子印迹层，并将该产物应用于化学发光体系，提高了体系的灵敏度和选择性。Wang 等[239]曾以五氯酚为模板，同样以氨丙基三乙氧基硅烷为功能单体，正硅烷乙酯为交联剂，在锰掺杂的硫化锌量子点表面合成五氯酚的分子印迹层，并结合室温磷光检测技术测定了水样中五氯酚的含量，检测限为 86 nmol/L。在重金属离子检测方面，Wu 等[266]又提出了一种制备表面离子印迹量子点的方法，并以此构建了金属离子的荧光增强型探针。该方法是以巯基丙酸稳定的碲化镉量子点表面覆盖有一层镉与巯基丙酸的配合物，当加入乙二胺四乙酸切断后，碲化镉量子点会产生一些表面缺陷，导致量子点的荧光猝灭，这些表面缺陷可视为 Cd^{2+}-印迹的空穴，能选择性地识别 Cd^{2+} 。该方法还用于 ZnS 和 ZnSe 量子点，设计合成 Zn^{2+} 的印迹传感器。以上复合材料在制备时都需要经过配体交换等复杂过程，且会降低量子点的荧光强度。为了解决这个问题，Stringer 等[267]首先制备了对 2,4,6-三硝基甲苯有选择性的分子印迹聚合物和表面氨基化的 CdSe 量子点，然后利用分子印迹表面的羧基和量子点表面的氨基进行化学偶联，制备了量子点标记的分子印迹传感器，用于环境样品中 TNT 的检测。Ge 等[268]将农药分子印迹和量子点依次组装到微孔板表面，制成了分子印迹膜修饰的化学发光传感器，用于环境中残留农药的检测，具有高灵敏度、高特异性、快速检测、低成本、便于现场检测等优点。

5.4.4.3　量子点标记免疫传感技术

荧光免疫分析法利用了抗体和抗原的特异性反应，由于其选择性强、样品前处理过程简单等优点，受到了广泛的关注。量子点作为一种新型荧光标记探针，具有优越的光学性质如激发光谱宽、发射光谱窄且对称，最大发射波长位置可调，不易降解的特点，因此以量子点作为荧光免疫分析的荧光探针，来发展量子点标记免疫技术不失为一种好的选择，它与传统免疫分析方法相比具有更高的灵敏度。Chen 等[269]将 CdTe 量子点同毒死蜱抗体通过生物素-亲和素系统进行连接，建立了基于量子点的竞争性荧光免疫分析法，并应用于饮用水中毒死蜱的检测，最低检测限为 3.8 ng/L。Vinayaka 等[270]用量子点 CdTe 标记二氯苯氧乙酸(2,4-D)，用二氯苯氧乙酸抗体包被琼脂糖凝胶后固定在毛细管玻璃柱上，量子点 CdTe 标记的 2,4-D 通过抗原抗体反应，吸附在毛细管柱上，然后用不同浓度的游离二氯苯氧乙酸与量子点标记 2,4-D 竞争结合抗体，检测被竞争下来的量子点荧光强度，建立了检测二氯苯氧乙酸的量子点荧光免疫分析方法，检测限为 250 pg/mL。

5.4.4.4　量子点共振能量转移传感技术

荧光共振能量转移(FRET)是一种非辐射能量跃迁，通过分子间的电偶极相互作用，将供体激发态能量转移到受体激发态的过程，使供体荧光强度降低，而受体可以发射更强于本身的特征荧光，或者不发荧光。作为共振能量转移供、受体对，必须满足两个条件：①供受体对的激发光谱和发射光谱要分得足够开；②供体的发射光谱与受体的吸收光谱要有重叠。传统有机荧光染料吸收光谱窄，发射光谱常常伴有拖尾，这样会影响供体发射光谱与受体吸收光谱的重叠程度，而且供受体发射光谱产生相互干扰。量子点由于其发射光谱很窄且不拖尾，可以减少供体与受体发射光谱的重叠，避免了相互间的干扰；由于量子点具有较宽的光谱激发范围，当它作为能量供体时，可以更自由地选择激发波长，保证供体发射波长与受体吸收波长的良好重叠，避免对能量受体的直接激发，最大限度地增加了共振能量转移效率。因此，量子点在荧光共振能量转移传感器方面研究方兴未艾。Niu 和 Zeng 等[271,272]使用 Mn 掺杂的 CdS/ZnS 量子点作为供体，纳米金粒子作为受体，设计两个互补单链 DNA，并设计上 4 个不匹配的 T-T 碱基对，当加入 Hg^{2+} 时

(图 5-15)，通过 T-Hg^{2+}-T 复合物的形成，DNA 发生杂交，量子点与金纳米粒子之间距离拉近，导致了量子点的荧光强度降低，汞离子浓度越大，荧光信号越低，据此，可以检测汞离子的浓度，在缓冲溶液中其检测限为 0.49 nmol/L，在自来水样品中的检测限为 0.87 nmol/L。

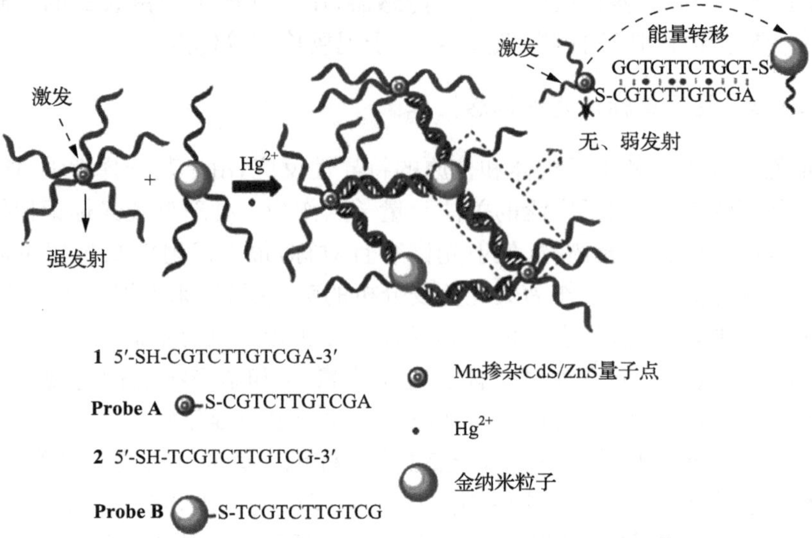

图 5-15 基于 Hg^{2+} 介导的 DNA 双链形成导致荧光共振能量转移示意图[272]

除了以荧光增敏或猝灭信号作为传感信号外，荧光共振能量转移传感法还可以根据体系在加入待测物前后发生的可以用肉眼直接观察到的荧光颜色变化，达到裸眼识别的目的，实现污染物的简单、便捷、快速、现场检测。例如 Yu 等[273]使用 CdTe 量子点作为供体，苯酚甲醛树脂(PFR)纳米粒子作为受体，通过自组装技术使得聚合电解质(PEI/PSS/PEI)吸附在苯酚甲醛树脂纳米粒子上，表面氨基化的受体纳米粒子和表面羧基化的 CdTe 量子点，通过碳二亚胺-*N*-羟基琥珀酰亚胺(EDAC-NHS)的偶联技术，获得一个新型 FRET 纳米复合物。由于 CdTe 量子点与苯酚甲醛树脂纳米粒子间有效的能量转移，当用 365 nm 光源激发时，肉眼看到的光为红光，但当加入 Cu^{2+} 时，由于铜离子对量子点的猝灭效应，溶液本身就发射苯酚甲醛树脂的发射光(绿光)，据此发展了一种可视化荧光共振能量转移传感器。

5.4.4.5 量子点比率荧光传感技术

基于单一量子点荧光信号的荧光分析容易受检测底物浓度、外部环境和仪器条件变化等干扰。为了克服这一缺陷，可以引入另外一个荧光信号作为参比，建立比率荧光传感技术。比率荧光法是通过测量两个不同波长处的荧光强度，以其比值为信号参量来测定目标物的分析方法。

量子点的波长可调性为双色量子点比率荧光传感探针的构建提供了可能。Wu 等设计合成了量子点-异硫氰酸荧光素掺杂的二氧化硅复合纳米颗粒前驱体，并通过不同浓度 Cu^{2+} 对复合纳米颗粒中量子点荧光的可控选择性猝灭这一“后编码”技术，获得了一系列尺寸均匀且具有不同荧光发射编码的荧光纳米探针，该复合纳米颗粒可用于 Cu^{2+} 比率传感。Song 等[274]将 CdTe 量子点和 ZnO 纳米棒包覆在二氧化硅中，制备了介孔材料 CdTe/ZnO@SiO_2，并研究了不同金属离子对该复合材料发光性能的影响。Sun 等[275]以生物相容性好的环保型壳聚糖(CS)为稳定剂，合成了荷正电的蓝光 CdS@CS 纳米微球，并在此基础上，将巯基乙酸修饰的荷负电的 CdTe 量子点通过静电作用组装到其表面，制备了载有双色量子点的荧光纳米复合物。基于复合物 CdS@CS 的荧光不受金属离子影响，CdTe 的荧光对 Hg^{2+} 有选择性响应，建立了一种简便、快速、灵敏、选择性测定微量 Hg^{2+} 的可视化传感新方法，检测限低至 5.6 nmol/L。

5.5 总　　结

随着近年来纳米材料制备技术的飞速发展，各种新型纳米材料不断涌现，在环境分析包括环境样品前处理、环境污染物分离分析以及传感检测中得到了广泛的应用。

在环境样品前处理方面，一些复合纳米材料是环境样品前处理中的研究热点，例如前面提到的金属有机框架等。此外，碳纳米管与纳米金属、纳米金属氧化物、硅胶、壳聚糖及分子印迹聚合物等形成的复合材料也可用于各种目标物的分离富集，这些复合材料不仅具有纳米材料萃取能力强、萃取速度快的特点，而且兼具各组分的优良特性，在目标物萃取富集中能够发挥更大的优势。同时，高选择性的分子印迹纳米材料、介孔纳米材料以及抗体、适配体等生物大分子的引入，更是赋予了纳米材料萃取剂更高的萃取选择性。纳米材料应用于环境样品前处理的另一个发展方向是与自动化的萃取装置或灵敏、快捷的测定方法相结合，以便提高工作效率，降低测定成本。

纳米材料在环境污染物分离分析应用中，对于提高选择性、化学稳定性和分离效率上是非常有效的。纳米材料在分离中的应用大致有以下方式：改善填充柱中载体表面性质，增加开管柱固定液的稳定性，直接作为开管柱或作为填充柱的固定液。纳米技术已经给分离科学带来深远的影响，将最有可能不断为分离科学提供快速和高效的分离手段，尤其是微流控芯片将是应用纳米技术的主要平台。但纳米技术在现代分离中的应用还处于基础研究阶段，其应用研究还有很远的路要走，还存在许多亟待解决的问题。例如以纳米材料作为固定相时，在材料的合成选择和使用上，虽然文献报道所使用的粒子粒径范围比较宽，从几纳米到几百纳米，甚至达到微米级，但为了获得高效的分离和分析重现性，真正意义的纳米粒子(1～100 nm)会得到日益广泛的应用，因此对材料的均一性以及其表面的电荷密度和选择性位点的设计将会提出更高的要求；在信号检测时，将纳米粒子加入到缓冲溶液作为固定相后会产生不同程度的光散射现象，进而干扰紫外-可见光和荧光检测，使得检测灵敏度减低，尽管目前使用与 MS 偶联，解决了干扰这一现象，但在通用性和成本方面尚不尽如意。随着纳米技术的飞速进步，纳米材料作为固定相在基于色谱和毛细管技术的分离科学中还存在着巨大的潜在应用空间。

由于纳米材料特殊的物理和化学性质，其可以应用于不同种类检测技术中。我们根据纳米材料的分类总结了几类纳米材料在环境分析传感中的设计及应用。基于纳米传感技术在环境污染物分析中具有灵敏度高、选择性好、快速简单等优点，但针对实际环境检测的需求，提高其灵敏度和易操作性仍然是今后发展的重点；另外，提高纳米传感器件大批量制作的可操作性是未来需要解决的难题，也是环境检测传感技术发展的关键。

赵利霞　中国科学院生态环境研究中心
张小乐　河北联合大学
蔡亚岐　中国科学院生态环境研究中心

参考文献

[1] 但德忠. 环境分析化学. 北京：高等教育出版社，2009.
[2] http://www.chemalink.net/books/C/1183/0.html.
[3] Pan B，Xing B S. Environ Sci Technol，2008，42：9005-9013.
[4] Cai Y Q，Jiang G B，Liu J F，et al. Anal Chem，2003，75：2517-2521.
[5] Dahane S，Garcia M D G，Bueno M J M，et al. J Chromatogr A，2013，1297：17-28.
[6] Valcarcel M，Cardenas S，Simonet B M. Anal Chem，2007，79：4788-4797.
[7] Ravelo-Perez L M，Herrera-Herrera A V，Hernandez-Borges J，et al. J Chromatogr A，2010，1217：2618-2641.
[8] Zhang L，Pan F，Liu X Y，et al. Chem Eng J，2013，218：238-246.
[9] Lasarte-Aragones G，Lucena R，Cardenas S，et al. Anal Bioanal Chem，2013，405：3269-3277.
[10] Ali E M，Zheng Y G，Yu H H，et al. Anal Chem，2007，79：9452-9458.
[11] Barbosa A F，Segatelli M G，Pereira A C，et al. Talanta，2007，71：1512-1519.
[12] El-Sheikh A H，Sweileh J A，Al-Degs Y S. Anal Chim Acta，2007，604：119-126.
[13] Polo-Luque M L，Simonet B M，Valcarcel M. Electrophoresis，2013，34：304-308.
[14] Niu H Y，Cai Y Q，Shi Y L，et al. Anal Bioanal Chem，2008，392：927-935.
[15] Niu H Y，Shi Y L，Cai Y Q，et al. Microchim Acta，2009，164：431-438.
[16] Liu H M，Li J B，Liu X，et al. Talanta，2009，78：929-935.
[17] Zhang W Y，Sun Y，Wu C Y，et al. Anal Chem，2009，81：2912-2920.

[18] Liu Q, Shi J B, Sun J T, et al. Angew Chem Int Edit, 2011, 50: 5913-5917.
[19] Huang K J, Jing Q S, Wei C Y, et al. Spectrochim Acta Part a-Mol Biomol Spectro, 2011, 79: 1860-1865.
[20] Wang Y K, Gao S T, Zang X H, et al. Anal Chim Acta, 2012, 716: 112-118.
[21] Zhai Y, He Q, Han Q, et al. Microchim Acta, 2012, 178: 405-412.
[22] Wang W N, Ma R Y, Wu Q H, et al. J Chromatogr A, 2013, 1293: 20-27.
[23] Wang W N, Ma X X, Wu Q H, et al. J Sep Sci, 2012, 35: 2266-2272.
[24] Wu Q H, Zhao G Y, Feng C, et al. J Chromatogr A, 2011, 1218: 7936-7942.
[25] Zhang J, Dong X L, Cheng J S, et al. J Am Soc Mass Spectro, 2011, 22: 1294-1298.
[26] Liu Y, Liu J Y, Deng C H, et al. Rapid Commun Mass Spectro, 2011, 25: 3223-3234.
[27] Zhou X Z, Wei Y Y, He Q Y, et al. Chem Commun, 2010, 46: 6974-6976.
[28] Shi C Y, Meng J R, Deng C H. Chem Commun, 2012, 48: 2418-2420.
[29] Chen J M, Zou J, Zeng J B, et al. Anal Chim Acta, 2010, 678: 44-49.
[30] Wu Q H, Feng C, Zhao G Y, et al. J Sep Sci, 2012, 35: 193-199.
[31] Zhang H, Lee H K. J Chromatogr A, 2011, 1218: 4509-4516.
[32] Zou J, Song X H, Ji J J, et al. J Sep Sci, 2011, 34: 2765-2772.
[33] Tang X, Zhang D, Zhou T, et al. Anal Meth, 2011, 3: 2313-2321.
[34] Xiao C H, Liu Z L, Wang Z Y, et al. Chromatographia, 2000, 52: 803-809.
[35] Zhang S X, Niu H Y, Hu Z J, et al. J Chromatogr A, 2010, 1217: 4757-4764.
[36] Niu H Y, Wang Y X, Zhang X L, et al. ACS Appl Mater Interf, 2012, 4: 286-295.
[37] Qin H Q, Zhao L, Li R B, et al. Anal Chem, 2011, 83: 7721-7728.
[38] Lin T H, Lu C Y, Tseng W L. Electrophoresis, 2013, 34: 297-303.
[39] Bagheri H, Zandi O, Aghakhani A. Chromatographia, 2011, 74: 483-488.
[40] Mohammadi S Z, Karimi M A, Hamidian H, et al. Scientia Iranica, 2011, 18: 1636-1642.
[41] Zhao X L, Shi Y L, Ca Y Q, et al. Environ Sci Technol, 2008, 42: 1201-1206.
[42] Cheng Q, Qu F, Li N B, et al. Anal Chim Acta, 2012, 715: 113-119.
[43] Bagheri H, Zandi O, Aghakhani A. Anal Chim Acta, 2012, 716: 61-65.
[44] Sun L, Zhang C Z, Chen L G, et al. Anal Chim Acta, 2009, 638: 162-168.
[45] Faraji M, Yamini Y, Rezaee M. Talanta, 2010, 81: 831-836.
[46] Zhao X L, Cai Y Q, Wu F C, et al. Microcheml J, 2011, 98: 207-214.
[47] Zhao X L, Shi Y L, Wang T, et al. J Chromatogr A, 2008, 1188: 140-147.
[48] Ballesteros-Gomez A, Rubio S. Anal Chem, 2009, 81: 9012-9020.
[49] Yazdinezhad S R, Ballesteros-Gomez A, Lunar L, et al. Anal Chim Acta, 2013, 778: 31-37.
[50] Faraji M, Yamini Y, Saleh A, et al. Anal Chim Acta, 2010, 659: 172-177.
[51] Song Y R, Zhao S L, Tchounwou P, et al. J Chromatogr A, 2007, 1166: 79-84.
[52] Ding J, Gao Q A, Luo D, et al. J Chromatogr A, 2010, 1217: 7351-7358.
[53] Sha Y F, Deng C H, Liu B Z. J Chromatogr A, 2008, 1198: 27-33.
[54] Zhang X L, Niu H Y, Pan Y Y, et al. J Coll Interf Sci, 2011, 362: 107-112.
[55] Zhang X L, Niu H Y, Zhang S X, et al. Anal Bioanal Chem, 2010, 397: 791-798.
[56] Zhang X L, Niu H Y, Pan Y Y, et al. Anal Chem, 2010, 82: 2363-2371.
[57] Sayar O, Zhad H, Sadeghi O, et al. Biological Trace Element Research, 2012, 150: 403-410.
[58] Yantasee W, Warner C L, Sangvanich T, et al. Environ Sci Technol, 2007, 41: 5114-5119.

[59] 朱晨燕. 净水技术,2012,31:3.
[60] 黄霄红,卢豪良. 亚热带资源与环境学报,2013,8:6.
[61] Zhang L,Zhang M,Guo X J,et al. Talanta,2010,83:344-350.
[62] Liu R,Liang P. J Hazar Mater,2008,152:166-171.
[63] Huang Y R,Zhou Q X,Xie G H. Chemosphere,2013,90:338-343.
[64] Niu H Y,Cai Y Q,Shi Y L,et al. J Chromatogr A,2007,1172:113-120.
[65] Niu H Y,Cai Y Q. Anal Chem,2009,81:9913-9920.
[66] Nam S,Wen W,Schroeder A,et al. Mol Oncol,2013,7:369-78.
[67] Zhang N,Peng H Y,Hu B. Talanta,2012,94:278-283.
[68] Ma W F,Zhang Y,Li L L,et al. Acs Nano,2012,6:3179-3188.
[69] Niu H Y,Zhang S X,Zhang X L,et al. ACS Appl Mater Interf,2010,2:1157-1163.
[70] Duan J K,Hu B,He M. Electrophoresis,2012,33:2953-2960.
[71] Li J D,Shi Y L,Cai Y Q,et al. Chem Engin J,2008,140:214-220.
[72] Dadfarnia S,Shakerian F,Shabani A M H. Talanta,2013,106:150-154.
[73] Afkhami A,Saber-Tehrani M,Bagheri H,et al. Microchim Acta,2011,172:125-136.
[74] Costa L M,Ribeiro E S,Segatelli M G,et al. Spectrochim Acta Part B-Atom Spectro,2011,66:329-337.
[75] Zhang Z M,Ma Y J,Wang Q T,et al. J Chromatogr A,2013,1290:27-35.
[76] Xu L,Lee H K. Anal Chem,2007,79:5241-5248.
[77] Li P J,Hu B,Li X Y. J Chromatogr A,2012,1247:49-56.
[78] Liu G D,Lin Y H. Anal Chem,2005,77:5894-5901.
[79] Giakisikli G,Anthemidis A N. Talanta,2013,110:229-235.
[80] Maddah B,Shamsi J. J Chromatogr A,2012,1256:40-45.
[81] Bianchi F,Chiesi V,Casoli F,et al. J Chromatogr A,2012,1231:8-15.
[82] Long Y M,Chen Y Z,Yang F,et al. Analyst,2012,137:2716-2722.
[83] Yang F,Shen R,Long Y M,et al. J Environl Mon,2011,13:440-445.
[84] Suleiman J S,Hu B,Peng H Y,et al. Talanta,2009,77:1579-1583.
[85] Karatapanis A E,Fiamegos Y,Stalikas C D. Talanta,2011,84:834-839.
[86] Rofouei M K,Rezaei A,Masteri-Farahani M,et al. Anal Meth,2012,4:959-966.
[87] Cheng G,He M,Peng H,et al. Talanta,2012,88:507-515.
[88] Shishehbore M R,Afkhami A,Bagheri H. Chem Centr J,2011,5.
[89] Mashhadizadeh M H,Amoli-Diva M. J Anal Atom Spectro,2013,28:251-258.
[90] Zhang X L,Niu H Y,Li W H,et al. Chem Commun,2011,47:4454-4456.
[91] Li Z B,Huang D,Fu C F,et al. J Chromatogr A,2011,1218:6232-6239.
[92] Zhan J,Fang G Z,Yan Z,et al. Anal Bioanal Chem,2013,405:6353-6363.
[93] Sadeghi O, Aboufazeli F,Zhad H R L Z,et al. Food Anall Methods,2013,6:753-760.
[94] Li M K Y,Lei N Y,Gong C B,et al. Anal Chim Acta,2009,633:197-203.
[95] Wang Y L,Gao Y L,Wang P-P,et al. Talanta,2013,115:920-7.
[96] Zhang X,Xie S,Paau M C,et al. J Chromatogr A,2012,1247:1-9.
[97] Tahmasebi E,Yamini Y,Moradi M,et al. Anal Chim Acta,2013,770:68-74.
[98] Miah M,Iqbal Z,Lai E P C. Analytical Methods,2012,4:2866-2878.
[99] Lee P L,Sun Y C,Ling Y C. J Anal Atom Spectro,2009,24:320-327.

[100] Mehdinia A,Roohi F,Jabbari A. J Chromatogr A,2011,1218:4269-4274.
[101] Wang Y,Wang S,Niu H, et al. J Chromatogr A,2013,1283:20-26.
[102] Ma Y R,Zhang X L,Zeng T,et al. ACS Appl Mater Interf,2013,5:1024-1030.
[103] Fan Y,Zhang M,Feng Y Q. J Chromatogr A,2005,1099:84-91.
[104] Fan Y,Feng Y Q,Zhang J T, et al. J Chromatogr A,2005,1074:9-16.
[105] Hu Y,Wang Y,Chen X,et al. Talanta,2010,80:2099-2105.
[106] Khorrami A R,Rashidpur A. Anal Chim Acta,2012,727:20-25.
[107] Hu X G,Pan J L,Hu Y L,et al. J Chromatogr A,2008,1188:97-107.
[108] Wang X,Mao H,Huang W,et al. Chem Eng J,2011,178:85-92.
[109] Bouri M,Jesus Lerma-Garcia M,Salghi R, et al. Talanta,2012,99:897-903.
[110] Jing T,Du H,Dai Q,et al. Biosen Bioelectro,2010,26:301-306.
[111] Lerma-Garcia M J,Zougagh M,Rios A. Microchim Acta,2013,180:363-370.
[112] Xu Z,Ding L,Long Y J,et al. Anall Meth,2011,3:1737-1744.
[113] Liu S S,Yang C X,Wang S W,et al. Analyst,2012,137:816-818.
[114] Yang S,Chen C,Yan Z,et al. J Sep Sci,2013,36:1283-1290.
[115] Hu Y,Song C,Liao J,et al. J Chromatogr A,2013,1294:17-24.
[116] Chang N,Gu Z Y,Wang H F,et al. Anal Chem,2011,83:7094-7101.
[117] Huo S-H,Yan X-P. Analyst,2012,137:3445-3451.
[118] Wang H,Yu S,Campiglia A D. Anal Biochem,2009,385:249-256.
[119] Leopold K,Foulkes M,Worsfold P J. Anal Chem,2009,81:3421-3428.
[120] Lo S I,Chen P C,Huang C C,et al. Environ Sci Technol,2012,46:2724-2730.
[121] Cheng G W,Lee C F,Hsu K-C,et al. J Chromatogr A,2008,1201:202-207.
[122] Li M D,Tseng W L,Cheng T L. J Chromatogr A,2009,1216:6451-6458.
[123] Sudhir P R,Wu H F,Zhou Z C. Anal Chem,2005,77:7380-7385.
[124] Zhao X,Cai Y,Wang T,et al. Anal Chem,2008,80:9091-9096.
[125] Das S,Pandey A K,Athawale A A,et al. J Hazar Mater,2011,186:2051-2059.
[126] Baysal A,Kahraman M,Akman S. Curr Anal Chem,2009,5:352-357.
[127] Ghaedi M,Tashkhourian J,Montazerozohori M,et al. InternJ Environ Anal Chem,2013,93:386-400.
[128] Tahmasebi E,Yamini Y. Anal Chim Acta,2012,756:13-22.
[129] Niu H,Wang S,Zeng T,et al. J MaterChem,2012,22:15644-15653.
[130] Karatapanis A E,Petrakis D E,Stalikas C D. Anal Chim Acta,2012,726:22-27.
[131] Karamani A A,Douvalis A P,Stalikas C D. J Chromatogr A,2013,1271:1-9.
[132] Sykora D,Kasicka V,Miksik I,et al. J Sep Sci,2010,33:372-387.
[133] Gottlicher B,Bachmann K. J Chromatogr A,1997,780:63-73.
[134] Cintron J M,Colon L A. Analyst,2002,127:701-704.
[135] Dun H J,Zhang W Q,Wei Y,et al. Anal Chem,2004,76:5016-5023.
[136] 郭慧娟,赵慧敏. 化学进展,2005,17:1116-1122.
[137] Ge J,Shi X F,Li Y M,et al. Chromatographia,2006,63:25-30.
[138] 葛晋,翟宗德,明永飞,等. 分析化学,2006,34:73-76.
[139] Wu J H,Li X S,Zhao Y,et al. J Chromatogr A,2011,1218:2944-2953.
[140] Jinno K,Tanabe K,Saito Y,et al. Analyst,1997,122:787-791.

[141] Gross G M, Nelson D A, Grate J W, et al. Anal Chem, 2003, 75: 4558-4564.
[142] Gross G M, Grate J W, Synovec R E. J Chromatogr A, 2004, 1060: 225-236.
[143] Qu Q S, Shen F, Shen M, et al. Anal Chim Acta, 2008, 609: 76-81.
[144] Kartsova L A, Makarov A A. Russ J Appl Chem, 2002, 75: 1725-1731.
[145] Li Q L, Yuan D X. J Chromatogr A, 2003, 1003: 203-209.
[146] Saridara C, Mitra S. Anal Chem, 2005, 77: 7094-7097.
[147] Karwa M, Mitra S. Anal Chem, 2006, 78: 2064-2070.
[148] Stadermann M, McBrady A D, Dick B, et al. Anal Chem, 2006, 78: 5639-5644.
[149] Yuan L M, Ren C X, Li L, et al. Anal Chem, 2006, 78: 6384-6390.
[150] Wallingford R A, Ewing A G. Adv Chromatogr, 1989, 29: 1-76.
[151] O'Mahony T, Owens V P, Murrihy J P, et al. J Chromatogr A, 2003, 1004: 181-193.
[152] Yang L, Guihen E, Holmes J D, et al. Anal Chem, 2005, 77: 1840-1846.
[153] Yang L, Guihen E, Glennon J D. J Sep Sci, 2005, 28: 757-766.
[154] Qu Q S, Zhang X X, Shen M, et al. Electrophoresis, 2008, 29: 901-909.
[155] Neiman B, Grushka E, Lev O. Anal Chem, 2001, 73: 5220-5227.
[156] Liu F K, Hsu Y T, Wu C H. J Chromatogr A, 2005, 1083: 205-214.
[157] Huang Y F, Chiang C K, Lin Y W, et al. Electrophoresis, 2008, 29: 1942-1951.
[158] Zhu Y X, Zhou C R, Qin S S, et al. Electrophoresis, 2012, 33: 340-347.
[159] Yu C J, Su C L, Tseng W L. Anal Chem, 2006, 78: 8004-8010.
[160] Viberg P, Jornten-Karlsson M, Petersson P, et al. Anal Chem, 2002, 74: 4595-4601.
[161] Nilsson C, Viberg P, Spegel P, et al. Anal Chem, 2006, 78: 6088-6095.
[162] Bachmann K, Gottlicher B. Chromatographia, 1997, 45: 249-254.
[163] Bachmann K, Gottlicher B, Haag I, et al. J Chromatogr A, 1994, 688: 283-292.
[164] Neiman B, Grushka E, Gun J, et al. Anal Chem, 2002, 74: 3484-3491.
[165] Wang Y Q, Baeyens W R G, Huang C G, et al. Talanta, 2009, 77: 1667-1674.
[166] Li H, Ding G S, Chen J, et al. J Chromatogr A, 2010, 1217: 7448-7454.
[167] Tanaka N, Tanigawa T, Hosoya K, et al. Chem Lett, 1992, : 959-962.
[168] Gray A L, Hsu J T. J Chromatogr A, 1998, 824: 119-124.
[169] Palmer C P, Hilder E F, Quirino J P, et al. Anal Chem, 2010, 82: 4046-4054.
[170] Palmer C P, Keeffer A, Hilder E F, et al. Electrophoresis, 2011, 32: 588-594.
[171] Wang Z H, Luo G A, Chen J F, et al. Electrophoresis, 2003, 24: 4181-4188.
[172] Pyell U. Electrophoresis, 2010, 31: 814-831.
[173] Pumera M, Wang J, Grushka E, et al. Anal Chem, 2001, 73: 5625-5628.
[174] Lin Y W, Huang M J, Chang H T. J Chromatogr A, 2003, 1014: 47-55.
[175] Liang R P, Meng X Y, Liu C M, et al. Electrophoresis, 2011, 32: 3331-3340.
[176] Wang A J, Xu J J, Zhang Q, et al. Talanta, 2006, 69: 210-215.
[177] Weng X X, Bi H Y, Liu B H, et al. Electrophoresis, 2006, 27: 3129-3135.
[178] Wang W, Zhao L, Zhang J R, et al. J Chromatogr A, 2006, 1136: 111-117.
[179] Wang A J, Xu J J, Chen H Y. J Chromatogr A, 2006, 1107: 257-264.
[180] Tabuchi M, Ueda M, Kaji N, et al. Nat Biotechnol, 2004, 22: 337-340.
[181] Ohno T, Matsuda T, Suzuki H, et al. Adv Powder Technol, 2006, 17: 167-179.

[182] Iijima S. Nature,1991,354:56-58.
[183] Novoselov K S,Geim A K,Morozov S V,et al. Science,2004,306:666-669.
[184] 殷大根,杜勇,刘晓霞,等. 材料开发与应用,2011,8.
[185] Chen H D,Zuo X L,Su S,et al. Analyst,2008,133:1182-1186.
[186] 刘润,郝玉翠,康天放. 分析试验室,2007,26:9-12.
[187] 张璐,张耀东,漆红兰. 电化学,2007,13:431-435.
[188] Kandimalla V B,Ju H X. Chem-Eur J,2006,12:1074-1080.
[189] Du D,Huang X,Cai J,et al. Sensors and Actuators B-Chemical,2007,127:531-535.
[190] Cai J,Du D. J Appl Electrochem,2008,38:1217-1222.
[191] Choi B G,Park H,Park T J,et al. Electrochem Commun,2009,11:672-675.
[192] 曲云鹤,肖飞,程欲晓. 化学学报,2010,6:535-539.
[193] Rushi A,Datta K,Ghosh P,et al. Mater Lett,2013,96:38-41.
[194] Viswanathan S,Radecka H,Radecki J. Biosens Bioelectron,2009,24:2772-2777.
[195] Allen B L,Kichambare P D,Star A. Adv Mater,2007,19:1439-1451
[196] Zhang T,Mubeen S,Myung N V,et al. Nanotechnology,2008,19.
[197] Tan S,Richmond T J. Nature,1998,391:660-666.
[198] Martel R,Schmidt T,Shea H R,et al. Appl Phys Lett,1998,73:2447-2449.
[199] 许适,溥孙. 华南师范大学学报(自然科学版),2013,45:92-98.
[200] Kong J,Franklin N R,Zhou C W,et al. Science,2000,287:622-625.
[201] Li J,Lu Y J,Ye Q,et al. Nano Lett,2003,3:929-933.
[202] Santucci S P S,Di Gregorio F,Lozzi L,et al. J. Chem. Phys. ,2003,119:4.
[203] Star A,Joshi V,Skarupo S,et al. J Phys Chem B,2006,110:21014-21020.
[204] Ong K G,Zeng K F,Grimes C A. IEEE Sens J,2002,2:82-88.
[205] Deng M G,Zhang Z A,Hu Y D,et al. Acta Phys-Chim Sin,2004,20:432-435.
[206] Chopra S,Pham A,Gaillard J,et al. Appl Phys Lett,2002,80:4632-4634.
[207] Jung H Y,Jung S M,Kim J,et al. Appl Phys Lett,2007,90.
[208] Modi A,Koratkar N,Lass E,et al. Nature,2003,424:171-174.
[209] Kim T H,Lee J,Hong S. J Phys Chem C,2009,113:19393-19396.
[210] Park M,Cella L N,Chen W F,et al. Biosens Bioelectron,2010,26:1297-1301.
[211] Wijaya I P M,Nie T J,Gandhi S,et al. Lab Chip,2010,10:634-638.
[212] Yue R,Lu Q,Zhou Y. Biosens Bioelectron,2011,26:4436-4441.
[213] Liu T,Su H C,Qu X J,et al. Sensor Actuat B—Chem,2011,160:1255-1261.
[214] Wang Y,Zhang S,Du D,et al. J Mater Chem,2011,21:5319-5325.
[215] Wen Y Q,Peng C,Li D,et al. Chem Commun,2011,47:6278-6280.
[216] 王萍,毛然然. 中国工程生物杂志,2011,32:88-95.
[217] Rosi N L,Giljohann D A,Thaxton C S,et al. Science,2006,312:1027-1030.
[218] Lee J S,Han M S,Mirkin C A. Angew Chem Int Edit,2007,46:4093-4096.
[219] Huang C C,Chang H T. Chem Commun,2007:1215-1217.
[220] Dominguez-Gonzalez R,Varela L G,Bermejo-Barrera P. Talanta,2014,118:262-269.
[221] Liu J W,Lu Y. J Am Chem Soc,2004,126:12298-12305.
[222] 刘兴奋,武海萍,李玉兰,等. 核技术,2007,30:467-472.

[223] 姚英华,李程程,蔡青云. 化学传感器,2012,32:35-39.
[224] Ma L N,Liu D J,Wang Z X. Chin J Anal Chem,2010,38:1-7.
[225] Huang C C,Chang H T. Anal Chem,2006,78:8332-8338.
[226] Zheng A F,Chen J L,Wu G N,et al. Microchim Acta,2009,164:17-27.
[227] Kim J H,Han S H,Chung B H. Biosens Bioelectron,2011,26:2125-2129.
[228] Huang C C,Yang Z,Lee K H,et al. Angew Chem Int Edit,2007,46:6824-6828.
[229] Chen W B,Tu X J,Guo X Q. Chem Commun,2009:1736-1738.
[230] Zhu Z Q,Su Y Y,Li J, et al. Anal Chem,2009,81:7660-7666.
[231] Li H B,Cui Z M,Han C P. Sensor Actuat B—Chem,2009,143:87-92.
[232] Chen X,Parker S G,Zou G,et al. ACS Nano,2010,4:6387-6394.
[233] Lori Rastogi R B S,Karunasagar D,Arunachalam J. Talanta,2014,118:111-117.
[234] Liu B H,Han G M,Zhang Z P,et al. Anal Chem,2012,84:255-261.
[235] Engel Y,Elnathan R,Pevzner A,et al. Angew Chem Int Edit,2010,49:6830-6835.
[236] Su S,He Y,Zhang M L,et al. Appl Phys Lett,2008,93.
[237] Bi X Y,Agarwal A,Yang K L. Biosens Bioelectron,2009,24:3248-3251.
[238] Luo L B,Jie J S,Zhang W F,et al. Appl Phys Lett,2009,94.
[239] Wang X T,Shi W S,She G W,et al. Appl Phys Lett,2010,96.
[240] Ermanok R,Assad O,Zigelboim K,et al. ACS Appl Mater Inter,2013,5:11172-11183.
[241] Wang B,Haick H. ACS Appl Mater Inter,2013,5:5748-5756.
[242] 徐义邦,樊孝俊,刘忠马,等. 环境检测管理与技术,2012,24:11-16.
[243] Carrillo-Carrion C,Simonet B M,Valcarcel M. Anal Chim Acta,2013,792:93-100.
[244] Thitima Khantaw C B,Thawatchai Tuntulani,Wittaya Ngeontae. Talanta,2013,115:849-856.
[245] Zhang Y,Zhang Z L,Yin D H,et al. ACS Appl Mater Inter,2013,5:9709-9713.
[246] Hosseini M S,Nazemi S. Analyst,2013,138:5769-5776.
[247] Gandhi N P,Rohit J V,Kumar M A,et al. Res Chem Intermediat,2013,39:3631-3639.
[248] Zhang K X,Yu Y X,Sun S Q. Appl Surf Sci,2013,276:333-339.
[249] Zhu X L,Zhao Z H,Chi X Q,et al. Analyst,2013,138:3230-3237.
[250] Du B A,Liu C,Cao Y H,et al. Spectrosc Spect Anal,2013,33:1266-1269.
[251] Zhao Q,Rong X L,Ma H B,et al. J Hazard Mater,2013,250:45-52.
[252] Gui R J,An X Q,Su H J,et al. Talanta,2012,94:257-262.
[253] Chen J L,Zhu C Q. Anal Chim Acta,2005,546:147-153.
[254] 来守军. 广东微量元素科学,2008,15:57-60.
[255] Xia Y S,Cao C,Zhu C Q. J Lumin,2008,128:166-172.
[256] Wang J H,Wang H Q,Zhang H L,et al. Anal Bioanal Chem,2007,388:969-974.
[257] Fernandez-Arguelles M T,Jin W J,Costa-Fernandez J M,et al. Anal Chim Acta,2005,549:20-25.
[258] Zhang Y H,Zhang H S,Guo X F,et al. Microchem J,2008,89:142-147.
[259] Chan Y H,Chen J X,Liu Q S,et al. Anal Chem,2010,82:3671-3678.
[260] Yang F P,Ma Q A,Yu W,et al. Talanta,2011,84:411-415.
[261] 李英,张勇,李建华,等. 化学工程师,2011,25:21-23.
[262] Wang X X,Lv Y,Hou X D. Talanta,2011,84:382-386.
[263] Butwong N,Noipa T,Burakham R,et al. Talanta,2011,85:1063-1069.

[264] 刘洁,李万万,孙康. 理化检验:化学分册,2010,46:551-556.
[265] Liu J X,Chen H,Lin Z,et al. Anal Chem,2010,82:7380-7386.
[266] Wu P,Yan X P. Chem Commun,2010,46:7046-7048.
[267] Stringer R C,Gangopadhyay S,Grant S A. Anal Chem,2010,82:4015-4019.
[268] Ge S G,Zhang C C,Yu F,et al. Sensor Actuat B—Chem,2011,156:222-227.
[269] Chen Y P,Ren H L,Liu N,et al. J Agr Food Chem,2010,58:8895-8903.
[270] Vinayaka A C,Basheer S,Thakur M S. Biosens Bioelectron,2009,24:1615-1620.
[271] Huang D W,Niu C G,Wang X Y,et al. Anal Chem,2013,85:1164-1170.
[272] Huang D W,Niu C G,Ruan M,et al. Environ Sci Technol,2013,47:4392-4398.
[273] Yang P,Zhao Y,Lu Y,et al. ACS Nano,2011,5:2147-2154.
[274] Song Y Y,Cao X B,Guo Y, et al. Chem Mater,2009,21:68-77.
[275] Sun X Y,Liu B,Xu Y B. Analyst,2012,137:1125-1129.

第 6 章　纳米材料在环境中的转化

6.1　引　　言

随着人工纳米材料(engineered nanomaterials)及其产品在工业生产与日常生活中的广泛使用,人工纳米材料不可避免地进入到环境之中。在环境多介质中,纳米材料可发生多种物理与化学转化行为。这些转化行为极大地影响了纳米材料的环境迁移、生物可给性及毒性。由于纳米材料潜在的环境与健康风险,纳米材料在环境中的转化行为日益受到人们的关注。本章对纳米材料的环境释放与迁移分布进行了简要阐述,重点介绍了环境介质中纳米材料的物理与化学转化行为,并对目前研究中存在的问题及研究前景进行了展望。

6.2　人工纳米材料的使用与环境释放

人工纳米材料因其尺寸效应而表现出一些优于相应块体材料的磁性、光学、电学、催化等特性。因此,近些年来纳米科技发展迅速,人工纳米材料得到了大量生产和应用,纳米材料及其产品也广泛地进入了我们的日常生活。表 6-1 列举了常见的人工纳米材料及其用途。

表 6-1　常见的人工纳米材料及其用途

纳米材料种类	用途
二氧化钛	光催化剂、食品包装材料、食品添加剂、木器保护漆、人造纤维添加剂、防晒霜、感光材料
纳米银	食品包装材料、食品添加剂、医疗用品、防臭纺织品添加剂、洗衣机杀菌剂、饮用水消毒剂、电子产品、催化剂
氧化铈	功能陶瓷、催化剂、气体传感器、燃料电池、发光材料、抛光材料、紫外线吸收材料
氧化锌	气体传感器、变阻器、紫外屏蔽材料、防晒霜、高效催化剂、橡胶制品添加剂、功能纳米涂料
氧化铜	催化剂和催化剂载体、火箭推进剂、气敏传感器、电化学传感器、锂电材料、仿生材料、电容材料
氧化铁	精细陶瓷、塑料制品、涂料、催化剂和催化剂载体、功能高分子添加剂、生物活性材料、气敏材料、油墨、皮革、汽车面漆

续表

纳米材料种类	用途
纳米零价铁	环境修复材料、磁记录材料、吸波材料、导磁浆料、纳米导向剂、催化剂
富勒烯	超导体、有机铁磁体、光学材料、功能高分子、生物活性材料、催化剂和催化剂载体
碳纳米管	超级电容器、光导纤维、场发射阴极材料、储氢材料、高能微型电池、吸附剂、修饰电极、气体传感器、催化剂
石墨烯	化学修饰电极、催化剂、药物载体、气体传感器、场效应晶体管、化学电源、透明电极和光电器件

近年来，这些人工纳米材料已随着其大量生产和广泛应用而进入环境中，纳米材料与技术的生物和环境安全性问题已引起人们的普遍关注[1-6]。如图 6-1 所示，在纳米材料的合成与运输，以及含有纳米材料的消费品生产、使用和处置过程中，纳米材料均可进入环境[7]。在纳米材料合成工厂及含纳米材料消费品生产企业环境中，存在纳米材料的点源排放[8,9]；而对于含有纳米材料消费品的使用过程如含有纳米银、二氧化钛纺织品的使用与洗涤等[10-14]，纳米材料的释放主要是非点源排放。工业及生活废水[15]、污水处理厂底泥[16]及废物焚烧残渣[17]是纳米材料的重要的汇。

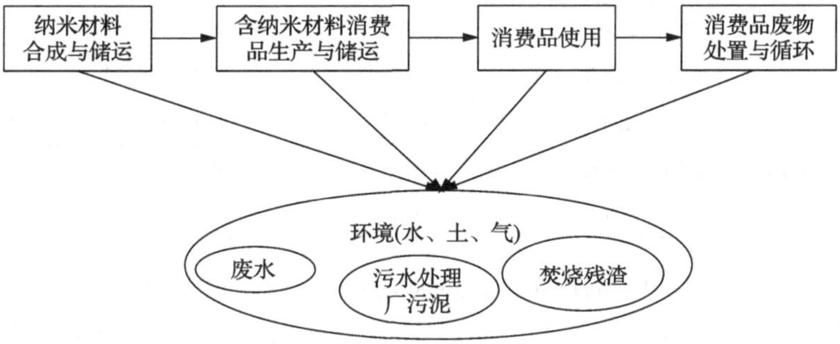

图 6-1　纳米材料的环境释放

表 6-2 给出了基于生命周期的物质流分析所预测得到的环境介质中纳米材料浓度[18]。由于不同地区纳米材料的生产、消费品使用情况差异较大，环境介质中的纳米材料的浓度水平存在显著的地域性差异。在高排放点，纳米材料的环境浓度预计可达较高水平[19]。由于目前关于纳米材料及其消费品的生产使用情况的数据尚十分缺乏，这在很大程度上导致了模型预测结果的不确定性。

实际上，目前已在多种环境介质中检出了纳米材料的存在，如富勒烯[9,15,20]、二氧化钛[21-23]、纳米银[16,24,25]。样品分析表明污水处理厂的污泥和海湾的淤泥中都存在大量的二氧化钛纳米材料[22,23]。冲刷城市建筑物表面的雨水中存在纳米

表 6-2　模型预测的环境介质中纳米材料浓度[18]

纳米材料	环境介质	欧洲	美国	瑞士
纳米二氧化钛	地表水(μg/L)	0.012～0.057	0.002～0.010	0.016～0.085
	污水处理厂出水(μg/L)	2.50～10.8	1.37～6.70	3.50～16.3
	污水处理厂活性污泥(mg/kg)	100～433	107～523	172～802
	空气(μg/m^3)	<0.0005	<0.0005	0.0007～0.003
纳米氧化锌	地表水(μg/L)	0.008～0.055	0.001～0.003	0.011～0.058
	污水处理厂出水(μg/L)	0.340～1.42	0.22～0.74	0.343～1.32
	污水处理厂活性污泥(mg/kg)	13.6～57.0	17.4～57.7	16.8～64.7
	空气(μg/m^3)	<0.0005	<0.0005	<0.0005
纳米银	地表水(ng/L)	0.588～2.16	0.088～0.428	0.555～2.63
	污水处理厂出水(ng/L)	32.9～111	16.4～74.7	29.8～127
	污水处理厂活性污泥(mg/kg)	1.31～4.44	1.29～5.86	1.46～6.24
	空气(ng/m^3)	0.006～0.02	0.0020～0.0097	0.017～0.074
碳纳米管	地表水(ng/L)	0.0035～0.021	0.0006～0.004	0.0028～0.025
	污水处理厂出水(ng/L)	11.4～31.5	6.6～18.4	7.6～19.1
	污水处理厂活性污泥(mg/kg)	0.047～0.129	0.053～0.147	0.051～0.129
	空气(ng/m^3)	0.0025～0.007	0.00096～0.003	0.006～0.017
富勒烯	地表水(ng/L)	0.015～0.12	0.0024～0.021	0.018～0.19
	污水处理厂出水(ng/L)	4.23～26.4	4.49～32.66	3.69～25.1
	污水处理厂活性污泥(mg/kg)	0.0088～0.055	0.0093～0.068	0.0101～0.068
	空气(ng/m^3)	<0.0005	<0.0005	<0.0005

二氧化钛[21]和纳米银[24]，而作为抗菌剂加入到纺织品、洗衣机和消费品中的纳米银也被证明会释放到环境中[26-28]。对德国多个污水处理厂出水中含银纳米颗粒的测定表明，其浓度范围为1.0～12.0 ng/L[16]，低于模型预测值。废水处理厂出水悬浮物中广泛存在富勒烯及其衍生物，其浓度可达到μg/L[15]。地中海地区大气的气溶胶中普遍存在富勒烯，C_{60}与C_{70}浓度的中位值分别为0.06 ng/m^{3}与0.48 ng/m^3，C_{70}的最高浓度可达233.8 ng/m^3，这远高于模型预测值[20]。气溶胶中的富勒烯可能很大一部分来自于天然来源如燃烧过程。2000年以来，零价纳米铁被用于氯代有机污染物的现场修复，零价纳米铁也由此直接进入水环境[29]。

近期的研究表明，一些纳米材料可对植物、微生物、无脊椎动物以及脊椎动物产生不同程度的负面影响[30]，还可在生物体中累积[31]和在食物链中放大[32]。例如土壤中C_{60}与纳米金[33]均可进入蚯蚓体内，而量子点[31,34]、纳米金[35,36]、纳米二氧化钛[37]等则表现出一定的食物链传递行为。由于其在环境中赋存的普遍性及潜在的生物效应，人工纳米材料已被公认为一类重要的环境污染物[38,39]。因此，为确保纳米材料和技术的正确使用和相关产业的健康发展，迫切需要科学评估纳米材料的环境和健康风险，相关研究已经成为目前环境科学研究的前沿和热点[4,5]。

科学评估纳米材料的环境和生物安全性的关键，在于正确认识纳米材料在环境条件下的物理和化学形态转化及其生物效应。为科学评价纳米材料的环境和健康风险，需要明确纳米材料在环境条件下的迁移、转化、生物暴露与毒性效应[30]。实际上，与持久性有机污染物不同，纳米材料在环境中是高度动态的（highly dynamic），即它们的物理、化学形态处在不断的变化过程中[40]。对进入环境水体中的纳米材料而言，光照、溶解性有机质（DOM）、温度、共存离子和胞外聚合物等环境因素，可使纳米材料在环境中发生分散/团聚等物理形态的改变[41,42]；它们可通过氧化、硫化、氯化和还原等一系列反应发生化学形态的转化[43,44]；还可通过与生物大分子的相互作用发生进一步生物转化[45]，进而影响其环境行为和生物效应。因此，深入认识人工纳米材料在环境中的迁移转化行为，对于科学评价其环境与健康风险有重要的意义。

6.3　环境介质中纳米材料的迁移与分布

纳米材料一旦进入环境介质，即可在多介质环境中迁移与分布（如图 6-2 所示）。通过生产或焚烧[17]排放进入大气的纳米材料可形成团聚体或吸附于颗粒物上，其性质类似气溶胶[46]，可以通过大气进行传输，并随干、湿沉降进入陆地环境及水体。人工纳米材料生产及纳米消费品使用过程中，可通过工业或生活废水进入污水处理厂。其中，大部分纳米材料如二氧化钛[47]、氧化铈[48]、纳米银[49]可在

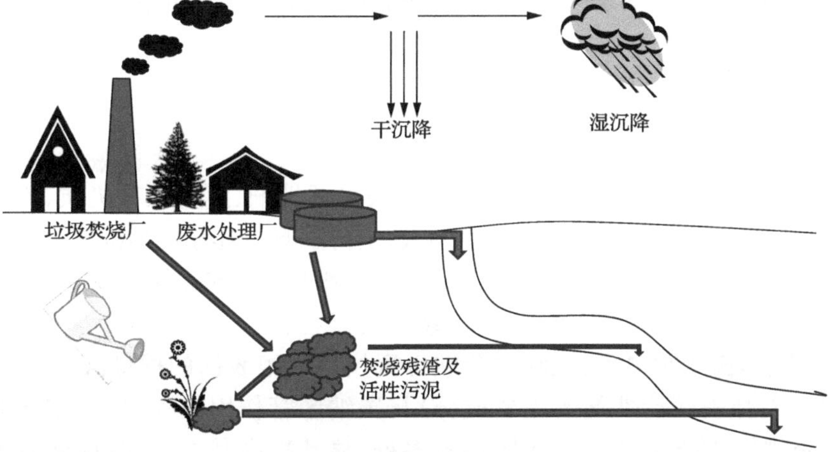

图 6-2　纳米材料在环境中的迁移与分布

污水处理过程中进入活性污泥。同时,由于清洁剂等表面活性物质及天然有机质对纳米材料的分散作用,仍有少部分纳米材料存在于污水处理厂出水[48],并进入水环境。含有纳米材料的活性污泥与焚烧残渣可通过堆肥等途径进入土壤,在土壤中发生淋滤等迁移,部分可随淋溶水进入地下水或地表水环境。目前,科研人员对纳米材料在土壤及多孔介质中的迁移及水相团聚进行了较多的研究,内容可参见相关综述[50,51]。

为更好地对纳米材料的迁移进行模型估算,Westerhoff 等[52]提出采用以下参数对纳米材料进行量化:辛醇-水分配系数、固-水分配系数、附着系数(attachment coefficient)以及溶解、沉降、降解等物理/化学转化过程的速率常数。随着对纳米材料性质及物理化学转化过程的深入认识,可进一步提高迁移模型的预测精度。此外,目前对纳米材料迁移的研究多局限于实验室模拟,与实际环境存在较大差异。在以后的研究中应进一步加强纳米材料在局域环境中的多介质迁移研究[38]。

6.4 环境介质中纳米材料的转化

在多种环境介质中,纳米材料存在丰富的转化行为,如物理转化、化学转化、生物转化等。纳米材料一旦进入环境,环境中大量存在的天然有机质、蛋白质等可吸附在纳米材料表面,引起纳米材料表面涂层变化。在环境常见离子(如 Na^+、K^+、Ca^{2+}、Mg^{2+})的作用下,纳米材料可发生团聚等物理转化。纳米材料还可在生物、矿物及不溶有机质表面发生吸附。除了物理转化,大部分纳米材料还可发生丰富的化学转化,如碳纳米材料的羟基化、羧基化,纳米银的氧化溶解、硫化、氯化等。纳米材料一旦接触生物体,在生物体酶及活性自由基的作用下,也可发生一系列的生物转化。这些转化行为最终将影响纳米材料的持久性、生物可给性和毒性等[53]。

6.4.1 物理转化

6.4.1.1 纳米材料的涂层变化

环境中广泛存在的小分子有机酸、天然表面活性剂、溶解性有机质、胞外聚合物在纳米材料的团聚、迁移中起着极为重要的作用,这一作用的前提是这些物质与纳米材料表面的作用。这些物质可以在纳米材料表面形成涂层,将原有的包覆剂涂层覆盖(over-coating)或置换(exchange)[54]。

研究表明,卤素阴离子、吡啶二羧酸可置换纳米银表面的柠檬酸[55]。二棕榈酰(DPPC,人肺表面活性剂的主要成分)与碳纳米管作用较强,平均结合能可达330 kJ/mol[56]。纳米银表面可吸附胞外多糖,显著提高其电负性,抑制纳米银的团聚[57]。腐殖酸可将纳米金表面的葡萄糖置换下来,而在柠檬酸-纳米金表面则形成再涂覆[54]。类似地，天然有机质可在三辛基氧化膦油溶性量子点表面形成水溶性的新涂层，促进其从油相向水相的迁移[58]，且迁移至水相中的量子点表面的疏水性三辛基氧化膦会部分或全部保留，表明涂层覆盖或置换两个过程均同时存在。对不同纳米材料的研究表明，腐殖酸在纳米二氧化钛、氧化铝与氧化锌上存在吸附，而在纳米二氧化硅上不吸附[59]。这一吸附作用降低了纳米氧化物的 ζ 电位。对腐殖酸的吸附依赖于溶液 pH，与纳米氧化物表面的静电引力、配体交换以及腐殖酸的酚羟基、羧基、醇羟基等基团有关。

6.4.1.2　纳米材料的团聚

纳米材料在环境水体中的分散性是决定其在环境中迁移、转化的重要因素。当在水中悬浮分散时，纳米材料易于迁移，对水生生物（浮游、鱼类等）的暴露时间长；而当纳米材料在环境水体中发生团聚甚至沉降时，其迁移能力降低，对底栖生物暴露可能性增大。因此，研究纳米材料在环境中的分散团聚对于了解其在环境中的迁移、持久性等环境行为具有重要意义，也是当前纳米材料环境行为研究的热点。

团聚可分为两类：均质团聚（homoaggregation）与异质团聚（heteroaggregation）。均质团聚是指同种纳米材料之间的团聚，而异质团聚是指纳米材料与环境中其他种类纳米材料与颗粒间的团聚。由于实际环境中人工纳米材料的浓度较低[18]，而天然纳米材料及颗粒的浓度较高[60]，因此在实际环境体系中异质团聚往往占主导。目前，大部分研究尚集中于均质团聚，异质团聚的研究相对较少[61]。

根据 Derjguin-Landau-Verwey-Overbeek(DLVO)理论，胶体质点之间存在着范德华引力，而质点在相互接近时会因双电层的重叠产生静电斥力，胶体的稳定性就取决于质点之间两者相互作用大小。纳米材料由于小尺寸效应，比表面能高，易于在环境水体中团聚甚至发生沉降[62]。这一过程与多种因素有关，主要包括天然有机质、表面活性剂、pH、离子强度、溶解氧、表面修饰和光照等。一般认为，有机质可以通过涂层置换或吸附作用覆盖在纳米材料表面，产生空间位阻或增大静电斥力，从而增强富勒烯[63,64]、碳纳米管[65]和氧化铁[66,67]等纳米材料的稳定性和溶解性，甚至促使纳米颗粒团簇解离成单颗粒状态[68]。但 Gao 等[69]的研究也发现，在腐殖酸浓度较高[总有机碳（TOC）$>$10 mg/L]时，纳米银容易发生团聚甚至沉淀。此外，pH、离子强度和表面修饰会直接改变纳米材料表面电位和电泳淌度。当纳米材料表面电荷接近于零时，颗粒间静电斥力减小会发生明显的聚集；而电泳淌度减弱时，颗粒之间由于碰撞机会增加，易于聚沉。Biplab 等[70]研究了二氧化钛、纳米银和富勒烯在不同 pH、共存离子和离子强度下的团聚现象，结果发现随着离子强度增加，纳米材料水合半径增大。同时，纳米材料在二价电解质中的团聚能力较一价电解质更强。近些年的研究发现，日光照射对纳米材料的团聚也有重要影响，如可促进纳米银的团聚[71]。但也有研究认为日光照射可促进氧化物纳米材料($TiO_2/ZnO/CeO_2$)的解团聚作用[72]。

不同组分的天然有机质与纳米材料的作用不同。研究表明,高分子量萨旺尼河(Suwannee River)天然有机质(分子量>100 000)对柠檬酸-纳米金的稳定作用远高于低分子量组分(分子量<100 000)[73]。在低浓度(10 mg/L)未分级天然有机质中,低分子量和高分子量组分均对纳米材料的分散作用显著;而在高浓度(560 mg/L)未分级天然有机质中,低丰度的高分子量组分所起作用更为明显。由于不同来源的天然有机质分子量分布的差异,其对纳米材料的稳定作用可能存在较大差异。环境分子对纳米材料的包裹作用还可引起纳米材料在微生物上的贴附[74]、化学反应性[75]等其他环境行为的变化,进而影响其毒性。

6.4.1.3 纳米材料在固相上的吸附

纳米材料在环境介质上的吸附行为研究是科学评估纳米材料环境风险的前提和基础。纳米材料在环境介质中的吸附过程,主要取决于其与吸附受体间的相互作用。根据扩展 DLVO(XDLVO)理论,纳米材料和吸附受体间的作用力可分为范德华力、静电力和极性力,而这些作用力又受 pH、离子强度、腐殖酸、电解质种类、纳米材料和吸附受体表面性质的影响。

环境水体中的沉积物是纳米材料的最终归宿之一,而载带纳米材料的天然水体中悬浮物是沉积物中纳米材料的重要来源。天然水体中悬浮物是成分复杂的聚集体,其基本骨架是黏土矿物和其他矿物颗粒、浮游植物、生物碎屑,细菌和病毒等,通过腐殖酸和其他化合物黏附架桥聚集在一起,在很大程度上决定了纳米材料在环境中的迁移转化和循环归宿。近年来,国内外研究人员对水中悬浮物吸附纳米材料开展了大量研究。Lowry 等[38]在人工湿地系统模拟纳米材料迁移转化研究中发现,一部分纳米材料被浮游植物吸附,当吸附的纳米材料积累到一定浓度时,又会解吸进入到水体。因此,纳米材料的吸附是一个动态的过程。同时,水体中细菌和病毒也能吸附纳米材料,且颗粒和吸附受体表面疏水性是影响纳米材料吸附的重要因素[76,77]。Song 等[78]研究也发现纳米材料表面疏水性越强则越容易吸附在细菌的疏水表面。另外,环境中腐殖酸、pH、离子强度、电解质种类等会直接影响纳米材料和吸附受体表面电荷。El Badawy 等[79]发现离子强度增加和电解质价态越高,越容易降低纳米材料表面负电荷,从而减弱纳米材料在表面带正电荷的受体上的吸附。

纳米材料在进入环境以后,最后是被吸附赋存于土壤和底泥中。近年来,人们利用填充孔隙介质(玻璃、石英砂、模型土壤)的砂柱来模拟纳米材料在环境土壤和底泥等孔隙介质中的吸附。通常我们认为天然环境中的土壤带负电荷,因此带正电荷的纳米材料容易被土壤颗粒吸附,而带负电荷多的纳米颗粒由于静电斥力难以吸附在土壤表面。Flory 等[80]发现在玻璃介质中,酸性和碱性条件下,纳米银在孔隙介质上的吸附是不可逆的，而在中性条件时，吸附在玻璃珠介质上的纳米银随着时间推移能缓慢释放到溶液中。这主要是由于中性条件下，大部分纳米银带负电荷，由于静电排斥纳米银在玻璃珠介质上的附着力很弱。此外，环境中的其他因素也会影响纳米材料在土壤和底泥中的吸附。Chen 等[81]研究了腐殖酸对二氧化钛纳米颗粒在饱和砂柱中的迁移和吸附的影响，结果发现腐殖酸能够显著减弱二氧化钛纳米颗粒在沙粒上的吸附，提高纳米材料的迁移能力。同时，温度也是影响纳米材料在环境介质上吸附的另一个重要因素。通常纳米材料颗粒随着温度上升而更容易吸附在环境介质上。这是由于温度的升高加剧了粒子的布朗运动，使纳米材料与吸附受体碰撞机会增加。同时，温度升高会降低溶液的黏度，增加环境介质对非布朗运动颗粒的吸附。

6.4.2　化学转化

纳米材料由于其较大的比表面积，具有较强的反应活性，多种环境因素均可引发其化学转化，使其结构与形态发生根本的变化。碳纳米材料如富勒烯、石墨烯、碳纳米管等可发生羟基化、羧基化、氯化等。金属纳米材料如纳米铁、纳米铜、纳米银存在氧化溶解，纳米银还存在氯化、硫化等过程。而金属氧化物纳米材料如四氧化三铁、氧化锌等存在溶解等过程，释放出金属离子。日光照射、溶解氧、pH、Cl^-等是影响化学转化的重要因素。

化学转化引发的纳米材料的形貌、形态转化对于其迁移、生物可给性及毒性有显著影响。例如锌离子的毒性高于氧化锌[82,83]，而银离子毒性高于纳米银与硫化银[84-86]。因此氧化锌及纳米银的(氧化)溶解增加了其毒性，而纳米银的硫化则可显著降低其毒性。

6.4.3　生物转化

纳米材料一旦接触生物体，胞内或胞外的活性物质不可避免地引发纳米材料表面涂层或纳米材料自身的生物转化。例如，生物体可产生多种反应活性氧(ROS)，如羟基自由基、超氧阴离子自由基、过氧化氢等，这些自由基可引发纳米材料的氧化还原转化。多种生物分子如胞外多糖、蛋白具有一定的还原性，如多种植物、微生物均可将银离子还原为纳米银。纳米材料的生物转化是纳米材料引发生物效应的关键步骤，但目前对于纳米材料的生物转化途径与机制研究尚较少。

6.5　典型纳米材料在环境中的转化行为

6.5.1　纳米银

进入环境中的纳米银，在环境介质中可经过涂层置换、团聚、吸附、氧化溶解、氯化、硫化、再还原等作用发生物理与化学转化，在生物分子或生物体作用下还存在一系列生物转化，如图 6-3 所示。

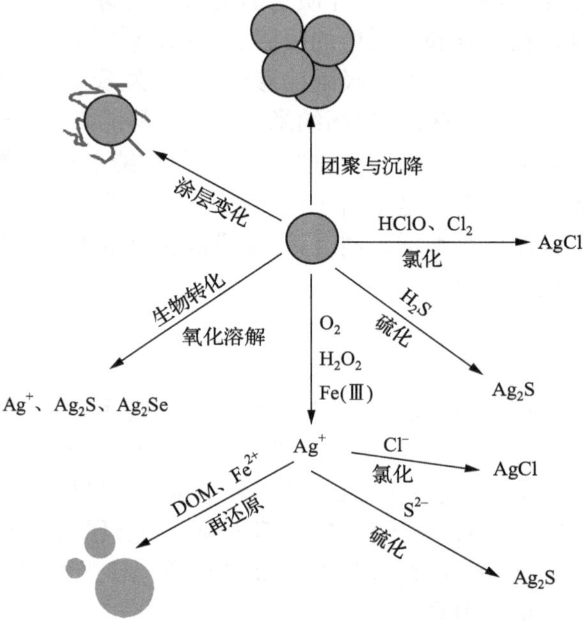

图 6-3　环境中纳米银的物理和化学转化

6.5.1.1　涂层变化

环境中存在大量可与纳米银表面作用的分子，如腐殖质、蛋白质、巯基小分子等。这些分子可在纳米银表面原有的涂层分子上继续包裹(over-coating)或将这些原有的涂层分子置换。核磁共振波谱证实，腐殖酸与富里酸的羧基与羟基可与纳米银发生作用，将纳米银表面的柠檬酸涂层置换[87]。拉曼光谱则提示，富里酸通过烷氧基与纳米银的直接接触置换表面的聚乙烯吡咯烷酮(PVP)分子。这种涂层的变化可对纳米银后续的团聚、吸附、迁移及化学转化等产生重要影响。如富里酸可显著提高柠檬酸-纳米银的稳定性，提高其在电解质中的临界凝聚浓度(critical coagulation concentrations)[88]；而腐殖酸的包裹降低了柠檬酸-纳米银在硅基底上的沉积[89]。

6.5.1.2　团聚与沉降

纳米银的团聚可由紫外-可见光谱、激光粒度测定、电镜等手段来表征[90]。分散的纳米银在约 400 nm 处有特征峰，而随着纳米银的团聚，其在约 400 nm 的峰减弱，而在长波长处出现新的吸收峰(代表团聚纳米银)。在团聚过程中，还可能存在纳米银的沉降(从溶液中析出)[90]。这些团聚态的纳米银也可在水中长期稳定存在[91]。

纳米银的团聚过程受纳米银涂层、溶液 pH、电解质种类与浓度、天然有机质、溶解氧等因素控制或影响。①涂层:非涂层的纳米银、静电涂层的纳米银(如柠檬酸-纳米银和 $NaBH_4$-纳米银)在低 pH 及电解液中易于团聚,而立体位阻涂层的纳米银(如 PVP-纳米银)较为稳定,且其团聚行为受 pH 影响不大[79]。静电立体稳定的纳米银(如支链聚乙烯亚胺-纳米银)的团聚行为也受 pH 影响。在一价(NaCl)或二价($CaCl_2$、$MgCl_2$)电解质溶液中,PVP-纳米银均较柠檬酸-纳米银更为稳定[92]。这可能是由于相对于柠檬酸的静电斥力,PVP 涂层提供的空间排斥作用不易被电解液屏蔽。对两种不同涂层的纳米银的团聚行为研究表明,化学合成的纳米银(柠檬酸包裹)的团聚随离子强度增加而增加,生物方法合成的纳米银(柠檬提取物合成)则呈现相反的趋势[93]。②电解液类型与浓度[92]:通常,二价电解质($CaCl_2$、$MgCl_2$)较一价电解液(NaCl)更易引起纳米银的团聚,且随着电解液浓度的增加,团聚速率增加。③溶液 pH:溶液 pH 可影响纳米银表面的 ζ 电位,从而影响其团聚行为。在 $pH<4$ 时,碳酸盐-纳米银的表面电荷由负变正,加速了其团聚[91]。④天然有机质:通常,天然有机质如腐殖酸、胞外多糖等对电解质溶液中纳米银的团聚有抑制作用[57,90,92]。在 NaCl 及低浓度的 $CaCl_2$ 溶液中,腐殖酸对 PVP-纳米银及柠檬酸-纳米银均有较好的稳定作用。在高浓度的 $CaCl_2$ 存在下,由于 Ca^{2+} 对腐殖酸的桥连作用,腐殖酸提高了 PVP-纳米银及柠檬酸-纳米银的团聚[92]。同时对于不同组分天然有机质的研究表明,腐殖酸对纳米银的稳定作用强于富里酸[90]。⑤溶解氧:在溶解氧存在下,柠檬酸-纳米银的团聚加快[94]。在有溶解氧条件下,开始的 4~6 h 内,纳米银的水合粒径线性增加,之后则呈波动性的分布;在除氧条件下,水合粒径则平稳增加。这一现象可能与纳米银的氧化有关,但具体机制尚不清楚。

在实际环境水体中,纳米银的团聚行为往往受电解质类型、浓度与天然有机质浓度的联合控制。天然水体中离子强度的增加与天然有机质浓度的降低可促进纳米银的团聚[95]。此外,不同分子量的天然有机质在纳米银分散中也可能起着不同的作用[96]。

纳米银的团聚可抑制银离子的氧化溶出,促进其向底泥中的迁移[90,97]。此外,纳米银在暴露介质中的团聚与沉降对纳米银的毒性有显著影响[98]。在暴露大型溞的标准 OCED 介质中,柠檬酸-纳米银存在明显的团聚与后续的沉降,这减少了纳米银与生物体的接触,从而减弱了纳米银的毒性[99]。

6.5.1.3　吸附与沉积

纳米银易于吸附在活性炭[100]、黏土[61,101]、活性污泥[102,103]、醋酸纤维素微滤膜[104]及生物膜[105-107]上。这一吸附作用与纳米银的表面涂层与 ζ 电位，以及吸附剂的表面基团与 ζ 电位、溶液 pH、电解质浓度等因素相关。①在模拟界面上的吸附：十八烷基修饰后的玻璃珠对疏水性涂层的 PVP 与阿拉伯胶(gum arabic)涂层纳米银的吸附能力增强，而对亲水性的柠檬酸包裹的纳米银的吸附能力则变化不大[78]。这表明纳米银在环境界面中的吸附与纳米银涂层的疏水性、环境界面的疏水性等参数相关。天然有机质对纳米银在固相界面上的沉积有重要影响[89]。腐殖酸或富里酸涂层的硅基底增加了柠檬酸-纳米银的沉积。柠檬酸-纳米银经腐殖酸包裹后，其在腐殖酸或富里酸涂层硅基底上的沉积较柠檬酸-纳米银减弱；而柠檬酸-纳米银经富里酸包裹后，其在腐殖酸或富里酸涂层硅基底上的沉积较柠檬酸-纳米银增强。当存在非结合有机质时，腐殖酸更易抑制纳米银的沉积，表明不同天然有机质组分对于纳米银的作用存在显著差异。②在黏土与土壤上的吸附：模型计算表明，纳米银倾向于通过银(110)晶面分别与蒙脱土、高岭土的(001)、(100)表面结合[101]。实验显示，在低 pH 值下，蒙脱土基面带负电，而边缘带正电，因此不同 pH 条件下其对纳米银的吸附存在较大差异[108]。在 pH 8 时，蒙脱土对纳米银的凝聚影响不大。但在 pH 4(低于蒙脱土边缘等电点的 pH)时，蒙脱土与纳米银的作用则降低纳米银的稳定性，显著促进了其凝聚。另一项研究表明，土壤中带正电荷的矿物如铁铝氧化物、黏土等可能在土壤吸附纳米银过程中起着重要作用[109]。纳米银在模拟(修饰特定官能团的吸附剂)或实际环境表面(植物叶片与砂)的吸附实验表明，稳定的纳米银悬浮液的吸附行为是非线性的，可由 Langmuir 吸附等温线表示，且 Langmuir 系数与吸附剂的表面基团相关[110]。这一过程为单层吸附，已吸附的纳米银的静电斥力抑制了进一步的吸附。而对于不稳定的纳米银悬浮液，这一吸附行为不服从经典吸附模型，表明这一过程同时存在纳米银的团聚与吸附。③在微生物表面的吸附：纳米银在斑点假单胞菌上的吸附随 pH 与电解质浓度升高而增加，ζ 电位表明这一吸附作用主要源于纳米银与细胞表面的静电引力[105]。另一项研究则发现，纳米银在五种细菌上的吸附随 pH 的升高而增强[107]。④在微孔滤膜、活性炭与活性污泥上的吸附：增加 pH 会使纳米银与醋酸纤维素微滤膜的电荷排斥作用增强，从而降低纳米银在微滤膜上的沉积[104]。而在 pH 4.0，离子强度的增加可屏蔽静电排斥作用，从而增加纳米银在微滤膜上的沉积。活性炭可有效吸附柠檬酸-纳米银，这一吸附作用可由 Freundlich 与 Langmuir 吸附等温线描述[100]。低浓度的电解质可显著促进纳米银在活性炭上的吸附，而超过临界凝聚浓度的电解质则直接导致纳米银的团聚与沉降，在这一过程中活性炭起辅助沉降作用。这一研究提示，活性炭可作为清除废水中纳米银的有效吸附剂。纳米银易于在活性污泥悬浮液等颗粒物上吸附，其吸附效率还与纳米银的涂层种类和 ζ 电位相关[103]。例如，活性污泥悬浮物对乙二醇修饰的纳米银的吸附效率可达 90%以上[102]，这有助于纳米银从废水中的去除[111]及其后续在活性污泥中的硫化过程等。

6.5.1.4　氧化溶解

纳米银氧化溶解释放的银离子是纳米银毒性的重要来源。纳米银的急性毒性主要来自于银离子[84,112,113]。最近一项研究表明，纳米银对大肠杆菌的杀菌作用主要来自于纳米银氧化释放的银离子[84]。在严格厌氧的条件下，纳米银未对大肠杆菌显示毒性。不同涂层与粒径的纳米银对大肠杆菌的杀菌作用均与银离子相关，而与总银浓度无关。这一研究表明，纳米银的氧化溶解是纳米银急性毒性作用的关键步骤。

自然环境或人为过程存在多种银的氧化剂，如溶解氧[75]、过氧化氢[114,115]、次氯酸钠[116]、Cl_2[116]、Fe^{3+}等。这些氧化剂的氧化能力存在较大差异，如氧气对纳米银的氧化速率比过氧化氢低 100 倍[117]。多种因素均可影响纳米银的氧化溶解[118]，氧化溶解的控制因素包括：①pH 值：由式(6-1)可知，纳米银的氧化溶解需要氢离子的参与。因此，溶液 pH 值对氧化速率有重要影响。pH 值越低，氧化速率越快[75,119]。

$$2Ag^0 + 1/2O_2 + 2H^+ \longrightarrow 2Ag^+ + H_2O \tag{6-1}$$

$$2Ag^0 + H_2O_2 \longrightarrow 2Ag^+ + 2OH^- \tag{6-2}$$

但对于过氧化氢氧化纳米银而言[式(6-2)]，在 pH 6.0～8.5 范围内，其溶解速率随着 pH 的升高而增加，相关机制尚不清楚[115]。②粒径：纳米银的氧化溶解与其表面积相关[120]。纳米银粒径越小，比表面积则越大，其氧化溶解越快[120-122]。相较于涂层、合成方法等其他因素，纳米银粒径是控制其氧化溶解的关键因素[122]。③共存配体：半胱氨酸促进氧化溶解，柠檬酸盐抑制氧化溶解[120]，巯基配体与 S^{2-} 也抑制氧化溶解[120]。由于生物培养介质中的 $NH_4{}^+$ 对银离子的络合作用，纳米银的氧化溶解加快[123]。Cl 和 Ag 的浓度比影响纳米银溶解动力学，低浓度氯离子存在下生成的 AgCl 抑制氧化溶解，而高浓度氯离子存在下生水溶性的 $AgCl_x{}^{(x-1)-}$ $(x>1)$，从而促进氧化溶解[124,125]。④氧化剂：溶解氧、过氧化氢等氧化剂均可促进纳米银氧化溶解[75,115,120,126]。在脱氧水中，纳米银的氧化溶解速率较慢[75]，但随着溶解氧浓度的增加，其氧化溶解速率相应增大[126]。⑤涂层：不同涂层的纳米银表现出不同的团聚行为，从而影响银离子释放[127]。在淡水与海水中，柠檬酸-纳米银的初始氧化溶解速率高于 PVP-纳米银，但 72 h 后其溶解释放的银离子浓度相当。此外，涂层有可能通过影响纳米银与溶解氧的接触从而抑制纳米银的溶解。在纳米银表面包裹一层 1.3～8.3 nm 的聚四氟乙烯涂层可显著降低银离子的氧化释放，涂层越厚，抑制作用越明显[128]。⑥团聚状态：团聚影响纳米银与氧气的有效接触面积，从而影响纳米银的氧化溶解[129]。⑦温度：温度越高，纳米银的氧化速率越快[75]。⑧天然有机质：天然有机质如腐殖酸、富里酸可抑制纳米银的氧化。

其机理可能为:天然有机质包裹在纳米银表面,减少了纳米银与溶解氧的作用;有机质消耗溶解氧;有机质将溶解的银离子再度还原为纳米银[75]。⑨纳米银的初始浓度:由于纳米银可看做溶解氧的清除剂且水中溶解氧是有限的,因此纳米银的溶解速率与纳米银的初始浓度是相关的。纳米银的初始浓度越低,溶解纳米银所占总银的比例越高[130]。

6.5.1.5 氯化

由于氯离子和银离子的结合作用[$K_{sp}(AgCl) = 1.77 \times 10^{-10}$(25℃)],氯离子对纳米银的化学转化有显著影响。通常,在较低浓度的氯离子存在下,银离子形成的 AgCl 沉淀可包裹纳米银,从而降低银离子的氧化溶出。但高浓度的氯离子可和银离子形成可溶性的配合物,从而促进纳米银的氧化溶解与形貌变化[131]。在对含有纳米银的纺织品的洗涤过程中,洗涤剂中的次氯酸可氧化纳米银为银离子,并进一步生成 AgCl[10,116,132]。纳米银、高岭土、NaCl 的混合溶液长时间放置后,可观测到 AgCl 的生成[10]。由于氯离子不能直接和金属银反应,溶解氧可能先将纳米银氧化,产生的银离子再进一步与氯离子反应生成 AgCl。除了以上过程,在胃液中也可能发生纳米银的氯化[133]。AgCl 对细菌的毒性弱于银离子,与纳米银相当[134]。因此,氯化过程对纳米银的毒性存在重要影响。

6.5.1.6 硫化

银具有较强的亲硫性。由于硫化银的溶度积[$K_{sp}(Ag_2S) = 1.6 \times 10^{-49}$(18℃)]非常小,在一定的湿度条件下,纳米银可直接被硫化氢转化为硫化银[式(6-3)][135]。

$$2Ag + H_2S \longrightarrow Ag_2S + H_2 \tag{6-3}$$

在厌氧环境中,S^{2-} 的存在形态与 pH 相关,因此这一直接硫化反应可能与 pH 密切相关。在 pH 11.1 时,S^{2-} 不能硫化金属银。但当 pH<9.6 时,S^{2-} 可以 H_2S 形态存在,可能发生直接硫化反应[136]。氧气的存在可加速硫化反应[135]。低 S^{2-} 浓度下,纳米银先氧化溶解生成银离子[式(6-4)],再进一步与 S^{2-} 反应生成硫化银(均相反应)[式(6-5)]。

$$Ag^0 + 1/2O_2 + 2H^+ \longrightarrow Ag^+ + H_2O \tag{6-4}$$

$$2Ag^+ + S^{2-} \longrightarrow Ag_2S \tag{6-5}$$

但在较高 S^{2-} 浓度下,纳米银可直接在氧气、S^{2-} 作用下生成硫化银(非均相反应)[式(6-6)][137]。

$$2Ag + S^{2-} + 1/2O_2 + 2H^+ \longrightarrow Ag_2S + H_2O \tag{6-6}$$

同时,高浓度的 S^{2-} 可显著提高纳米银的硫化速率。在硫化过程中,硫化银可将纳米银桥连起来。而进一步提高 S^{2-} 的浓度则生成无定形的硫化银[138]。由于低溶解度的硫化银包裹在纳米银表面，抑制了纳米银的氧化与银离子溶出[138]。

研究发现，硫化银是废水处理厂污泥中银的主要形态[139]。进一步研究表明，在废水处理厂的厌氧环境中，2 h 以内纳米银即可被转化为硫化银，而在污泥与出水中硫化银均是银的主要形态[140]。类似地，在模拟湿地环境中，18 个月后土壤与底泥中的 PVP-纳米银均可被硫化为硫化银，转化率分别为 52%与 55% [38]。纳米银的硫化过程也可在生物体系中发生。在 1 h 的暴露时间内，人肺泡上皮细胞即可将摄入的银纳米线硫化，生成硫化银[141]。这一硫化过程可能是生物体内银离子"捕集"的重要途径，有助于降低纳米银与银离子的短期毒性。由于硫化银与纳米银的性质差异较大，纳米银的硫化对其迁移、转化与毒性等均有显著影响。硫化银溶解度极低，因此其毒性远小于纳米银和银离子[142]。研究发现纳米银的硫化过程可显著降低银离子的释放和对大肠杆菌生长的抑制[86]。

目前，有关纳米银的硫化产物——纳米硫化银的进一步转化途径与生物可给性等的研究尚十分缺乏。理论上，硫化银可通过式(6-7)所示的氧化过程再度释放银离子。

$$Ag_2S + 2O_2 \longrightarrow 2Ag^+ + SO_4{}^{2-} \tag{6-7}$$

但在实际环境中，纳米银硫化后生成的纳米银较为稳定。据估计，根据氧化还原条件的差异，典型的硫化的纳米银(含有 85% Ag_2S)的半衰期为 10 年以内到 100 年以上[143]。但当纳米硫化银转移到好氧环境(如好氧堆肥)之中或在天然氧化剂(如 Fe^{3+})存在条件下，释放银离子的行为尚有待进一步研究。

6.5.1.7　再还原

环境中存在的多种还原性物质如绿锈(green rust，iron(Ⅱ) hydroxide)[144]、膨润土(bentonite)[145]、天然有机质均可将银离子还原为银单质。环境中大量存在的天然有机质具有一定还原性，可将银离子还原为纳米银，尤其是加热或太阳光照可加速这一还原反应[97,146-148]。在这一过程中天然有机质不仅作为还原剂，还作为稳定剂分散与稳定纳米银。天然有机质对银离子的还原过程对于银离子与有机质均为一级反应[97]。该反应依赖于反应的 pH，pH 越高，还原速率越快。其反应机制为：在日光照射下，天然有机质将溶解氧还原为超氧阴离子自由基，而超氧阴离子可将银离子还原为纳米银[97,149]。由于天然有机质对生成纳米银的分散作用，所生成的纳米银可长期稳定[97,147]。但在高浓度二价金属阳离子存在下(Ca^{2+}/Mg^{2+})，由于天然有机质的分子间桥连，天然有机质却可促进纳米银的团聚[150]。

以上研究提示，在还原剂存在下，纳米银氧化溶解释放的银离子可再度还原为纳米银。以往的研究中，人们发现纳米银稳定性较差，在储备液或生物暴露介质中存在明显的转化，可生成小粒径纳米银、大粒径纳米银及链状交联的纳米银[71,99,151,152]，但不清楚这一现象的化学本质。我们的研究发现[153]，在天然有机质与光照的联合作用下，PVP-纳米银释放的银离子可再度被还原为小粒径纳米银，而银离子在原有纳米银上再度还原也可生成大粒径的纳米银(如图 6-4 所示)。在 Ca^{2+}/Mg^{2+} 存在下，银离子的还原可将团聚的纳米银交联在一起，形成链状或网状的纳米银结构。这一研究揭示了纳米银形貌变化的化学本质，即纳米银的氧化与再还原反应。

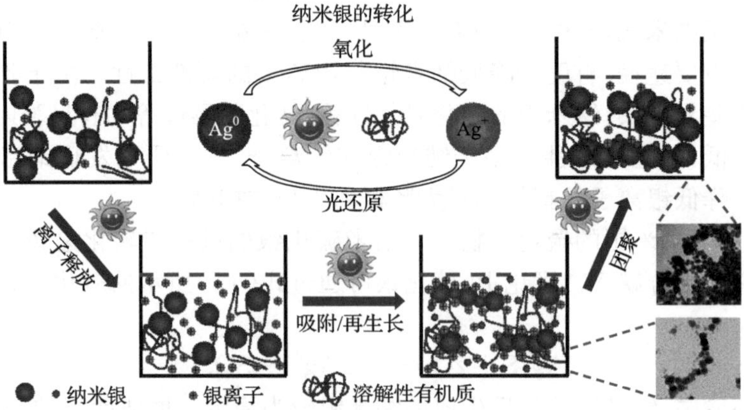

图 6-4　日光照射下水环境中纳米银的转化途径[153]

天然有机质对银离子的再还原过程，对于纳米银的转化、毒性有显著影响。例如，这一还原过程可以增加纳米银在环境水体中的持久性，有助于其迁移[97]。此外，这一过程降低了银离子的浓度，可能降低其对水生动植物的毒性[154,155]。

6.5.1.8　生物转化

一系列的生物因素如 pH、生物大分子等均可对纳米银的化学转化产生重要影响。目前这方面的研究较为缺乏，尚多局限于模拟体系。在模拟胃液中，由于较低的 pH 及氯离子的存在，柠檬酸-纳米银的粒径、形貌、ζ 电势与化学组成均发生显著变化[133]；在 400 nm 左右的吸收峰的降低以及在长波长处出现新的吸收峰，均表明纳米银的团聚与粒径的增长；能量色散 X 射线光谱(EDX)与 X 射线衍射(XRD)也观测到了氯化银的生成。另有研究表明，牛血清白蛋白(BSA)可结合于纳米银表面，抑制铵离子所引起的纳米银的溶解[156]。高浓度的 BSA 可增加纳米银的溶解，但由于 BSA 与银离子的结合，其毒性并未增加。类似地，一种胞外多糖海藻酸可结合于纳米银表面，抑制纳米银的溶解，降低其毒性，但由于海藻酸结合银离子的能力较弱，其不能降低银离子的毒性。一系列实验室模拟研究也为生物体内纳米银的转化提供了重要信息[157]：纳米银被生物体经口摄入后，可在胃酸中部分溶解，银离子吸收后以生物分子-银离子络合物的形式进入循环系统，并在日光可接触的部分(如皮肤)被光还原为次生的纳米银,这些次生的纳米银还可进一步转化为更稳定的硫化银或硒化银。

6.5.2　零价纳米铁

6.5.2.1　团聚

多种高聚物分子均可吸附于零价纳米铁表面,从而提高其稳定性。瓜尔胶可吸附于纳米零价铁表面,显著提高纳米铁的分散与抗团聚能力,其对纳米铁的分散性优于聚天冬氨酸和淀粉[158]。由于不同表面包裹剂与环境分子具有不同的作用,其受 pH 等环境因素的影响也存在极大差异,因此不同修饰剂的纳米零价铁往往具有不同的团聚特性。降低 pH 降低了高分子量强阴离子 poly(methacrylic acid)-*b*-(methymethacrylate)-*b*-(styrenesulfonate) (PMAA-PMMA-PSS) 与低分子量弱阴离子聚天门冬氨酸盐(polyaspartate)包覆纳米零价铁之间的静电斥力,从而促进了纳米零价铁的团聚,其中低分子 polyaspartate-纳米零价铁尤为明显[159]。腐殖酸可与聚丙烯酸-纳米零价铁作用而吸附于纳米零价铁表面(而非聚丙烯酸表面),提高纳米零价铁之间的静电斥力,进而增加颗粒稳定性[160]。但是,腐殖酸与 Tween 20、淀粉包裹的纳米零价铁作用时,则是与纳米零价铁表面的 Tween 20、淀粉作用。进一步研究表明,Ca^{2+} 可通过与淀粉分子间络合与桥连显著促进淀粉修饰的纳米零价铁的团聚,而对聚丙烯酸、Tween 20 修饰的纳米零价铁的影响不大[161]。由于 Ca^{2+} 引发腐殖酸分子间的桥连,腐殖酸的存在可进一步促进淀粉修饰的纳米零价铁的团聚与沉降。除此之外,增加颗粒浓度与饱和磁化强度可增加颗粒的团聚,这些团聚体可进一步组装为链状结构而沉淀[162]。另一研究也表明,纳米微球之间的磁吸引力有助于其团聚[163]。

6.5.2.2　氧化

纳米零价铁性质活泼,极易被氧化剂如氧气[164]、多金属氧酸盐(polyoxometallates, POM)[165]等氧化。其可能的氧化途径[166-169]如下:

$$Fe^0 + O_2 \longrightarrow Fe^{2+} + O_2^{2-} \tag{6-8}$$

$$Fe^0 + 2H^+ \longrightarrow Fe^{2+} + H_2\uparrow \tag{6-9}$$

$$Fe^0 + O_2 + 2H^+ \longrightarrow Fe^{2+} + H_2O_2 \tag{6-10}$$

$$Fe^0 + 2H^+ + H_2O_2 \longrightarrow Fe^{2+} + 2H_2O \tag{6-11}$$

$$2Fe^0 + O_2 + 4H^+ \longrightarrow 2Fe^{2+} + 2H_2O \tag{6-12}$$

$$Fe^0 + 2POM \longrightarrow 2POM^- + Fe^{2+} \tag{6-13}$$

纳米零价铁在水中老化生成 Fe_3O_4、α-FeOOH、γ-Fe_2O_3、$Fe_3(PO_4)_2 \cdot 8H_2O$ 及铁硫酸盐等[164,170],而在空气中氧化则生成 Fe_3O_4、FeO、α-Fe_2O_3、γ-Fe_2O_3[164]。

水中的阴离子与溶解氧对纳米零价铁的氧化有重要影响[170]。在一个月的老化过程中，阴离子（Cl^-，NO_3^-，SO_4^{2-}，HPO_4^{2-}，HCO_3^-）可不同程度地抑制纳米零价铁的氧化；而六个月后，除硝酸盐可显著抑制纳米零价铁的氧化外，其他阴离子的存在对氧化态影响不大。溶解氧浓度的提高可显著加速纳米零价铁的氧化，纳米零价铁的氧化还与 pH、天然有机质、离子强度等因素有关[171]。由式(6-9)至式(6-12)可知，降低溶液 pH 可增加 H^+ 浓度，从而促进反应发生。天然有机质的存在可一定程度抑制零价铁的氧化[172]，而电解质的存在可导致纳米零价铁的团聚与沉降，从而降低其反应活性。

6.5.3 金属氧化物纳米材料

6.5.3.1 二氧化钛

由于二氧化钛特殊的物理化学性质，二氧化钛纳米材料在环境中难以发生明显的化学转化。目前的研究多集中于其在水环境中的物理转化行为。二氧化钛的晶型与形貌对其团聚影响不大[173]，但二氧化钛初始浓度、溶液 pH、离子强度、无机盐种类、天然有机质等因素均对二氧化钛的团聚有重要影响：①二氧化钛初始浓度越高，团聚越显著[174]。②溶液 pH 越接近二氧化钛等电点，二氧化钛所带电荷越少，越易团聚[68]。③离子强度越高，对二氧化钛表面电荷的屏蔽作用也越明显，越易引发团聚[68]。④通常，二价离子屏蔽表面电荷的能力更强，因此引起团聚的作用更为明显。阳离子引发二氧化钛团聚的能力顺序为：$Ca^{2+} > K^+ > Na^+$[70]。类似地，对于带正电的二氧化钛悬浮液，SO_4^{2-} 的临界凝集浓度要远低于 Cl^-[175]。特殊地，某些离子可强烈吸附在二氧化钛表面，增加其所带电荷，从而抑制团聚。如在 pH 4 时，Fe^{3+} 的存在增加了二氧化钛所带正电，抑制其团聚[176]。⑤通常天然有机质可显著提高二氧化钛的所带的负电，从而抑制其团聚[176]。此外，吸附的有机质之间的立体排斥作用也一定程度抑制了团聚[68]。

在实际环境体系中，溶解性有机质往往与无机离子（如 Ca^{2+}、Mg^{2+}、Fe^{3+}）共存，二者的交互作用使二氧化钛的团聚行为变得更为复杂。天然有机质可以抑制 Ca^{2+} 所引发的二氧化钛的团聚，但在高浓度 Ca^{2+} 存在下，由于 Ca^{2+}-天然有机质的桥连作用，天然有机质反而促进了二氧化钛的团聚[177]。类似地，对于富里酸-Fe^{3+} 二元体系，富里酸与 Fe^{3+} 间可形成 COO-Fe^{3+} 键，在低 pH 条件下促进二氧化钛的团聚[176]。在天然水体中，二氧化钛的团聚行为往往受纳米材料表面性质、水化学参数（pH、离子强度与种类、有机质）的联合影响[178]。

6.5.3.2 氧化铜

氧化铜的团聚受 pH 影响，在其等电点附近易于团聚。增加离子强度通常增加其团聚，而电解质浓度高于 0.15 mol/L 时，继续增加电解质浓度对团聚影响不大。当腐殖酸浓度低于 4 mg/L 时，在酸性到中性 pH 区间，氧化铜团聚加剧；而在较高的腐殖酸浓度下，在考察的 pH 范围内其团聚行为变化不大[179]。富里酸可降低氧化铜的团聚，从而提高 Cu^{2+} 的溶出，增加原核藻类对氧化铜的摄入，因此氧化铜对原核藻类的毒性相应增强[180]。

纯水中的纳米氧化铜在中性 pH 下溶解性较差，但在低 pH(4～5)下可溶解释放铜离子。但是，在毒性测试介质中，即使在近中性的 pH 下，由于铜离子配体(如氨基酸)的存在，氧化铜仍可显著溶解。吸附在氧化铜颗粒上的铜离子可进一步硫化，并作为催化剂促进 S^{2-} 的氧化。相比于纳米氧化铜，纳米硫化铜的毒性较低，但经由 H_2O_2 氧化仍可释放铜离子并表现一定的毒性[181]。柠檬酸与草酸可显著促进纳米氧化铜的溶解[182]。溶解性有机质如腐殖酸可显著提高原核藻类对纳米氧化铜的摄入，且在生物体内 CuO 被还原为 Cu_2O[180]。最近一些报道指出，自然界中的一些微生物可将铜离子还原为零价态的纳米铜[183-186]，因此环境中纳米氧化铜向 Cu_2O 或单质铜的还原过程也可能发生。

6.5.3.3　氧化铈

增加 pH(6.0～9.0)与离子强度可提高氧化铈的团聚，而增加天然有机质则可降低团聚粒径[187]。天然有机质吸附于氧化铈表面可降低其 ζ 电位，从而增加其静电斥力。在天然有机质存在下，纳米氧化铈在藻类培养介质中放置 12 天后，溶液中仍有 41%的氧化铈[188]。与其他纳米材料类似，在 KCl 溶液中腐殖酸的存在可降低氧化铈的团聚速率；而腐殖酸在低浓度的 $CaCl_2$ 溶液中可降低氧化铈的团聚速率，在高浓度 $CaCl_2$ 溶液中可提高氧化铈的团聚速率[189]。类似地，海藻酸钠可提高氧化铈在海水中的分散，抑制其沉降[190]。在实际环境水体(海水、湖水、地下水)中，氧化铈的电泳淌度主要受水体中的天然有机质与离子强度控制，与 pH 关系不大[191]。模拟实验表明，活性污泥处理可去除高达 96.6%氧化铈[192]，这是活性污泥组分导致纳米氧化铈团聚沉降与吸附的综合结果。

氧化铈的溶解与其粒径和介质 pH 相关。pH 越低，粒径越小，越易溶出[193,194]。植物根系存在的有机酸(如柠檬酸)可促进氧化铈颗粒溶解，同时还原物质(如抗坏血酸)将 Ce(Ⅳ)还原为 Ce(Ⅲ)。摄入植物体内的铈在根部以氧化铈与磷酸铈存在，而在茎部以氧化铈与羧酸铈的形式存在。在不同的氧化还原条件下，氧化铈与三氧化二铈可相互转化[195]。

6.5.3.4　氧化锌

二价阳离子对氧化锌的团聚作用强于一价阳离子[196]。氧化锌的合成过程提示，环境中的阴离子可能对 ZnO 的团聚也有影响[197]。氧化锌的形貌对其团聚有重要影响[198]，球状氧化锌的团聚受离子强度影响，而不规则形状氧化锌(片状与棒状混合氧化锌，Mk-ZnO)受离子强度影响不大。这可能要归因于片状与棒状混合氧化锌的不同表面间的作用，它降低了临界凝集浓度。另外，两种形貌氧化锌的临界凝聚浓度依赖于 pH，溶液 pH 离等电点越远，其临界凝集浓度增加越明显。天然有机质可抑制氧化锌的团聚。在阳离子浓度较高的湖水与废水中，天然有机质起到了稳定纳米材料的作用[196]。此外，氧化锌的溶解可促进其团聚[196]。

在水中，氧化锌易于溶解并释放锌离子。这一过程依赖于溶液 pH 与氧化锌粒径[199]。pH 越低，粒径越小，氧化锌溶解越快，释放出的锌离子浓度也越高。在低 pH 下，腐殖酸对锌离子溶出影响不大。但在高 pH 下，腐殖酸对锌离子的溶出先抑制后促进。但也有研究表明，腐殖酸可显著降低锌离子的溶出[200]。柠檬酸可显著促进氧化锌的溶解[201]，而碳酸根离子可与锌离子反应在氧化锌表层生成碳酸锌沉淀，抑制锌离子的溶出[202]。类似地，磷酸盐可显著降低氧化锌中锌离子的溶出，且将氧化锌转化为磷酸锌[203]。

由于锌的亲硫性，在含硫(S^{2-})水体中氧化锌极易被硫化。在高浓度 S^{2-} 存在下，近 100% 氧化锌可转化为硫化锌[204]。这一硫化过程服从溶解—再沉降的机理。由于硫化锌在氧化锌上的分布并不均匀，因此部分裸露的氧化锌可进一步溶解并硫化。硫化还导致纳米颗粒团聚并进一步降低表面电荷。在废水厌氧处理过程中，纳米氧化锌均被转化为硫化锌[205]。虽然疏水性修饰可一定程度延缓硫化过程，但其最终产物仍为硫化锌。在进一步的污泥处理过程中(堆肥/储存)，硫化锌会进一步转化为磷酸锌与 Zn-FeOH。

6.5.3.5 铁氧化物

天然有机质可抑制纳米氧化铁的团聚，但低浓度(0.5 mmol/L)的 $CaCl_2$ 即可加速腐殖酸涂层的 Fe_2O_3 的团聚[206]。腐殖酸与萨旺尼河天然有机质可通过氢键在纳米氧化铁表面快速吸附，并在较宽的 pH 范围内提供静电立体稳定作用。溶解有机质中的高分子量组分更易在氧化铁表面吸附[207]。

在较低腐殖酸吸附条件下，纳米四氧化三铁的正电荷可为腐殖酸部分中和，从而导致等电点的变化。而在较高的腐殖酸(20 mg/L)吸附下，腐殖酸能完全包覆纳米 Fe_3O_4，使其 ζ 电位与腐殖酸接近。溶液 pH 与等电点接近或电解质浓度超过临界凝聚浓度时，纳米 Fe_3O_4 快速团聚，但腐殖酸可稳定纳米 Fe_3O_4，且随腐殖酸浓度增加，稳定效应更为明显[206]。

在 pH 3.35 时，抗坏血酸可对纳米赤铁矿(hematite)还原溶解，纳米赤铁矿粒径越小，还原溶解速率越快，且纳米赤铁矿的基体缺陷或尖锐的边缘溶解较快[208]。在 pH 4.7 的柠檬酸缓冲液中，两亲聚合物[poly(maleic anhydride-alt-1-octadecene)]或聚乙二醇包裹的纳米立方的氧化铁核可在 3 h 内快速溶解，而其包裹涂层可维持原状不变[209]。比较而言，由于接触面积的差异，分散的氧化铁较团聚的更易溶解，团聚体外缘的氧化铁较团聚体内部的氧化铁更易溶解。氧化铁核的溶解还与涂层、铁络合剂等因素有关。相比于两亲性聚合物涂层氧化铁，聚乙二醇涂层氧化铁更易溶解。铁络合剂可显著增加氧化铁的溶解。在 PC3 肿瘤细胞中，细胞摄入的两亲聚合物涂层的氧化铁也可被降解。另一项研究也证实，在 C57BL/6 小鼠体内，二巯基丁二酸涂层的磁性氧化铁可转化为非磁性的铁的其他形态[210]。

6.5.4　碳纳米材料

6.5.4.1　*物理转化*

(1) 富勒烯

富勒烯及其衍生物([6,6]-苯基 C_{61}-丁酸烷基酯，PCBR)的临界凝集浓度测定表明，PCBR 中苯烷基酯基团的引入增加了富勒烯的稳定性[211]。与其他纳米材料类似，离子强度与电解质种类对富勒烯的团聚有重要影响。随着离子强度的增加，富勒烯团聚加剧，不同阳离子引发团聚的能力顺序为：$Ca^{2+}>Mg^{2+}>Na^{+}$[64,212]。

蛋白质在富勒烯表面的吸附可增加富勒烯的抗团聚能力[213]，天然有机质同样也可显著稳定富勒烯[64]，且不同来源与结构的有机质对富勒烯的稳定作用有较大差异，萨旺尼河腐殖酸(SRHA)抑制富勒烯团聚的能力强于萨旺尼河富里酸[214]。天然有机质吸附量与吸附层厚度测定表明，有机质吸附层的结构与构象的差异导致其稳定作用的不同。另一研究也表明，不同来源与结构的天然有机质(富里酸、单宁酸及两种不同结构的腐殖酸)存在下，Ca^{2+} 对富勒烯临界凝集浓度存在较大差异[215]。有机质的分子量越高，极性越弱，对富勒烯的稳定性越好，其中有机质的立体斥力提供的稳定作用要强于静电斥力[215]。类似地，在高浓度 Ca^{2+} 条件下，Ca^{2+} 引发的桥连作用使得天然有机质促进富勒烯团聚[64]。

(2) 碳纳米管

碳纳米管自身的性质对其团聚有重要影响。不同合成方法得到的单壁碳纳米管性质存在差异，其团聚特性也不同[216]。表面氧化引入的羧基基团提高了多壁碳纳米管在 NaCl 中的稳定性，但由于 Ca^{2+} 引起羧基的桥连，高羧基化的碳纳米管在 $CaCl_2$ 溶液中的团聚较低羧基化的碳纳米管更为显著[217]。随着碳纳米管氧化程度的增加，碳纳米管对天然有机质的吸附减弱[218]。因此，在上述因素的综合作用下，当天然有机质存在时，碳纳米管的稳定性与其氧含量无关[218]。但另一项研究表明，碳纳米管对腐殖酸的吸附量与其分散无关，碳纳米管的氧含量与直径均对有机质存在下碳纳米管的分散有显著影响[219]。

PVP 涂层的引入可增加多壁碳纳米管的立体位阻，从而促进其分散[220]。非离子型 Triton X 系列表面活性剂通过疏水与 π-π 作用在多壁碳纳米管表面的吸附增加了碳纳米管的水相分散[221]。水中碳纳米管的悬浮量与表面活性剂的吸附能力呈正相关，与表面活性剂亲水组分的比例呈负相关。临界胶束浓度以下的十二烷基硫酸钠(SDS)即可显著促进单壁碳纳米管的稳定性[222]。在 Na^+ 溶液中，提高 SDS 浓度可显著提高碳纳米管的临界凝聚浓度；但在 Ca^{2+} 溶液中，SDS 浓度的影响不大。有关不同表面活性剂对多壁碳纳米管的稳定性研究发现，表面活性剂稳定的碳纳米管溶液与地表水混合后，非离子表面活性剂 Triton X-100 分散的多壁碳纳米管仍可部分稳定，而阳离子表面活性剂溴化十六烷基三甲铵(CTAB)分散的多壁碳纳米管则很快沉降[223]。生物大分子也可显著提高单壁碳纳米管的分散，其作用效果顺序为：牛血清白蛋白＞SRHA＞Luria-Bertani 培养基＞海藻酸[224]。

此外，一些环境因素如 pH、离子强度、天然有机质等可影响碳纳米管的团聚。由于碳纳米管表面具有一定的可离解基团如羧基和羟基等，因此提高 pH 可降低其团聚[225]。提高离子强度可加剧碳纳米管的团聚[226]，其中以 Ca^{2+}、Mg^{2+} 促进团聚更为明显[225]。腐殖酸的存在则可降低碳纳米管的团聚[225-227]。

(3) 石墨烯

溶液 pH 在较宽的范围内(pH 4～10)对氧化石墨烯稳定性的影响不大，而电解质类型和浓度对氧化石墨烯团聚作用明显，其临界凝聚浓度值介于碳纳米管与富勒烯之间[228]。虽然氧化石墨烯并非球状，但其在水环境中的稳定性仍服从 DLVO 与 Schulze-Hardy 理论。Ca^{2+} 可与氧化石墨烯的羟基与羰基作用，因此 $CaCl_2$ 较 $MgCl_2$、NaCl 更易引起氧化石墨烯团聚。天然有机质可显著提高氧化石墨烯的稳定性。长期稳定性研究表明，氧化石墨烯在天然与合成地表水中较为稳定，但在合成地下水中可快速沉降。氧化石墨烯在合成城市污水的进水中较为稳定，但在污水处理厂出水中可快速团聚。这一研究表明，氧化石墨烯可能在废水处理过程中团聚沉降并在污泥中累积。

6.5.4.2 化学与生物转化

碳纳米材料的曲度和表面功能基团是影响其化学与生物转化的重要因素。曲度越大，锥化角越大，其碳碳键越不稳定。因此，从曲度来看，碳纳米材料的稳定性顺序为富勒烯＞单壁碳纳米管＞多壁碳纳米管＞石墨烯。此外，表面功能基团也对碳纳米材料的降解转化有重要影响。多项研究表明，辣根过氧化物酶不能氧化还原态的碳纳米管与石墨烯，但可以氧化经过预氧化处理的碳纳米管与石墨烯(表面富含羟基或羧基)。

(1) 富勒烯

由于较大的曲度，富勒烯的反应活性较强。早在 1991 年，人们就发现富勒烯具有光照与空气敏感性，易于氧化降解[229]。富勒烯也可与单线态氧或超氧自由基反应，生成 $C_{60}O$ 或富勒醇[230,231]。在气相中，富勒烯也可被臭氧、氧气等氧化[232]。采用超声分散与机械搅拌制备富勒烯-水混合液的过程中，富勒烯即能发生羟基化反应，生成富勒醇[233]，或与空气中的臭氧反应生成 $C_{60}O$[234,235]。在富勒烯水性悬浮液放置过程中，富勒烯仍不断发生化学转化，其极性增强，在甲苯中的分配降低[236]。

水中的富勒烯一般以团聚体(nC_{60})的形式存在。在 254 nm 紫外[237]或 UVA 光照[238]下，nC_{60} 可发生表面氧化与羟基化，但其 nC_{60} 内核基本保持不变。类似的过程在日光照射下也可发生。在天然日光或 300～400 nm 光照下，富勒烯(nC_{60})的颜色变浅，粒径变小。总有机碳测定表明，富勒烯首先转化为水溶性更好的产物，并进一步矿化为二氧化碳。此反应受 nC_{60} 粒径、溶液 pH、溶解氧和溶解性有机质等因素的影响。小粒径的 nC_{60} 反应活性强于大粒径 nC_{60}。脱氧样品经 17 h 光照基本无变化，表明水中的溶解氧在这一转化中起着重要作用[239]。用不同波长光源进行光照实验表明，436 nm 与 366 nm 光源具有类似的量子产率，表明日光中的可见光部分在富勒烯的光转化中起着重要作用[240]。相比于富勒烯，富勒醇更易发生光化学降解[241]，约 47%的富勒醇在模拟日光照射下可完全矿化。水中的溶解性有机质可抑制富勒烯的光降解，但加速(敏化)富勒醇的光降解，三线激发态天然有机质可能是光敏化反应的中间体[242]。

富勒烯的化学转化可进一步影响其环境行为。例如，nC_{60} 的表面氧化所导致的负电荷与亲水性的增加可促进其在 NaCl 溶液中的稳定性。但在 $CaCl_2$ 溶液中，由于 Ca^{2+} 与负电荷基团的作用，nC_{60} 光氧化降低其稳定性[243]。

除了环氧化、羟基化、羧基化等氧化过程外，在 NaClO 存在下，富勒烯还可发生氯化反应，其产物含有 C—Cl、环氧、羟基等官能团[244]。光照对这一反应具有明显的促进作用。

在 Cytochrome P450 酶模拟体系[氯化四苯基卟啉铁(Ⅲ)-亚碘酰苯]中，富勒烯可被氧化为 $C_{60}O$、$C_{60}O_2$ 和 $C_{60}O_3$[245]，提示类似的过程可在生物体内发生。同样，漆酶可将富勒烯环氧化或羟基化[246]。两种白腐擔子菌(*Phlebia tremellosa* 与 *Trametes versicolor*)均可降解富勒醇，经 32 周的培养，一部分富勒醇被生物矿化为 CO_2，也有一部分富勒醇转化为真菌体的脂质[231]。

(2) 碳纳米管

臭氧处理可打开单壁碳纳米管的末端，并一定程度上在管侧壁上引入孔洞[247]。芬顿反应生成的羟基自由基可通过氧化与亲电加成进攻多壁碳纳米管的缺陷位点与不饱和 C═C 键，在其表面生成含氧官能团如羟基、羧基、醌[248]。紫外光芬顿反应对多壁碳纳米管的氧化更为快速[249]，在 UVA (300～400 nm)照射下，羧基碳纳米管可发生脱羧基反应，导致其在 NaCl 溶液中的稳定性降低，更易团聚与沉降[250]。

在辣根过氧化物酶与过氧化氢(40 μmol/L)中,羧基单壁碳纳米管经 4℃反应 12 周后,其长度明显缩短,而未羧基化单壁碳纳米管不变;但 $FeCl_3$ 或高铁血红素可催化过氧化氢降解未羧基化单壁碳纳米管。这说明这两个反应的途径存在差异:辣根过氧化物酶引发过氧化氢异裂,而芬顿反应使过氧化氢发生均裂产生强氧化性的羟基自由基等,从而引发未羧基化单壁碳纳米管降解。单壁碳纳米管的降解产生芳香烃,进一步氧化可转化为二氧化碳[251,252]。相比于辣根过氧化物酶,髓过氧化物酶对酸氧化单壁碳纳米管的氧化作用更为彻底[253]。采用 ^{14}C 标记的酸处理的多壁碳纳米管进行的研究表明,三种细菌 *Burkholderia kururiensis*、*Delftia acidovorans* 和 *Stenotrophomonas maltophilia* 均可将其转化为 $^{14}CO_2$[254]。类似地,多种生物细胞均具有氧化降解碳纳米管的能力[255]。

(3) 石墨烯

石墨烯的环境转化行为研究较少。但从其他纳米材料如富勒烯、碳纳米管的环境转化来看,石墨烯在环境中可能也存在类似的转化(如图 6-5 所示)。石墨烯的制备过程中所采用的一些较为温和的转化手段也可能在自然环境中发生。在天然环境中,石墨烯可经生物或化学作用发生氧化与还原。

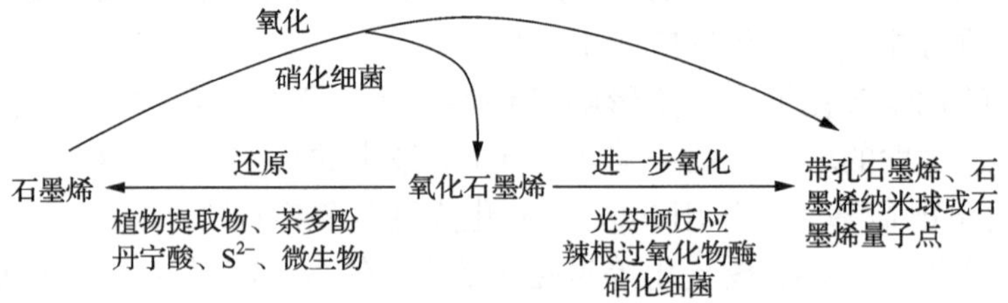

图 6-5 环境中石墨烯可能的化学与生物转化

自然界中广泛存在的一些天然产物如茶多酚[256]、单宁酸[257]等均可将氧化石墨烯还原为石墨烯。由于一些天然植物提取物(野胡萝卜[258]、茶提取物[259])中富含这些还原性物质,也可起到类似的效果。最近的研究发现,在厌氧水体中广泛存在的硫离子可将氧化石墨烯还原,由于石墨烯与硝基苯的强相互作用,石墨烯可作为电子载体促进硫离子对硝基苯的还原过程[260]。研究也发现,一些微生物具备将氧化石墨烯还原为石墨烯的能力[261,262]。

在紫外光照下,芬顿试剂($Fe^{2+}/Fe^{3+}/H_2O_2$)可进一步将氧化石墨烯氧化裂解为富含羧基的石墨烯量子点[263]。辣根过氧化物酶不能氧化石墨烯,但可将氧化石墨烯进一步氧化,在其平面上形成孔洞[264]。硝化细菌则可直接氧化石墨烯为层状结构或石墨烯纳米球[265]。

6.6　问题与展望

真实环境中纳米材料的物理与化学形态转化是影响纳米材料环境过程和生物效应的关键。虽然近年来人们在环境中纳米材料的迁移转化研究中取得了一定的进展，但仍存在诸多的问题。首先，大多数研究以实验室模拟为主，所涉及环境参数较为单一，难以反映真实环境体系。在以后的研究工作中，应对多种环境参数（如共存离子、天然有机质、光照、溶解氧、温度）综合考虑，力图反映真实环境条件下纳米材料的迁移转化行为。其次，目前相关研究方法的缺乏是制约该领域研究取得突破的瓶颈。应大力发展环境介质中纳米材料的分离表征与定量方法，如纳米材料的原位分析方法、单颗粒电感耦合等离子体质谱、场流分离和色谱分离等；借助同位素分馏测定技术探寻区分天然纳米材料与人工纳米材料的方法；采用复合同位素技术（如多同位素示踪技术、同位素分馏测定技术等）深入研究纳米材料在环境中复杂的化学转化与生物摄取、生物转化等行为。综合采用以上技术手段，深入研究真实环境中多种因素对纳米材料物理/化学形态的转化的影响及其协同效应，揭示物理/化学形态转化及其生物效应的机制，科学评估纳米材料的环境风险。

阴永光　周小霞　于素娟　沈墨海　刘景富　江桂斌　中国科学院生态环境研究中心

参考文献

[1] U. S. Environmental Protection Agency. Nanotechnology White Paper, 2007.
[2] Nel A, Xia T, Madler L, et al. Science, 2006, 311: 622-627.
[3] Maynard A D, Aitken R J, Butz T, et al. Nature, 2006, 444: 267-269.
[4] Nowack B, Ranville J F, Diamond S, et al. Environ Toxicol Chem, 2012, 31: 50-59.
[5] von der Kammer F, Ferguson P L, Holden P A, et al. Environ Toxicol Chem, 2012, 31: 32-49.
[6] Yu S J, Yin Y G, Liu J F. Environ Sci-Proc Imp, 2013, 15: 78-92.
[7] Gottschalk F, Nowack B. J Environ Monitor, 2011, 13: 1145-1155.
[8] Yeganeh B, Kull C M, Hull M S, et al. Environ Sci Technol, 2008, 42: 4600-4606.
[9] Fujitani Y, Kobayashi T, Arashidani K, et al. J Occup Environ Hyg, 2008, 5: 380-389.
[10] Lorenz C, Windler L, von Goetz N, et al. Chemosphere, 2012, 89: 817-824.
[11] Blaser S A, Scheringer M, MacLeod M, et al. Sci Total Environ, 2008, 390: 396-409.
[12] Benn T M, Westerhoff P. Environ Sci Technol, 2008, 42: 7025-7026.
[13] Quadros M E, Pierson R, Tulve N S, et al. Environ Sci Technol, 2013, 47: 8894-8901.
[14] Windler L, Lorenz C, von Goetz N, et al. Environ Sci Technol, 2012, 46: 8181-8188.
[15] Farre M, Perez S, Gajda-Schrantz K, et al. J Hydrol, 2010, 383: 44-51.
[16] Li L X Y, Hartmann G, Doblinger M, et al. Environ Sci Technol, 2013, 47: 7317-7323.

[17] Holder A L, Vejerano E P, Zhou X Z, et al. Environ Sci-Proc Imp, 2013, 15: 1652-1664.
[18] Gottschalk F, Sonderer T, Scholz R W, et al. Environ Sci Technol, 2009, 43: 9216-9222.
[19] Mueller N C, Nowack B. Environ Sci Technol, 2008, 42: 4447-4453.
[20] Sanchis J, Berrojalbiz N, Caballero G, et al. Environ Sci Technol, 2012, 46: 1335-1343.
[21] Kaegi R, Ulrich A, Sinnet B, et al. Environ Pollut, 2008, 156: 233-239.
[22] Kiser M A, Westerhoff P, Benn T, et al. Environ Sci Technol, 2009, 43: 6757-6763.
[23] Luo Z, Wang Z, Li Q, et al. J Environ Qual, 2011, 13: 1046-1052.
[24] Kaegi R, Sinnet B, Zuleeg S, et al. Environ Pollut, 2010, 158: 2900-2905.
[25] Quadros M E, Marr L C. Environ Sci Technol, 2011, 45: 10713-10719.
[26] Benn T M, Westerhoff P. Environ Sci Techno, 2008, 42: 4133-4139.
[27] Farkas J, Peter H, Christian P, et al. Environ Int, 2011, 37: 1057-1062.
[28] Benn T, Cavanagh B, Hristovski K, et al. J Environ Qual, 2010, 39: 1875-1882.
[29] Karn B, Kuiken T, Otto M. Environ Health Perspect, 2009, 117: 1823-1831.
[30] Klaine S J, Alvarez P J J, Batley G E, et al. Environ Toxicol Chem, 2008, 27: 1825-1851.
[31] Werlin R, Priester J H, Mielke R E, et al. Nature Nanotechnol, 2011, 6: 65-71.
[32] Judy J D, Unrine J M, Bertsch P M. Environ Sci Technol, 2011, 45: 776-781.
[33] Unrine J M, Hunyadi S E, Tsyusko O V, et al. Environ Sci Technol, 2010, 44: 8308-8313.
[34] Lewinski N A, Zhu H, Ouyang C R, et al. Nanoscale, 2011, 3: 3080-3083.
[35] Ferry J L, Craig P, Hexel C, et al. Nat Nanotechnol, 2009, 4: 441-444.
[36] Unrine J M, Shoults-Wilson W A, Zhurbich O, et al. Environ Sci Technol, 2012, 46: 9753-9760.
[37] Zhu X, Wang J, Zhang X, et al. Chemosphere, 2010, 79: 928-933.
[38] Lowry G V, Espinasse B P, Badireddy A R, et al. Environ Sci Technol, 2012, 46: 7027-7036.
[39] Stuart M, Lapworth D, Crane E, et al. Sci Total Environ, 2012, 416: 1-21.
[40] Wiesner M R, Lowry G V, Casman E, et al. ACS Nano, 2011, 5: 8466-8470.
[41] Zhang Y, Chen Y, Westerhoff P, et al. Water Res, 2009, 43: 4249-4257.
[42] Zhang W, Yao Y, Li K, et al. Environ Pollut, 2011, 159: 3757-3762.
[43] Lowry G V, Gregory K B, Apte S C, et al. Environ Sci Technol, 46: 6893-6899.
[44] Levard C, Hotze E M, Lowry G V, et al. Environ Sci Technol, 2012, 46: 6900-6914.
[45] Liu J, Wang Z, Liu F D, et al. ACS Nano, 2012, 6: 9887-9899.
[46] Schneider T, Jensen K A. J Nanopart Res, 2009, 11: 1637-1650.
[47] Westerhoff P, Song G X, Hristovski K, et al. J Environ Monitor, 2011, 13: 1195-1203.
[48] Limbach L K, Bereiter R, Mueller E, et al. Environ Sci Technol, 2008, 42: 5828-5833.
[49] Kaegi R, Voegelin A, Ort C, et al. Water Res, 2013, 47: 3866-3877.
[50] Lin D H, Tian X L, Wu F C, et al. J Environ Qual, 2010, 39: 1896-1908.
[51] Hotze E M, Phenrat T, Lowry G V. J Environ Qual, 2010, 39: 1909-1924.
[52] Westerhoff P, Nowack B. Accounts Chem Res, 2013, 46: 844-853.
[53] Li Z Q, Reinsch B C, Ma R, et al. Abstr Pap Am Chem S, 2010, 240.
[54] Pallem V L, Stretz H A, Wells M J M. Environ Sci Technol, 2009, 43: 7531-7535.
[55] Bell S E J, Sirimuthu N M S. J Phys Chem A, 2005, 109: 7405-7410.
[56] Obata S, Honda K. J Phys Chem C, 2011, 115: 19659-19667.
[57] Khan S S, Mukherjee A, Chandrasekaran N. Water Res, 2011, 45: 5184-5190.

[58] Navarro D A G, Watson D F, Aga D S, et al. Environ Sci Technol, 2009, 43: 677-682.
[59] Yang K, Lin D H, Xing B S. Langmuir, 2009, 25: 3571-3576.
[60] Hochella M F, Lower S K, Maurice P A, et al. Science, 2008, 319: 1631-1635.
[61] Zhou D X, Tjan S, Abdel-Fattah A I, et al. Abstr Pap Am Chem S, 2012, 244.
[62] Yang Y, Saiers J E, Barnett M O. Environ Sci Technol, 2013, 47: 2661-2669.
[63] Brant J, Lecoanet H, Wiesner M R. J Nanopart Res, 2005, 7: 545-553.
[64] Chen K L, Elimelech M. J Colloid Interface Sci, 2007, 309: 126-134.
[65] Hyung H, Fortner J D, Hughes J B, et al. Environ Sci Technol, 2007, 41: 179-184.
[66] Tipping E, Ohnstad M. Nature 1984, 308: 266-268.
[67] Illes E, Tombacz E. J Colloid Interface Sci, 2006, 295: 115-123.
[68] Domingos R F, Tufenkji N, Wilkinson K J. Environ Sci Technol, 2009, 43: 1282-1286.
[69] Gao J, Powers K, Wang Y, et al. Chemosphere, 2012, 89: 96-101.
[70] Mukherjee B, Weaver J W. Environ Sci Technol, 2010, 44: 3332-3338.
[71] Cheng Y W, Yin L Y, Lin S H, et al. J Phys Chem C, 2011, 115: 4425-4432.
[72] Zhou D X, Bennett S W, Keller A A. Plos One, 2012, 7.
[73] Louie S M, Tilton R D, Lowry G V. Environ Sci Technol, 2013, 47: 4245-4254.
[74] Li Z Q, Greden K, Alvarez P J J, et al. Environ Sci Technol, 2010, 44: 3462-3467.
[75] Liu J Y, Hurt R H. Environ Sci Technol, 2010, 44: 2169-2175.
[76] Hermansson M. Colloid Surf B-Biointerfaces, 1999, 14: 105-119.
[77] Vanloosdrecht M C M, Norde W, Lyklema J, et al. Aquat Sci, 1990, 52: 103-114.
[78] Song J E, Phenrat T, Marinakos S, et al. Environ Sci Technol, 2011, 45: 5988-5995.
[79] El Badawy A M, Luxton T P, Silva R G, et al. Environ Sci Technol, 2010, 44: 1260-1266.
[80] Flory J, Kanel S R, Racz L, et al. J Nanopart Res, 2013, 15.
[81] Chen G, Liu X, Su C. Environ Sci Technol, 2012, 46: 7142-7150.
[82] Liu G Q, Wang D M, Wang J M, et al. Sci Total Environ, 2011, 409: 2852-2857.
[83] Waalewijn-Kool P L, Ortiz M D, van Straalen N M, et al. Environ Pollut, 2013, 178: 59-64.
[84] Xiu Z M, Zhang Q B, Puppala H L, et al. Nano Lett, 2012, 12: 4271-4275.
[85] Levard C, Hotze E M, Colman B P, et al. Environ Sci Technol, 2013, 47: 13440-13448.
[86] Reinsch B C, Levard C, Li Z, et al. Environ Sci Technol, 2012, 46: 6992-7000.
[87] Lau B L T, Hockaday W C, Ikuma K, et al. Colloid Surface A, 2013, 435: 22-27.
[88] Baalousha M, Nur Y, Romer I, et al. Sci Total Environ, 2013, 454: 119-131.
[89] Furman O, Usenko S, Lau B L T. Environ Sci Technol, 2013, 47: 1349-1356.
[90] Chinnapongse S L, MacCuspie R I, Hackley V A. Sci Total Environ, 2011, 409: 2443-2450.
[91] Piccapietra F, Sigg L, Behra R. Environ Sci Technol, 2012, 46: 818-825.
[92] Huynh K A, Chen K L. Environ Sci Technol, 2011, 45: 5564-5571.
[93] Prathna T C, Chandrasekaran N, Mukherjee A. Colloid Surface A, 2011, 390: 216-224.
[94] Zhang W, Yao Y, Li K G, et al. Environ Pollut, 2011, 159: 3757-3762.
[95] Gao J, Youn S, Hovsepyan A, et al. Environ Sci Technol, 2009, 43: 3322-3328.
[96] Quigg A, Chin W C, Chen C S, et al. ACS Sustain Chem Eng, 2013, 1: 686-702.
[97] Yin Y G, Liu J F, Jiang G B. ACS Nano, 2012, 6: 7910-7919.
[98] Park M S, Park J, Jeon S K, et al. J Nanosci Nanotechno, 2013, 13: 7264-7270.

[99] Tejamaya M, Romer I, Merrifield R C, et al. Environ Sci Technol, 2012, 46: 7011-7017.
[100] Gicheva G, Yordanov G. Colloid Surface A, 2013, 431: 51-59.
[101] Tokarsky J, Capkova P, Rafaja D, et al. Appl Surf Sci, 2010, 256: 2841-2848.
[102] Tiede K, Boxall A B A, Wang X M, et al. J Anal Atom Spectrom, 2010, 25: 1149-1154.
[103] Kiser M A, Ryu H, Jang H Y, et al. Water Res, 2010, 44: 4105-4114.
[104] Yin T T, Walker H W, Chen D, et al. J Membrane Sci, 2014, 449: 9-14.
[105] Khan S S, Mukherjee A, Chandrasekaran N. Colloid Surface B, 2012, 92: 156-160.
[106] Kim S W, Nam S H, An Y J. Ecotox Environ Safe, 2012, 77: 64-70.
[107] Khan S S, Mukherjee A, Chandrasekaran N. Colloid Surface B, 2011, 87: 129-138.
[108] Zhou D X, Abdel-Fattah A I, Keller A A. Environ Sci Technol, 2012, 46: 7520-7526.
[109] Cornelis G, Doolette C, Thomas M, et al. Soil Sci Soc Am J, 2012, 76: 891-902.
[110] Abraham P M, Barnikol S, Baumann T, et al. Environ Sci Technol, 2013, 47: 5083-5091.
[111] Wang Y F, Westerhoff P, Hristovski K D. J Hazard Mater, 2012, 201: 16-22.
[112] Kennedy A J, Hull M S, Bednar A J, et al. Environ Sci Technol, 2010, 44: 9571-9577.
[113] Visnapuu M, Joost U, Juganson K, et al. Biomed Res Int, 2013.
[114] He D, Garg S, Waite T D. Langmuir, 2012, 28: 10266-10275.
[115] Ho C M, Yau S K W, Lok C N, et al. Chem-Asian J, 2010, 5: 285-293.
[116] Yuan Z H, Chen Y B, Li T T, et al. Chemosphere, 2013, 93: 619-625.
[117] Ho C M, Wong C K, Yau S K W, et al. Chem-Asian J, 2011, 6: 2506-2511.
[118] Misra S K, Dybowska A, Berhanu D, et al. Sci Total Environ, 2012, 438: 225-232.
[119] Taghavy A, Mittelman A, Wang Y G, et al. Environ Sci Technol, 2013, 47: 8499-8507.
[120] Liu J Y, Sonshine D A, Shervani S, et al. ACS Nano, 2010, 4: 6903-6913.
[121] Zhang W, Yao Y, Sullivan N, et al. Environ Sci Technol, 2011, 45: 4422-4428.
[122] Ma R, Levard C, Marinakos S M, et al. Environ Sci Technol, 2012, 46: 752-759.
[123] Maurer-Jones M A, Mousavi M P S, Chen L D, et al. Chem Sci, 2013, 4: 2564-2572.
[124] Levard C, Mitra S, Yang T, et al. Environ Sci Technol, 2013, 47: 5738-5745.
[125] Kent R D, Vikesland P J. Environ Sci Technol, 2012, 46: 6977-6984.
[126] Mittelman A M, Taghavy A, Wang Y G, et al. J Nanopart Res, 2013, 15.
[127] Li X, Lenhart J J. Environ Sci Technol, 2012, 46: 5378-5386.
[128] Alissawi N, Zaporojtchenko V, Strunskus T, et al. J Nanopart Res, 2012, 14.
[129] He D, Bligh M W, Waite T D. Environ Sci Technol, 2013, 47: 9148-9156.
[130] Hadioui M, Leclerc S, Wilkinson K J. Talanta, 2013, 105: 15-19.
[131] Prucek R, Panacek A, Fargasova A, et al. Crystengcomm, 2011, 13: 2242-2248.
[132] Impellitteri C A, Tolaymat T M, Scheckel K G. J Environ Qual, 2009, 38: 1528-1530.
[133] Rogers K R, Bradham K, Tolaymat T, et al. Abstr Pap Am Chem S, 2012, 243.
[134] Choi O, Deng K K, Kim N J, et al. Water Res, 2008, 42: 3066-3074.
[135] Elechiguerra J L, Larios-Lopez L, Liu C, et al. Chem Mater, 2005, 17: 6042-6052.
[136] Liu Z-h, Zhou Y, Maszenan A M, et al. Environ Sci Technol, 2013, 47: 12630-12631.
[137] Liu J Y, Pennell K G, Hurt R H. Environ Sci Technol, 2011, 45: 7345-7353.
[138] Levard C, Reinsch B C, Michel F M, et al. Environ Sci Technol, 2011, 45: 5260-5266.
[139] Kim B, Park C S, Murayama M, et al. Environ Sci Technol, 2010, 44: 7509-7514.

[140] Kaegi R,Voegelin A,Sinnet B,et al. Environ Sci Technol,2011,45:3902-3908.
[141] Chen S,Goode A E,Sweeney S,et al. Nanoscale,2013,5:9839-9847.
[142] Nowack B. Science,2010,330:1054-1055.
[143] Dale A L,Lowry G V,Casman E A. Environ Sci Technol,2013,47:12920-12928.
[144] O'Loughlin E J,Kelly S D,Kemner K M,et al. Chemosphere,2003,53:437-446.
[145] Konya J,Nagy N M,Foldvari M. J Therm Anal Calorim,2005,79:537-543.
[146] Akaighe N,MacCuspie R I,Navarro D A,et al. Environ Sci Technol,2011,45:3895-3901.
[147] Adegboyega N F,Sharma V K,Siskova K,et al. Environ Sci Technol,2013,47:757-764.
[148] Hou W C,Stuart B,Howes R,et al. Environ Sci Technol,2013,47:7713-7721.
[149] Jones A M,Garg S,He D,et al. Environ Sci Technol,2011,45:1428-1434.
[150] Akaighe N,Depner S W,Banerjee S,et al. Sci Total Environ,2012,441:277-289.
[151] Pettibone J M,Gigault J,Hackley V A. ACS Nano,2013,7:2491-2499.
[152] Poda A R,Kennedy A J,Cuddy M F,et al. J Nanopart Res,2013,15.
[153] Yu S J,Yin Y G,Chao J B,et al. Environ Sci Technol,2014,48:403-411.
[154] Juganson K,Mortimer M,Ivask A,et al. Environ Sci-Proc Imp,2013,15:244-250.
[155] Shi J P,Xu B,Sun X,et al. Aquat Toxicol,2013,132:53-60.
[156] Ostermeyer A-K,Kostigen Mumuper C,Semprini L,et al. Environ Sci Technol,2013.
[157] Liu J Y,Wang Z Y,Liu F D,et al. ACS Nano,2012,6:9887-9899.
[158] Tiraferri A,Chen K L,Sethi R,et al. J Colloid Interf Sci,2008,324:71-79.
[159] Kim H J,Phenrat T,Tilton R D,et al. J Colloid Interf Sci,2012,370:1-10.
[160] Dong H R,Lo I M C. Water Res,2013,47:419-427.
[161] Dong H R,Lo I M C. Water Res,2013,47:2489-2496.
[162] Phenrat T,Saleh N,Sirk K,et al. J Nanopart Res,2008,10:795-814.
[163] Rosicka D,Sembera J. Nanoscale Res Lett,2013,8.
[164] Kim H S,Ahn J Y,Hwang K Y,et al. Environ Sci Technol,2010,44:1760-1766.
[165] Mylon S E,Sun Q A,Waite T D. Chemosphere,2010,81:127-131.
[166] Keenan C R,Sedlak D L. Environ Sci Technol,2008,42:1262-1267.
[167] Johnson R L,Nurmi J T,Johnson G S O,et al. Environ Sci Technol,2013,47:1573-1580.
[168] Keenan C R,Sedlak D L. Environ Sci Technol,2008,42:6936-6941.
[169] Pang S Y,Jiang J,Ma J. Environ Sci Technol,2011,45:307-312.
[170] Reinsch B C,Forsberg B,Penn R L,et al. Environ Sci Technol,2010,44:3455-3461.
[171] Adeleye A S,Keller A A,Miller R J,et al. J Nanopart Res,2013,15.
[172] Kim D G,Hwang Y H,Shin H S,et al. Environ Technol,2013,34:1625-1635.
[173] Liu X Y,Chen G X,Su C M. J Colloid Interf Sci,2011,363:84-91.
[174] Brunelli A,Pojana G,Callegaro S,et al. J Nanopart Res,2013,15.
[175] Shih Y H,Liu W S,Su Y F. Environ Toxicol Chem,2012,31:1693-1698.
[176] Li S,Sun W L. J Hazard Mater,2011,197:70-79.
[177] Romanello M B,de Cortalezzi M M F. Water Res,2013,47:3887-3898.
[178] Ottofuelling S,Von der Kammer F,Hofmann T. Environ Sci Technol,2011,45:10045-10052.
[179] Sousa V S,Teixeira M R. Environ Chem,2013,10:313-322.
[180] Wang Z Y,Li J,Zhao J,et al. Environ Sci Technol,2011,45:6032-6040.

[181] Wang Z, von dem Bussche A, Kabadi P K, et al. ACS Nano, 2013, 7: 8715-8727.
[182] Mudunkotuwa I A, Pettibone J M, Grassian V H. Environ Sci Technol, 2012, 46: 7001-7010.
[183] Rubilar O, Rai M, Tortella G, et al. Biotechnol Lett, 2013, 35: 1365-1375.
[184] Hofacker A F, Voegelin A, Kaegi R, et al. Environ Sci Technol, 2013, 47: 7739-7746.
[185] Hofacker A F, Voegelin A, Kaegi R, et al. Geochim Cosmochim Ac, 2013, 103: 316-332.
[186] Weber F A, Voegelin A, Kaegi R, et al. Nat Geosci, 2009, 2: 267-271.
[187] Van Hoecke K, De Schamphelaere K A C, Van der Meeren P, et al. Environ Pollut, 2011, 159: 970-976.
[188] Quik J T K, Lynch I, Van Hoecke K, et al. Chemosphere, 2010, 81: 711-715.
[189] Li K G, Chen Y S. J Hazard Mater, 2012, 209: 264-270.
[190] Fairbairn E A, Keller A A, Madler L, et al. J Hazard Mater, 2011, 192: 1565-1571.
[191] Keller A A, Wang H T, Zhou D X, et al. Environ Sci Technol, 2010, 44: 1962-1967.
[192] Gomez-Rivera F, Field J A, Brown D, et al. Bioresource Technol, 2012, 108: 300-304.
[193] Cornelis G, Ryan B, McLaughlin M J, et al. Environ Sci Technol, 2011, 45: 2777-2782.
[194] Cordeiro M A L, Crozier P A, Leite E R. Nano Lett, 2012, 12: 5708-5713.
[195] Wang R, Crozier P A, Sharma R. J Phys Chem C, 2009, 113: 5700-5704.
[196] Tso C P, Zhung C M, Shih Y H, et al. Water Sci Technol, 2010, 61: 127-133.
[197] Hu Z S, Oskam G, Penn R L, et al. J Phys Chem B, 2003, 107: 3124-3130.
[198] Zhou D X, Keller A A. Water Res, 2010, 44: 2948-2956.
[199] Bian S W, Mudunkotuwa I A, Rupasinghe T, et al. Langmuir, 2011, 27: 6059-6068.
[200] Li M, Lin D H, Zhu L Z. Environ Pollut, 2013, 173: 97-102.
[201] Mudunkotuwa I A, Rupasinghe T, Wu C M, et al. Langmuir, 2012, 28: 396-403.
[202] Reed R B, Ladner D A, Higgins C P, et al. Environ Toxicol Chem, 2012, 31: 93-99.
[203] Lv J T, Zhang S Z, Luo L, et al. Environ Sci Technol, 2012, 46: 7215-7221.
[204] Ma R, Levard C, Michel F M, et al. Environ Sci Technol, 2013, 47: 2527-2534.
[205] Lombi E, Donner E, Tavakkoli E, et al. Environ Sci Technol, 2012, 46: 9089-9096.
[206] Chekli L, Phuntsho S, Roy M, et al. Water Res, 2013, 47: 4585-4599.
[207] Chekli L, Phuntsho S, Roy M, et al. Sci Total Environ, 2013, 461: 19-27.
[208] Echigo T, Aruguete D M, Murayama M, et al. Geochim Cosmochim Ac, 2012, 90: 149-162.
[209] Lartigue L, Alloyeau D, Kolosnjaj-Tabi J, et al. ACS Nano, 2013, 7: 3939-3952.
[210] Mejias R, Gutierrez L, Salas G, et al. J Control Release, 2013, 171: 225-233.
[211] Bouchard D, Ma X, Issacson C. Environ Sci Technol, 2009, 43: 6597-6603.
[212] Chen K L, Elimelech M. Langmuir, 2006, 22: 10994-11001.
[213] Deguchi S, Yamazaki T, Mukai S, et al. Chem Res Toxicol, 2007, 20: 854-858.
[214] Zhang W, Rattanaudompol U S, Li H, et al. Water Res, 2013, 47: 1793-1802.
[215] Mashayekhi H, Ghosh S, Du P, et al. J Colloid Interf Sci, 2012, 374: 111-117.
[216] Chowdhury I, Duch M C, Gits C C, et al. Environ Sci Technol, 2012, 46: 11752-11760.
[217] Yi P, Chen K L. Langmuir, 2011, 27: 3588-3599.
[218] Smith B, Yang J, Bitter J L, et al. Environ Sci Technol, 2012, 46: 12839-12847.
[219] Schwyzer I, Kaegi R, Sigg L, et al. Environ Pollut, 2012, 169: 64-73.
[220] Ntim S A, Sae-Khow O, Witzmann F A, et al. J Colloid Interf Sci, 2011, 355: 383-388.
[221] Bai Y C, Lin D H, Wu F C, et al. Chemosphere, 2010, 79: 362-367.
[222] Bouchard D, Zhang W, Powell T, et al. Environ Sci Technol, 2012, 46: 4458-4465.
[223] Lin D H, Liu N, Yang K, et al. Environ Pollut, 2010, 158: 1270-1274.

[224] Saleh N B, Pfefferle L D, Elimelech M. Environ Sci Technol, 2010, 44: 2412-2418.
[225] Saleh N B, Pfefferle L D, Elimelech M. Environ Sci Technol, 2008, 42: 7963-7969.
[226] Ju L, Zhang W, Wang X J, et al. Colloid Surface A, 2012, 409: 159-166.
[227] Khan I A, Afrooz A R M N, Flora J R V, et al. Environ Sci Technol, 2013, 47: 1844-1852.
[228] Chowdhury I, Duch M C, Mansukhani N D, et al. Environ Sci Technol, 2013, 47: 6288-6296.
[229] Taylor R, Parsons J P, Avent A G, et al. Nature, 1991, 351: 277-277.
[230] Juha L, Hamplova V, Kodymova J, et al. J Chem Soc Chem Comm, 1994, 2437-2438.
[231] Schreiner K M, Filley T R, Blanchette R A, et al. Environ Sci Technol, 2009, 43: 3162-3168.
[232] Tiwari A J, Marr L C. J Environ Qual, 2010, 39: 1883-1895.
[233] Labille J, Masion A, Ziarelli F, et al. Langmuir, 2009, 25: 11232-11235.
[234] Fortner J D, Kim D I, Boyd A M, et al. Environ Sci Technol, 2007, 41: 7497-7502.
[235] Murdianti B S, Damron J T, Hilburn M E, et al. Environ Sci Technol, 2012, 46: 7446-7453.
[236] Isaacson C, Zhang W, Powell T, et al. Environ Sci Technol, 2011, 45: 5170-5177.
[237] Lee J, Cho M, Fortner J D, et al. Environ Sci Technol, 2009, 43: 4878-4883.
[238] Hwang Y S, Li Q L. Environ Sci Technol, 2010, 44: 3008-3013.
[239] Hou W C, Jafvert C T. Environ Sci Technol, 2009, 43: 362-367.
[240] Hou W C, Kong L J, Wepasnick K A, et al. Environ Sci Technol, 2010, 44: 8121-8127.
[241] Kong L J, Tedrow O, Chan Y F, et al. Environ Sci Technol, 2009, 43: 9155-9160.
[242] Kong L J, Mukherjee B, Chan Y F, et al. Environ Sci Technol, 2013, 47: 6189-6196.
[243] Qu X L, Hwang Y S, Alvarez P J J, et al. Environ Sci Technol, 2010, 44: 7821-7826.
[244] Wang C, Shang C, Ni M L, et al. Environ Sci Technol, 2012, 46: 9398-9405.
[245] Hamano T, Mashino T, Hirobe M. J Chem Soc Chem Comm, 1995, 1537-1538.
[246] Gitsov I, Simonyan A, Wang L L, et al. J Polym Sci Pol Chem, 2012, 50: 119-126.
[247] Hemraj-Benny T, Bandosz T J, Wong S S. J Colloid Interf Sci, 2008, 317: 375-382.
[248] Li W, Bai Y, Zhang Y K, et al. Synthetic Met, 2005, 155: 509-515.
[249] Fan C L, Li W, Li X, et al. Chinese Sci Bull, 2007, 52: 2054-2062.
[250] Hwang Y S, Qu X L, Li Q L. Carbon, 2013, 55: 81-89.
[251] Allen B L, Kichambare P D, Gou P, et al. Nano Lett, 2008, 8: 3899-3903.
[252] Allen B L, Kotchey G P, Chen Y N, et al. J Am Chem Soc, 2009, 131: 17194-17205.
[253] Kagan V E, Konduru N V, Feng W H, et al. Nat Nanotechnol, 2010, 5: 354-359.
[254] Zhang L W, Petersen E J, Habteselassie M Y, et al. Environ Pollut, 2013, 181: 335-339.
[255] Seabra A B, Paula A J, Duran N. Biotechnol Progr, 2013, 29: 1-10.
[256] Liao R J, Tang Z H, Lei Y D, et al. J Phys Chem C, 2011, 115: 20740-20746.
[257] Zhang Y W, Liu S, Lu W B, et al. Catal Sci Technol, 2011, 1: 1142-1144.
[258] Kuila T, Bose S, Khanra P, et al. Carbon, 2012, 50: 914-921.
[259] Wang Y, Shi Z X, Yin J. ACS Appl Mater Inter, 2011, 3: 1127-1133.
[260] Fu H Y, Zhu D Q. Environ Sci Technol, 2013, 47: 4204-4210.
[261] Salas E C, Sun Z Z, Luttge A, et al. ACS Nano, 2010, 4: 4852-4856.
[262] Gurunathan S, Han J W, Eppakayala V, et al. J Nanosci Nanotechno, 2013, 13: 2091-2098.
[263] Zhou X J, Zhang Y, Wang C, et al. ACS Nano, 2012, 6: 6592-6599.
[264] Kotchey G P, Allen B L, Vedala H, et al. ACS Nano, 2011, 5: 2098-2108.
[265] Zhu C L, Hao Q L, Huang Y, et al. Nanoscale, 2013, 5: 8982-8985.

第7章　人工纳米材料的环境效应与安全性评价

纳米材料和纳米技术可能在造福人类的同时带来负面效应。人工纳米材料在生产、运输、使用和排放等过程中可通过不同的方式进入环境(如地表水、大气和土壤等),并在环境中扩散。环境中的纳米材料可通过多种途径(如呼吸、皮肤接触、摄食等)进入生物体,并可通过食物链进行传递。生物体中的纳米颗粒可通过体液循环到达特定组织器官并产生毒性。越来越多的证据表明,纳米材料暴露可引起呼吸系统、循环系统和免疫系统等的损伤甚至引发病变。由于纳米颗粒化学组成和表面形貌的差异性以及在三维空间上的多样性,其物理化学特性既不同于常规的化学小分子化合物、有机高分子化合物或生物大分子,也不同于大尺寸的颗粒物。同时,纳米材料进入环境后,其赋存状态和物理化学特性会受环境介质和环境条件的影响而发生变化,所产生的环境效应与其本身初始形态的效应可能有很大差别,这使得正确评价其环境风险变得更加困难。

面对纳米材料带来的环境及健康风险,一些发达国家在大力发展纳米科技的同时开始关注纳米材料的安全性。美国在2003年正式提出研究人工纳米材料对人类健康和生态环境的潜在影响。2004年,美国环境保护局(EPA)确定了人工纳米材料的环境与健康安全性研究方向,即人工纳米材料在环境中的分布、迁移和转化以及人工纳米材料的毒理学特征。2007年,美国EPA发表了《纳米技术白皮书》,其中系统地论述了人工纳米材料的生态毒理学风险和人类健康风险。2009年,美国EPA又发表了《纳米材料研究策略》,用以指导相关研究者和管理者对人工纳米材料的潜在环境效应和健康风险进行研究。2011年,美国总统办公室与国家科学技术委员会联合发布了《纳米技术环境、健康、安全研究策略》白皮书,将纳米毒理学纳入国家研究计划。同年,美国食品和药物管理局发布了旨在帮助企业确定其产品是否适合应用纳米材料的指导草案。欧盟也较早提出开展人工纳米材料的环境与生物安全性评价研究。2005年,欧盟委员会新兴及新确定健康风险科学委员会(SCENIHR)发表了《纳米技术的人工产品和副产品》,系统地评价了纳米材料的毒性、环境效应和可能引发的健康风险。2007年始,欧洲开始讨论如何将已生效的REACH法规(化学品注册、评估、授权和限制)应用于纳米材料。欧洲最新发布的有关化妆品的法规规定,从2013年开始,如果产品中含有人工纳米材料成分,须在产品标签中明确标出。

尽管有关纳米材料可能产生的环境与健康风险越来越受到各界的关注,但从整体来看,目前人们对人工纳米材料安全性的研究远远落后于纳米技术发展的速度,对其毒性、环境行为和生物效应的认识也十分有限。

7.1　纳米材料的毒性效应与安全性

7.1.1　纳米材料的暴露与毒性

空气暴露或者吸入途径可能是纳米材料,特别是纳米颗粒进入机体的主要途径。很多研究表明,粒径小于十微米的空气悬浮颗粒(PM_{10})均可被吸入并在呼吸道的不同区域发生沉积[1]。沉积的纳米颗粒可以通过不同机制清除,但有研究表明在肺泡区沉积的纳米颗粒不能被巨噬细胞有效吞噬并排出[2]。呼吸道沉积纳米颗粒可以向肺外组织和器官转移。诸多研究表明:碳纳米管(CNTs)被吸入后可以到达肺区深部,并能够引发肺组织炎症反应、肉芽肿等毒性损伤;与同等剂量的普通粉尘(炭黑、石英)相比,CNTs 所造成的肺部损伤程度更为严重,并具有一定的特异性。Lam 等[3]和 Warheit 等[4]在研究中采用与碳纳米管尺寸相近的超细炭黑(14.3 nm)和普通石英(1～3 μm)作为对照,发现其损伤作用明显低于 CNTs,表明 CNTs 的毒性作用并不仅仅与其纳米尺度因素有关。Oberdorster 等[5]对聚四氟乙烯(PTFE)的肺毒性进行了研究,发现大鼠暴露于 PTFE 烟尘 (烟尘颗粒平均直径 18 nm) 中 15 min 后,发生肺泡内颗粒沉积并诱发严重的急性肺损伤。

生物体可通过消化道吸收途径摄入纳米材料,如直接摄入纳米材料污染的食物或通过食物链间接摄入。研究表明,进入消化道的富勒烯(C_{60})大部分可以被快速清除,仅有极少量被肠淋巴系统吸收并经血液循环分布到其他器官[6,7]。近来许多学者对金属纳米材料的消化道吸收毒性研究表明,金属纳米材料经消化道吸收能够对肝、脾、肾等脏器造成损伤。Chen 等[8]采用小鼠灌胃染毒对铜纳米颗粒(23.5 nm)、铜微米颗粒(17 μm)和铜离子(0.072 nm)的毒性进行了对比研究,结果表明离子铜的毒性最高,纳米铜毒性居中,微米铜毒性最低。Wang 等[9]研究发现,锌纳米颗粒所导致的胃肠反应、贫血、发育障碍和肾损伤等毒性效应均比锌微米颗粒明显,但肝损伤效应却低于锌微米颗粒。

近年来纳米材料在化妆品中的应用逐渐增多,例如二氧化钛(TiO_2)和氧化锌(ZnO)纳米颗粒可以有效阻隔紫外线而被用作防晒剂,纳米尺度的脂质体也被应用到护肤品中。通过皮肤接触的这些纳米材料可能会穿过多层细胞进入真皮,随后进入毛细血管、淋巴管或被神经末稍摄取。

作为药物载体或治疗性药物,纳米材料还可能通过静脉注射等途径进入血液而产生毒性效应。Wang 等[10]采用静脉注射、腹腔注入、灌胃和皮下注射等 4 种不同的暴露途径,将^{125}I 标记的羟基单壁碳纳米管(SWCNTs)导入小鼠体内,利用射线探测技术检测其在小鼠体内的分布,发现羟基化 SWCNTs 主要分布在胃、肾脏和骨骼中,并且11天后仍发现有大约30%的羟基化SWCNTs蓄积在体内。Bai等[11]采用多次静脉注射的方式将水溶性的多壁碳纳米管(MWCNTs)导入小鼠体内,15天后发现MWCNTs在睾丸中积累,并引起氧化应激反应。

7.1.2　纳米材料的跨膜运输

纳米材料与细胞膜的接触是纳米材料被生物吸收或者引起损伤的开始[12]。接触后纳米材料可能附着在膜表面,也可能嵌入磷脂双分子层中或跨过细胞膜进入细胞[13-15]。据报道,金纳米材料可以通过非特异性的物理穿透作用跨过细胞膜[16,17],而CNTs和聚苯乙烯纳米材料则通过内吞作用进到细胞内部[12,18]。纳米材料跨膜过程可能是多种机制共同作用的结果,目前对其跨膜机制的了解还十分有限。现有研究表明纳米材料损伤细胞膜的机制可能包括引起膜内功能大分子的结构改变、磷脂层密闭性的破坏以及膜内分子排布的改变等。此外,细胞膜的破裂与材料的曲率半径紧密相关,例如50 nm的二氧化硅(SiO_2)纳米材料只需要0.02%的覆盖率就会导致磷脂层破裂,而500 nm的SiO_2材料则需要2%的覆盖率[19]。某些纳米材料虽然不会导致磷脂层破裂,但同样会对细胞产生危害,例如带正电的金纳米颗粒能改变细胞膜的电荷,引起胞内Ca^{2+}浓度升高,直接影响细胞的增殖和凋亡[20]。纳米材料的电荷能改变磷脂分子$P^{-}-N^{+}$角度,引起磷脂分子间距的收缩或者膨胀[21]。前者会导致磷脂层更接近于凝胶态;而后者则增大了膜的流动性和小分子透过性。Fang等[22]研究发现细菌接触富勒烯C_{60}后,细胞膜脂类组分和相变温度都有改变,原因归结为细菌对C_{60}产生的活性氧自由基的氧化应激反应。Jiang等[23,24]在研究中发现某些纳米材料会改变或破坏脂类和蛋白等生物分子的结构,并且在非原位条件下用原子力显微镜观察到纳米材料能够引起糖脂和磷脂囊泡的破裂。颗粒物与磷脂层作用的牢固程度也影响磷脂层内部的流动性,磷脂分子可以通过长程作用力隔着1～2 nm的水分子层吸附在颗粒物上[25,26],也可以通过氧原子直接键合到颗粒物表面[27],前者膜的流动性要优于后者。此外,细胞膜结构并不是均匀的,它由成百甚至上千种脂类和蛋白排布成一些有特定功能的微结构域,例如富含胆固醇和鞘磷脂的小窝(caveolae)和脂筏(lipid raft)[28]。纳米颗粒与磷脂层的相互作用很可能改变层内分子的排列,影响微结构域的功能,无疑会影响到细胞的生理行为。综合以往的研究,不同性质的纳米颗粒在细胞膜表面会产生相异的作用过程和结果,如图7-1所示[29-35]。

Jiang等[36]在金纳米颗粒的表面修饰Herceptin分子,由于Herceptin分子与细胞膜上的ErbB2受体有特异性的结合,纳米金通过膜受体的转运进入细胞。由于具有足够的表面修饰蛋白数和合适的表面曲度,40～50 nm的纳米金能够造成细胞膜的折叠,形成囊泡将纳米金包裹在内,并通过胞吞作用将结合有ErbB2受体的囊泡吞入细胞内。在低温或ATP匮乏的环境中,细胞对纳米颗粒的吞噬作

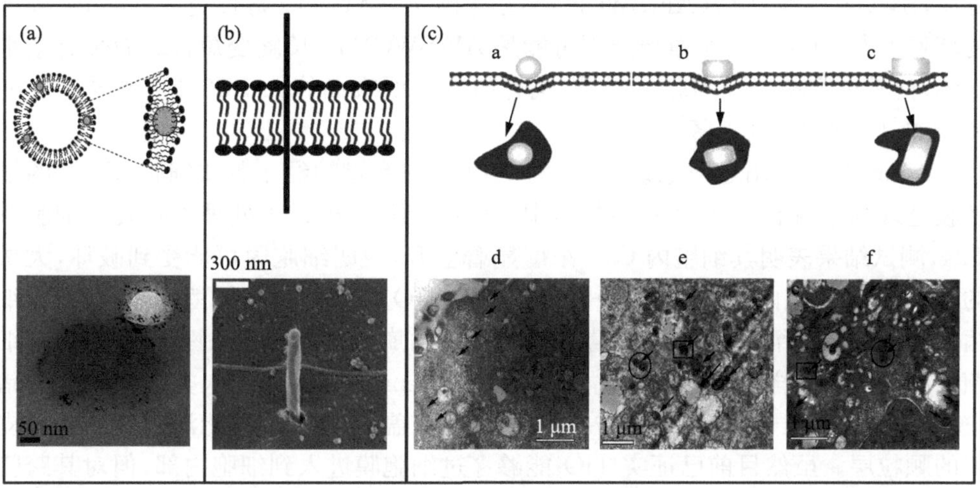

图 7-1　(a) 纳米颗粒嵌入细胞膜内部；(b) 纳米材料穿透细胞膜；(c) 不同形状纳米颗粒通过胞吞作用进入细胞。图中上半部分为示意图，下半部分为暴露细胞后的实验组图片

用降低，说明细胞吞噬纳米材料是一种受体介导的胞吞作用[37]。纳米颗粒进入细胞的方式受多种因素影响，如颗粒的粒径、形态、团聚状态、表面电荷、表面化学修饰以及生物分子附着在纳米颗粒表面形成的蛋白分子冠(protein corona)的成分等[38-41]。对于长径比例较小的圆柱状纳米颗粒，其可以通过多种途径进入细胞，主要是能量依赖型的噬菌作用和网格蛋白(clathrin)介导的吞噬作用。而长径比例较大的纳米颗粒通过巨胞饮作用和膜内陷吞噬模式迅速进入细胞并迁移至细胞核周围。利用 NaN_3/DOG 阻断 ATP 合成，纳米颗粒的吞噬作用均受到严重影响，表明纳米颗粒进入细胞是一种依赖于能量的过程[42]。

通过模型计算和定量测量细胞对 DNA 包被的 SWCNTs 的吞噬和外排作用，Jin 等[43]发现并不是 SWCNTs 长度越小进入细胞的能力越大。在其研究中所用的 DNA-SWCNTs 只有在长度为 320 nm 左右时才最容易进入小鼠胚胎纤维细胞 NIH-3T3，过长或过短的 SWCNTs 进入细胞的能力都有所下降。但是，这种细胞对不同长度 SWCNTs 的选择性摄入所产生的毒性效应大小有何差异仍然未知。而当 SWCNTs 达到一定长度时，就难以被细胞有效摄入，从而引发严重的机械损伤和炎症反应[44]。由此可以看出，SWCNTs 的跨膜运输及毒性与其长度并非简单的线性关系。对细胞摄入 CNTs 的深入研究发现，多种修饰碳纳米管(f-CNTs)均能有效地穿过多种细胞的细胞膜屏障，而与其表面的功能基团无关[45,46]。普遍认为，细胞内吞是细胞摄入 CNTs 的主要机制，但是有研究发现在内吞被抑制的情况下，碳纳米管仍然能进入细胞。另外，采用不具内吞功能的酵母和真菌模型进行暴露，也得到类似的结论，充分说明碳纳米管还存在其他进入细胞的机制。另一方面，SWCNTs 酸化后(AF-SWCNTs)较未酸化 SWCNTs 毒性更大，能引起细胞的坏死[47-49]，其中的一个重要原因可能是 AF-SWCNTs 长度变短且表面带有亲水基团，使其更容易进入细胞。但是，也有研究表明表面修饰 PEG 后，诱导产生的 ROS 减少，细胞毒性下降[50]。

Long 等[51]采用透射电镜，观察到 TiO_2 能够穿过神经小胶质细胞(BV2)的细胞膜进入细胞内部，并聚集在线粒体中。Sakai 等[52]用 TiO_2 处理人膀胱癌细胞系 T24，测试结果表明其细胞内 Ca^{2+} 浓度显著上升，说明细胞膜可能受到破坏，大量的 Ca^{2+} 渗入细胞内。Sunada 等[53]研究发现 TiO_2 可降解大肠杆菌的内毒素，而细菌内毒素存在于细菌细胞内，内毒素降解和细菌崩解死亡的相关性说明 TiO_2 对细菌细胞的外膜同样有一定的氧化分解作用。Menzel 等[54]用与人类皮肤相似的猪皮研究了 TiO_2 粒子的渗透性，结果发现 TiO_2 覆盖猪皮 8 h 后，能渗透到皮肤表皮下的颗粒层。虽然目前已证实 TiO_2 能够穿过细胞膜进入到细胞内部，但对其跨膜运输机制还不是很清楚。有研究者认为 TiO_2 可以通过产生活性氧，引起细胞膜脂质过氧化，破坏细胞膜完整性，但也有人认为 TiO_2 颗粒主要是以胞吞方式进入细胞，进而对细胞中各细胞器产生不利影响。

7.1.3　纳米材料与生物大分子的相互作用

生物体内存在大量的功能性生物大分子，它们的活性是维持机体正常功能的基础。进入生物体的纳米材料可以与生物体内的生物大分子直接发生作用，使生物大分子的构象发生改变，使其活性或功能减弱甚至丧失。Zhang 等[55]发现，f-CNT 与 α-胰凝乳蛋白酶结合后会显著抑制其活性。Ge 等[56]在研究 CNTs 与血液系统相互作用过程及其毒理学效应机制时发现，血液中的主要蛋白(如纤维蛋白原、免疫球蛋白等)会在 CNTs 的表面进行竞争性吸附，形成的蛋白-碳管复合物能够降低 CNTs 对不同种类细胞的毒性。研究表明 CNTs 能选择性地与一些酶蛋白结合，引起细胞毒性或干扰对细胞毒性的检测。Zhang 等[57]的研究证实了乳酸脱氢酶(LDH)活性受 40 μg/mL MWCNTs 影响而下降 50%。作为一种线粒体电子传递链上的关键酶，线粒体色素 c(Cytc)对细胞能量生产、细胞生长、分化均具有十分重要的作用。研究发现 SWCNTs 能引起人类表皮 KB 细胞中 Cytc 去氧化，这种作用与 pH 相关。通过圆二色光谱分析发现，在一定的 pH 下，SWCNTs 引起 Cytc 构象变化，并与血红素口袋结合，从而加速了 Cytc 的还原。电子自旋共振谱分析还发现，SWCNTs 减弱了 Cytc 的电子传递。比较三种不同 CNTs(SWCNTs、氧化 SWCNTs 和 MWCNTs)对过氧化氢酶活性的影响，酶活性下降顺序为：氧化 SWCNTs＞SWCNTs＞MWCNTs。FT-IR 和圆二色光谱分析发现 MWCNTs 显著降低了酶蛋白的 α-helix 和 β-sheet 的含量[58]。Cabral 等[59]研究发现，乙酰胆碱酯酶在附着于 MWCNTs 后对乙酰胆碱的催化反应显著下降。近年的研究发现 SWCNTs 和 MWCNTs 均能对土壤酶活性产生影响，高浓度SWCNTs（300～1000 μg/g）和 MWCNTs（500 μg/g）均能显著降低纤维二糖水解酶、β-1，4-葡萄糖苷酶、β-1，4-木糖苷酶、β-1，4-N-乙酰氨基酶、L-亮氨酸氨肽酶和酸性磷酸酶等的活性，导致微生物生物量的减少[60,61]。

尽管许多体外试验证明了纳米材料可以抑制多种功能蛋白的活性，但其在机体环境中的作用过程并不清楚。Song 等[62]发展了一种实时 PCR 方法，可同时测定 DNA 聚合酶的活性及其与 C_{60} 纳米粒子的相互作用。该研究排除了 C_{60} 纳米粒子与 DNA 存在强相互作用的可能，并证明 C_{60} 是以团聚态而非单分子的形式与 DNA 聚合酶相互作用并抑制其活性。更有趣的是，该研究发现高丰度蛋白可以通过竞争吸附解除 C_{60} 纳米粒子对 DNA 聚合酶复制功能的抑制作用。在此基础上，他们建立了描述纳米材料与生物大分子多重相互作用和调控其功能变化的简化模型，并提出一种新颖的概念：纳米粒子与低丰度功能蛋白质或酶的作用取决于高丰度蛋白质-功能蛋白-纳米粒子多重作用的平衡。他们还发现该作用与纳米材料的粒径大小紧密相关[63]，意味着纳米材料在机体内与生物大分子的相互作用可能更为复杂。

7.1.4　纳米材料的生物降解

纳米材料的物理、化学形态在生物体内可能发生改变。这些改变会增加或降低纳米颗粒的毒性。纳米银在水相中可缓慢氧化溶解并释放银离子，Liu 等[64,65]的研究结果表明 pH 及溶解氧对这一氧化溶解有明显的促进，而释放的银离子可能是纳米银毒性的主要来源[66]。在氧气存在条件下，S^{2-}、HS^- 与 Cl^- 等离子可与氧化溶解生成的银离子生成难溶的 Ag_2S 与 AgCl，即纳米银的硫化[67]与氯化[68]过程，这一过程可显著降低游离银离子的浓度，从而降低纳米银的毒性。进入生物体后表面包被基团会慢慢从量子点（QDs）上脱落，但是 QDs 裸的核壳结构部分在体内很难降解[69-71]，但含 Cd 量子点一旦释放出 Cd 离子，其毒性远远大于量子点本身的毒性[72,73]。对于 CNTs 类的纳米材料，由于其刚性和完美的结构，一度被认为是难以被化学方法破坏和降解的。因此，普遍认为这类纳米材料在组织和器官内的生物持久性是十分高的。不易被降解的纳米材料在累积到一定程度时很容易产生有害副作用。另一方面，即使这些纳米材料能被降解，其降解产物也可能对生物体产生不利影响。这里我们以碳纳米管为例，介绍纳米材料的生物降解研究进展。

最近，多项研究报道了生物体内的氧化酶可以降解功能化的碳纳米管。Allen 等[74,75]最早进行了 SWCNTs 的生物降解研究，他们利用 TEM、热重分析、凝胶电泳以及紫外-可见-近红外光谱等方法证明，在过氧化氢存在下，经酸化处理后的 SWCNTs 能被辣根过氧化氢酶（HRP）降解，10 天内就能将 CNTs 全部降解，产生氧化芳香族产物和二氧化碳[74,75]。巨噬细胞和中性粒细胞吞噬病原体后随之活化，在短时间内耗氧量显著增加，形成的氧代谢物对病原体有很强的杀伤作用，这一现象称为呼吸爆发(respiratory burst)。其中的启动因素是位于胞质和吞噬体膜上的一种复合酶，称为烟酰胺腺嘌呤二核苷磷酸(NADPH)氧化酶，该酶和吞噬体膜成分组合后，可将氧分子还原成超氧阴离子自由基，并进一步产生羟基自由基和过氧化氢，并在髓过氧化物酶(MPO)和铁离子的参与下转化为单态氧。整个吞噬过程产生的大量活性氧中间产物不仅对病原体产生杀伤作用，也可能攻击诸如SWCNTs的纳米物质，引起SWCNTs的降解。有研究采用一种专门模拟巨噬细胞吞噬溶酶体中的酸性氧化环境的溶液(phagolysosomal simulating fluid，PSF)研究了SWCNTs和MWCNTs的降解，发现羧基化SWCNTs随着时间增加，被PSF逐渐降解，而且在降解过程中伴随着SWCNTs的断裂和聚集体解离以及对CNTs侧壁的氧化攻击现象，这些均支持了CNTs生物降解的可能性[76,77]。Kagan等[78]采用中性粒细胞和巨噬细胞模型研究了不同修饰SWCNTs和MWCNTs的降解，结果发现羧基化的CNTs较容易被降解，且降解后的CNTs毒性明显下降，降解产物灌注小鼠肺脏后，不再引起炎症反应，而氨基化CNTs以及未修饰CNTs均难以降解。其中中性粒细胞比巨噬细胞的降解能力强，可能是因为中性粒细胞中的MPO含量较多引起的。其可能的降解机理是：MPO催化产生的活性自由基中间产物，以及氧化NaCl产生的次氯酸可以攻击SWCNTs的缺陷位点，不断造成SWCNTs的结构破坏，并最终将CNTs分解[79]。分子模拟研究显示，MPO酶存在两个CNTs结合位点，CNTs上的羧基基团与酶的催化位点附近稳定结合，可能是CNTs降解的基本构象(图7-2)。

以上研究揭示了生物酶解SWCNTs的可能途径和机制，同时，也说明了CNTs表面特性与其生物可降解性的密切关系。可以推测，与完整CNTs相比，经轻微破坏/降解的CNTs可以较容易地被降解而从组织和器官中排出，毒性降低或不产生毒性效应。同样，羧基化的MWCNTs也可被PSF和HRP降解，不同来源的商品化氧化MWCNTs在2个月内均可发生明显的结构损伤和生物降解，降解后的MWCNTs长度分布明显变短[79]。MWCNTs的降解速率与其羧基化程度成正比，降解的最终产物为二氧化碳。MWCNTs相比SWCNTs具有更多的同心圆石墨烯结构，因而降解需要更多的时间。而氮掺杂的MWCNTs，由于引入了较多的缺陷位点，降解速率要快得多[79]。各种CNTs在不同表面修饰和氧化条件下的降解请见表7-1。如表所示，羧基化是CNTs降解的一个先决条件，这可能是因为羧基化过程对CNTs的π环破坏会产生两个缺陷活性位点，从而为后续的氧化攻击提供可能性[77]。

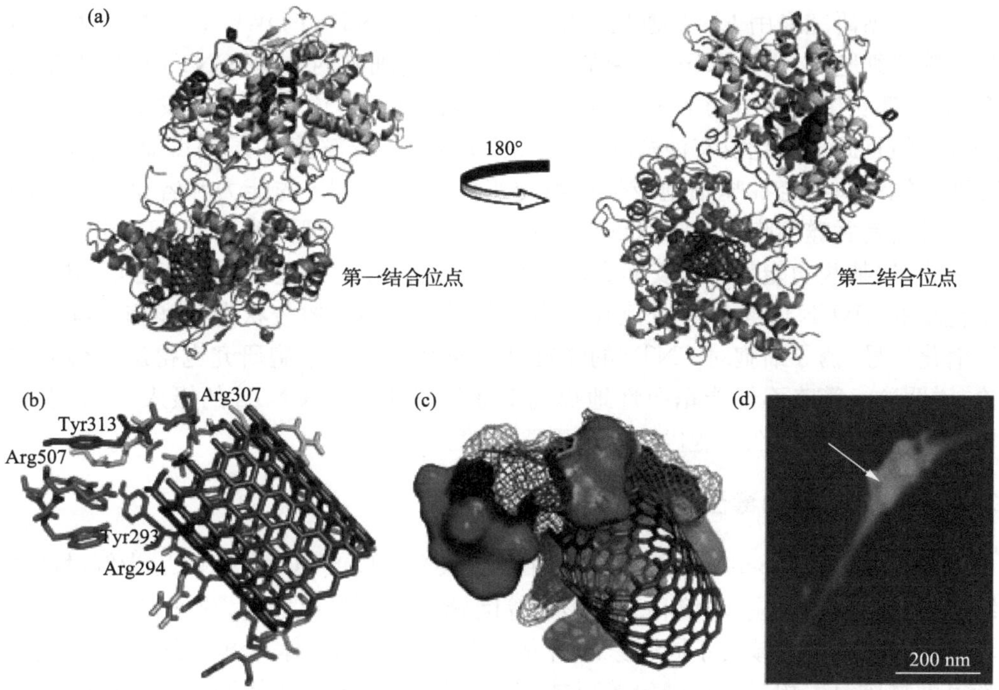

图 7-2　(a) hMPO 单体表面与 CNTs 的两个结合位点位于蛋白的两侧：与羧基化短 CNTs（左）或原状 CNTs（右）具有最低结合能的最佳模型结合位点。(b) hMPO 的精氨酸（黄色）和酪氨酸（红色）残基与羧基化 CNTs 在第一个结合口袋形成稳定的结构；所有显示的残基与 CNTs 的距离小于 5 Å，并可能参与到 CNTs 降解催化过程中；这些残基包括：Tyr293、Arg294、Arg307、Tyr313、Arg507。(c)与(b)相同但是使用了空间填充模式。(d) AFM 图像证明了 hMPO 二聚体与一根 CNT 的结合

表 7-1　表面功能基团对 CNTs 氧化降解的影响

材料	功能化基团	生物氧化条件	降解
SWCNTs/MWCNTs	未功能化	HRP/PSF	否
SWCNTs	COOH	HRP/MPO	是
SWCNTs	COOH/Taurine	MPO	否
SWCNTs	COOH/ phosphatidyl serine	MPO	是
SWCNTs	COOH/phosphatidyl choline	MPO	否
SWCNTs	COOH	PSF	是
SWCNTs/MWCNTs	Aryl-sulfonation	PSF	否
MWCNTs	COOH	HRP/PSF	是
MWCNTs	COOH	HRP	是
MWCNTs	N 掺杂	HRP	是
MWCNTs	CONH-$(CH_2CH_2O)_2CH_2CH_2$-NH_3^+	HRP/PSF/MPO	是
MWCNTs	COOH＋1,3-dipolarcycloaddition	HRP/PSF	是

另一项研究采用 RNA 缠绕氧化功能化双壁 CNTs(f-DWCNTs)暴露人类前列腺腺癌细胞后，通过 Raman 特征指纹检测发现细胞内 f-DWCNTs 形状发生改变，其外部石墨片层结构上累积越来越多的缺陷位点，说明 CNTs 发生了细胞内降解。但是此项研究没有涉及降解的机制和可能的降解酶[80]。到目前为止，还没有数据能说明特定吞噬细胞或体内特定组织降解 CNTs 的能力和容量。其中的原因可能是吞噬细胞往往难以识别 CNTs。尽管有一些研究表明 CNTs 能大量进入细胞，但某些功能化可能反而会加速 CNTs 的去除。研究表明聚苯乙烯(PS)分子包裹的 SWCNTs 能给体外巨噬细胞、原代单核细胞、树枝状细胞和脑粒细胞发送消化信号，诱导细胞对 CNTs 的降解[81]。体内肺巨噬细胞研究也得出类似的结论，说明这一策略不仅能靶向性地提高专职吞噬细胞对 CNTs 的摄入，同时也是增强功能化 CNTs 在细胞内降解的重要步骤。

7.1.5 纳米材料的毒性效应

早在 2003 年，*Science* 和 *Nature* 相继发表文章以 SWCNTs 和 C_{60} 为例讨论了纳米材料的生物效应、环境和健康影响等问题[82,83]。自此之后，化学、生物、医学、环境等多个相关领域的不同国家的研究机构、实验室和团体相继发表文章，讨论纳米尺度物质对生物、环境、健康等可能带来的潜在影响。纳米 TiO_2、SiO_2、CNTs、富勒烯、纳米银和 QDs 等几种纳米物质因为应用广泛，因此针对它们的生物效应进行的研究也比较多[84]。纳米材料因其独特的物理化学性质，其生态毒理和健康效应的评价方法与对宏观物质的安全性评价方法存在差异。研究者将一种水溶性的纳米碳管(直径约 1.4 nm，长约 400 nm)导入小鼠体内，结果发现表观分子量高达 60 万的羟基化的水溶性纳米碳管可以在小鼠的不同器官之间自由穿梭，通过尿液排泄。而 60 万分子量的常规物质是不可能出现如此奇特的现象的，以现有的生物学和生理学的知识无法解释这种现象。因此需要进行全面和深入研究确定引起毒性的材料特性，从而避免在应用过程中带来的负面效应[85-87]。纳米材料的毒理学研究需要确定两个主要内容：一是毒性效应的确认，即确定纳米材料引起某一毒性或者健康效应，其中还涉及纳米材料决定这一效应的一个或多个特征(尺寸、表面电荷、聚集状态、反应活性、水溶性等)[88]；二是描述或者表征这些毒性效应并揭示毒性机理，需要确定剂量-效应关系，主要靶器官或者靶细胞、靶向细胞器或者分子以及信号通路等[85]。到目前为止，纳米材料的毒性效应还缺乏流行病学的数据[89,90]，多数研究结论都是针对动物和细胞实验的结果，并且多集中在阐释毒性效应和机制。

7.1.5.1 纳米材料对呼吸系统的毒性效应

吸入肺中的颗粒物中小于 100 nm 的物质相对于大的颗粒在肺部具有更高的

沉积率。纳米材料正好在这一范围之内，因此一旦进入到大气中很容易被人体吸入并在呼吸道和肺部沉积[91]。进入肺部的纳米颗粒被巨噬细胞吞噬或清除的效率低于细微颗粒(0.1～2.5 μm)，且容易进入肺泡间质引发间质损伤、炎症和纤维化。研究表明工作场所周边的人群可以通过呼吸摄入发电厂煤炭燃烧产生的 C_{60}，但其影响程度还不确定[92]。下面我们以 CNTs、TiO_2 和 C_{60} 为例介绍纳米材料对呼吸系统的毒性效应。

1. CNTs 对呼吸系统的毒性效应

2003 年 Warheit[93] 和 Lam[94] 两个研究组通过支气管灌注法分别研究了 SWCNTs 对大鼠和小鼠肺部的损伤，7 天和 90 天后，组织病理学检验结果表明，SWCNTs 会进入肺泡并在低浓度条件下引起肺部组织的肉芽肿(granulomas)或暂时性的炎症反应，这些颗粒甚至在长达 90 天的时间里仍停留在肺部，这与金刚石和炭黑(对照碳材料)引起小鼠肺部轻微的炎症不同(图 7-3)。Shvedova 等用纯化的 SWCNTs 采用咽部吸入的方式暴露小鼠，发现 SWCNTs 在肺部聚集区导致小鼠肺部剂量依赖型的纤维性肉芽肿，而在 SWCNTs 分散区域则形成弥漫性纤维化以及肺泡壁细胞增厚等症状，并存在不同程度的氧化应激[95]。该研究组进行了一系列关于 SWCNTs 对小鼠肺部毒性效应的研究，发现 SWCNTs 的暴露会影响小鼠肺部感染细菌的易感性以及诱导 NADH-氧化酶缺陷型 C57BL/6 小鼠的肺部氧化应激等毒性效应 [96]。Fenoglio 等研究了 MWCNTs 的结构缺陷和肺脏毒性的关系[97,98]，Wang 等则先后探讨了 MWCNTs 对小鼠肺的毒性效应[99,100,101]。也有部分研究对来自人肺脏的细胞系 A549 和肺上皮细胞[102]进行了研究，发现 SWCNTs 聚集在 A549 细胞表面并产生较低的急性毒性，还观察到在胞内形成的片层小体[103]。

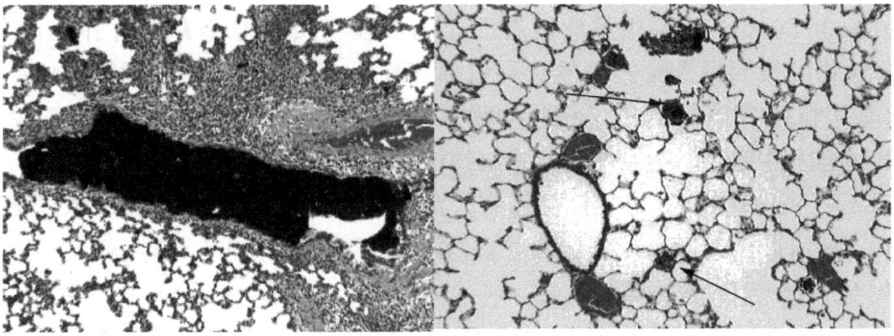

(a)　(b)

图 7-3　SWCNTs 对大鼠肺部的损伤照片[93]

(a) 5 mg/kg，数小时；(b) 1 mg/kg，1 周

2. TiO_2 对呼吸系统的毒性效应

肺脏暴露于 TiO_2 后，随着暴露时间的延长，一般都会出现炎症细胞增生、肺泡上皮细胞损伤、肺重量增加(积水)等典型的炎症现象。Zhang 等用粒径 30 nm 左右的 TiO_2 气管内喷雾染毒小鼠，暴露 30 天后发现小鼠的肺部重量明显增加，而肺泡总体积减少了 50%[104]。Afaq 等的研究也证实了 TiO_2 颗粒(20 nm)可以引起大鼠肺组织间质化，上皮组织渗透性增加，并诱发炎症反应[105]。Warheit 发现 TiO_2 暴露能在 24 h 内引发大鼠肺部瞬间炎症和明显的细胞损伤效应[106]。Chen 等发现 TiO_2 暴露不仅可造成小鼠肺部炎症，并能观察到小鼠肺气肿的发生。他们利用基因芯片方法检测出 TiO_2 暴露可诱导小鼠肺组织中数百个基因发生显著性变化，这些基因的表达涉及多种生命过程，包括细胞凋亡、细胞周期和趋化因子等[107]。

TiO_2 暴露还可以引发肺泡巨噬细胞(AM)清除功能下降和肺胞内颗粒物聚集，颗粒物滞留增多、在肺中沉积时间延长以及向间质组织和周围淋巴结转移能力的改变。Oberdorster 等的研究结果表明，TiO_2 暴露后的大鼠呼吸道内可以看到 TiO_2 的颗粒沉积，20 nm 暴露组的肺部炎症反应要重于 200 nm 暴露组，肺部滞留时间显著延长，肺泡Ⅱ型细胞增生，并开始出现间质纤维化病灶；20 nm 暴露组大鼠 AM 的清除能力也显著低于 200 nm 组；另外 20 nm 暴露组的 TiO_2 向肺间质组织和周围淋巴结侵袭的程度也显著高于 200 nm 组[108]。

TiO_2 暴露还可以引起肺泡Ⅱ型细胞和成纤维细胞增生以及胶原蛋白增多，最后导致肺纤维化、肺气肿样损伤乃至肿瘤的发生。Bermudez 等[109]和 Warheit 等[110]研究发现，TiO_2 无论是经鼻吸入还是气管滴入都会引发肺部炎症、肺部纤维化和肺上皮细胞增生。Lee 等对大鼠进行长期非纳米级 TiO_2 吸入实验，发现只有 250 mg/m^3 浓度组发生了肺部肿瘤(支气管肺泡腺瘤和囊性角化鳞状细胞癌)，而 10 mg/m^3 和 50 mg/m^3 两组虽然也有严重的颗粒物负荷但是并没有肿瘤，说明高浓度颗粒物的长期慢性暴露可能会导致肺部肿瘤[111]。Heinrich 等用 10 mg/m^3 的 TiO_2(平均粒径 20 nm)开展了相同的吸入暴露实验，观察到比 Lee 等实验结果高很多的肿瘤发生率，这表明纳米级颗粒物的毒性效应可能更大[112]。Ferin 等研究发现，TiO_2(平均直径为 20 nm)引起的大鼠肺部炎症比相同空气质量浓度的微米级 TiO_2(平均直径为 250 nm)更为严重，并且诱发更高的肿瘤发病率[113]。

3. C_{60} 对呼吸系统的毒性效应

Naota 等将超声制备的 C_{60} 通过气管滴入法暴露小鼠，在光学显微镜下可以观察到分布于肺泡和毛细血管腔中的富勒烯团聚体(nC_{60})，并且暴露不久就可以在肺部淋巴结中观察到 nC_{60} 的存在，但肺泡毛细管中的 nC_{60} 要在暴露 6 h 后才可观察到[114]。电子显微镜检测证实了在滴灌 5 min 后 nC_{60} 出现在空气-血液屏障中(air-blood barrier)，表明扩散在 C_{60} 迁移中起主要作用。C_{60} 暴露后肺部上皮细胞和内皮细胞中的凹槽状囊泡数目的显著增加，表明胞吞作用是 C_{60} 跨膜转运的重要途径。尽管没有观察到肺部炎症、出血和组织异常等现象，但是上述研究结果表明吸入的 C_{60} 可以快速地进入血液循环系统，并扩散至其他器官和组织。

大鼠暴露于含有 C_{60}（Tween 80 作为分散剂）的气溶胶中，4 周时间后在其肺泡巨噬细胞中发现了 nC_{60} 颗粒，但肺组织中未观察到病理异常[115]。C_{60} 仅能轻微地上调与炎症、氧化应激、凋亡有关的基因表达，表明其无强烈的肺毒性。相同的实验条件下，在气管内吸入 C_{60}（Tween 80 作为分散剂）的大鼠中仅观察到轻微短暂的肺部炎症，但支气管肺泡液中的总细胞数和中性白细胞数目并未明显增加；高剂量（>3 mg/kg）的气管内给药在一周之后能够引起含有中性白细胞和嗜曙红细胞的炎症区域的扩大，而且在支气管肺泡液中的中性白细胞数也会显著增加[116,117]。因此，由于 C_{60} 暴露引起的肺部炎症是轻微的，并且没有在肺部和其他器官（如肝、脾、肾、脑、鼻腔、睾丸）中观察到明显的病变，研究者认为其在肺泡巨噬细胞存在时间短暂，并不会在其他器官中累积[118]。研究认为 C_{60} 主要的清除途径似乎是肺泡巨噬细胞吞噬后由支气管外排；肺泡上皮细胞中也能观察到一些 nC_{60} 颗粒物，表明淋巴系统也可能是一个重要的清除途径。含有 C_{60} 的气溶胶无论是以纳米颗粒还是微米颗粒形式暴露，都不会导致暴露大鼠身体或器官重量的显著改变，而且肺部和其他器官的病理学检查也显示出这两个暴露组没有引起微观损伤[119]。但是，肿瘤坏死因子（TNF）和白细胞介素-1（IL-1）两种促炎因子的浓度在微米颗粒暴露组中显著升高，表明了炎症反应的存在。用溶剂交换方法（甲苯/H_2O）制备的 C_{60} 溶液对小鼠进行气管滴灌可以激活肺部的免疫反应，导致血液和脾中的 $CD4^+$ T-细胞数目增多以及支气管肺泡液和血液中促炎因子（TNF，IL-1，IL-6）、TH1 细胞激素 IL-12、干扰素（IFN）-γ 的分泌量增加[120]。

7.1.5.2　纳米材料对其他组织脏器的毒性效应

肝脏是生物体内重要的解毒器官，外来物质进入机体后均要经过肝脏的生物转化，然后在血液的带动下输送到肾脏，经过肾小球和肾小管过滤后被排出体外。当大鼠体内长期存在过量的纳米粒子时，可出现局部组织的纤维化、肝细胞脂肪样变性等损伤症状[121]。经过纳米 SiO_2 和纳米氧化铝染毒后，病理切片显示肝细胞发生了明显的水肿和坏死，而且肝脏的丙二醛（MDA）含量上升，过氧化物歧化酶（SOD）活性和谷胱甘肽过氧化物酶（GSH-Px）活性下降[122,123]。Huggins 等研究发现经过静脉注射 TiO_2 颗粒后，其主要蓄积在肝脏组织的淋巴结中，5 min 后蓄积 69%，15 min 后则可达到 80%[124]。对大鼠进行单独腹膜内注射 Tween 60 溶解的 C_{60} 后，研究者发现肝脏是主要累积位点，而且大多是在 Kupffer 细胞中，很少存在于肝上皮实质细胞和肝脏星形细胞中[125]。通过单独腹腔内注射给药多羟基化 C_{60} 会抑肝脏中依赖细胞色素 P450 的单加氧酶活性[126]。通过静脉注射 ^{125}I 标记的 THF/nC_{60}可以迅速分布到大鼠全身，肝和脾对其具有很强的积累作用[127]。用^{14}C 标记的 C_{60}能够从循环系统中迅速被清除，并且 90%初始量累积在肝脏中，其余的分布在脾、肺和肌肉中，而大脑中几乎没有[128]。用三亚甲基甲烷与^{14}C 标记的 C_{60}进行环加成反应生成的衍生物能从血液中快速清除，并优先累积在肝脏中，较少累积在脾和肾中，最终主要通过粪便排出到体外[128]。^{14}C 标记的 C_{60}铵盐从循环系统中清除的速度也是非常快的，不过要比未修饰的 C_{60}慢一些[128]，累积量最高是在肝脏，接着是肺、肌肉、皮肤。体外试验中光敏化的 γ-环糊精/C_{60}能够在小鼠肝细胞微粒体中产生单态氧，通过氧化应激反应导致脂肪过氧化和蛋白质氧化，进而抑制膜结合酶(如三磷酸腺苷酶和葡萄糖-6 磷酸酶)的活性[129]。多羟基化 C_{60}在小鼠肝细胞微粒体中能够引起脂质光损伤(phototoxic lipid)和蛋白质氧化[131]。Liu 等[132]用 CdSe QDs 对小鼠分别进行了长期暴露(5 nmol/L，10 nmol/L，20 nmol/L，6 周)和急性暴露(20 nmol/L，200 nmol/L，48 h)，组织病理切片结果显示 QDs 对肝脏组织造成了一定程度的损伤。

研究表明 TiO_2粒子能导致动物的肾中毒。Gui 等研究了 TiO_2灌胃暴露对小鼠肾脏的毒性效应，实验结果表明 TiO_2暴露会造成小鼠体重下降，肾功能生化指标上升，病理切片结果显示暴露组小鼠肾小球细胞凋亡和数量减少、炎症细胞的浸润和肾小管组织坏死；研究者利用基因芯片进一步研究发现 TiO_2暴露组肾脏中有 1246 个基因的表达发生了变化，其中 1006 个基因与免疫/炎症反应、细胞凋亡、物质代谢、氧化应激、离子迁移和细胞周期等相关，尤其是引起免疫/炎症反应相关的 Bcl6 基因、Cfi 基因和 Cfd 基因发生了明显的上调[133]。有研究表明，THF/nC_{60}对犬的肾细胞是有毒性的[134]，同时，暴露超声法制得的 C_{60}后鼠肾上皮细胞会使跨膜电阻(上皮屏障功能的表征)明显下降[135]。另有研究发现，多羟基化的富勒烯对猪的肾近曲小管细胞具有毒性，能够引发细胞骨架破坏和自噬小体累积，并与线粒体功能紊乱和 ATP 缺失紧密相关[136]。通过腹膜内注射法将水溶性多烷基磺酸化的 C_{60}给鼠喂药，显微检查发现在外皮质区存在不断扩散的管状上皮组织坏死，这可能是吞噬溶酶体过多引起肾病变导致的[137]。将 C_{60}的二单丁二酰亚胺衍生物通过静脉注射到大鼠体中，研究者发现其可以迅速地与血浆蛋白结合，并能够在各种组织中广泛地累积，而且无明显肾清除现象[138]。通过静脉注射高剂量(25 mg/kg)的这种 C_{60}溶液 5 min 后就导致 2 只小鼠死亡，但不能排除毒性是由于 C_{60}与载体相互作用导致的可能。静脉注射和腹腔内注射多烷基磺酸化的 C_{60}均可引起小鼠的吞噬溶酶体性肾病(phagolysosomal nephropathy)[137]。

利用组织病理学方法研究 TiO_2腹腔注射后对小鼠各脏器的毒性效应，可观察到脾脏中性粒细胞的显著增加，这表明脾脏组织发生了明显的炎症反应。Li 等研究发现将 TiO_2连续注射暴露小鼠 45 天后，同样可造成脾脏组织病变及细胞凋亡，脾脏中 caspase-3、caspase-9、Bax 和细胞色素 c 的基因表达和蛋白表达水平上调，而Bcl-2基因及蛋白表达水平下调，这些结果充分说明TiO_2通过激活线粒体介导的细胞凋亡途径，诱导脾脏中细胞凋亡，并最终降低了小鼠的免疫调节能力[139]。Yamashita等用35 nm粒径的TiO_2注射暴露怀孕的小鼠，发现在胎盘、子一代的肝脏和大脑中都发现了TiO_2存在，这表明TiO_2粒子能够穿越胎盘屏障，并能对子代产生明显的神经毒性[140]。Gao等将TiO_2对雌性小鼠连续灌胃暴露90天后，研究雌性小鼠卵巢的损伤和卵巢中基因表达特征。实验结果表明TiO_2能够进入卵巢并积累，同时导致卵巢损伤，主要有卵巢萎缩、初级卵泡和次级卵泡发育阻碍、卵巢细胞的不规则排列等，并且发现TiO_2可以进入到卵巢细胞的细胞核内，并导致细胞凋亡。另外，TiO_2的长期暴露也导致了性激素分泌的不平衡，血清中孕酮、促黄体生成素、睾酮和促卵泡激素的水平降低，雌二醇的浓度增加，进而引起生育力下降[141]。研究者在雄性小鼠身上也发现TiO_2能够通过血睾屏障并在睾丸中沉积，导致了睾丸的损伤和细胞凋亡，如生精管空泡化、生精层的厚度减少，睾丸细胞的不规则排列和支持细胞的空泡化等；附睾尾部的精子形态发生异常的变化，如精子头尾断裂等，小鼠精子数目和精子活力下降，精子畸形率显著增加，小鼠的生育力显著下降[142]。

Hoshino等[143]用CdSe/ZnS核壳QDs为探针，标记BALB/c雄性小鼠T淋巴瘤细胞，追踪靶细胞在小鼠体内的分布。结果发现，QDs在小鼠体内稳定存在，静脉注射7天后，在肾、肝、肺和脾中仍可以检测到20%的量子点。Liu等[132]用CdSe QDs对小鼠分别进行了长期暴露(6周)和急性暴露(48 h)，发现QDs能够很容易地进入肝脏、脾脏和肾脏中，其中肝脏是主要的累积器官。Ma-Hock等[144]以雄性Wistar大鼠为动物模型，来筛查$CdS/Cd(OH)_2$核壳量子点短期呼吸暴露的毒性效应，使用了最大暴露浓度0.52 mg Cd/m^3，3周恢复期之后，在排泄物中没有检测到Cd^{2+}，但在肺、肝、肾中仍有检测。Ballou等[145]用不同包被(聚合丙烯酸、mPEG-750、mPEG-5000和COOH-PEG-3400)的QDs对小鼠进行活体成像实验，注射后QDs主要储存在肝脏、皮肤和骨髓中，1 h后mPEG-750和COOH-PEG-3400通过血液循环清除，而mPEG-5000至少3 h后才可以被清除。Balb/C小鼠尾静脉注射mPEG-750来考察QDs在体内的长期稳定性，发现注射24 h后可在肝脏、淋巴结和骨髓中观察到QDs的存在，且可以保持至少一个月；甚至注射133天后在小鼠的解剖尸体中仍有QDs的存在。

7.1.5.3　纳米材料的心血管毒性

纳米颗粒经肺部暴露后也有可能进入血液循环，进而直接影响内皮细胞，最终导致血管损伤。而且，纳米颗粒的吸入可能会引起炎症介质的释放并激活血细胞，然后产生对心血管有害的影响[146]。

研究发现，通过搅拌方法制得的nC_{60}能够增加细胞内Ca^{2+}浓度，并能在脐静

脉内皮细胞中使 G_1 阶段细胞周期停止，但未观察到有细胞死亡现象[147]。富勒醇与 C_{60} 效果相似，不同的是，富勒醇可以引起血管内皮细胞凋亡，因而可能会诱发动脉硬化和冠心病[147]。研究结果还表明，与氧化低密度脂蛋白共作用的富勒醇能够在培养的巨噬细胞中引发脂肪累积并使细胞表达产生氧化低密度脂蛋白受体和基质金属蛋白酶-9[148]，而这些现象正是动脉粥样化斑块成形和血管壁失稳的关键诱因[149]。超声法制得的 nC_{60} 能够减弱载脂蛋白 E 敲除的小鼠动脉的血管舒张，这表示未经修饰的 C_{60} 在血脂异常和动脉硬化时可以干扰血管伸缩平衡[150]。研究者发现，用有机溶剂法制备并结合在聚氨酯表面的 C_{60} 能够有效地黏着血小板[151]，表明其能够促进凝聚和血栓形成。进一步研究表明，富勒烯可以促使 ADP 诱发的血小板凝聚[148]。

放射性标记碳纳米颗粒经呼吸暴露后，肺泡壁上的纳米颗粒能够进入肺毛细血管进而转移到血液甚至全身系统中。Li 等的研究表明吸入性和内咽灌注法暴露 SWCNTs 能引起心脏及大动脉组织发生氧化应激反应，促进小鼠主动脉和头肱动脉内动脉粥样硬化模型的蚀斑形成，并造成动脉内皮细胞的损伤[152-154]，同时分散均匀的 SWCNTs 在肺部的沉积部位出现肉芽肿和纤维化。但是 SWCNTs 产生心血管毒性效应的机制还不是十分清楚，上述通过血液循环进入是一种可能。还有可能是通过引起肺部炎症反应促进分泌各种细胞因子（IL-6，TNF-α）来间接诱发，也可能是通过激活肺循环血小板来诱发的。

7.1.5.4 纳米材料的皮肤毒性效应

Karsten 等研究了 TiO_2 对皮肤的影响，发现无论是含有还是未包含 TiO_2 化妆品都对皮肤的刺激性很低或者不存在；对黏膜的刺激性也是很低或者不存在，他们综合了各项研究发现 TiO_2 并不能穿越人体皮肤的角质层[155]。但也有报道认为护肤品中的 ZnO 和 TiO_2 颗粒能够穿透兔子皮肤的角质层屏障[156]。对于碳纳米管能否穿透皮肤角质层还没有相关报道。目前来看，SWCNTs 在高浓度暴露后，人表皮角质细胞 HEK 出现氧化应激现象，细胞内细胞器形态改变[157]。6-氨基乙酸衍生化的 SWCNTs 能导致 HEK 细胞存活率下降并且炎症因子 IL-6，IL-8 的表达上升[158]。MWCNTs 作用于 HEK 细胞后，细胞质中出现多个含有 MWCNTs 的空泡，细胞存活率下降并且伴随炎症因子表达上升[159]。通过用 THF 进行溶剂交换制得的 nC_{60} 纳米颗粒和聚乙烯吡咯烷酮/nC_{60}（PVP/nC_{60}）结合物都能够很容易地被人类胶质细胞内在化，而后者主要累积在核周围的细胞质中[160,161]。有研究者观察到 THF/nC_{60} 可以显著抑制人类上皮角质细胞生长，而且光照条件下这个效应会增强[162]。一些研究证实 THF/nC_{60} 不但对人角质细胞是有毒性的[163,164]，对人表皮纤维母细胞也能产生毒性[165]。十二磺酸钠、γ-环糊精、PVP 机械化学法制得 nC_{60} 溶液实验中也被证明对皮肤细胞是有毒性的[163]。

7.1.5.5　纳米材料的神经毒性

大脑和中枢神经系统周围有血脑屏障和神经胶质细胞等屏障保护其免受侵害，而某些小的疏水化学分子比如一些金属颗粒物以及脊髓灰质炎病毒(30 nm)可以穿过这些屏障进入神经系统，因而纳米材料可能有机会接触神经系统并对其造成损伤。研究表明纳米粒子经鼻吸入后，能够通过鼻黏膜进入血液，并透过血脑屏障，最终进入大脑[166,167]。同样，肺同样是纳米粒子经过呼吸系统进入人体的一个重要途径，空气中纳米粒子吸入肺后，可透过肺泡进入血液，最终通过血液循环系统进入大脑[168]。

Balvay 等研究了 TiO_2 对 C57B16 小鼠的大脑损伤效应，通过脑定位注射 TiO_2 后，观察小鼠运动能力的变化及组织病理学改变。研究结果表明 TiO_2 会引起小鼠脑部的神经损伤，导致了长时间的神经炎症，而这可能与激活了小神经胶质细胞相关；TiO_2 还会干扰小鼠的运动机能，诱导一些类似于帕金森症或阿尔茨海默症的神经系统疾病的发生[169]。Wang 等分别用粒径大小分别为 25 nm，80 nm 和 155 nm 的 TiO_2 颗粒经灌胃染毒进行急性暴露实验，发现暴露 2 周后 80 nm 和 155 nm 的 TiO_2 可引发小鼠海马区神经元细胞出现空泡，脑部出现脂肪变性，这也进一步证实了 TiO_2 可以穿越血脑屏障并造成神经细胞损伤[170]。Zhang 等用 TiO_2 经鼻腔滴注染毒也可以观察到小鼠脑皮层和海马区细胞出现皱缩、核固缩、核仁消失、细胞核与胞体间隙增大，内质网增多及核糖体脱落等现象，脑组织中也出现了脂质过氧化和蛋白质异常氧化反应，TiO_2 暴露组的病理损伤程度也明显比微米粒径 TiO_2 染毒组要严重，这说明纳米粒子的粒径与毒性大小存在相关性[171]。Long 等的实验结果也表明，TiO_2 颗粒对脑部的神经胶质细胞存在明显的毒性作用[172]。大多数研究者认为，TiO_2 等纳米材料的毒性主要是由于诱导机体内活性氧的生成，并导致了细胞内氧化应激失衡[173]。脑组织中富含多不饱和脂肪酸和核酸、蛋白质等其他大量易遭受氧化损伤的靶分子，且具有高氧化代谢率的特点(约占人体 2% 的体重，却消耗人体 1/5 的氧)，这使得脑成为纳米材料氧化损伤的高危区域[174]。

在非光照的条件下，几种聚合物包被的 C_{60} 对神经细胞株没有显示出毒性，甚至可以促进神经生长因子诱导的神经突出增生或减少血管收缩素Ⅱ诱发的神经内过氧化物增加量[175,176]。尽管羟基化和羧基化的富勒烯对神经细胞株无毒性，但它们能够明显减弱幼鼠神经元的活性[177]，这表明使用转化神经元细胞(transformed neurons)不足以评价富勒烯的神经毒性。然而，亚毒性剂量的羧基化 C_{60} 能够使原代神经元细胞免于多种神经毒素诱发的氧化应激而存活，这使其具有作为神经保护剂的潜在应用价值[178]。值得注意的是，由于在无毒性剂量下羧基化 C_{60} 能够抑制神经元中一氧化氮(重要的神经调节物质)的合成，其可能会改变神经元功能[179]。

关于 CNTs 对神经系统损伤的文献还不多，最近才有一些用活体或者体外培养的神经细胞（PC-12、神经胶质细胞和成神经细胞）来研究碳纳米管的神经毒性效应的报道[50,180-184]。无一例外，CNTs 经不同修饰和处理后，对神经细胞均有不同程度的杀伤作用，表明 CNTs 存在潜在的神经毒性。

7.1.5.6　纳米材料的免疫毒性效应

纳米材料可以被血细胞、血浆蛋白识别引起絮凝反应激活免疫反应，也可以通过免疫细胞相互作用引起免疫激活或者免疫抑制。纳米材料与免疫细胞作用后也能引起细胞的炎症反应或促进炎症因子的表达。

研究发现，QDs 进入生物体后会引发炎症反应，降低机体的免疫耐受能力[185-188]。Gagne 等[185]考察了在非致死剂量下，CdS/CdTe-QD 和 $CdSO_4$ 对虹鳟鱼的免疫系统的毒性效应。用基因芯片技术对肝脏基因表达谱分析结果表明：两种形式的 Cd 均诱发了 MT 和 CP2K1 基因的表达；207 个与应激相关的基因中有 25 个 QDs 特异性基因显著受到影响，涉及炎症反应、外源化合物生物转化系统和内分泌系统（包括卵黄蛋白原及其受体），而只有 9 个 Cd^{2+} 特异的基因变化；虽然不同形式的 Cd 能引起不同的基因表达变化，但都能降低虹鳟鱼的免疫耐受能力。在系统水平上，纳米银可以显著降低实验动物体内的炎性指示物含量[189]。因此，纳米银可能参与早期的炎症抑制过程。研究三种纳米金属氧化物 Fe_2O_3、Y_2O_3 和 ZnO 对血管内皮细胞的影响，发现 Y_2O_3 和 ZnO 均能引起促炎因子 ICAM-1、IL-8、MCP-1 mRNA 水平的升高[190]。体外研究表明 QDs 可以引起细胞的炎性反应，激活肿瘤坏死因子-α（TNF）和 CXC 配体因子 8（CXCL）的生成[191]。

通过呼吸道进入体内的 CNTs 往往难以排出，可引起巨噬细胞的氧化应激和直接损伤细胞膜而产生细胞毒性，并诱发巨噬细胞的免疫反应[192]。当 CNTs 不能被肺部巨噬细胞有效识别时，可扩散进入体液循环，累积到多个器官中，并与这些器官中的免疫细胞和分子相互作用[95,193]。CNTs 在呼吸道可引起不同程度的炎症反应，伴随巨噬细胞在肺部的聚集[194,195]。将原代豚鼠气管肺泡巨噬细胞体外暴露于 SWCNTs，MTT 法和聚苯乙烯乳珠吞噬反应表明 SWCNTs 对巨噬细胞的细胞毒性作用。结果表明，SWCNTs 能引起显著的细胞死亡，并抑制其吞噬功能[193,196-198]。Dong 等对巨噬细胞的三种免疫功能进行了系统研究，发现羧基化 SWCNTs 不仅抑制巨噬细胞的吞噬功能，还对其辅助细胞功能有明显的抑制作用，导致其对 T 细胞的激活作用下降，间接影响细胞介导的免疫力。另外，暴露还会引起巨噬细胞中细胞因子分泌的异常，Th1 类型的细胞因子明显激活，其后果是引起 T 细胞的 Th1 分化，有诱发 Th1 类型机体自身免疫疾病的风险[199]。有研究表明，CNTs 可以在巨噬细胞中诱导 TNF-α 的表达，进而激活 NF-κB 信号通路[200]。进入巨噬细胞的 SWCNTs 通过活化转录因子 NF-κB 和 AP-1 参与的信号通路，引起其调控的下游多个基因(SOD, MIP MCP, TCR IP-10)的表达和生理反应。Mitchell 等[201]最近的研究表明，进入体内的低浓度 MWCNTs 会激活环氧合酶，从而抑制小鼠的免疫功能。进入肺的 MWCNTs 首先刺激肺脏释放 TGF-β 信号激活脾脏环氧合酶信号通路，然后导致 IL-10 细胞因子释放，引起 T 细胞功能异常和系统性免疫抑制。SWCNTs 还可引起细胞的氧化应激、释放炎症因子、招募白细胞、抑制凋亡，从而引起小鼠肺部慢性炎症反应和严重的肉芽肿形成[44]。在 T 细胞和人类外周血淋巴细胞中都已经证明，CNTs 会引起膜的去极化、代谢活性下降等效应[44,203]。气管滴注 CNTs 暴露的小鼠形成的肉芽肿与 T 细胞反应有关，而过敏反应则是与 B 细胞激活和 IgE 的大量产生引起的[204,205]。

用超声制得的 nC_{60} 在载脂蛋白 E 敲除的小鼠(很容易受到损伤)中进行实验，所得结果证实了气管内滴灌 C_{60} 能够诱发肺部炎症，这或许是因为它们具有高的肺泡-血液屏障(alveolar-blood barrier)通透性或存在纳米颗粒炎症靶细胞[206]。在给药 24 h 后单核细胞中蛋白-1(参与单核细胞趋化性和熟化成巨噬细胞)和巨噬细胞炎症蛋白-2(能使中性白细胞循环)的基因表达显著增加。气管内滴灌富勒醇(10 mg/kg)24 h 后可以诱发中性白细胞调控的炎症反应，而且这个反应与巨噬细胞炎症蛋白-2 的含量增加相关[207]。低剂量的富勒醇似乎具有保护性的抗炎效应，不过在高剂量时它又具有促炎效应。通过气管内给药使大鼠暴露高剂量的富勒醇($>$25 mg/kg)3 天后，研究者观察到其能够引起严重的支气管炎和肺泡炎，并且在支气管肺泡液和血液中的中性白细胞数目增多[208]。在受富勒醇处理鼠的支气管肺泡液中还出现细胞损伤生物标志物(乳酸脱氢酶，碱性磷酸酶)增加、促炎因子(TNF, IL-1, IL-6)升高、氧化/硝化应激指标增高。暴露低剂量富勒醇(5 mg/kg)的鼠肺部组织则没有出现病变和炎症渗透(inflammatory infiltration)[209]。

7.1.5.7　纳米材料的基因或遗传毒性效应

遗传毒性是鉴定外界因素对 DNA 分子和基因水平的不良作用。检测大多采用以下三种主要终点：①基因突变；②染色体诱裂性；③非整倍染色体(微核试验)。目前遗传毒性的检测(常规性和探讨性)包括检测 DNA 断裂、细菌突变、染色体畸变(CA)、染色单体交换(SCE)、微核(MN)、非常规 DNA 合成以及 8-OHdG(8-羟基脱氧鸟苷)和 DNA 结合物的形成。纳米材料或者其中携带的金属杂质与细胞或者组织相互作用可释放 ROS 引发氧化应激、炎症反应或 DNA 损伤。关于纳米材料的基因遗传毒性还存在争论[210-213]。这些争论主要集中在以下几个问题：①以往对可溶性化合物的基因毒性检测方法是否适用于纳米材料；②从基因毒性到致癌性的推理对纳米材料是否需要修正；③是否需要体内试验代替体外试验。

关于 CNTs 的基因毒性的一系列研究表明 CNTs 对 DNA 具有损伤效应，并提示 CNTs 可能有致癌的风险[214-219]。其中一些实验以 DNA 的双链断裂等作为

DNA 损伤的检测终点，Cui 等发现 SWCNTs 导致人胚胎肾 HEK293 细胞株的 DNA 断裂并发现其细胞周期调节、细胞凋亡和信号转导有关基因的表达发生显著变化[216]。小鼠通过支气管注入暴露 SWCNTs 后出现支气管灌洗细胞的 DNA 损伤[220]，呼吸进入大鼠体内的 SWCNTs 相对于咽部刺激暴露更容易引起 K-ras 基因突变。经口暴露 SWCNTs 会导致大鼠的肺和肝脏产生氧化 DNA 加合物[221]，SWCNTs 还会增加中国仓鼠 V79 肺成纤维细胞和小鼠胚胎成纤维细胞的 DNA 损伤以及小鼠肺上皮细胞株 FE1-Muta 的 DNA 氧化损伤[214,222]。将 MWCNTs 通过支气管注入的方式暴露大鼠后，肺细胞微核增加并伴随肺部炎症反应；而体外细胞实验发现，MWCNTs 能诱导大鼠肺上皮细胞株 RLE、人乳腺上皮细胞 MCF-7、人肺上皮细胞 A549 和间皮细胞等的微核产生[222,223]。Lindberg 等将 SWCNTs 与 MWCNTs 混合物暴露人支气管上皮细胞株 BEAS 2B 后，发现了剂量依赖型的 DNA 损伤并伴随微核增加[224]。

研究表明 TiO_2 粒子可以进入细胞核，进入细胞核的 TiO_2 可直接与 DNA 上的 O 原子或 P 原子结合，形成 Ti—O 键或 Ti—P 键，从而使 DNA 的构象发生改变。利用电泳实验，发现高剂量 TiO_2 暴露组小鼠的 DNA 发生了断裂[225,226]，TiO_2 可以造成明显的 DNA 损伤效应。Gopalan 等用 40～70 nm 的锐钛型 TiO_2 颗粒作用于人的精子细胞和淋巴细胞，同样发现细胞 DNA 的断裂程度随 TiO_2 暴露剂量的增加而愈发严重[227]。Nakagawa 等的研究发现，TiO_2(21 nm)在有光照条件下会对小鼠淋巴瘤细胞的 DNA 产生损伤，在无光照条件下则不会对 DNA 造成损伤[228]。Hirakawa 用 TiO_2 作用于一段在 5′端用 ^{32}P 特异标记的 DNA，发现经光照催化反应后，DNA 的断链位点多数发生在鸟嘌呤残基上[229]。Wamer 等用 320～400 nm 的紫外线照射在添加 TiO_2 颗粒的小牛胸腺 DNA 溶液，并用高效液相色谱分析反应后的小牛胸腺 DNA，发现有 8-羟基脱氧鸟苷的生成，进一步验证了 TiO_2 对 DNA 的氧化损伤作用[230]。在紫外光激发下，TiO_2 发生电子跃迁产生电子空穴对，空穴将电子捕获则具有还原作用，而将质子捕获则具有氧化作用，在水分子存在下则会产生羟基自由基，而羟基自由基可以与 DNA 发生反应产生 8-羟基鸟苷，进而引起 DNA 的氧化损伤，使 DNA 错配、解旋与断裂，从而影响遗传物质 DNA 的结构和功能。

尽管 THF/nC_{60} 在细菌基因毒性试验中能够产生阳性反应，但在人类肝癌细胞培育过程中其没有破坏核酸结构和形成 DNA 共价加合物[231]。超声法制得的 nC_{60} 不能使小鼠肺上皮细胞中的 DNA 链断裂，但能够观察到氧化嘌呤含量明显增加[214]。研究者发现用 Tween 80 溶解的 nC_{60} 处理人类肺部肿瘤细胞可使微核数目增加，并通过彗星试验证实气管内滴灌 C_{60} 后鼠肺部 DNA 损伤发生和突变率增加[232]。通过来自载脂蛋白 E 敲除小鼠的支气管肺泡液中细胞的彗星试验，进一步证实了气管内滴灌 nC_{60}(盐水中超声制得)存在基因毒性[233]。在盐水和玉米

油中超声制得的 nC_{60} 通过灌胃给药可以诱发氧化性 DNA 损伤[233]，这说明未经修饰的 C_{60} 具有基因毒性。与以上研究相反的是，一些研究认为没有证据表明纯富勒烯具有体外或体内基因毒性。机械化学法制备的 PVP/nC_{60} 不能在培养的仓鼠肺细胞中诱发染色体畸变，而且避光条件下其在 Ames 试验中也没有表现出致突变性[234,235]。研究发现不管是否存在光激发，分散在羧甲基纤维素钠中的 nC_{60} 不能在仓鼠肺细胞中诱发明显的染色体畸变和在细菌中引起回复突变[236,237]。对小鼠分别进行气管内给药和灌胃给药后，研究者也未观察到 Tween 80 溶解的 nC_{60} 在其肺部和骨髓中具有体内基因毒性[237,238]。此外，彗星试验结果表明水中搅拌法和溶剂交换法制得的（乙醇/H_2O）nC_{60} 溶液对淋巴细胞具有基因毒性，而且前者比后者基因毒性更强[239]。研究者认为该实验的结果排除了溶剂对富勒烯基因毒性有影响的可能。但 Song 等研究发现，PVP/nC_{60} 具有明显的 DNA 剪切效应，而其他方式制备的富勒烯溶液则不能剪切质粒 DNA。更有趣的是，PVP-富勒烯在非光照的条件下仍然具有 DNA 剪切作用，并进一步证明该剪切效应源于 PVP 的特异性碱基水解作用而非产生 ROS 造成的氧化损伤[240]。尽管有研究还发现 C_{60} 羧酸胺盐受到光激发后可剪切 DNA 鸟嘌呤位点[241]，但其他类型富勒烯衍生物（乙酯甲醇 C_{60}、甲酯甲醇 C_{60}、吡啶 C_{60}）的致突变性在 Ames 试验中仍是微不足道的[242]。

7.1.5.8　纳米材料的致癌性

许多针对小鼠和大鼠的实验表明 CNTs 会导致活体动物的肺部氧化应激、炎症反应、肉芽肿以及肺的纤维化[95,98,194,243]。这些组织病理变化常常预示着癌变的产生，因此，许多研究者关注 CNTs 是否具有致癌性。Takagi 等[244]通过腹腔注射 MWCNTs 和青石棉纤维暴露 *p*53+/−小鼠，120 天后发现 MWCNTs 相对于石棉能够诱导更为严重的间皮质瘤效应。用结构缺陷和不存在缺陷的 MWCNTs 腹腔注射暴露大鼠的活体，24 个月后发现间皮瘤的比例没有明显变化，但石棉作阳性对照组的间皮瘤比例由阴性对照的 3.8%上升为 34.6%[221]。但是，最近 Wang 等[219]对人支气管上皮细胞株 BEAS 2B 进行 SWCNTs 的长期低剂量暴露发现细胞出现恶性增殖并发生转化，将其接种裸鼠后产生了肿瘤，提示 SWCNTs 具有一定致癌性风险。对于大部分的纳米材料，大鼠和小鼠的长期暴露实验表明没有非常确切的证据说明其具有致癌性。

7.1.6　影响纳米材料毒性的因素

纳米材料的化学成分是影响纳米材料毒性的重要因素。由不同元素制备的纳米材料，其毒性效应会有很大的差别。对七种纳米材料（MWCNTs，CuO，TiO_2，ZnO，$CuZnFe_2O_4$，Fe_3O_4，Fe_2O_3）的毒性研究结果发现，CuO 纳米颗粒对人肺肿瘤细胞 A549 具有最强的细胞毒性，并能造成最强的 DNA 损伤[245]。利用生殖细胞检测纳米银颗粒、MoO_3 和纳米铝的毒性，发现纳米银的毒性最强[246]。Chibli 等[247]研究了 InP/ZnS 量子点的细胞毒性效应，并与 CdTe、CdTe/ZnS QDs 做了比较，发现 InP QDs 毒性效应远低于含镉量子点。Khalil 等[248]发现掺杂了 1%钴(Co)离子的 CdSe-QD 比未掺杂的相同尺寸的 CdSe-QD 的毒性作用大。

表面的化学修饰在使纳米材料获得特殊性质的同时，也对纳米材料自身的毒性产生了影响。Clift 等[249]通过彗星实验、流式细胞仪和 MTT 三种不同的分析方法比较了 QD-COOH、QD-COOH/OH、QD-OH、QD-OH/NH_2 和 QD-NH_2 五种不同修饰的量子点与未修饰的 QDs 的细胞毒性效应，发现 QDs 在生物体系中的毒性效应主要取决于表面修饰分子，而不是纳米晶体颗粒的化学组成。King-Heiden 等[250]以斑马鱼胚胎为实验模型考察量子点的纳米毒性效应，发现量子点的毒性不仅仅是金属离子的释放，还取决于其表面修饰，末端官能团决定了 QDs 的组织分布情况。研究发现，利用柠檬酸盐和 PVP 修饰的纳米银均不具有细胞毒性、基因毒性以及光敏毒性。然而，柠檬酸盐修饰的纳米银在干燥过程中会脱掉柠檬酸盐，此时纳米银表现出较强的毒性[251]。有研究者得出表面氧化的纯 MWCNTs 会抑制细胞活性，并认为多壁碳纳米管的纯度和表面修饰状况都会影响碳纳米管的毒性[252,253]。

纳米材料的尺寸和形态是影响纳米材料毒性效应重要因素。对纳米金的粒度效应研究发现物理尺度是影响纳米金在细胞内吸收、定位、代谢和排除的重要因素。纳米金被细胞吞噬的速度和数量均随着颗粒粒径的减小而增加。这种粒度效应受细胞膜黏附性、伸展状态及细胞膜弯曲势能的影响。在受体介导的内吞过程中，细胞对纳米颗粒的吸收是细胞膜包覆热力学与受体扩散动力学之间竞争平衡的结果。纳米颗粒的粒径决定了它被细胞膜包覆的自由能的大小，同时也影响了受体扩散的速度[37]。研究表明，50 nm 左右的纳米金颗粒通过受体介导而进入细胞的速度是最快的[254,255]。然而，不同粒度的纳米颗粒进入细胞的途径不是单一的，粒度较小时，部分颗粒会通过本身的自由扩散进入细胞；粒度较大时，细胞会通过内吞作用摄入部分颗粒，粒度效应是多种因素综合作用的结果。在 0.8～15 nm 的粒度范围内，1～2 nm 的纳米金表现出最高的细胞毒性[256]，在 2～100 nm 的粒度范围内，将纳米金表面连接与细胞表面 ErbB2 受体特异性结合的 Herceptin 分子，研究纳米金进入细胞的能力，发现由于颗粒 40～50 nm 的纳米金颗粒有较大的表面积和适合细胞膜包裹吞噬的曲度，因此 40～50 nm 的纳米金能够吸附足够多的 Herceptin 从而大量进入细胞，表现出最高的细胞毒性[36]。对纳米银的研究结果表明，粒度的变化会引起纳米银热力学性质的改变，这是单位面积内颗粒表面银原子数目发生改变导致的[257]。纳米银的催化性能与其粒径也有着密切的关系，当粒径减小时，纳米银的催化活性增高。在研究纳米银对硝化菌的毒性时发现，在

5～19 nm 的粒度范围内，5 nm 的纳米银可以对硝化菌产生最强的毒性，随着颗粒中 5 nm 银颗粒所占比较的升高，纳米银暴露产生的光催化自由基、细胞内 ROS 的积累水平以及菌种硝化能力所受到的抑制均呈相关性的升高[258]。在活体水平上，粒度对纳米材料的生物学效应也有很大的影响。在以小鼠为活体模型的实验中，发现小粒径的量子点在体内吸收、转运以及排泄的方式不同于较大粒径的量子点。以 5.5 nm 为分界线，水合粒径小于 5.5 nm 的量子点能够通过肾小球的过滤而被肾吸收和排泄，而大于 5.5 nm 的量子点主要被肝脏和脾脏吸收[259]。

Lovric 等[260]研究了红色和绿色两种不同尺寸的 CdTe-QDs 在小鼠嗜铬瘤细胞 PC12 和鼠胶质细胞 N9 的分布情况，结果发现 QDs 在细胞的分布取决于尺寸大小，红色 QD($2r=5.2\pm0.1$)主要分布于细胞质，绿色 QD($2r=2.2\pm0.1$)则分布于细胞核。Chen 等[261]采用小鼠灌胃染毒对铜纳米颗粒(23.5 nm)、铜微米颗粒(17 μm)和铜离子(0.072 nm)的毒性进行了对比研究，结果表明离子铜的毒性最高，纳米铜毒性居中，微米铜毒性最低。研究还发现，肝、脾和肾是铜纳米颗粒的靶器官，病理检测结果显示铜纳米颗粒暴露组小鼠的这些脏器表现出剂量相关性损伤。Wang 等[262]实验发现，锌纳米颗粒所导致的胃肠反应、贫血、发育障碍和肾损伤等毒性效应均比锌微米颗粒明显，但肝损伤效应却低于锌微米颗粒。Oberdorster 等[263]对不同粒径的 TiO_2 颗粒进行了吸入毒性对比研究，研究发现粒径较小的 TiO_2 颗粒能够使大鼠和小鼠的肺泡巨噬细胞(AM)清除能力显著降低，并引发较强的肺部炎症反应，肺间质组织和周围淋巴结的侵袭程度也较高。在确立剂量-效应关系时还发现，两种颗粒的质量-效应曲线差异明显，而表面积-效应曲线却非常吻合，表明纳米颗粒的比表面积与毒性作用密切相关。

一些研究人员认为多壁碳纳米管的毒性要比单壁碳纳米管小[264,265]，甚至没有毒性[266,267]。分析原因，主要是因为不同粗细、长短、纯度和表面修饰会引起多壁碳纳米管毒性不同。如图 7-4 所示[268]，细一些的碳纳米管直径约为 20 nm，而粗一些的直径约为 100 nm。直径不同会直接影响 MWCNTs 的水溶性和团聚性，进而影响其暴露细胞后的细胞毒性。研究人员发现 MWCNTs 的纤维长度也会影响其生物毒性，长的 MWCNTs 会比短的更容易引起腹腔炎症和肉芽瘤的生长[269]。对于石墨烯毒性的研究主要集中在氧化石墨烯(GO)、片层石墨烯(GS)、还原氧化石墨烯(rGO)上面。虽然其可以抑制细菌生长，一般认为 GO、GS 和 rGO 都没有细胞毒性，甚至有研究表明其可以促进细胞的生长[270]。但也有研究者认为其有毒性，只不过是毒性较小。认为碳纳米材料的毒性顺序为 SWCNTs＞C_{60}＞MWCNTs＞石墨烯[268]。对于石墨烯和氧化石墨烯的致毒机理的研究最近也有开展，研究者认为 ROS 为其产生毒性的主要原因[267]。Akhavan 等认为 GO 和 rGO 会因其锋利的纳米层结构破坏细菌的细胞膜，进而表现出一定的毒性效应[271]。Zhang 等则认为碳基纳米材料的形状是影响其毒性的一个关键性因素，因为碳纳米管的毒性要高于石墨烯[272]。

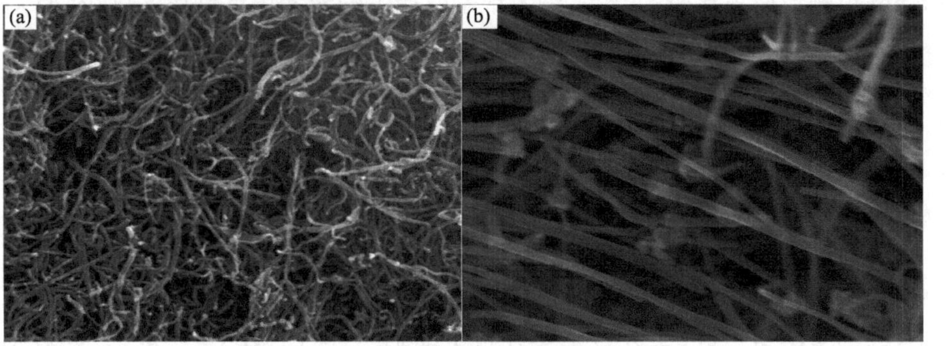

图 7-4　不同直径多壁碳纳米管的 SEM 图

(a) MWCNTs 直径为 20 nm；(b) MWCNTs 直径约为 100 nm

在很多的 M/MO 纳米颗粒引起的细胞毒性研究中，均发现金属离子的释放与纳米颗粒的毒性相关。Studer 等发现 CuO 纳米颗粒的细胞毒性来源于 CuO 纳米颗粒在细胞内缓释 Cu^{2+}[273]。对 NiO_2 和 ZnO 的研究也得出类似的结果，其中 ZnO 表现出很强的细胞毒性，而利用表面包被降低 Zn^{2+} 的释放后，ZnO 纳米颗粒的毒性显著降低[274]。这说明金属离子的释放对 M/MO 纳米颗粒的毒性具有很大的影响。纳米颗粒进入细胞后存在于内涵体(endsomes)和溶酶体(lysosomes)中，酸性和氧化性的微环境利于金属离子的缓慢释放，因此增加了 M/MO 纳米颗粒的毒性[275]。Chen 等[276]考察了水溶性 QDs 的细胞毒性，全基因表达图谱分析结果显示：QDs 暴露后，金属硫蛋白(MT)相关的 7 个基因的表达显著上调，认为 QDs 对基因表达的变化主要是由 Cd^{2+} 的释放引起的。但是，Lovric 等[260]发现抗氧化剂 NAC 和 BSA 预处理的 QDs 会显著减少其毒性效应，而用 Trolox 处理的细胞效果不明显，说明 QDs 毒性机制不仅仅是 Cd^{2+} 的释放，还存在其他的致毒机理。

Jia 等将未处理的 C_{60} 暴露于巨噬细胞，发现 C_{60} 几乎没有细胞毒性[277]。Fiorito 研究发现巨噬细胞对 C_{60} 的吸收非常缓慢[278]，原因可能是由于 C_{60} 水溶性很差(约为 10^{-9} mg/L)。科研人员采用化学衍生、γ-环糊精助溶、溶剂置换法以及剧烈振荡等方法提高 C_{60} 溶液的浓度以便研究其毒性效应[279]。但这样做的弊端是使纳米材料的毒性效应机制更加复杂，因为其毒性不仅仅与 C_{60} 本身相关，还涉及用来助溶的有机溶剂的毒性或者衍生基团的毒性。例如四氢呋喃(THF)可以使 C_{60} 浓度提高，但残留的有机溶剂会进一步反应生成 γ-丁内酯和蚁酸，通过影响细胞内钙离子浓度和线粒体内钙离子浓度导致细胞线粒体功能紊乱，进而产生细胞毒性[280]。Song 等研究了不同 nC_{60} 体系对 DNA 的剪切作用，发现以聚吡咯烷酮(PVP)作为稳定剂的 C_{60} 体系即使在非光照的条件下仍可以剪切 DNA，而在此过程中并未检测到活性氧的产生。通过比较不同制备方式获得的 C_{60} 纳米粒子的 DNA 剪切效应，结果显示 PVP 在 C_{60} 体系的 DNA 剪切效应中起到关键作用[240]。研究人员采用化学气相沉积法(CVD)批量地生产碳纳米管，该方法利用金属纳米材料当催化剂。一般认为通过酸处理可以去除金属，但残留的金属成为影响碳纳米管细胞毒性的重要因素[268]。用含有一定金属杂质的碳纳米管(30%金属)暴露 JB6 P+细胞，并用纯碳纳米材料(0.23%金属)作对照，得出前者与细胞的 AP-1(一种转录因子)有剂量效应关系，但后者没有明显 AP-1 诱导效应，因而得出碳纳米管皮肤毒性与所含金属的量有关[252]。

溶剂的离子强度(IS)、pH 值、表面电荷等均能够影响金属纳米颗粒和金属氧化物纳米颗粒的团聚状态。研究表明，当离子强度、pH 等参数在自然环境(水体、土壤等)所处的范围内时，TiO_2 纳米颗粒粒径会增加至几百纳米，甚至达到微米级[281]。纳米颗粒的团聚粒径对细胞的吞噬和反应起着决定性的作用[282]。团聚会影响纳米材料的生物可利用性，而在水生生物的毒性研究中发现纳米钨碳化合物在暴露介质中的团聚并不能阻止其在虹鳟鱼鳃细胞中的吞噬和毒性作用[283]。在生物介质中含有大量盐类、蛋白质、氨基酸以及维生素等营养物质，纳米颗粒对蛋白质、Ca^{2+} 等具有很强的吸附能力，因此加入到生物培养液中的纳米颗粒更加复杂，有可能形成二次颗粒物。这种与生物分子结合后的二次颗粒物更容易通过细胞的离子通道、主动转运而进入细胞，具有更高的生物可利用性[284,285]。

7.1.7　纳米材料的毒性作用机制

环境介质中的人工纳米材料可通过皮肤接触、呼吸摄入、食物摄取以及食物链传递等途径进入生物体。生物体内的纳米材料可通过体液循环到达特定的组织器官并产生毒性，甚至可穿过血脑屏障、血眼屏障、血睾屏障、胎盘屏障等普通材料难以穿越的屏障，对中枢神经、精子形成、胚胎发育等过程造成不良影响。纳米颗粒可通过吞噬作用、胞饮作用等方式进入细胞[108]，而后纳米颗粒可与细胞内生物大分子结合，使生物大分子的结构改变，导致蛋白功能减弱或丧失。纳米颗粒也可进入细胞器及细胞核，从而影响细胞器的功能或损伤遗传物质。总结起来，纳米材料生物效应可能的分子作用机制如图 7-5 所示。

7.1.7.1　细胞器损伤

细胞器是细胞质中具有一定结构和功能的微结构，为细胞执行各种生理、生化功能提供场所。进入细胞的纳米材料，首先与细胞质内的生物大分子相互结合，并分配到不同的细胞器中，例如，在显微镜下可以观察到 QDs 分布在细胞的内涵体(endsomes)、溶酶体(lysosomes)等细胞器中[275]。当纳米材料累积到一定的量时，就可能对所在细胞器产生损伤，如 CNTs 暴露可导致线粒体的损伤和功能异常。

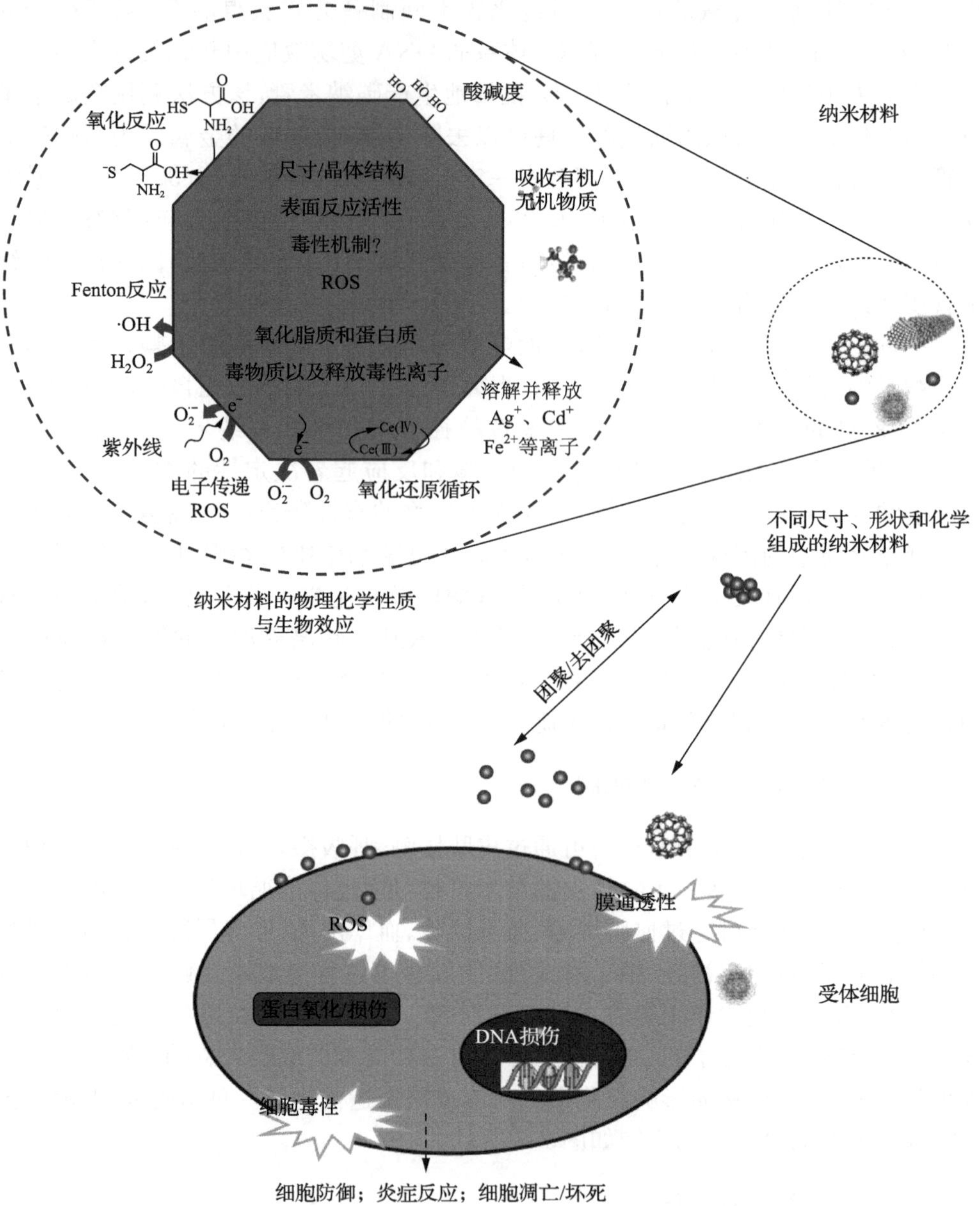

图 7-5　纳米材料引发毒性损伤的可能途径和机制示意图

研究认为，SWCNTs 有较强的线粒体穿膜能力，可以很容易地进入癌细胞线粒体中。Zhou 等利用这种特性，发展了一种以线粒体为靶标的特异性杀伤癌细胞的策略[286]。Ma 等[287]研究发现 SWCNTs 暴露会引起人类表皮 KB 细胞的线粒体膜电位和氧摄入的下降。小鼠巨噬细胞 RAW264.7 暴露于酸化处理和牛磺酸修饰的 MWCNTs 后，通过 TEM 观察到线粒体的肿胀，并伴随膜电位的下降[288]。Dong 等[47]的研究证实 CNTs 暴露会导致线粒体膜电子传递链上的多个复合物基因表达下降，引起膜电位的下降。线粒体是细胞的重要能源工厂和呼吸中枢，线粒体损伤的几个主要后果包括：ATP 的耗竭，释放促凋亡因子引起细胞的死亡，以及细胞氧化还原环境的紊乱（如 ROS 的产生、GSH 的减少等）。

研究发现 SWCNTs 在小鼠细胞中随着暴露剂量的增加，进入溶酶体的量显著上升，且明显多于线粒体中的量[289]。溶酶体中包含了丰富的水解酶类（如磷酸酶、蛋白酶、核酸酶等）和强酸环境。进入溶酶体的外界物质在这种强氧化、强水解环境中极易分解。但是对 CNTs 等一些纳米材料，溶酶体一般难以将其降解或降解需要较长时间，这就造成 CNTs 的大量累积，引起溶酶体膜通透性（lysosome membrane permeabilization，LMP）上升[290]。LMP 可进一步影响线粒体的外层膜通透性，引起细胞死亡，主要的机制包括两种：①溶酶体中铁离子介导形成氧化应激；②释放组织蛋白酶和其他溶酶体中的水解酶[291]。轻度的 LMP 引起的 ROS 是细胞凋亡诱导剂，而严重的 LMP 则直接引起细胞质的酸化和细胞坏死。另一方面，溶酶体失能会导致胞内待分解底物难以降解而大量累积其中，抑制溶酶体的胞内移动、信号传导和基因表达[292]。已经发现溶酶体失能会造成溶酶体贮积症，导致一些重要蛋白和酶的缺乏，引起退行性神经和肌肉骨骼疾病，如黏多糖病和神经鞘脂贮积病等[293,294]。

7.1.7.2 ROS 相关的毒性机理

氧化损伤被认为是纳米材料毒性的重要机理之一[295]。很多纳米材料具有产生 ROS 的性能，如光照条件下 C_{60} 可以有效地将能量转移到氧上而产生单线态氧 $^1O_2$（类型二光化学机制）[296]。富勒烯受到光激发也可以产生自由基阴离子，再通过电子转移可以生成超氧阴离子和氢氧自由基，尤其存在还原剂时这种现象更加明显[297]。但在胞内环境中，纳米材料与 ROS 相关的毒性机制通常与细胞的氧化应激机制更为相关[298]。一般来说，细胞会根据外界氧化环境的强度而采用不同的氧化应激机制。在较低氧化压力下，细胞启动抗氧化机制，转录因子 Nrf-2 通过结合抗氧化反应单元来激活编码二相酶的基因表达。氧化压力变大时，抗氧化机制失去作用，细胞出现炎症反应或细胞死亡。炎症反应的启动主要依靠 MAPK 和 NF-κB 信号途径介导，而细胞死亡则是由于氧化环境导致线粒体的损伤，并释放凋亡因子。

在纳米银体外毒性的研究中，人们发现纳米银会引起细胞内抗氧化分子 GSH、抗氧化酶 SOD 的降低和脂质过氧化产物的升高[299]。多种纳米材料暴露细胞后，在细胞中均检测到 ROS 的升高[300]。利用 NAC（ROS 清除剂）预先处理细胞，可以观察到纳米银处理的细胞中 ROS 有显著的降低。用氰化物抑制线粒体中细胞色素 c 氧化物酶的电子转移活性后，纳米银引起的 ROS 减少 40%，说明纳米银引起的氧化自由基是由线粒体内产生的[301]。在没有光线的条件下，将纳米 TiO_2 暴露于细胞中，发现细胞内会产生大量的 ROS；若将 TiO_2 表面结合一种聚合物，使其不能够吸附在细胞膜上，则 ROS 的产生量会明显减少，细胞能够维持原有的状态[302]。研究表明Ⅱ-Ⅵ类 QDs 可在细胞内促发 ROS，从而引起细胞蛋白质、脂质体和 DNA 的氧化损伤。Ipe 等利用电子顺磁共振光谱法（EPR）和自由基选择性荧光法捕捉到 QDs 在细胞内产生光化自由基以及超氧自由基等氧化自由基类物质[303]。Liu 等[132]用小鼠 Hepa1-6 和 J774A.1 细胞株为模型开展了研究，认为量子点暴露产生的 ROS 对于引起氧化应激相关的细胞损伤起着关键性的作用。Lee 等[304]用水溶性的 CdSe/ZnS 量子点体外暴露人原代单核细胞，发现产生的 ROS 会引起氧化应激反应，再通过磷酸化激活 MAPK 信号通路，进而影响肿瘤坏死因子（TNF-α）和 CXC-趋化因子配体（CXCL8）的 mRNA 和蛋白的表达；若用抗氧化剂抑制单核细胞中 ROS 的产生，则可显著地降低 QDs 介导的 TNF-α 和 CXCL8 的表达。

Palomäki 等[305]发现，较长的针状 CNTs 在人类原代巨噬细胞中会引起 ROS 的上升，并进一步导致 NLRP3 炎症小体激活。类似的研究也发现巨噬细胞在暴露于在非致死浓度 MWCNTs 后，会出现显著的 ROS 增加，并伴随 NF-κB 信号途径的激活和炎症的发生[306]。羧基化 SWCNTs 引起人类肠道细胞 Caco-2 的 ROS 水平上升，GSH 下降。当细胞抗氧化机制不足以抵抗这种 CNTs 引起的氧化时，会导致脂质过氧化作用[307]。Shvedova 等[157]发现 HaCaT 细胞暴露于 SWCNTs 后细胞内 ROS 水平上升，但是这种变化是由于 CNTs 中的铁杂质（重量比 30%）引起的，并认为未经处理的 CNTs 更易引起炎症反应和损伤。Murray 等[308]随后报道了铁杂质可通过 Fenton 反应产生大量的羟基自由基。在将 MWCNTs 纯化去除铁杂质后，Porter 等[309]发现 MWCNTs 不仅不产生 ROS，反倒对外界 Fenton 反应产生的羟基自由基有猝灭作用。Fenoglio 等[97,310,311]通过 ROS-ESR 实验进一步验证 CNTs 本身不是 ROS 诱导剂而是猝灭剂。其原因是由于 CNTs 上存在未配对单电子的悬键，可以为 ·OH 供体电子，从而猝灭 ROS。因此，CNTs 在一定条件下可减弱氧化引起的组织炎症。最近，Dong 等通过对巨噬细胞的全基因表达谱分析发现，SWCNTs 对细胞基因表达有普遍的抑制作用，尤其是线粒体电子传递体的复合物Ⅰ、Ⅲ、Ⅳ的基因表达[47]。线粒体是细胞内 ROS 产生和消除的主要细胞器，对电子传递体的干扰，会导致 ROS 动态平衡的破坏，引起 ROS 的过量形成。这很好地解释了一些不含过渡金属杂质的 CNTs 仍能引起细胞氧化应激的现象。

7.1.7.3 生物分子活性影响机制

进入生物体的人工纳米颗粒可以与生物分子发生能量的传递，并可能导致生物分子构象的改变(如蛋白结构的改变)，二者的相互作用也可能干扰下游分子信号通路的传递(如磷酸化和蛋白活性的改变等)。纳米材料也可与生物大分子(如蛋白质和核酸等)直接发生作用。生物体内的纳米材料可通过与特定蛋白的结合来激活免疫系统，从而使免疫系统对纳米材料产生识别，成为潜在的炎症反应或免疫抑制的诱因[312]。CNTs等纳米材料可进入细胞核，与DNA小沟以及端粒DNA发生特异性相互作用[313]，导致其复制和转录的抑制，也可直接导致DNA的损伤。而羧基化SWCNTs可作用于HEK-293细胞膜表面的BMP2受体，抑制下游Smad1/5/8复合体的磷酸化，遏制BMP2信号通路的传导，阻止细胞从G_1期进入S期，并最终抑制细胞增殖[314]。表面带有负电荷的纳米金进入血液后可与其中的纤维蛋白原特异性的结合，导致其构象变化，二者的复合体直接作用于巨噬细胞表面的Mac-1受体，增强胞内NF-κB信号通路，并导致炎症因子的释放[315]。Qu等研究发现，进入巨噬细胞的量子点可与胞质中维持细胞正常形态和功能的ROCK激酶相互作用，抑制下游肌球蛋白轻链的磷酸化，破坏ROCK信号通路的正常功能，从而损伤其形态和功能[316]。

7.1.7.4 免疫反应与免疫毒性机理

Shvedova等[95]研究发现通过咽部吸入SWCNTs后，C57BL/6小鼠出现明显的肺部急性炎症症状，包括嗜中性细胞聚集、淋巴细胞和巨噬细胞的回流、炎症因子(TNF-α、IL-1β)水平上升，并伴随早期纤维化和肉芽肿的发展。SWCNTs暴露的小鼠出现功能性呼吸障碍和抗感染能力的下降。在随后的研究中，Shvedova等进一步确认了从暴露到致病的整个病理过程：呼吸暴露CNTs后出现炎症反应和氧化应激，最终形成多灶性肉芽肿性肺炎和间质性纤维化[317]。在C57BL/6小鼠中，呼吸暴露比咽部吸入暴露更容易引起肺部炎症。转录因子PPARγ可通过抑制细胞因子和趋化因子的基因表达来负向调控炎症反应[318]。PPARγ缺陷型小鼠暴露于MWCNTs后，会出现明显肺部炎症和肉芽肿。近年来的体外研究表明，CNTs诱导的细胞因子释放是其炎症作用的一种重要机制。Murphy等[319]比较了一系列MWCNTs对皮肤细胞和巨噬细胞的细胞因子的影响，发现直接的MWCNTs暴露在巨噬细胞中引起长度依赖型的细胞因子表达，包括白介素-1β、TNF-α、白介素-6和白介素-8等，但是在皮肤细胞却没有。

在一些研究中，纳米材料诱导的炎症反应也与ROS的产生关联。Dumortier等将T细胞、B细胞和巨噬细胞暴露于10～50 μg/mL的SWCNTs后，发现SWCNTs对淋巴细胞的功能没有影响，却能诱导巨噬细胞分泌炎症因子[320]。一氧化氮、TNF-α、和白介素-8 是巨噬细胞激活产生的主要炎症因子。但是鼠类巨噬细胞在摄入 CNTs 后，并没有发现这些因子的上升[321,322]，但可观察到细胞内活性氧（ROS）的上升和线粒体膜电位的下降，而且这种变化呈现剂量-时间依赖趋势。当人类皮肤细胞和表皮纤维细胞暴露于 CNTs 后可观察到炎症反应，其机制可能是活性氧的产生导致 NF-κB 信号传导途径的激活[157,159,198,323-325]。Palomäki 等[305]发现，与石棉的作用类似，较长的针状 CNTs 在人类原代巨噬细胞中会引起 ROS 的上升，并进一步导致 NLRP3 炎症小体激活，产生白介素-1β。有报道认为 MWCNTs 中的金属杂质是引起 NLRP3 激活的原因[326]。

7.1.7.5 纳米材料诱导的细胞凋亡和细胞自噬

纳米材料诱导的细胞凋亡的主要机制是通过启动一种肿瘤坏死因子受体 Fas 而激活蛋白酶 caspase 级联反应[327]。Gopinath 等[328]研究纳米银细胞毒性的分子机制时发现纳米银颗粒能够诱导凋亡，通过半定量 RT-PCR 发现纳米银暴露的 BHK21 和 HT29 细胞中 caspase-3 信号增加，而相应的抗凋亡蛋白 Bcl-2 在两种细胞中明显减少，说明纳米银颗粒通过肿瘤坏死通路引起细胞凋亡。而 Hsin 等[329]研究发现纳米银诱导 NIH3T3 细胞凋亡的途径是纳米银释放细胞色素 c 进入细胞质并将促凋亡因子 Bax 转移到线粒体中，显示纳米银诱导凋亡是线粒体依赖模式。AshaRani 等[330]在研究中发现，纳米银可干扰 ATP 的合成，诱导生成 ROS，从而导致线粒体呼吸链的中断，最终引发细胞的基因毒性。在细胞周期的运行中，细胞停留在 G2/M 期进行 DNA 的修复，因此尽管检测到纳米银对细胞的基因毒性，但纳米银诱导的凋亡却低于 10%，这是由于 DNA 大部分损伤在 G2/M 期得到了有效的修复。在较低的暴露剂量条件下（低于无细胞毒性的暴露浓度 1～2 个数量级），富勒烯纳米粒子可显著诱导胞浆中 Bax 蛋白在线粒体膜上的转位聚集。Bax 蛋白在线粒体膜上的转位聚集与细胞凋亡紧密相关[330]，这一现象预示着富勒烯纳米粒子可能具有促细胞凋亡的作用。

自噬（self-eating，autophagy）是细胞“自己吃自己”的现象，是在进化过程中高度保守的溶酶体吞噬降解自身成分的胞内代谢途径。自噬发生的全部过程可以分为诱导自噬发生、形成自噬体、与溶酶体融合和溶酶体崩解四步，如图 7-6 所示。在正常生理条件下，细胞自噬水平很低，但是当外界情况发生异常（如受到饥饿刺激）时，细胞的自噬水平就会上调，引起细胞自噬异常，过度的细胞自噬则会导致细胞死亡。CNTs 暴露的细胞发生了“类凋亡”的细胞死亡，但是没有激活 caspases，这说明细胞死亡还存在其他信号通路的调控[47,95]。最近，Wan 等的研究发现，酸化 SWCNTs 暴露后会引起巨噬细胞内自噬泡的累积，促使胞浆型的 LC3-Ⅰ蛋白向自噬体膜型的 LC3-Ⅱ蛋白的转化，但是不会增加细胞自噬通量[290]；进一步的研究证实，酸化 SWCNTs 能累积在溶酶体，从而破坏溶酶体膜的完整性，严重影响

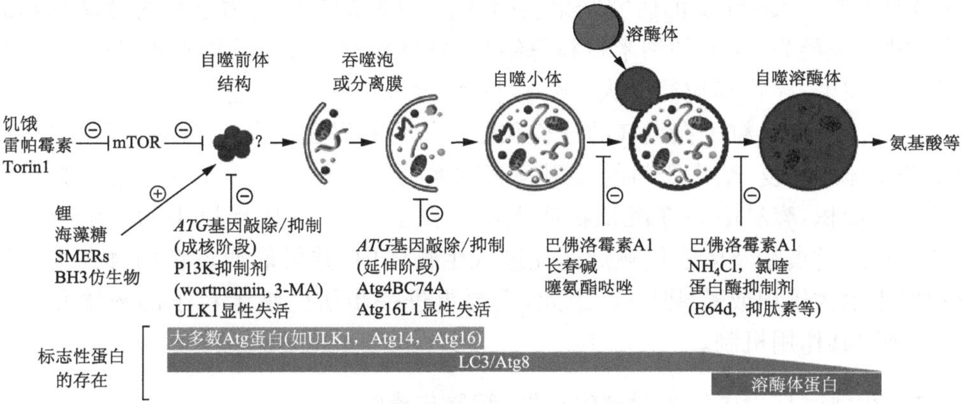

图 7-6　细胞自噬过程[332]

溶酶体的胞内移动，大大降低自噬泡和溶酶体的融合，从而造成自噬泡的累积。Liu 等[332]研究发现，不同表面修饰的 SWCNTs 引起细胞自噬的能力不同，在 A549 细胞中，羧基化 CNTs 可以通过激活 AKT-TSC2-mTOR 途径引起自噬体的形成以及 LC3-Ⅱ的增加，而 PABS-CNTs 和 PEG-CNTs 则没有这种作用。细胞自噬的异常阻碍了细胞正常的自我更新，容易引起一系列的疾病，包括帕金森症和阿尔茨海默症。

7.2　纳米材料的环境与生态效应

当某一种纳米材料得到广泛应用后，其在生产、使用、运输、储存及废弃处理过程中均有可能造成纳米材料在环境中的释放。用作材料表面涂层的纳米颗粒在长期外界作用，如光照、降水、风化等自然和人为条件下往往易于脱落，在材料废弃之前涂层中纳米颗粒可能已经大部分流失。由于其粒径和质量极小，不仅容易漂浮于大气中成为粉尘，而且容易分散在水中随着地表径流进入环境中。纳米防水布料等生活用品中的纳米材料在洗涤和使用过程中可通过多种途径进入污水处理管网，最终通过出水和出泥进入地表水和土壤中。以已经工业化应用的纳米 TiO_2 为例，Kaegi 等[333]分析城市废水管道中（瑞士）TiO_2 的含量，发现其浓度水平可以达到μg/L。Mueller 等利用物质流动的模型分析预测了 TiO_2 在空气、水和土壤中的环境浓度，他们预测 TiO_2 在空气中可以达到 1.5 ng/m^3，在水体和土壤中则分别可以达到 0.7 μg/L 和 0.4 μg/t[334]。

当前的研究对纳米材料特别是人工纳米颗粒物在大气中的环境行为缺乏足够的认识。纳米材料由于其体积小、质量轻，能够长时间的停留在大气中，会很快的被周围的大气稀释并扩散。它的扩散行为主要受到浓度梯度和空气流动（速度和方向)的影响。Preining 的研究结果表明,纳米材料的空气动力学行为遵循基本的扩散法则,粒径为 5 nm 的纳米材料每纳秒内可以发生 820 万次碰撞,并使粒子发生凝结和团聚,导致其粒径变大,最终可能发生大气层沉降进入土壤和水体[335]。但是目前关于纳米粒子在大气的迁移和层降行为的报道很少。纳米粒子可以通过土壤和水体的修复、纳米肥料的使用等多种途径进入土壤。由于纳米粒子具有很大的比表面积,容易吸附在沉积物或土壤颗粒上[336]。这些环境中的纳米粒子则可被生物通过食物及体表接触等途径进入生物体内,并可能通过食物链在生态系统中发生生物累积或蓄积[108]。因此,需要更进一步研究纳米粒子的环境和生态效应,阐明其作用机制。

7.2.1 生物对环境中纳米材料的摄取、积累与毒性

金属氧化物纳米材料可以在植物体中运输富集,并产生毒性效应。纳米钯不仅可以改变猕猴桃花粉的形貌结构,而且对花粉管的形成和伸长有极强地抑制作用[337]。磁性 Fe_3O_4 纳米材料能被南瓜根部吸收、富集并被转运到地上部分,对南瓜的生长产生一定影响[338]。CuO 纳米颗粒能够在植物组织富集,并造成 DNA 损伤[339]。碳纳米管可被植物根系吸收,然后向地上部分迁移积累到植物的叶片甚至果实中,影响植物的基因表达并转移到下一代[340]。Lin 等[341]研究了水稻对天然有机质分散的 C_{70} 的摄入和富集作用。相对于水稻的茎和叶,C_{70} 以黑色团聚物形式富集在种子和根部。C_{70} 会随营养物质经水稻的木质部进入叶脉并到达叶肉细胞。在成熟的植株体内,C_{70} 主要富集在水稻的导管和叶片边缘,根部分布较少,而等量的多壁碳纳米管很少被植物吸收。C_{70} 纳米颗粒的植物吸收很可能与渗透压、毛细力、细胞壁毛孔和胞间连丝有关。Asli 等在研究纳米 TiO_2 在玉米植株中的吸收和转移时发现玉米根尖顶点部位完好,并且纳米 TiO_2 由于尺寸(30 nm)原因不能进入玉米根细胞细胞壁(孔径 6 nm)[342]。而另一项研究却证明 20～40 nm 的纳米 CuO 可以从玉米根部吸收到达玉米芽的木质部,并在木质部汁液中检测到;纳米 CuO 也可以通过韧皮部返回根部,在这一过程中二价铜还原成一价铜[343]。小麦和番茄植株实验也发现了纳米材料(纳米银、纳米氧化铈)经根部吸收转运到叶芽的现象[344,345]。纳米 ZnO 进入土壤后在一小时内全部转化成离子态,因而植物对纳米 ZnO 和锌离子的富集没有区别,只有极少量的锌可以到达叶芽[346]。纳米金可以通过根部被烟草植株吸收,通过比较 3.5 nm 和 18 nm 的纳米金可以看出,植物通过根吸收纳米颗粒的能力与纳米材料的尺寸有很大关系,大尺寸纳米颗粒很难通过细胞被被植物吸收[347]。烟草幼苗对于不同直径的纳米金都有富集。小直径纳米金更利于富集并可以到达叶脉,而表面修饰(单宁酸或柠檬酸)对吸收结果影响甚微[348]。

研究表明纳米氧化物对藻类的生长和光合作用有影响,TiO_2 与细胞壁发生作

用导致膜脂过氧化[349]，对细胞壁造成损伤产生毒性效应[350]，细胞内叶绿素含量降低。聚苯乙烯纳米颗粒可以大量吸附在多种藻类的胞外聚合物中[351]，并存在随食物链传递的可能。藻类对银离子的富集效率高于纳米银[352]，纳米银的毒性是否是由游离银离子导致仍存在争论，这可能是由于淡水藻和海藻种类的差异和培养基的不同[353-355]。而这些毒性作用不是通过藻细胞对纳米材料的吸收而是通过两者直接接触造成的。另外一些研究表明无论是分散良好的还是形成团聚体的纳米材料，由于尺寸大于藻类细胞壁微孔，它们只吸附于藻类的细胞壁而不能进入藻细胞内部被藻类富集[356-358]。纳米银明显抑制铜绿微囊藻的生长，碳酸盐修饰的纳米银可影响莱茵衣藻的光合作用[359,360]；CuO-聚苯乙烯纳米颗粒可干扰衣藻光合作用中的电子转运，导致能量以非光合途径大量耗散[361]；C_{60}可造成莱茵衣藻大量死亡，并且可以通过藻类转移到以藻类为食物的大型溞体内[362]。

大型溞是一种淡水水体中典型的浮游动物，以藻类为食，同时又是水产动物鱼苗种的活饲料。现有的富集实验表明，大型溞摄食纳米材料后很难排出体外，大多富集在其消化道中造成累积的类似现象；只有极少的量黏附在大型溞的甲壳、触角和胸部附属物上[363,367]。纳米 TiO_2 在大型溞体内的生物富集系数可达 10^5 数量级[363]。CNTs 被大型溞吞食后滞留在消化道内很难被彻底排出[364]，且表面修饰对于 CNTs 富集-排出过程的速率没有影响[365]。腐殖酸的加入可以使大型溞体内石墨烯更容易排出，但仍然有小部分残留并会转移到后代体内[366]。富集于大型溞消化道内的纳米材料不能被组织细胞吸收，且消化道内的浓度对暴露浓度无依赖性[367]。大型溞对纳米颗粒的累积程度受摄食过程和排出过程两个因素控制[364]。此外，大型溞摄食纳米材料的速率也因纳米材料的尺寸和表面修饰不同而不同。大型溞对小直径纳米银的吞食速率较高，因此对于纳米银有较好分散性的表面修饰对于吞食速率有促进作用[368]。

蚯蚓是土壤中生物量较大的动物类群之一，以腐败有机物为食，连同泥土一同吞入，在维持土壤生态系统功能中有着不可替代的作用。尽管研究表明老化的 TiO_2和纯化的 CNTs 由于其表面具有更多的高生物相容性物质而对蚯蚓体内并不产生毒性[369,370]，但更多的研究表明多种金属纳米材料和金属氧化物纳米材料（如纳米 TiO_2、纳米银、纳米铜）对蚯蚓的生殖能力有负面影响[371]。对于银元素而言，硝酸银在天然的沙质壤土中对赤子爱胜蚓的生殖毒性远大于标准化的人工土壤；而纳米银暴露组的毒性是银离子的 8 倍。赤子爱胜蚓对砂质壤土中硝酸银或银纳米粒子的生物蓄积性显著地高于在人造土壤，且对于硝酸银中银的累积量高于纳米银；而不同直径的纳米银对蚯蚓的生物毒性和累积性没有明显差别[372]。纳米金也具有类似的生物效应，而同等物质的量小粒径纳米金更容易被蚯蚓利用[373]。

7.2.2 纳米粒子的食物链传递

在生物循环系统中,污染物可随着食物链能量流动和营养物质循环而不断积累和富集。污染物在食物链中的积累和富集,可使许多不能造成危害的微量毒物,富集到足以引起严重中毒甚至死亡的浓度。例如汞通过海水→藻水→小鱼类→食肉性鱼类这一食物链时,其在食肉性鱼类体中的含量是最初的1000~2000倍。这种生物富集对处于食物链金字塔顶端的人类的危害不言而喻。

环境中累积的纳米材料可通过食物摄取、颗粒物吞食等途径进入生物体并累积。纳米材料不仅可在一些环境生物体内富集,也可通过食物链传递。研究证实,羧基化和生物酰化的QDs能通过食物链从纤毛虫体内迁移到轮虫体内,而直接暴露于水溶液中的轮虫则不能富集QDs,这表明食物链传递很可能是高营养级水生生物吸收富集纳米材料的一种重要途径[374]。纳米 TiO_2 也可积累于水蚤中,并通过进食而进入斑马鱼体内[375]。进入蚯蚓体内的纳米银可以通过食物链传递到捕食者体内。通过土壤-蚯蚓-青蛙食物链摄食的纳米金在青蛙的肝脏、肾脏、胰脏、胃和肌肉等处都有富集,且这些器官中纳米金的含量明显高于直接喂食组青蛙器官中纳米金的含量。因此,食物链可以提高纳米材料进入高营养级的生物有效性[376]。聚苯乙烯纳米颗粒可以依次经藻类、浮游生物而进入鱼类体内,影响鱼体内的脂肪代谢[377]。通过藻类-片脚类动物的暴露模型还发现,QDs通过食物链的富集可以导致片脚类动物的高死亡率,与直接暴露相比较,QDs在经过藻类摄食后有更高的生物有效性,可以更多地被高营养级的动物通过食物链富集[378]。

Zhu等[381]发现捕食受纳米 TiO_2 污染的大型溞后,斑马鱼体内的纳米颗粒负荷明显高于水环境。该研究证明 TiO_2 通过食物链发生了迁移,但未见生物放大效应[379]。Ferry等研究了海水、泥沙、海草、微生物、生物膜、蜗牛、蛤、虾和鱼组成的河口生物群落中正电荷纳米金棒在各营养级中的分布情况。生物膜由于其黏附作用可以附着大量的纳米金棒;由于帘蛤摄食方式主要通过滤食,水中大量的纳米材料会通过这种摄食方式蓄积在体内,造成了较高的生物累积;而杂色鳉由于食物链等级较高也富集了大量的纳米金棒。蛤类和鱼类作为人类主要食用的水产品很可能成为纳米材料通过食物链进入人体的途径,具有潜在风险[380]。同等尺寸表面带负电荷的金纳米棒则更多地沉积于底泥中,相比正电荷金纳米棒生物膜富集度由80%减少为20%,而蛤的富集减少了98%,但习惯于在底泥中寻找食物的虾的富集增加了3倍[381]。目前对于植物的生物富集和食物链放大作用研究极少,但研究发现纳米金通过烟草植株根吸收后可以通过烟草天蛾摄食烟草叶进入其体内,且大粒径纳米颗粒具有更大的生物放大系数。摄食喷洒在烟草叶表面的纳米金后,烟草天蛾的生物行为不受纳米金的影响,纳米颗粒主要富集在消化道周围且不易排出体外。值得注意的是,来源不同的纳米金会造成不同的生物效应,烟草天蛾对喷洒在烟草叶表面的纳米金的生物富集因子为 0.16，而摄食等量的通过植物吸收纳米金的富集因子却高达 6.2～11.6[382,383]。因此通过食物链生物可以更有效地富集环境中的纳米颗粒。

尽管目前有关纳米材料在水生食物链中传递的报道较少，但从仅有的报道中不难看出，纳米材料的表面修饰对低等生物的摄入起关键作用，培养基中表面带正电荷的纳米氧化铈吸附在大肠杆菌外膜并造成损伤[384]，而裸露的 CdSe 量子点可以进入绿脓杆菌细胞内部，修饰后由于水化半径变大而较难进入细菌细胞[385]。还有更多的科学问题有待研究，例如被细菌摄取的纳米材料是否可以通过食物链传递到高营养级生物，传递过程中是否存在生物累积作用？Werlin 等[386]报道了未修饰的 CdSe 量子点可以通过绿脓杆菌-四膜虫食物链从低营养级传递到高营养级并存在生物累积现象，发现量子点在四膜虫中的浓度可达绿脓杆菌中 5 倍之多，且四膜虫在捕食含有 QDs 的细菌后，由于大量 QDs 累积在消化道内而不再进食。

7.2.3 纳米材料的生物有效性

污染物的生物有效性是污染物的化学形态及其被生物摄取的能力，用来表征污染物被吸收或利用的程度和潜在的毒性。评价污染物的生物有效性需要考虑特定环境中污染物的浓度、形态和环境生物特点等多个方面。当纳米材料进入环境后，其生物有效性是评价其环境生物效应的前提。纳米材料的生物有效性取决于：①纳米材料的理化性质(尺寸、形状、聚合程度、表面电荷和亲水性等)；②纳米材料所处的环境因素(温度、pH 值、黏度、溶解氧和水流速等)；③纳米材料的受体生物特点(是否对纳米材料有吞噬作用等)。因此，在对纳米材料进行风险评估时，需要全面考虑暴露前、暴露中和暴露后纳米材料的理化特性。例如，在生态系统当中，植物对纳米材料的摄入不但依赖于纳米材料表面化学修饰和分散度，还依赖于土壤天然有机质含量和理化性质等[387,388]。目前许多评估方法没有参考环境化学因素，还有待于进一步完善。

1. 物理化学性质的影响

纳米尺度的颗粒较常规尺度的颗粒在性质上有很大的差别，表面积和反应活性的增加会导致生物利用度和毒性的增加。例如，纳米银的抗菌作用不仅与粒径的大小相关，还与其形状相关。粒径小于 5 nm 的纳米银对硝化细菌有较好的抑制作用，并且该粒径大小的纳米银与其他粒径的纳米银或常规银相比，对细菌的毒性作用要强很多。纳米材料的大小也会影响富集，10 nm 的纳米银主要富集于虹鳟的鳃和肝中，而 60～1600 nm 的纳米银则只富集于肝中[389]。但对于斑马鱼，即使数 10 ng/d 的纳米银(10 nm)喂食量也会使纳米粒子穿过血脑屏障进入大脑[390]。对于某些金属纳米材料(如 CuO、ZnO)，由于金属离子的水溶性较强，纳米材料既可以以离子的形式发挥毒性作用，又能以纳米材料的形式导致胞外毒性作用。纳米材料解离出的离子会破坏细菌的细胞壁和细胞膜，从而增大膜的通透性，并进一步增强进入胞内的概率。Khan 等[391]运用同位素分馏技术研究纳米 ZnO 在河口蜗牛体内的积累。结果表明，纳米 ZnO 在进入水体后 1～2 天内有 60%左右会降解为锌离子。河口蜗牛对锌离子和氧化锌粉的摄入率远大于纳米锌(只计固态)，而若以溶解部分计算则相当。纳米材料的表面性质决定其稳定性(不稳定的金属纳米颗粒可溶出金属离子)、迁移率、与大颗粒物质的聚集、水相中的沉积等。在水相中，绝大多数种类的纳米材料趋于团聚，团聚严重时可沉积在水环境底部的沉积物中，直接威胁底部栖息生物。

2. 暴露方式的影响

通过对纳米 TiO_2 和 C_{60} 富勒烯的研究发现，纳米材料被上皮细胞的摄取较膜转运或细胞膜的扩散，更倾向于囊泡的形式，积累的器官主要包括腮、肠、肝脏、大脑。纳米材料在斑马鱼内的生物分布与暴露途径有关。口服形式的 FluoSpheres 会滞留在胃肠道中，而 QDs 则可以经胃肠道进一步转移到大脑中。最近的研究发现表明，经荧光硅纳米颗粒暴露后，荧光硅纳米颗粒只吸附在斑马鱼的受精卵卵壳上，不能进入胚胎中[392]。将日本青鳉受精卵在聚苯乙烯纳米材料中暴露后发现，39.4～42 000 nm 范围的纳米颗粒皆吸附到卵壳上并能到达油脂中，以474 nm 穿透力最强；直径为 39.4 nm 纳米颗粒在胚胎发育过程中可以转移到蛋黄和胆囊；39.4 nm 的纳米颗粒经过 10 mg/L 浓度暴露后，可以在成年青鳉的脑、生殖腺、肝和血液中检测到，但主要在鳃和肠中累积[393]。在成鱼的暴露实验中，Johnston 等首次利用相干反斯托克斯拉曼散射显微技术(CARS)对暴露于水中的虹鳟体内纳米 TiO_2 的吸收和定位进行了测量，发现纳米 TiO_2 积累在虹鳟的鳃中。对于 TiO_2、氧化铈和 ZnO 纳米材料的暴露，斑马鱼肝中只富集氧化铈；通过饮食暴露途径发现，肝中只有钛离子的积累，说明不同的暴露途径影响积累的特性[394]。鱼类等高营养级水生动物由于其身体结构和生理过程复杂、组织和器官分化显著，其对纳米材料的生物累积过程机理也较复杂，可循规律较少，是多种因素共同作用的结果。

3. 环境因素的影响

纳米材料的环境行为和生物效应都依赖于纳米材料与环境介质的相互作用。金属纳米颗粒的生物有效性会受到溶剂种类、在溶剂中的分散性、温度和暴露时间等因素的影响。目前，仅有少量研究报道了非生物因素，如 pH、盐度、硬度、离子强度以及水溶液中的有机配体对纳米材料生态毒理的影响。然而，在湖泊或沼泽中，水相中 pH、溶解氧和氧化还原电位处于动态的变化中。因此，在研究纳米材料在水相环境中的归趋时，需要充分考虑生物地球化学、湖沼学等因素，特别要注意到缺氧层和底层淤泥。氧化型金属纳米材料(TiO_2、ZnO)常用体外培养的培养基作为溶剂，这些纳米材料的分散性在很大程度上影响了它们的生物有效性和活性。因此，配位型的可溶性金属纳米材料的毒性依赖于其溶解的环境和其与机体的相互作用。金属的溶解性可受环境中有机物影响：不溶性的重金属与细菌或土壤颗粒相互作用后会转变为可溶性复合物，而可溶性金属也可与有机质或大分子等相互结合钝化活性或变为不可溶性复合物沉淀。例如，在水体中的腐殖质可改变纳米材料对水生生物的毒性作用。在自然界水相介质中，纳米颗粒也易于结合到颗粒物的表面，或者与腐殖质形成复合物。由于纳米材料较高的比表面积，自然界的纳米材料在污染物的固相/水相的分配中发挥了重要的作用。

7.2.4　纳米材料的生态毒理学效应

纳米材料的生态毒理学效应研究刚刚起步。与传统污染物相比，纳米材料拥有独特的性质，然而两者也有许多相似之处。一些纳米材料，如碳纳米管、富勒烯等由于其难降解可长期积累于环境中；而有些金属纳米材料可降解释放金属离子，产生与金属污染物类似的效应。

1. 纳米 ZnO 的生态毒理学效应

纳米 ZnO 具有良好的抗菌活性，在大量生产和使用中，纳米 ZnO 可进入环境并造成潜在的负面效应。纳米 ZnO 的抑菌作用呈现尺寸依赖效应，相比于 1 μm 以上粒径的纳米 ZnO，直径为 8 nm 或几十纳米的 ZnO 具有更强的抗菌活性。纳米 ZnO 的细菌毒性具有种属特异性[395]，革兰氏阳性菌对纳米 ZnO 的敏感性要低于革兰氏阴性菌，这可能是由于纳米 ZnO 与不同性质的细菌细胞膜相互作用并造成脂质过氧化所产生的差异。这种差异则很可能造成环境中细菌群落结构的改变。有证据表明纳米 ZnO 可改变土壤中酶的活性并进一步影响微生物的活性[396]。纳米 ZnO 在水介质暴露体系中以分散颗粒形式和自由溶解的 Zn^{2+} 形式存在，其毒性来自于两者共同作用的结果。大量的研究表明，来自于纳米 ZnO 释放的 Zn^{2+} 在细菌毒性中起主作用。显然，水环境因素对 ZnO 毒性的影响十分明显，包括团聚特性、稳定性和自由溶解态 Zn^{2+} 及其复合物的浓度。以纯水将纳米 ZnO 分散后，块状 ZnO、纳米 ZnO 和 Zn^{2+} 的半数致死剂量均低于 0.1 mg/L。通过与可溶性 Zn^{2+} 比较，可以证明 Zn^{2+} 是 ZnO 抗菌活性的主要来源。这项研究虽然观察到了少量的 ZnO 纳米颗粒吸附于细菌表面，然而由于大量的自由溶解态 Zn^{2+} 的共存，研究人员认为颗粒的毒性贡献很小。比较不同团聚程度纳米 ZnO 毒性的结果表明，团聚程度低的纳米 ZnO 毒性较大。比较分散在超纯水、NaCl 溶液、Luria Bertani(LB)培养基、Mimimal Davis(MD)培养基和磷酸盐缓冲液(PBS)中纳米 ZnO 的特性和毒性，有助于进一步理解环境因素对纳米 ZnO 生物效应的影响。虽然研究所使用的纳米 ZnO 的粒径约 20 nm，但在其进入水环境后，会发生不同程度的团聚，最终会造成团聚物粒径的较大差别。其水合粒径由大到小依次为 PBS＞NaCl(1439 nm)＞MD(1160 nm) ＞ LB(692 nm)＞超纯水(486 nm)。

在不同的介质中，纳米 ZnO 均可以释放自由溶解态的 Zn^{2+}。可溶性溶解态由高到低的顺序分别为 LB＞MD＞NaCl＞超纯水＞PBS。纳米 ZnO 的细菌毒性由高到低的顺序则为超纯水＞NaCl＞MD＞LB＞PBS。由于 NaCl 溶液可以保持细菌的等渗作用，可以使得细菌对纳米 ZnO 的敏感性降低。而其他介质中的磷酸根、亚硝酸根和有机大分子等均可以与 Zn^{2+} 形成复合物，从而降低纳米颗粒释放 Zn^{2+} 所产生的毒性作用。

ZnO 纳米颗粒及其溶出的 Zn^{2+} 对鱼的孵化率均有影响。与其他金属纳米材料类似，如何准确评价纳米 ZnO 颗粒造成的毒性和 Zn^{2+} 的毒性贡献是研究其毒理学效应的所面临的重要问题。利用特异性的基因表达作为生物标志物为评价二者的贡献提供了理论基础。纳米 ZnO 引起的毒性机制包括活性氧自由基的生成、功能酶活性的破坏、细胞内 Zn^{2+} 浓度改变所引发的溶酶体或线粒体损伤。材料本身的理化性质和环境因素共同影响其生物效应。例如，水中的 pH 值、离子强度、温度、光照以及有机质种类和浓度均会影响其团聚程度、离子释放率和生物有效性。研究表明，粒径较小的 ZnO 纳米颗粒释放 Zn^{2+} 的能力较强。当 pH 值从 9 降低到 7 时，溶液中释放的 Zn^{2+} 的总量上升约 100 倍。天然有机质也会影响 Zn^{2+} 的释放率，由于巯基和羧基可以和 Zn^{2+} 相互作用而形成复合物，水相中半胱氨酸或柠檬酸的增加可促进 Zn^{2+} 的释放。相反，黄腐酸可减缓纳米 ZnO 的溶出过程，这很可能是由于其阻隔了水分子对纳米 ZnO 表面的攻击。单宁酸可以明显降低纳米 ZnO 的毒性，原因则是其可以结合大量的溶出 Zn^{2+}。

纳米 ZnO 在 1000 mg/L 的暴露剂量下可导致黑麦草植物量的减少、根部萎缩以及根表皮细胞核皮层细胞内形成空泡塌陷。TEM 观察的结果表明，纳米 ZnO (19 nm)可进入黑麦草的根皮层、内皮层和中柱层。而 ZnO 纳米颗粒沿根部向上传输的能力较弱。以 Zn^{2+} 作为离子对照，发现经 Zn^{2+} 暴露的植物根部 Zn 含量要高于经纳米 ZnO 暴露植物根部中的 Zn 含量，这说明纳米 ZnO 的暴露并未增加植物对 Zn 元素的生物有效性。因此，ZnO 纳米颗粒诱发的毒性不仅仅来自于可溶性 Zn^{2+}[397]，颗粒本身也有贡献。与纳米 Al_2O_3 相比，ZnO 可显著抑制植物的发芽和生长。将纳米 ZnO 离心后的上清和颗粒沉淀分别暴露植物(萝卜、油菜和黑麦草)，发现溶解的 Zn^{2+} 并不会产生毒性，即颗粒本身是其毒性的主要原因。与纳米 Fe_3O_4 和 SiO_2 纳米材料相比，ZnO 也表现出更高的植物毒性。

2. 纳米 CuO 的生态毒理学效应

纳米 CuO 的细菌毒性是由颗粒本身、释放的铜离子和环境因素共同作用的结果。以 *E. coli* 为受试细菌，纳米 CuO 与细菌培养液共孵育约 1 h 便导致快速的 Cu^{2+} 释放，而之后的长期释放率降低并趋于稳定。培养液成分中的胰蛋白胨和酵母提取物是造成 Cu^{2+} 释放的重要原因。相比之下，去离子水和 NaCl 并不会促进 Cu^{2+} 的释放。铜可以与多种氨基酸的活性基团(如氨基酸的—COO^- 末端，赖氨酸、精氨酸和组氨酸的氨基以及半胱氨酸的巯基）相互作用，这可以促进培养液中氨基酸与纳米 CuO 的相互结合，促进 Cu^{2+} 的释放。同时，自由溶解态的 Cu^{2+} 可以与这些氨基酸形成复合物。通过提取纳米 CuO 的溶出物对细菌进行暴露，其产生的抑菌作用和与其相对应浓度的纳米 CuO 相当。因此，纳米 CuO 的暴露并不会由于纳米 CuO 在细胞内的积累而产生“木马效应”，这可能是因为纳米 CuO 释放出 Cu^{2+} 的速率较快（<1 h），短时间内即可造成大量的自由 Cu^{2+}-氨基酸复合物的生成，这不仅会诱发 ROS 的生成，也会直接诱发菌体破裂而产生毒性[401]。值得注意的是，使用含有相同 Cu^{2+} 浓度的硫酸铜或硝酸铜远高于相同浓度的 Cu^{2+} 溶出物的毒性，这说明培养液中的氨基酸和 Cu^{2+} 的结合会降低其毒性作用，所以不能仅以 Cu^{2+} 的释放率和 Cu^{2+} 的浓度解释纳米 CuO 的毒性，要综合考虑环境因素对整体毒性的影响[398]。另一项研究结果也证明了纳米 CuO 释放的 Cu^{2+} 对细菌毒性的贡献，以重组的发光 *E. coli* 作为研究对象，通过加入 Cu^{2+} 螯合剂可以显著降低纳米 CuO 抗菌活性，其毒性主要表现为 ROS 的生成和遗传物质的损伤[399]。TEM 的观察结果表明，纳米 CuO 颗粒（10 mg/L）本身可以引起 *E. coli* 细胞膜的破坏并进一步造成细胞内 K^+ 的释放。然而，天然有机质可显著改变纳米氧化铜对 *E. coli* 的毒性。黄腐酸的加入可使其包覆在 CuO 纳米颗粒的表面，其静电作用可以降低纳米颗粒与细菌相互作用的概率[400]。因此，纳米 CuO 很可能影响土壤中细菌群落结构的改变[401]。

纳米 CuO 对水生生物也具有潜在的毒性作用。对于贻贝的暴露结果表明，纳米 CuO 和 Cu^{2+} 的暴露可造成铜在腮中的积累特点有明显差异。特异性的生物标志物表明，两种形式的铜均可引发氧化应激。此外，纳米 CuO 可诱发金属硫蛋白表达的升高，也可抑制乙酸胆碱酯酶的活性。

纳米 CuO 对虹鳟鱼和斑马鱼等模式鱼类都具有一定的毒性，其主要的累积场所是腮组织。暴露纳米 CuO 后，可见肠道中的铜元素明显升高，而脑、脾和肌肉组织中铜的积累不明显。纳米 CuO 可改变腮组织中 Na^+/K^+ 依赖的 ATP 酶活性明显的改变，这说明纳米 CuO 的毒性是通过调节离子功能改变所造成的。与对照组相比，暴露组腮部的硫代巴比妥酸明显升高，说明纳米 CuO 引发的 ROS 生成对其毒性有一定的贡献[402]。

以植物琼脂培养基均匀分散的纳米 CuO 的暴露结果表明，铜纳米颗粒（20 nm）可穿过绿豆根的细胞壁和细胞膜进入细胞内部[403]。在 200 mg/L 时可产生明显的抑制作用。纳米 CuO 对黄瓜也显示出明显的毒性，腐殖酸可明显降低其毒性，这是由于腐殖酸与可溶性铜离子形成复合物，说明 Cu^{2+} 在纳米铜的植物毒性中起着十分重要的作用[404]。

3. 纳米 TiO_2 的生态毒理学效应

以鼠伤寒沙门氏菌评价纳米 TiO_2 的细菌毒性，通过 TEM 可观察到进入细菌内部的纳米颗粒，这些颗粒并不呈团聚状态。而通过 S9 培养基分散的纳米 TiO_2 进入细胞的能力明显增加，这可能是由于微粒的形成和蛋白的包覆。Ames 实验的结果表面纳米 TiO_2 引起基因突变的风险较弱[405]。通过比较不同种类纳米 TiO_2 对 *E. coli* 的毒性，可以发现在光照条件下暴露 2h 后，锐钛矿纳米 TiO_2 显示出较大的毒性(2.7～9.1 mg/L)，而金红石纳米 TiO_2 并不产生明显的毒性。该实验结果表明，TiO_2 的团聚程度并不影响其细菌毒性作用。作为天然有机质的一种，萨旺尼河(Suwannee River)黄腐酸可显著降低纳米 TiO_2 的毒性，这很可能是由于其阻断 TiO_2 和细菌之间的相互作用[406]。

纳米 TiO_2 的毒性低于其他种类的金属纳米颗粒[407]。然而，长期暴露后，TiO_2 (粒径 10 nm)仍可显示出对斑马鱼的毒性作用[408]。纳米 TiO_2 可抑制斑马鱼的发育，也可造成肝脏重量的明显下降。ICP-MS 的结果表明，钛主要积累于斑马鱼的腮部、心脏、肝脏和脑。这说明纳米 TiO_2 可通过腮部转移至其他组织，也可通过血脑屏障进入脑组织。此外，纳米 TiO_2 的暴露也会造成免疫损伤[409]。纳米 TiO_2 的亚致死效应主要表现在影响斑马鱼的生理指标和鱼卵成活率。虽然纳米 TiO_2 的暴露没有影响斑马鱼红细胞的数量，但却明显导致白细胞水平的下降。暴露 14d 后，与对照组相比，斑马鱼卵的成活率明显下降。而脑、腮和肝组织中的 Na^+K^+-ATP 酶的活性未受到明显影响[410]。近期的研究成果报道了环境因素改变纳米 TiO_2 对斑马鱼早期发育的毒性。当纳米 TiO_2 进入水体后，很可能被天然有机质(植物、藻类和微生物的降解产物等)所包覆，改变其本身的性质。例如，腐殖酸可以更好地保持 TiO_2 的分散性，使纳米 TiO_2 的团聚程度低于缺乏腐殖酸的水中。以纳米 TiO_2 对斑马鱼胚胎(受精 4～6 h 后)暴露约 5 天，在含有腐殖酸的条件下，斑马鱼胚胎中 Ti 的含量明显降低，这说明腐殖酸的包覆减低了 Ti 在鱼胚胎中的生物有效性。然而，其引发的致死率却明显高于单独暴露 TiO_2 的情况，说明包覆有腐殖酸的 TiO_2 的毒性要高于 TiO_2 本身，这很可能是其诱发了更强烈的氧化损伤所导致。此外，太阳光照也会进一步改变该体系的毒性作用。研究表明，在光照条件下，纳米 TiO_2 可催化其表面的腐殖酸降解，这会直接造成鱼胚胎内的 DNA 氧化损伤，增加了复合物的毒性[411]。纳米 TiO_2 对不同的受体植物所产生的生物效应可能完全相反。例如，由于其较强的光催化活性，锐钛矿纳米 TiO_2 喷洒于菠菜的叶面上可促进其生长[412]。纳米 TiO_2 不仅可以增加光的吸收率，加速光能向化学能的转化，也可增加响应酶的活性，从而增加光合作用的效率。与大尺寸的 TiO_2 相比，纳米 TiO_2 更容易进入细胞内部。然而，另一项研究显示，叶敷的锐钛矿纳米 TiO_2 会降低美国泡桐幼苗的光合作用能力。TiO_2 颗粒的这种效应并非气孔限制造成的。傅里叶变换红外光谱的检测结果也未发现 TiO_2 的暴露影响植物对

Mg、K、Mn 和 Cu 的含量，说明 Ti 并不会影响这几类金属的吸收。暴露后植物合成碳水化合物和脂类化合物的活力明显加强，这说明其引起的氧化应激是毒性的主要来源[413]。

4. 银纳米颗粒的生态毒理学效应

作为超微颗粒，纳米银巨大的比表面积使得其本身可破坏细胞壁进入细胞内部，也可释放 Ag^+ 破坏细胞内的超微结构。纳米银的形状直接影响其与革兰氏阳性细菌的相互作用。通过透射电子显微镜的观察，可以发现球形和六棱形的纳米银颗粒可吸附于细菌的表面，造成细胞表面的凹陷。目前已对纳米银引发细菌毒性的分子机制进行了深入的研究[414]。由于其表面电荷，纳米银可以吸附于革兰氏阴性细菌的细胞壁，从而使细胞表面形成凹陷，并造成细胞死亡。细菌的细胞膜上含有大量的蛋白分子，纳米银可以与这些蛋白中的巯基相互作用，累积于细胞膜表面并破坏膜的完整性和通透性，最终造成细胞死亡。细菌的呼吸链位于细胞膜上，纳米银与细胞膜上蛋白的相互作用使得呼吸链上的脱氢酶失活，ATP 合成减少，从而抑制细菌生长。纳米银不仅可以与细菌的细胞壁和细胞膜相互作用，而且可以进入细胞内部，改变细胞内蛋白分子和 DNA 的结构与功能，引发细胞死亡[414]。纳米银与细菌细胞壁的物理接触直接导致了细胞膜和细胞壁完整性的破坏。纳米银颗粒可直接进入病原体，与功能蛋白结合造成微生物的死亡。Ag^+ 与蛋白质中的 L-半胱氨酸残基相互作用，引起其失活，是纳米银抗菌效应的重要机制。因此，纳米银的毒性可以归结为吸附于带有负电荷的细菌表面，破坏膜的完整性和抑制功能蛋白的活性。随着纳米银粒径的减小，其表面的催化活性会逐渐升高，毒性也会远高于大粒径的 Ag 纳米颗粒，纳米银进入细胞后也会攻击遗传物质和相关的酶，抑制基因的转录。纳米银可以与 *E. coli* 细胞内的 RNA 聚合酶结合，抑制聚合酶所介导的 RNA 的转录，从而降低细胞的生长速率[417]。当纳米银(球形，直径是 25 nm)暴露于 *E. coli* 后，细胞内许多与生存相关的基因的表达水平受到抑制。由于利福平可以结合细菌 RNA 聚合酶的活性位点，抑制 RNA 的延伸，导致细胞死亡，Wang 等[415]选用利福平作为阳性对照，发现纳米银对细菌的毒性作用可能来自于纳米银对 RNA 聚合酶活性的影响。为验证这一假设，使用放射性试剂来标记新合成的 RNA，并且通过体外转录实验(run-off assay)来检测纳米银对 RNA 转录过程的影响。放射自显影的结果表明，随着纳米银剂量的增加，新合成的 RNA 的量减少，提示纳米银暴露抑制了 RNA 聚合酶的转录活性。为了进一步阐明纳米银对 RNA 聚合酶活性影响的分子机制，Wang 等[415]研究了纳米银与 RNA 聚合酶之间的相互作用。他们将纳米银与原核生物的 RNA 聚合酶体外结合，并通过高速离心的方法来沉淀纳米银。对沉淀物进行电泳检测后发现，大量的 RNA 聚合酶可以被纳米银结合和沉淀。相反，DNA 模板则不能被沉淀。这些结果表明，纳米银可以与 RNA 聚合酶结合，降低聚合酶的转录活性，从而减少

RNA 的合成。此外，ROS 的产生也是纳米银导致细菌死亡的重要机制，ROS 可以进一步破坏细胞膜的完整性，损伤蛋白分子和 DNA。

纳米银进入生物体后可以溶解释放出银离子[416]。银离子的释放是一个动态过程，在细胞内外都可以发生，并且释放比率与环境条件密切相关，因此，区分纳米银颗粒及其释放的银离子的效应具有很大难度。纳米银对细菌的毒性作用是来自于纳米颗粒，释放的银离子，还是来自于颗粒和离子，至今没有明确的结论。有些研究结果表明，纳米银对细菌的毒性作用同时来自于“颗粒效应”和释放的银离子[417]。也有研究表明，纳米银对 *E. coli* 的毒性完全来自于释放的银离子，排除“颗粒效应”的直接贡献[418]。纳米银可通过“木马”效应将银带入细胞，细胞内同时存在纳米颗粒和银离子。在低浓度条件下，纳米银对 *E. coli* 生长的抑制作用是通过“颗粒效应”抑制基因转录来实现的，这种效应不依赖于银离子的毒性[415]。

纳米银的尺寸、比表面积和形状等理化性质是影响其对细菌毒性作用的重要因素[414]。纳米银对细菌的毒性呈现出明显的尺寸依赖性：尺寸越小的纳米颗粒，其毒性作用越强。原因有两点：①尺寸越小，比表面积越大，从而提供更多的结合位点；②由于表面张力增加，小尺寸纳米颗粒的表面原子具有更高的反应活性（如催化作用，氧化作用和溶解作用）[419,420]。研究表明，当用不同粒径的纳米银（直径分别是 7 nm，29 nm 和 89 nm）分别处理 *E. coli* 和 *S. aureus* 时，直径为 7 nm 的纳米银显示出最低的最小抑菌浓度（MIC），随着粒径的增加，MIC 升高[421]。颗粒形状也是影响纳米银细菌毒性的重要因素。不同形状的纳米颗粒具有不同的原子结构和晶体缺陷特性，从而使这些纳米颗粒呈现特定的表面反应活性和毒性作用[414]。研究表明，不同形状（如球形、棒状和三角形）的纳米银对 *E. coli* 的抑制作用有明显差异。三角形纳米银对细菌的毒性作用最强，其浓度为 10 mg/mL 时即可完全抑制 *E. coli* 的生长；球形纳米银次之，其浓度为 125 mg/mL 时降低了 *E. coli*的生长速率；棒状纳米银最弱，当其浓度达到 1000 mg/mL 仍不能够完全抑制 *E. coli*[422]。虽然纳米银（15 nm）在高达 5000 mg/L 浓度的暴露不会影响植物的受精过程，但在低 50 mg/L 时便可显著抑制马铃薯根的延伸。相比之下，纳米 TiO_2 并未造成明显影响。该研究也评价了纳米银对成熟植物的影响。主要表现在叶绿素含量的减少和超氧化物歧化酶活性的升高。通过元素的测定发现植物的茎、叶和果实中均可检出 Ag[423]。一项以拟南芥为受试植物的研究表明，粒径为 20 nm、40 nm 和 80 nm 的纳米银在分散于霍格兰氏培养液中后会失去其单分散的特点，呈现出团聚分散的状态。以含有相同浓度的 $AgNO_3$ 作为对照可以发现，暴露于纳米银的植物内 Ag 的含量要明显高于对照，这说明植物对纳米银有摄取作用。纳米银在植物中积累的浓度大小顺序依次为壁细胞＞根冠＞蒴轴，胞间连丝中也可发现纳米银颗粒的积累。该研究的结果表明，纳米银的毒性几乎完全由其释放的 Ag^+ 造成，这些纳米银对根苗延伸的抑制作用呈现剂量依赖效应和尺寸依赖效应[424]。

5. 铁纳米颗粒生态毒理学效应

有研究表明，零价纳米铁在暴露香蒲和白杨 4 周后，在大于 200 mg/L 的情况下可显著抑制两种植物的幼苗生长，而在低浓度暴露下可促进香蒲的生长。显微镜观察显示大量纳米颗粒团聚物吸附于植物根的周围并可穿透数层表皮细胞。通过 TEM 观察可见白杨的根细胞可吞入纳米颗粒，而香蒲的根中则未见纳米铁的积累[425]。包覆有羧甲基纤维素的零价纳米铁在高于 500 mg/kg 土壤的剂量下可影响土壤中蚯蚓的存活、繁殖和回避行为，但土壤的老化可降低这种毒性作用[426]。零价纳米铁的暴露会阻碍海洋无脊椎动物的胚胎发育，并且呈现种属特异性，纳米颗粒释放的可溶性铁可能是引发毒性的原因[427]。

纳米铁可致鱼胚胎或成鱼出现抗氧化酶活力的降低和超氧化物歧化酶含量的显著下降。在成鱼中，肝脏和脑组织中 SOD 减少的同时伴随着脑中谷胱甘肽水平的下降。然而，暴露 3 天以后，SOD 和谷胱甘肽的含量恢复到正常水平，而肝脏和脑组织中的 MDA 水平在整个暴露过程当中并未发生明显的改变。可见，在纳米材料的暴露下，成鱼可通过体内的抗氧化机制规避氧化损伤，而幼鱼的抗氧化能力貌似不能抵御纳米材料诱发的氧化损伤。在暴露的初始阶段，由于体内的 SOD 含量会明显降低，在 8 天后仍未恢复。因此，纳米铁暴露产生的结果是幼鱼组织中 MDA 浓度在暴露初期即产生，随着暴露时间的延长，MDA 的水平逐渐升高，表明氧化损伤不会缓解。纳米铁对成鱼的暴露也会诱发组织病理学改变，如引起腮和肠的肉芽肿，这很可能是纳米材料与组织的直接接触造成的[428]。

6. 碳纳米材料的生态毒理学效应

SWCNTs 具有较强的抗菌活性。由于其 1 nm 左右的直径，其与细菌相互作用较容易破坏细菌细胞壁，造成细菌死亡[429]。有报道表明，MWCNTs 吸附于细菌表面也会造成细菌细胞膜完整性的破坏和细菌外排物质的能力降低。CNTs 本身的理化性质在细菌的毒性中起着重要作用，研究表明 MWCNTs 表面的金属对其细菌毒性影响较小。然而，聚集成束明显的 MWCNTs 的毒性要低于不易成束的 MWCNTs。此外，长度较短的 CNTs 在水相中的分散程度较高，也会造成更强的抗菌作用[430]。

SWCNTs 的抗菌活性主要是基于 SWCNTs 可以减少细胞膜的形成，阻碍膜的生成是导致细胞死亡的主要原因(SWCNTs 与细菌的直接作用对膜造成干扰促进了胞内物质的释放)。基因表达的结果表明，SWCNTs 的暴露可产生氧化应激。然而，从 SWCNTs 的电子结构的角度(金属 *vs.* 半导体属性)可深入阐明其抗菌活性的主要原因。金属含量对 SWCNTs 表面电子结构的改变显著并直接决定其细菌毒性。实验中采用的 SWCNTs 都具有相似的维度，仅微小地改变其金属含量。结果表明，金属比例的增加会降低大肠杆菌存活率；而时间依赖的细胞毒性作用表明，在细菌与大多数 SWCNTs 直接接触短至 15 min 内即显现出抗菌活性。SWCNTs 的抗菌机制主要有三个步骤：①SWCNTs 与细菌的相互接触；②干扰细胞膜的作用；③电子结构依赖的细菌的氧化作用[431]。通过比较不种类碳材料和表面电子结构等性质有助于深入理解其毒性机制。

为了研究细菌胞质中物质的外流，Liu 等[432]发现细菌与石墨烯的直接接触导致了细菌胞膜的破裂是最为合理的机制。因此，具有外膜的革兰氏阴性的大肠杆菌比不具外膜的葡萄球菌对石墨烯具有更强的抵抗膜损伤的能力。此外，被水合肼还原的氧化石墨烯较未被还原的氧化石墨烯更具有毒性。毒性较大的的氧化石墨烯被认为在细菌间有更好的电荷转移以及更锋利的边缘[433]。通过比较石墨、氧化石墨、氧化石墨烯和还原石墨烯对模式细菌 *E. coli* 的抗菌活性可以发现，氧化石墨烯的分散液显示出较强的抗菌作用。TEM 和动态光散射的检测结果表明，氧化石墨烯的团聚程度最低。以 TEM 也可观察到氧化石墨烯直接破坏细菌的细胞膜。然而，四种材料均可氧化还原型的谷胱甘肽，表明氧化石墨烯的抗菌活性的主要原因是与细胞膜的直接作用以及氧化应激。因此，石墨烯类纳米材料的尺寸、表面功能基团的密度等性质均会影响其细菌毒性[434]。

富勒烯也具有一定的抗菌作用。以大肠杆菌及葡萄球菌为模型的 C_{60} 水溶液的毒性作用研究表明，与作为媒介的盐溶液相比，富勒烯与大肠杆菌以及葡萄球菌的作用明显要强。纳米尺度的 C_{60} 显现出了较好的抗氧活性，对大肠杆菌和葡萄球菌的最低抑制浓度分别低至 0.5～1 mg/L 和 1.5～3.0 mg/L。在高盐溶液中，C_{60} 溶液聚集，并从悬液中沉降下来，由此降低了 C_{60} 的抗菌能力[435]。

当 CNTs 进入水体后，可吸附其他有机污染物改变其生物有效性并引起复合毒性风险。有研究表明，CNTs 表面可吸附污染物菲，造成其在日本青鳉鱼体内的含量增加 1 倍。所增加的菲主要在鱼的消化道内检出，这进一步证明了 CNTs 对菲的运载作用[436]。

水体中的天然有机质（NOM）可改变碳纳米材料的生物有效性，由于天然有机质的包覆，富勒烯和 CNTs 表面的疏水作用力明显减弱，可缓解此类材料对 madaka 鱼孵化的干扰作用[437]。CNTs 也可积累于大型溞体内不能代谢而诱发急性毒性。SWCNTs 可抑制果蝇的运动功能并使其死亡率明显增加。目前 CNTs 对其他环境生物的毒性有待于进一步研究[438]。纤毛原生动物四膜虫常用于研究污染物的生态毒理学效应。SWCNTs（成束直径 2～10 nm，长度＜500 nm）可被四膜虫所摄取，并造成四膜虫的聚集。此外，CNTs 的暴露显著抑制了四膜虫摄取和消化细菌的能力[439]。

在考虑到 NOM 影响纳米材料对植物的生物效应的同时，为了揭示碳纳米材料的尺寸和形状对水稻的生物有效性和毒性，有研究将 100 mg/L 的天然有机质和富勒烯 C_{70}（1 nm 直径）或 MWCNTs 的分散液分别混合。将水稻种子暴露于以上材料的分散液中，2 周后移植入温室中进行培养。通过 TEM 和 SEM 的观察可发现天然有机质包覆的 C_{70}（C_{70}-NOM）可在水稻的根、叶片和组织中积累。C_{70}-NOM 主要积累于维管附近，在子代叶片中也可见 C_{70}-NOM 的存在。这些结果表明根部的 C_{70}-NOM 可通过维管运送至各组织器官并可透过种子进入后代。进入植物内部的 C_{70} 很可能影响了水稻重要基因的表达，造成暴露组植物开花时间推迟一个月以及结实率的降低（约降低 4%）。相比之下，尺寸较大的腐殖酸包覆的多壁碳纳米管（MWCNT-NOM，240 nm 直径）则仅有极少量可进入植物细胞。然而由于大量的 MWCNTs 吸附于根表面，植物的水分和营养等吸收受到影响，最终也会造成水稻开花时间的推迟和更加严重的结实率降低（约降低 10%）[440]。MWCNTs 可以进入植物细胞的结果也得到了其他研究工作的支持，原因可能是直接的物理接触后 MWCNTs 可直接穿透完整的细胞壁和细胞膜[441]。也有研究表明，C_{60} 可造成蚕豆根部生物量的减少，但并不影响植物量[442]。由于目前研究结果很难进行相互比较，进一步规范碳纳米材料的使用种类和模式生物的种类将有助于更深入理解碳纳米材料的生态毒理学效应。

宋茂勇　万　斌　曲广波　赵星辰　郭良宏　江桂斌　中国科学院生态环境研究中心
梁　勇　江汉大学
刘　伟　中国检验检疫科学研究院化学品安全研究所

参 考 文 献

[1] Maynard A D. Nano Today, 2006, 1: 22-33.
[2] Semmler M, Seitz J, Erbe F, et al. Inhal Toxicol, 2004, 16: 453-459.
[3] Lam C W, James J T, McCluskey R, et al. Toxicol Sci, 2004, 77: 126-134.
[4] Warheit D B, Laurence B R, Reed K L, et al. Toxicol Sci, 2004, 77: 117-125.
[5] Oberdorster G, Gelein R M, Ferin J, et al. Inhal Toxicol, 1995, 7: 111-124.
[6] Yamago S, Tokuyama H, Nakamura E, et al. Chem Biol, 1995, 2: 385-389.
[7] Ryman-Rasmussen J P, Riviere J E, Monteiro-Riviere N A. Toxicol Sci. 2006, 91: 159-165.
[8] Chen Z, Meng H, Xing G, et al. Toxicol Lett. 2006, 163: 109-120.
[9] Wang B, Feng W Y, Wang TC, et al. Toxicol Lett. 2006, 161: 115-123.
[10] Wang H F, Wang J, Deng X Y, et al. J. Nanosci Nanotechnol, 2004, 4: 1019-1024.
[11] Bai Y, Zhang Y, Zhang J, et al. Nat Nanotechnol, 2010, 5: 683-689.
[12] Lesniak A, Salvati A, Santos-Martinez M J, et al. J Am Chem Soc, 2013, 135: 1438-1444.
[13] Laurencin M, Georgelin T, Malezieux B, et al. Langmuir, 2010, 26: 16025-16030.
[14] Rasch M R, Rossinyol E, Hueso J L, et al. Nano Lett, 2010, 10: 3733-3739.
[15] Von White G 2nd, Chen Y, Roder-Hanna J, et al. ACS Nano, 2012, 6: 4678-4685.
[16] Le Bihan O, Bonnafous P, Marak L, et al. J Struct Biol, 2009, 168: 419-425.

[17] Lin J,Zhang H,Chen Z,etal. ACS Nano,2010,4:5421-5429.
[18] Yaron P N,Holt B D,Short P A,et al. J Nanobiotechnol,2011,9:45.
[19] de Planque M R,Aghdaei S,Roose T,et al. ACS Nano,2011,5:3599-3606.
[20] Arvizo R R,Miranda O R,Thompson M A,et al. Nano Lett,2010,10:2543-2548.
[21] Wang B,Zhang L,Bae S C,et al. Proc Natl Acad Sci USA,2008,105:18171-18175.
[22] Fang J,Lyon D Y,Wiesner M R,et al. Environ Sci Technol,2007,41:2636-2642.
[23] Jiang W,Yang K,Vachet R W,et al. Langmuir,2010,26:18071-18077.
[24] Jiang W,Ghosh S,Song L,et al. Colloids Surf B Biointerfaces,2013,102:292-299.
[25] Mornet S,Lambert O,Duguet E,et al. Nano Lett,2005,5:281-285.
[26] Kim J,Kim G,Cremer P S. Langmuir,2001,17:7255-7260.
[27] Fortunelli A,Monti S. Langmuir,2008,24:10145-10154.
[28] Somerharju P,Virtanen J A,Cheng K H. Biochim Biophys Acta,1999,1440:32-48.
[29] Shi X,von demBussche A,Hurt R H,et al. Nat Nanotechnol,2011,6:714-719.
[30] Bothun G D. J Nanobiotechnol,2008,6:13.
[31] Chithrani B D,Chan W C. Nano Lett,2007,7:1542-1550.
[32] Chithrani B D,Ghazani A A,Chan W C. Nano Lett,2006,6:662-668.
[33] Huang X,Teng X,Chen D,et al. Biomaterials,2010,31:438-448.
[34] Park SH,Oh SG,Mun JY,et al. Colloids Surf B Biointerfaces,2006,48:112-118.
[35] Lesniak A,Salvati A,Santos-Martinez M J,et al. J Am Chem Soc,2013,135:1438-1444
[36] Jiang W,Kim B Y S,Rutka J T,Chan W C W. Nature Nanotech,2008,3:145-150.
[37] Chithrani B D,Chan W C W. Nano Lett,2007,7:1542-1550.
[38] Lesniak A,Campbell A,Monopoli M P,et al. Biomaterials,2010,31:9511-9518.
[39] Xia X R,Monteiro-Riviere N A,Riviere J E. Nature Nanotech,2010,5:671-675.
[40] Aggarwal P,Hall J B,McLeland C B,et al. Adv Drug Deliv Rev,2009,61:428-437.
[41] Chithrani B D,Ghazani A A,Chan W C W. Nano Lett,2006,6:662-668.
[42] Gratton S E A,Ropp PA,Pohlhaus P D,et al. Proc Natl Acad Sci USA,2008,105:11613-11618.
[43] Jin H,Heller D A,Sharma R,et al. ACS Nano,2009,3:149-158.
[44] Chou C C,Hsiao H Y,Hong Q S,et al. Nano Lett,2008,8:437-428.
[45] Kostarelos K,Lacerda L,Pastorin G,et al. Nat Nanotechnol,2007,2:108-113.
[46] Kam N W,Liu Z,Dai H. Angew Chem Int Ed Engl,2006,45:577-581.
[47] Dong P X,Wan B,Guo L H. Nanotoxicology,2012,6:288-303.
[48] Saxena R K,Williams W,Mcgee J K,et al. Nanotoxicology,2007,1:291-300.
[49] Tong H,McGee J K,Saxena R K,et al. Toxicol Appl Pharmacol,2009,239:224-232.
[50] Zhang Y,Xu Y,Li Z,et al. ACS Nano,2011,5:7020-7033.
[51] Long T C,Tajuba J,Sama P,et al. Environ Health Perspect,2007,115:1631-1637.
[52] Sakai H,Ito E,Cai R,et al. Biochim Biophys Acta,1994,1201:259-265.
[53] Sunada K,Watanabe T,Hashimoto K,et al. J Photoch Photobio A,2003,156:227- 233.
[54] Menzel F,Reinert T,Vogt J,et al. Nucl Instr Meth Phys Res B,2004,219:82-86.
[55] Zhang B,Xing Y,et al. Nano Lett,2009,9:2280-2284.
[56] Ge C,Du J,Zhao L,et al. ,Proc Natl Acad Sci USA,2011,108,16968-16973
[57] Zhang F,Wang N,Kong J,et al. Bioelectrochemistry,2011,82:74-78.

[58] Zhang C,Luo S,Chen W. Talanta,2013,113:142-147.
[59] Cabral M F,Sgobbi L F,Kataoka E M,et al. Colloids Surf B Biointerfaces,2013,111:30-35.
[60] Jin L,Son Y,Yoon T K,et al. Ecotoxicol Environ Saf,2013,88:9-15.
[61] Chung H,Son Y,Yoon T K,et al. Ecotoxicol Environ Saf,2011,74:569-575.
[62] Song M,Jiang G,Yin J,et al. Chem Commu,2010,46,1404-1406
[63] Song M,Yuan S,Yin J,et al. Environ Sci Technol,2012,46:3457-3464.
[64] Liu J,Sonshine D A,Shervani S,et al. ACS Nano,2010,4:6903-6913.
[65] Liu J,Hurt R H. Environ Sci Technol,2010,44:2169-2175.
[66] Xiu Z M,Zhan Q B,Puppala H L,et al. Nano Lett,2012,12,4271-4275.
[67] Levard C,Reinsch B C,Michel F M,et al. Environ Sci Technol,2011,45:5260-5266.
[68] Impellitteri C A,Tolaymat T M,Scheckel K G. J Environ Qual,2009,38:1528-1530.
[69] Gao X H,Cui Y Y,Levenson R M,et al. Nature Biotech,2004,22:969-976.
[70] Li H C,Luo W R,Tao Y,et al. Sci China Ser B,2009,52:1683-1690.
[71] Chen Z,Chen H,Meng H,et al. Toxicol Appl Pharm,2008,230:364-371.
[72] Zhao F,Zhao Y,Liu Y,et al. Small,2011,7:1322-1337
[73] Hauck T S,Anderson R E,Fischer H C,et al. Small,2010,6:138-144.
[74] Allen L,Kichambare P D,Gou P. Nano Lett,2008,8:3899-3903.
[75] Allen L,Kotchey,Chen Y. J Am Chem Soc,2009,131:17194-17205.
[76] Russier J,Ménard-Moyon C,Venturelli E,et al. Nanoscale,2011,3:893-896.
[77] Liu X,Hurt R H,Kane A B. Carbon,2010,48:1961-1969.
[78] Kagan V E,Konduru N V,Feng W,et al. Nat Nanotechnol,2012,5:354-359.
[79] Zhao Y,Allen B L,Star A. J Phys Chem A,2011,115:9536-9544.
[80] Neves V,Heister E,Costa S,et al. Adv Funct Mater,2010,20:3272-3279.
[81] Konduru N V,Tyurina Y Y,Feng W,et al. Plos One,2009,4:e4398.
[82] Service R F. Science,2003,300:243-243.
[83] Colvin V L. Nat Biotechnol,2003,21:1166-1170.
[84] 汪冰,丰伟悦,赵宇亮,等. 中国科学 B 辑,2005,35:1-10.
[85] Savolainen K,Alenius H,Norppa H,et al. Toxicology,2010,269:92-104.
[86] Kagan V E,Bayir H,Shvedova A. Nanomed Nanotech Biol Med,2005,1:313-316.
[87] Herzog E,Casey A,Lyng F,et al. Toxicol Lett,2007,174:49-60.
[88] Karlsson H L,Gustafsson J,Cronholm P,et al. Toxicol Lett,2009,188:112-118.
[89] Schulte P A,Schubauer-Berigan M K,Mayweather C,et al. J Occup Env Med,2009,51:323-335.
[90] Peters T M,Elzey S,Johnson R,et al. J Occup Environ Hyg,2009,6:73-81.
[91] Muller J,Huaux F,Lison D. Carbon,2006,44:1048-1056.
[92] Utsunomiya S,Jensen K A,Keeler G J,et al. Environ Sci Technol,2002,36:4943-4947.
[93] Warheit D B. Toxicol Sci,2003,77:117-125.
[94] Lam C W,James J T,McCluskey R,et al. Toxicol Sci,2004,77:126-134.
[95] Shvedova A A,Kisin E R,Mercer R,et al. Am J Physiol-Lung C,2005,289:L698-L708.
[96] Shvedova A A,Kagan V E. J Intern Med,2010,267:106-118.
[97] Fenoglio I,Greco G,Tomatis M,et al. Chem Res Toxicol,2008,21:1690-1697.
[98] Muller J,Huaux F O,Fonseca A,et al. Chem Res Toxicol,2008,21:1698-1705.

[99] Wang X,Zang J J,Wang H,et al. J Nanosci Nanotechnol,2010,10:8516-8526.
[100] Wang X,Katwa P,Podila R,et al. Part Fibre Toxicol,2011,8:24.
[101] Warheit D B. Toxicol Sci,2009,112:273-275.
[102] Journeay W S,Suri S S,Moralez J G,et al. Small,2008,4:817-823.
[103] Davoren M,Herzog E,Casey A,et al. Toxicol in Vitro,2007,21:438-44.
[104] Zhang Q,Kusaka Y,Sato K,et al. J Toxicol Environ Health A,1998,53:423-438.
[105] Afaq F,Abidi P,Matin R,et al. J Appl Toxicol,1998,18:307-312.
[106] Warheit D B,Webb T R,Sayes C M,et al. Toxicol Sci,2006,91:227-236.
[107] Chen H W,Su S F,Chien C T,et al. FASEB J,2006,20:2393- 2395.
[108] Oberdorster G,Oberdorster E,Oberdorster J,et al. Environ Health Persp,2005,11:823-839.
[109] Bermudez E,Mangum J B,Asgharian B,et al. Toxicol Sci,2002,70:86-97.
[110] Warheit D B,Yuen I S,Kekky D P,et al. Toxicol Lett,1996,88:249-253.
[111] Lee K P,Trochimowicz H J,Reinhardt C F,et al. Toxicol Appl Pharmacol,1985,79:179-192.
[112] Heinrich U,Fuhst R,Rittinghausen S,et al. Inhal Toxicol,1995,7:533-556.
[113] Ferin J,Oberdorster G,Penney D P,et al. Am J Respir Cell Mol Biol,1992,6:535-542.
[114] Naota M,Shimada A,Morita T,et al. Toxicol Pathol,2009,37:456-462.
[115] Fujita K,Morimoto Y,Ogami A,et al. Toxicology,2009,258:47-55.
[116] Morimoto Y,Kobayashi N,Shinohara N,et al. J Occup Health,2010,52:325-334.
[117] Ogami A,Yamamoto K,Morimoto Y,et al. Inhal Toxicol,2011,23:407-416.
[118] Shinohara N,Nakazato T,Tamura M,et al. Toxicol Sci,2010,118:564-573.
[119] Baker G L,Gupta A,Clark M L,et al. Toxicol Sci,2008,101:122-131.
[120] Park E J,Kim H,Kim Y,et al. Toxicol Appl Pharmacol,2010,244:226-233.
[121] 吕廉捷,邱关德,于岚,等. 肿瘤防治,1992,6:8-11.
[122] 应杏秋,曾群力,祝慧娟,等. 中华劳动职业卫生病杂志,2006,24:116-117.
[123] 王天成,孙红芳,贾光,等. 中国职业医学,2006,33:171-172.
[124] Huggins C B,Froehlich,Charles J P,et al. J Exp Med,1966,124:1099-1106.
[125] Gharbi N,Pressac M,Hadchouel M,et al. Nano Lett,2005,5:2578-2585.
[126] Ueng T H,Kang J J,Wang H W,et al. Toxicol Lett,1997,93:29-37.
[127] Zogovic N S,Nikolic N S,Vranjes-Djuric S D,et al. Biomaterials,2009,30:6940-6946.
[128] Bullard Dillard R,Creek K E,Scrivens W A,et al. Bioorg Chem,1996,24:376-385.
[129] Yamago S,Tokuyama H,Nakamura E,et al. Chem Biol,1995,2:385-389.
[130] Kamat J P,Devasagayam T P,Priyadarsini K I,et al. Chem Biol Interact,1998,114:145-159.
[131] Kamat J P,Devasagayam T P,Priyadarsini K I,et al. Toxicology,2000,155:55-61.
[132] Liu W,Zhang S,Wang L. Plos One,2011,6:24406.
[133] Gui S X,Sang X Z,Zheng L,et al. Part Fibre Toxicol,2013,10:4.
[134] Han B,Karim M. N. Scanning,2008,30:213-220.
[135] Blazer-Yost B L,Banga A,Amos A,et al. Nanotoxicology,2011,5:354-371.
[136] Johnson-Lyles D N,Peifley K,Lockett S,et al. Toxicol Appl Pharmacol,2010,248:249-258.
[137] Chen H H,Yu C,Ueng T H,et al. Toxicol Pathol,1998,26:143-151.
[138] Rajagopalan P,Wudl F,Schinazi R F,et al. Antimicrob Agents Chemother,1996,40:2262-2265.
[139] Li N,Duan Y M,Hong M M,et al. Toxicol Lett,2010,195:161-168.

[140] Yamashita K, Yoshioka Y, Higashisaka K, et al. Nat Nanotechnol, 2011, 6: 321-328.
[141] Gao G D, Ze Y G, Li B, et al. J Hazard Mater, 2012, 243: 19-27.
[142] Gao G D, Ze Y G, Li B, et al. J Hazard Mater, 2013, 258-259: 133-143.
[143] Hoshino A, Hanaki K I, Suzuki K, et al. Biochem Biophys Res Comm, 2004, 314: 46-53.
[144] Ma-Hock L, Brill S, Wohlleben W, et al. Toxicol Lett, 2014, 225, 1: 20-26.
[145] Ballou B, Lagerholm B C, Ernst L A, et al. Bioconjugate Chem, 2004, 15: 79-86.
[146] Simeonova P P, Erdely A. Inhal Toxicol, 2009, 21: 68-73.
[147] Gelderman M P, Simakova O, Clogston J D, et al. Int J Nanomedicine, 2008, 3: 59-68.
[148] Niwa Y, Iwai N. Circ J, 2007, 71: 437-444.
[149] Chen F, Eriksson P, Hansson G K, et al. Int J Mol Med, 2005, 15: 57-65.
[150] Vesterdal L K, Folkmann J K, Jacobsen N R, et al. Part FibreToxicol, 2009, 6: 5.
[151] Lin J C, Wu C H. Biomaterials, 1999, 20: 1613-1620.
[152] Li Z, Hulderman T, Salmen R, et al. Environ Health Persp, 2006, 115: 377-382.
[153] Li Z, Salmen R, Hulderman T, et al. Free Radical Bio Med, 2004, 37: 142-143.
[154] Walker V G, Li Z, Hulderman T, et al. Toxicol Appl Pharm, 2009, 236: 319-328.
[155] Karsten S, Bobbie B, Dominique C, ct al. Photoch Photobio Sci, 2010, 9: 495-509.
[156] Lansdown A B G, Taylor A. Int J Cosmetic Sci, 1997, 19: 167-172.
[157] Shvedova A A, Castranova V, Kisin E R, et al. J Toxicol Environ Health A, 2003, 66: 1909-1926.
[158] Zhang L W, Zeng L, Barron A R, et al. Int J Toxicol, 2007, 26: 103-113.
[159] Monteiro-Riviere N, Nemanich R, Inman A, et al. Toxicol Lett, 2005, 155: 377-384.
[160] Scrivens W A, Tour J M. 1994, 116: 4517-4518.
[161] Xiao L, Aoshima H, Saitoh Y, et al. J Cell Biochem, 2010, 111: 955-966.
[162] Bullard Dillard R, Creek K E, Scrivens W A, et al. Bioorg Chem, 1996, 24: 376-385.
[163] Markovic Z, Todorovic-Markovic B, Kleut D, et al. Biomaterials, 2007, 28: 5437-5448.
[164] Zhao B, Bilski P J, He Y Y, et al. Photochem Photobiol, 2008, 84: 1215-1223.
[165] Sayes C M, Fortner J D, Guo W, et al. Nano Lett, 2004, 4: 1881-1887.
[166] Oberdorster G, Sharp Z, Atudorei V, et al. Inhal Toxicol, 2004, 16: 437-445.
[167] Elder A, Gelein R, Silva V, et al. Environ Health Persp, 2006, 114: 1172-1178.
[168] Shimada A, Kawamura N, Okajima M, et al. Toxicol Pathol. 2006, 34: 949-957.
[169] Balvay A, Thieriet N, Lakhdar L, et al. J Phys: Conf Ser, 2013, 429: 012-027.
[170] Wang J, Zhou G, Chen C, et al. Toxicol Lett, 2007, 168: 176-185.
[171] Zhang L, Bai R, Li B, et al. J Environ Sci, 2009, 21: 1459-1466.
[172] Long T C, Saleh N, Tilton R D, et al. Environ Sci Technol, 2006, 40: 4346-4352.
[173] Nel A, Xia T, Madler L, et al. Science, 2006, 311: 622-627.
[174] Cui K, Luo X, Xu K, et al. Prog Neuro Biol, 2004, 28: 771-799.
[175] Tsumoto H, Kawahara S, Fujisawa Y, et al. Bioorg Med Chem Lett, 2010, 20: 1948-1952.
[176] Tong J, Zimmerman M C, Li S, et al. Biomaterials, 2011, 32: 3654-3665.
[177] Ehrich M, Van Tassell R, Li Y, et al. Toxicol In Vitro, 2011, 25: 301-307.
[178] Dugan L L, Lovett E G, Quick K L, et al. Parkinsonism Relat Disord, 2001, 7: 243-246.
[179] Wolff D J, Papoiu A D, Mialkowski K, et al. Arch Biochem Biophys, 2000, 378: 216-223.
[180] Suh W H, Suslick K S, Stucky G D, et al. Prog Neurobiol, 2009, 87: 133-170.

[181] Bardi G, Tognini P, Ciofani G, et al. Nanomed Nanotech Biol Med, 2009, 5: 96-104.
[182] Belyanskaya L, Weigel S, Hirsch C, et al. Neurotoxicol, 2009, 30: 702-711.
[183] Vittorio O, Raffa V, Cuschieri A. Nanomed Nanotech Biol Med, 2009, 5: 424-431.
[184] Simko M, Mattsson M O. Part Fibre Toxicol, 2010, 7: 42-57.
[185] Gagne F, Fortier M, Yu L, et al. J Environ Monit, 2010, 12: 1556-1565.
[186] Dua P, Jeong S H, Lee S E, et al. Bull Korean Chem Soc, 2010, 31: 1555-1560.
[187] Zolnik B S, Gonzalez-Fernandez A, Sadrieh N, et al. Endocrinol, 2010, 151: 458-465.
[188] Rocker C, Potzl M, Zhang F, et al. Nature Nanotech, 2009, 4: 577-580.
[189] Hunot S, Flavell R A. Science, 2001, 292: 865-866.
[190] Gojova A, Guo B, Kota R S, et al. Environ Health Persp, 2007, 115: 403-409.
[191] Larson D R, Zipfel W R, Williams R M, et al. Science, 2003, 300: 1434-1436.
[192] Owen R, Depledge M. Mar Pollut Bull, 2005, 50: 609-612.
[193] Witasp E, Shvedova A A, Kagan V E, et al. Inhal Toxicol, 2009, 21: 131-136.
[194] Lam C W, James J T, McCluskey R, et al. Crit Rev Toxicol, 2006, 36: 189-217.
[195] Warheit D B, Webb T R, Colvin V L, et al. Toxicol Sci, 2007, 95: 270-280.
[196] Jia G, Wang H, Yan L, et al. Environ Sci Technol, 2005, 39: 1378-1383.
[197] Brown D M, Kinloch I A, Bangert U, et al. Carbon, 2007, 45: 1743-1756.
[198] Shvedova A A, Fabisiak J P, Kisin E R, et al. Am J Respir Cell Mol Biol, 2008, 38: 579-590.
[199] Dong P X, Wan B, Wang Z X, et al. Nanotoxicol, 2013, 7: 1028-1042.
[200] Liu L, Sakai T, Tran N H, et al. FEBS J, 2009, 276: 1459-1470.
[201] Mitchell L, Lauer F, Burchiel S, et al. Nat Nanotechnol, 2009, 4: 451-456.
[202] Nicola M D, Bellucci S, Traversa E, et al. J Phys Condens Matter, 2008, 20: 474204-474212.
[203] Zeni O, Palumbo R, Bernini R, et al. Sensors, 2008, 8: 488-499.
[204] Park E J, Cho W S, Jeong J, et al. Toxicology, 2009, 259: 113-121.
[205] Nygaard U C, Hansen J S, Samuelsen M, et al. Toxicol Sci, 2009, 109: 113-123.
[206] Jacobsen N R, Møller P, Jensen K A, et al. Part Fibre Toxicol, 2009, 6: 2.
[207] Roursgaard M, Poulsen S S, Kepley C L, et al. Basic Clin Pharmacol Toxicol, 2008, 103: 386-388.
[208] Xu A, Chai Y, Nohmi T, et al. Part Fibre Toxicol, 2009, 20: 3.
[209] Sayes C M, Marchione A A, Reed K L, et al. Nano Lett, 2007, 7: 2399-2406.
[210] Healey K, Lingard J J N, Tomlin A S, et al. Environ Mol Mutagen, 2005, 45: 380-387.
[211] Petersen E J, Nelson B C. Anal Bioanal Chem, 2010, 398: 613-650.
[212] Landsiedel R, Kapp M D, Schulz M, et al. Mutat Res-Rev Mutat, 2009, 681: 241-258.
[213] Colognato R, Bonelli A, Ponti J, et al. Mutagenesis, 2008, 23: 377-382.
[214] Jacobsen N R, Pojana G, White P, et al. Environ Mol Mutagen, 2008, 49: 476-487.
[215] Kisin E, Murray A, Keane M, et al. J Toxicol Env Heal A, 2007, 70: 2071-2079.
[216] Cui D, Tian F, Ozkan C, et al. Toxicol Lett, 2005, 155: 73-85.
[217] Sakamoto Y, Nakae D, Fukumori N, et al. J Toxicol Sci, 2009, 34: 65-76.
[218] Sakamoto Y, Nakae D, Hagiwara Y, et al. J Toxicol Sci, 2010, 35: 265-270.
[219] Wang L, Luanpitpong S, Castranova V, et al. Nano Lett, 2011, 11: 2796-2803.
[220] Jacobsen N R, Moller P, Jensen K A, et al. Part Fibre Toxicol, 2009, 6: 1-17.
[221] Muller J, Delos M, Panin N, et al. Toxicol Sci, 2009, 110: 442-448.

[222] Muller J, Decordier I, Hoet P H, et al. Carcinogenesis, 2007, 29: 427-433.
[223] Pacurari M, Yin X J, Ding M, et al. Nanotoxicol, 2008, 2: 155-170.
[224] Lindberg H K, Falck G C M, Suhonen S, et al. Toxicol Lett, 2009, 186: 166-173.
[225] Geiser M, Rothen-Rutishauser B, Kapp N, et al. Environ Health Persp, 2005, 113: 1555-1560.
[226] Li N, Ma LL, Liu J, et al. Nanoscale Res Lett, 2010, 5: 108-115.
[227] Gopalan R C, Osman I F, Amani A, et al. Nanotoxicology, 2009, 3: 33-39.
[228] Nakagawa Y, Wakura S, Sakamoto K, et al. Mutat Res-Gen Tox En, 1997, 394: 125-132.
[229] Hirakawa K, Mori M, Yoshida M, et al. Free Radical Res, 2004, 38: 439-447.
[230] Wamera W G, Yin J J, Wei R R. Free Radical Bio Med, 1997, 23: 851-858.
[231] Matsuda S, Matsui S, Shimizu Y, et al. Environ Sci Technol, 2011, 45: 4133-4138.
[232] Totsuka Y, Higuchi T, Imai T, et al. Part Fibre Toxicol, 2009, 6: 23.
[233] Folkmann J K, Risom L, Jacobsen N R, et al. Environ Health Persp, 2009, 117: 703-708.
[234] Sera N, Tokiwa H, Miyata N. Carcinogenesis, 1996, 17: 2163-2169.
[235] Aoshima H, Yamana S, Nakamura S, et al. J Toxicol Sci, 2010, 35: 401-409.
[236] Mori T, Takada H, Ito S, et al. Toxicology, 2006, 225: 48-54.
[237] Shinohara N, Matsumoto K, Endoh S, et al. Toxicol Lett, 2009, 191: 289-296.
[238] Ema M, Tanaka J, Kobayashi N, et al. Regul Toxicol Pharmacol, 2012, 62: 419-424.
[239] Dhawan A, Taurozzi J S, Pandey A K, et al. Environ Sci Technol, 2006, 40: 7394-7401.
[240] Song M, Zeng L, Hong X, et al. Environ Sci Technol. 2013, 47: 2886-2891
[241] Tokuyama H, Yamago S, Nakamura E, et al. J Am Chem Soc, 1993, 115: 7918-7919.
[242] Babynin E V, Nuretdinov I A, Gubskaya V P, et al. Genetika, 2002, 38: 453-457.
[243] Shvedova A A, Kisin E R, Porter D, et al. Pharmacol Ther, 2009, 121: 192-204.
[244] Takagi A, Hirose A, Nishimura T, et al. J Toxicol Sci, 2008, 33: 105-116.
[245] Karlsson H L, Cronholm P, Gustafsson J, et al. Chem Res Toxicol, 2008, 21: 1726-1732.
[246] Braydich-Stolle L, Hussain S, Schlager J J, et al. Toxicol Sci, 2005, 88: 412-419
[247] Chibli H, Carlini L, Park S, et al. Nanoscale, 2011, 3: 2552-2559.
[248] Khalil W K, Girgis E, Emam A N, et al. Chem Res Toxicol, 2011, 24: 640-650.
[249] Clift M J D, Brandenberger C, Rothen-Rutishauser B, et al. Toxicol, 2011, 286: 58-68.
[250] King-Heiden T C, Wiecinski P N, Mangham A N, et al. Environ Sci Technol, 2009, 43: 1605-1611.
[251] Lu W T, Senapati D, Wang S G, et al. Che Phys Lett, 2010, 487: 92-96.
[252] Murray A R, Kisin E, Leonard S S, et al. Toxicology, 2009, 257: 161-171.
[253] Vittorio O, Raffa V, Cuschieri A. Nanomedicine, 2009, 5: 424-431.
[254] Gao H J, Shi W D, Freund L B. Proc Natl Acad Sci USA, 2005, 102: 9469-9474.
[255] Bao G, Bao X R. Proc Natl Acad Sci USA, 2005, 102: 9997-9998.
[256] Pan Y, Neuss S, Leifert A, et al. Small, 2007, 3: 1941-1949.
[257] Luo W H, Hu W Y, Xiao S F. J Phys Chem C, 2008, 112: 2359-2369.
[258] Choi O, Hu Z Q. Environ Sci Technol, 2008, 42: 4583-4588.
[259] Schipper M L, Iyer G, Koh A L, et al. Small, 2009, 5: 126-134.
[260] Lovric J, Bazzi H S, Cuie Y, et al. J Mol Med, 2005, 83: 377-385.
[261] Chen Z, Meng H A, Xing G M, et al. Toxicol Lett, 2006, 163: 109-120
[262] Wang B, Feng W Y, Wang T C, et al. Toxicol Lett, 2006, 161: 115-123.

[263] Oberdorster G, Finkelstein J N, Johnston C, et al. Res Rep Health Eff Inst, 2000, 96: 5-74.
[264] Oberdorster E. Environ Health Perspect, 2004, 112: 1058-1562.
[265] Tian F, Cui D, Schwarz H, et al. Toxicol In Vitro, 2006, 20: 1202-1212.
[266] Flahaut E, Durrieu M C, Remy-Zolghadri M, et al. Carbon, 2006, 44: 1093-1099.
[267] Chang Y, Yang S T, Liu J H, et al. Toxicol Lett, 2011, 200: 201-210.
[268] Uo M, Akasaka T, Watari F, et al. Dent Mater J, 2011, 30: 245-263.
[269] Poland C A, Duffin R, Kinloch I, et al. Nat Nanotechnol, 2008, 3: 423-428.
[270] Liao K H, Lin Y S, Macosko C W, et al. ACS Appl Mater Interfaces, 2011, 3: 2607-2615.
[271] Akhavan O, Ghaderi E. ACS Nano, 2010, 4: 5731-5736.
[272] Zhang Y, Ali S F, Dervishi E, et al. ACS Nano, 2010, 4: 3181-3186.
[273] Studer A M, Limbach L K, Van Duc L, et al. Toxicol Lett, 2010, 197: 169-174.
[274] Hsiao I L, Huang Y J. Chem Res Toxicol, 2011, 24: 303-313.
[275] Clift M J D, Brandenberger C, Rothen-Rutishauser B, et al. Toxicology, 2011, 286 : 58-68.
[276] Chen N, He Y, Su Y, et al. Biomaterials, 2012, 33: 1238-1244.
[277] Jia G, Wang H, Yan L, et al. Environ Sci Technol, 2005, 39: 1378-1383.
[278] Fiorito S, Serafino A, Andreola F, et al. Carbon, 2006, 44: 1100-1105.
[279] Markovic Z, Todorovic-Markovic B, Kleut D, et al. Biomaterials, 2008, 29: 3561-3573.
[280] Kovochich M, Espinasse B, Auffan M, et al. Environ Sci Technol, 2009, 43: 6378-6384.
[281] French R A, Jacobson A R, Kim B, et al. Environ Sci Technol, 2009, 43: 1354-1359.
[282] Long T C, Saleh N, Tilton R D, et al. Environ Sci Technol, 2006, 40: 4346-4352.
[283] Kuhnel D, Busch W, Meissner T, et al. Aquat Toxicol, 2009, 93: 91-99.
[284] Teeguarden J G, Hinderliter P M, Orr G, et al. ToxicolSci, 2007, 95: 300-312.
[285] Hinderliter P M, Minard K R, Orr G, et al. Part Fibre Toxicol, 2010, 7: 36.
[286] Zhou F, Wu S, Yuan Y, et al. Small, 2012, 8: 1543-1550.
[287] Ma X, Zhang L H, Wang L R, et al. ACS Nano, 2012, 6: 10486-10496.
[288] Wang X, Guo J, Chen T, et al. Toxicol In Vitro, 2012, 26: 799-806.
[289] Yang Z, Zhang Y, Yang Y, et al. Nanomed Nanotech Biol Med, 2010, 6: 427-441.
[290] Wan B, Wang Z X, Lv Q Y, et al. Toxicol Lett, 2013, 221: 118-127.
[291] Kroemer G, Jaattela M. Nat Rev Cancer, 2005, 5: 886-897.
[292] Futerman A H, Meer G. Nat Rev Mol Cell Biol, 2004, 5: 554-565.
[293] Aldenhoven M, Sakkers R J, Boelens J, et al. Ann Rheum Dis, 2009, 68: 1659-1665.
[294] Bellettato C M, Scarpa M. J Inherit Metab Dis, 2010, 33: 347-362.
[295] Nel A, Xia T, Madler L, Li N. Science, 2006, 311: 622-627.
[296] Arbogast J W, Darmanyan A P, Foote C S, et al. J Phys Chem, 1991, 95: 11-12.
[297] Yamakoshi Y, Sueyoshi S, Fukuhara K, et al. J Am Chem Soc, 1998, 120: 12363-12364.
[298] Xiao G G, Wang M Y, Li N, et al. J Biol Chem, 2003, 278: 50781-50790.
[299] Arora S, Jain J, Rajwade J M, Paknikar K M. Toxicol Lett, 2008, 179: 93-100.
[300] Hussain S M, Braydich-Stolle L K, Schrand A M, et al. Adv Mater, 2009, 21: 1549-1559.
[301] Hsin Y H, Chena C F, Huang S, et al. Toxicol Lett, 2008, 179: 130-139.
[302] Pan Z, Lee W, Slutsky L, et al. Small, 2009, 5: 511-520.
[303] Ipe B I, Lehnig M, Niemeyer C M. Small, 2005, 1: 706-709.

[304] Lee H M, Shin D M, Song H M, et al. Toxicol Appl Pharmacol, 2009, 238: 160-169.
[305] Palomäki J, Valimaki E, Sund J, et al. ACS Nano, 2011, 5: 6861-6870.
[306] He X, Young S H, Schwegler-Berry D, et al. Chem Res Toxicol, 2011, 24: 2237-2248.
[307] Pichardo S, Gutierrez-Praena D, Puerto M, et al. Toxicol In Vitro, 2012, 26: 672-677.
[308] Murray A R, Kisin E, Leonard S S, et al. Toxicology, 2009, 257: 161-171.
[309] Porter D W, Hubbs A F, Mercer R R, et al. Toxicololy, 2010, 269: 136-147.
[310] Fenoglio I, Aldieri E, Gazzano E, et al. Chem Res Toxicol, 2012, 25: 74-82.
[311] Fenoglio I, Tomatis M, Lison D, et al. Free Radical Bio Med, 2006, 40: 1227-1233.
[312] Nel A E, Madler L, Velegol D, et al. Nat Mater, 2009, 8: 543-557.
[313] Li X, Peng Y, Ren J, et al. Proc Natl Acad Sci USA, 2006, 103: 19658-19663.
[314] Mu Q, Du G, Chen T, et al. ACS Nano, 2009, 3: 1139-1144.
[315] Deng Z J, Liang M, Monteiro M, et al. Nat Nanotechnol, 2011, 6: 39-44.
[316] Qu G, Zhang C, Yuan L, et al. Nanoscale, 2012, 4: 2239-2244.
[317] Shvedova A A, Kisin E, Murray A R, et al. Am J Physiol Lung Cell Mol Physiol, 2008, 295: 552-565.
[318] Huizar I, Malur A, Patel J, et al. Respir Res, 2013, 14: 7.
[319] Murphy F, Schinwald A, Poland C, et al. Part Fibre Toxicol, 2012, 9: 8.
[320] Dumortier H, Lacotte S, Pastorin G, et al. Nano Lett, 2006, 6: 1522-1528.
[321] Pulskamp K, Diabate S, Krug H F. Toxicol Lett, 2007, 168: 58-74.
[322] Fiorito S, Serafino A, Andreola F, et al. Carbon, 2006, 44: 1100-1105.
[323] Monteiro-Riviere N A, Inman A O. Carbon, 2006, 44: 1070-1078.
[324] Salvador-Morales C, Flahaut E, Sim E, et al. Mol Immunol, 2006, 43: 193-201.
[325] Manna S K, Sarkar S, Barr J, et al. Nano Lett, 2005, 5: 1676-1684.
[326] Hamilton R F, Buford M, Xiang C, et al. Inhal Toxicol, 2012, 24: 995-1008.
[327] Schuetze S, Schneider-Brachert W. Death Receptors and Cognate Ligands in Cancer, 2009, 63-85.
[328] Gopinath P, Gogoi S K, Chattopadhyay A, Ghosh S S. Nanotechnol, 2008, 19.
[329] Hsin Y H, Chena C F, Huang S, et al. Toxicol Lett, 2008, 179: 130-139.
[330] AshaRani P V, Mun G L K, Hande M P, et al. ACS Nano, 2009, 3: 279-290.
[331] Mizushima N, Yoshimori T, Levine B. Cell, 2010, 140: 313-326.
[332] Liu H L, Zhang Y L, Yang N, et al. Cell Death Dis, 2011, 2.
[333] Kaegi R, Ulrich A, Sinnet B, et al. Environ Pollut, 2008, 156: 233-239.
[334] Mueller N, Nowack B. Environ Sci Technol. 2008, 42: 4447-4453.
[335] Preining O. J Aerosol Sci, 1998, 25: 481-495.
[336] Leconant H F, Bottero J Y, Wiesner M R. Environ Sci Technol, 2004, 38: 5164-5169.
[337] Speranza A, Leopold K, Maier M, et al. Environ Pollut, 2010, 158: 873-882.
[338] Zhu H, Han J, Xiao J Q, et al. J. Environ Monit, 2008, 10: 713-717.
[339] Atha D H, Wang H, Petersen E J, et al. Environ Sci Technol, 2012, 46: 1819-1827.
[340] Khodakovskaya M V, de Silva K, Nedosekin D A, et al. Proc Natl Acad Sci USA, 2011, 108: 1028-1033.
[341] Lin S, Reppert J, Hu Q, et al. Small, 2009, 5: 1128-1132.
[342] Asli S and Neumann P M. Plant Cell Environ, 2009, 32: 577-584.
[343] Ma J, Zuo D, Song Y, et al. Chembiochem, 2012, 13: 547-552.
[344] Wang Q, Ma X, Zhang W, et al. Metallomics, 2012, 4: 1105-1112.

[345] Dimkpa C O, McLean J E, Martineau N, et al. Environ Sci Technol, 2013, 47: 1082-1090.
[346] Wang P, Menzies N W, Lombi E, et al. Environ Sci Technol, 2013, 47: 13822-13830.
[347] Sabo-Attwood T, Unrine J M, Stone J W, et al. Nanotoxicology, 2012, 6: 353-360.
[348] Judy J D, Unrine J M, Rao W, et al. Environ Sci Technol, 2012, 46: 8467-8474.
[349] Metzler D M, Li M, Erdem A, et al. Chem Eng J, 2011, 170: 538-546.
[350] Rodea-Palomares I, Boltes K, Fernández-Piñas F, et al. Toxicol Sci, 2011, 119: 135-145.
[351] Oukarroum A, Bras S, Perreault F, et al. Ecotox Environ Safe, 2012, 78: 80-85.
[352] Chen C-S, Anaya J M, Zhang S, et al. Plos One, 2011, 6: 21865.
[353] He D, Dorantes-Aranda J J, Waite T D. Environ Sci Technol, 2012, 46: 8731-8738.
[354] Turner A, Brice D and Brown M T. Ecotoxicology, 2012, 21: 148-154.
[355] Navarro E, Piccapietra F, Wagner B, et al. Environ Sci Technol, 2008, 42: 8959-8964.
[356] Van Hoecke K, De Schamphelaere K A, Van der Meeren P, et al. Environ Toxicol Chem, 2008, 27: 1948-1957.
[357] Navarro E, Baun A, Behra R, et al. Ecotoxicology, 2008, 17: 372-386.
[358] Hoecke K V, Quik J T, Mankiewicz-Boczek J, et al. Environ Sci Technol, 2009, 43: 4537-4546.
[359] Park M H, Kim K H, Lee H H, et al. Biotechnol Lett, 2010, 32: 423-428.
[360] Navarro E, Piccapietra F, Wagner B, et al. Environ Sci Technol, 2008, 42: 8959-8964.
[361] Saison C, Perreault F, Daigle J C, et al. Aquat Toxicol, 2010, 96: 109-114.
[362] Luo A. Journal of the U. S. SJWP, 2007, 2: 1-16.
[363] Zhu X, Chang Y and Chen Y. Chemosphere, 2010, 78: 209-215.
[364] Petersen E J, Akkanen J, Kukkonen J V, et al. Environ Sci Technol, 2009, 43: 2969-2975.
[365] Petersen E J, Pinto R A, Mai D J, et al. Environ Sci Technol, 2010, 45: 1133-1138.
[366] Guo X, Dong S, Petersen E J, et al. Environ Sci Technol, 2013, 47: 12524-12531.
[367] Zhao C M, Wang W X. Environ Sci Technol, 2010, 44: 7699-7704.
[368] Zhao C M, Wang W X. Environ Sci Technol, 2012, 46: 11345-11351.
[369] Lapied E, Nahmani J Y, Moudilou E, et al. Environ Int, 2011, 37: 1105-1110.
[370] Petersen E J, Huang Q and Weber J, Walter J. Environ Sci Technol, 2008, 42: 3090-3095.
[371] Heckmann L H, Hovgaard M B, Sutherland D S, et al. Ecotoxicology, 2011, 20: 226-233.
[372] Shoults-Wilson W A, Reinsch B C, Tsyusko O V, et al. Soil Sci Soc Am J, 2011, 75: 365-377.
[373] Unrine J M, Hunyadi S E, Tsyusko O V, et al. Environ Sci Technol, 2010, 44: 8308-8313.
[374] Holbrook R D, Murphy K E, Morrow J B, et al. Nat Nanotechnol., 2008, 3: 352-355.
[375] Zhu X, Wang J, Zhang X, et al. Chemosphere, 2010, 79: 928-933.
[376] Unrine J M, Shoults-Wilson W A, Zhurbich O, et al. Environ Sci Technol, 2012, 46 : 9753-9760.
[377] Cedervall T, Hansson L A, Lard M, et al. Plos One, 2012, 7: 32254.
[378] Jackson B P, Bugge D, Ranville J F, et al. Environ Sci Technol, 2012, 46: 5550-5556.
[379] Zhu X, Wang J, Zhang X, et al. Chemosphere, 2010, 79: 928-933.
[380] Ferry J L, Craig P, Hexel C, et al. Nat nanotechnol, 2009, 4: 441-444.
[381] Burns J M, Pennington P L, Sisco P N, et al. Environ Sci Technol, 2013, 47: 12844-12851.
[382] Judy J D, Unrine J M, Bertsch P M. Environ Sci Technol, 2010, 45: 776-781.
[383] Judy J D, Unrine J M, Rao W, et al. Environ Sci Technol, 2012, 46: 12672-12678.
[384] Thill A, Zeyons O, Spalla O, et al. Environ Sci Technol, 2006, 40: 6151-6156.

[385] Priester J H,Stoimenov P K,Mielke R E,et al. Environ Sci Technol,2009,43:2589-2594.
[386] Werlin R,Priester J H,Mielke R E,et al. Nat Nanotechnol,2010,6:65-71.
[387] Rico C M,Majumdar S,Duarte-Gardea M,et al. J agric food chem,2011,59:3485-3498.
[388] Canas J E,Long M,Nations S,et al. Environ Toxicol Chem,2008,27:1922-1931.
[389] Scown T M,Santos E M,Johnston B D,et al. Toxicol Sci,2010,115:521-534.
[390] Geffroy B,Ladhar C,Cambier S,et al. Nanotoxicology,2012,6:144-160.
[391] Khan F R,Laycock A,Dybowska A,et al. Environ Sci Technol,2013,47:8532-8539.
[392] Fent K,Weisbrod C J,Wirth-Heller A,et al. Aquat Toxicol,2010,100:218-228.
[393] Kashiwada S. Environ Health Perspect,2006,114:1697.
[394] Johnston B D,Scown T M,Moger J,et al. Environ Sci Technol,2010,44:1144-1151.
[395] Premanathan M,Karthikeyan K,Jeyasubramanian K,et al. Nanomed-Nanotechnol,2011,7:184-192.
[396] Ge Y,Schimel J P,Holden P A. Appl Environ Microb,2012,78:6749-6758.
[397] Lin D H and Xing B S. Environ Sci Technol,2008,42:5580-5585.
[398] Gunawan C,Teoh W Y,Marquis C P,et al. ACS Nano,2011,5:7214-7225.
[399] Bondarenko O,Ivask A,Kakinen A,et al. Environ Pollut,2012,169:81-89.
[400] Zhao J,Wang Z Y,Dai Y H,et al. Water Res,2013,47 :4169-4178.
[401] Rousk J,Ackermann K,Curling S F,et al. Plos One,2012,7.
[402] Shaw B J,Al-Bairuty G and Handy R D. Aquat Toxicol,2012,116:90-101.
[403] Lee W M,An Y J,Yoon H,et al. Environ Toxicol Chem,2008,27:1915-1921.
[404] Musante C and White J C. Environ Toxicol,2012,27:510-517.
[405] Kumar A,Pandey A K,Singh S S,et al. Chemosphere,2011,8:1124-1132.
[406] Tong T Z,Binh C T T,Kelly J J,et al. Water Res,2013,47:2352-2362.
[407] Griffitt R J,Hyndman K,Denslow N D,et al. Toxicol Sci,2009,107:404-415.
[408] Chen J Y,Dong X,Xin Y Y,et al. Aquat Toxicol,2011,101:493-499.
[409] Jovanovic B,Anastasova L,Rowe E W,et al. Ecotox Environ Safe,2011,74:675-683.
[410] Ramsden C S,Henry T B,Handy R D. Aquat Toxicol,2013,126:404-413.
[411] Yang S P,Bar-Ilan O,Peterson R E,et al. Environ Sci Technol,2013,47:4718-4725.
[412] Gao F Q,Liu C,Qu C X,et al. Biometals,2008,21:211-217.
[413] Gao J G,Xu G D,Qian H H,et al. Environ Pollut,2013,176:63-70.
[414] Volker C,Oetken M and Oehlmann J. Rev Environ Contam Toxicol,2013,223:81-106
[415] Wang Z,Liu S J,Ma J,et al. ACS Nano,2013,7:4171-4186.
[416] Bouwmeester H,Poortman J,Peters R J,et al. ACS Nano,2011,5:4091-4103.
[417] Kawata K,Osawa M and Okabe S. Environ Sci Technol,2009,43:6046-6051.
[418] Xiu Z M,Zhang Q B,Puppala H L,et al. Nano Lett,2012,12:4271-4275.
[419] Lok C N,Ho C M,Chen R,et al. J Biol Inorg Chem,2007,12:527-534.
[420] Morones J R,Elechiguerra J L,Camacho A,et al. Nanotechnology,2005,16:2346-2353.
[421] Martinez-Castanon G A,Nino-Martinez N,Martinez-Gutierrez F,et al. J Nanopart Res,2008,10:1343-1348.
[422] Pal S,Tak Y K and Song J M. Appl Environ Microb,2007,73:1712-1720.
[423] Song U,Jun H,Waldman B,et al. Ecotox Environ Safe,2013,93:60-67.
[424] Geisler-Lee J,Wang Q,Yao Y,et al. Nanotoxicology,2013,7:323-337.

[425] Ma X M, Gurung A and Deng Y. Sci Total Environ, 2013, 443: 844-849.
[426] El-Temsah Y S and Joner E J. Chemosphere, 2012, 89: 76-82.
[427] Kadar E, Dyson O, Handy R D, et al. Nanotoxicology, 2013, 7: 135-143.
[428] Li H C, Zhou Q F, Wu Y, et al. Ecotox Environ Safe, 2009, 72: 684-692.
[429] Kang S, Pinault M, Pfefferle L D, et al. Langmuir, 2007, 23: 8670-8673.
[430] Kang S, Mauter M S and Elimelech M. Environ Sci Technol, 2008, 42: 7528-7534.
[431] Vecitis C D, Zodrow K R, Kang S, et al. ACS Nano, 2010, 4: 5471-5479.
[432] Liu S B, Zeng T H, Hofmann M, et al. ACS Nano, 2011, 5: 6971-6980.
[433] Akhavan O, Ghaderi E. ACS Nano, 2010, 4: 5731-5736.
[434] Liu S B, Zeng T H, Hofmann M, et al. ACS Nano, 2011, 5: 6971-6980.
[435] Lyon D Y, Fortner J D, Sayes C M, et al. Environ Toxicol Chem, 2005, 24: 2757-2762.
[436] Su Y, Yan X M, Pu Y B, et al. Environ Sci Technol, 2013, 47: 4704-4710.
[437] Kim K T, Jang M H, Kim J Y, et al. Sci Total Environ, 2012, 426: 423-429.
[438] Du J, Wang S T, You H, et al. Environ Toxicol Phar, 2013, 36: 451-462.
[439] Ghafari P, St-Denis C H, Power M E, et al. Nat Nanotechnol, 2008, 3: 347-351.
[440] Hu Q, Liu N, Wang D G, et al. International Forum on Information Technology and Applications, 2009, 2: 417-419.
[441] Liu Q L, Chen B, Wang Q L, et al. Nano Lett, 2009, 9: 1007-1010.
[442] Foltete A S, Masfaraud J F, Bigorgne E, et al. Environ Pollut, 2011, 159: 2515-2522.

索　　引

H

J

K

L

M

N

P

Q

R

S

T

W

X

Y

Z

其他